降低烟草特有 N-亚硝胺
综合技术及在卷烟中的应用

周　骏　徐同广　刘维涓　白若石　主编

科学技术文献出版社
SCIENTIFIC AND TECHNICAL DOCUMENTATION PRESS
·北京·

图书在版编目（CIP）数据

降低烟草特有N-亚硝胺综合技术及在卷烟中的应用 / 周骏等主编. —北京：科学技术文献出版社，2018.12

ISBN 978-7-5189-4846-8

Ⅰ.①降… Ⅱ.①周… Ⅲ.①烟草—亚硝胺—研究 Ⅳ.① TS424

中国版本图书馆 CIP 数据核字（2018）第 228626 号

降低烟草特有N-亚硝胺综合技术及在卷烟中的应用

策划编辑：张　丹　　责任编辑：王瑞瑞　　责任校对：文　浩　　责任出版：张志平

出　版　者	科学技术文献出版社	
地　　　址	北京市复兴路15号　邮编　100038	
编　务　部	(010) 58882938，58882087（传真）	
发　行　部	(010) 58882868，58882870（传真）	
邮　购　部	(010) 58882873	
官 方 网 址	www.stdp.com.cn	
发　行　者	科学技术文献出版社发行　全国各地新华书店经销	
印　刷　者	北京地大彩印有限公司	
版　　　次	2018 年 12 月第 1 版　2018 年 12 月第 1 次印刷	
开　　　本	889×1194　1/16	
字　　　数	511千	
印　　　张	18.5	
书　　　号	ISBN 978-7-5189-4846-8	
定　　　价	128.00元	

主编简介

　　周骏，男，山东济南人，博士，研究员，现任上海烟草集团有限责任公司首席研究员、技术研发中心副主任，中国科协决策咨询专家、中国烟草学会常务理事、国家烟草专卖局烟草化学学科带头人、国家烟草专卖局减害降焦重大专项首席专家、国家烟草专卖局研究系列高级职称评审委员会委员、中国分析仪器学会和质谱学会会员。多年来一直从事烟草化学和卷烟减害降焦技术研究，多次在国际烟草科学合作研究中心（CORESTA）大会和烟草科学家研究大会（TSRC）上做学术报告，在国内外学术期刊上发表过 100 余篇论文，先后主持和参与了多项省部级重大专项和重点科研项目研究工作，获得国家科技进步奖二等奖 1 项，省部级科技进步奖特等奖 1 项、二等奖 4 项、三等奖 4 项，科技创新工作先进集体一等奖 2 项，主编出版烟草专著 3 部。

　　徐同广，男，山东临沂人，博士，现在上海烟草集团有限责任公司技术中心北京工作站从事基础研究工作，主要研究方向为卷烟减害降焦技术等。现为中国烟草学会材料学组成员、中国化学会会员。先后参与了国家重点基础研究发展计划（973 计划）、国家自然科学基金、国家高技术研究发展计划（863 计划）、国家烟草专卖局卷烟减害技术重大专项等课题，主持中国博士后科学基金、上海烟草集团等多项科技项目，出版专著 1 部，参与编制国家标准 4 项，获得国家发明专利 4 项，已发表 SCI 收录论文 29 篇。

　　刘维涓，女，云南昆明人，博士，研究员，现任云南瑞升烟草技术（集团）有限公司副总裁、首席科学家、博士后工作站导师，国家地方联合工程研究中心主任，享受国务院特殊津贴，国内多所大学客座教授和研究生导师。长期致力于烟草废弃物资源综合利用研究，主持和参与了省部级重大专项与行业重点科研项目研究工作17项，形成了10余项国际领先和先进水平的成果，获得省级以上科技奖励9项，申请发明专利59项，多次在国际烟草科学合作研究中心（CORESTA）大会和烟草科学家研究大会（TSRC）上做学术报告，并在国外学术期刊和中文核心期刊发表科研论文60余篇，参与制定行业标准2项，出版专著2部。

　　白若石，男，北京人，硕士，高级工程师，现在上海烟草集团有限责任公司技术中心北京工作站负责基础研究工作，北京烟草学会工业委员会委员。多年来一直从事烟草分析及卷烟减害降焦技术研究。先后参与了多项省部级重大专项和重点科研项目研究工作，获得省部级科技进步奖一等奖1项、二等奖1项、三等奖2项，获得厅局级科技进步奖三等奖2项。参与编制发布行业标准5项，参与撰写发表论文近20篇。其中，发表SCI收录论文5篇、中文核心期刊收录论文9篇，并有多篇论文被评为中国烟草学会及北京市烟草学会优秀论文。

编写人员名单

主　编　周　骏　　上海烟草集团有限责任公司
　　　　徐同广　　上海烟草集团有限责任公司
　　　　刘维涓　　云南瑞升烟草技术有限公司
　　　　白若石　　上海烟草集团有限责任公司
副主编　郑晓曼　　上海烟草集团有限责任公司
　　　　张　杰　　上海烟草集团有限责任公司
　　　　刘兴余　　上海烟草集团有限责任公司
　　　　解晓翠　　上海烟草集团有限责任公司
　　　　闫洪洋　　中国烟草总公司职工进修学院
编　委　周　骏　　上海烟草集团有限责任公司
　　　　徐同广　　上海烟草集团有限责任公司
　　　　刘维涓　　云南瑞升烟草技术有限公司
　　　　白若石　　上海烟草集团有限责任公司
　　　　郑晓曼　　上海烟草集团有限责任公司
　　　　张　杰　　上海烟草集团有限责任公司
　　　　刘兴余　　上海烟草集团有限责任公司
　　　　解晓翠　　上海烟草集团有限责任公司
　　　　闫洪洋　　中国烟草总公司职工进修学院
　　　　陈　敏　　上海烟草集团有限责任公司
　　　　张　晨　　上海烟草集团有限责任公司
　　　　杨振东　　上海烟草集团有限责任公司
　　　　田书霞　　上海烟草集团有限责任公司
　　　　张馨予　　上海烟草集团有限责任公司
　　　　朱景溯　　上海烟草集团有限责任公司
　　　　曹伏军　　上海烟草集团有限责任公司
　　　　易小丽　　上海烟草集团有限责任公司
　　　　杨振民　　上海烟草集团有限责任公司
　　　　芦　楠　　上海烟草集团有限责任公司
　　　　马雁军　　上海烟草集团有限责任公司

前　言

随着吸烟对健康影响的各种研究不断深入，如何提高卷烟的吸食安全性已经在国内外烟草行业达成共识。为了降低卷烟主流烟气中的焦油含量及其中的微量有害化学成分，提高卷烟的安全性，烟草科研人员进行了大量的科学研究，由于涉及新技术、新工艺、新材料，从品种培育、栽培与调制技术、叶组配方、加工工艺到政策、管理等多个方面，因此被称为减害降焦工程。近年来，我国烟草行业在研制和生产低焦油卷烟、低危害卷烟方面做了一系列工作，推动了烟草减害降焦工程的迅速发展。其中，降低烟草特有 N-亚硝胺（Tobacco Specific N-nitrosamines，TSNAs）含量一直是国际上近 20 年来研究的热点。TSNAs 是烟草特有的 N-亚硝基类化合物，其主要有 4 种：4-（N-甲基亚硝胺基）-1-（3-吡啶基）-1-丁酮 [4-（N-methyl-N-nitrosamino）-1-（3-pyridyl）-1-butanone，NNK]、N-亚硝基去甲基烟碱（N'-Nitrosonornicotine，NNN）、N-亚硝基新烟碱（N'-Nitrosoanatabine，NAT）N-亚硝基假木贼碱（N'-Nitrosoanabasine，NAB）。TSNAs 是烟叶及卷烟烟气中均存在的一类致癌性物质。烟叶中 TSNAs 在绿叶中的含量非常少甚至没有，其形成通常被认为主要发生在调制、加工和燃吸阶段。

目前，针对 TSNAs 的去除途径分为通过控制烟叶原料中亚硝胺的前驱体（如烟碱和硝酸盐）的含量来降低 TSNAs 含量的烟叶前处理途径和原料中已形成 TSNAs 需要在卷烟后通过吸附或催化技术降低卷烟烟气中 TSNAs 含量的后处理途径。本书主要针对已形成 TSNAs 后的卷烟阶段，从能与 TSNAs 化合物分子产生物理吸附或化学吸附作用的材料开发等方面开展研究，形成可有效降低 TSNAs 含量的综合技术，为从事卷烟减害技术研究的科技人员提供参考。

本书共分 8 章：第一章综述了烟草特有 N-亚硝胺的形成、危害及降低卷烟危害的一些研究；第二章论述了层状单金属或多金属氢氧化物材料的制备及降低卷烟烟气中有害物的应用；第三章论述了分子印迹材料的制备及在降低 TSNAs 含量方面的应用；第四章论述了碳材料的制备及降低卷烟烟气中有害物的应用，主要介绍了传统和新型碳材料，包括活性炭、碳纳米管、石墨烯及复合物等在高效吸附有害物方面的研究成果；第五章讲述了纳米硅基氧化物材料在降低 TSNAs 含量方面的应用，包括纳米硅基氧化物、大孔体积硅胶材料及硅基氧化物气凝胶复合材料等；第六章讲述了功能再造烟叶技术降低卷烟烟气中有害物的应用，包括纳米材料及生物技术在再造烟叶中的添加、新型再造烟叶丝技术等；第七章在综合多项研究成果的基础上形成了降低卷烟烟气中 TSNAs 含量的综合技术体系；第八章研究了吸烟人群血液中 TSNAs 的接触生物标记物和外周血 miRNA 表达谱，为研究吸烟与健康的关系提供了客观有益的结论。

本书较多篇幅介绍了利用吸附或催化技术、烟草加工新工艺降低 TSNAs 含量的技术方法，这些内容均来自编写者们近 10 年来的最新科研成果，是众多科研项目工作的总结与提炼。

本书主要编写人员分工如下：第一章，周骏、刘兴余、徐同广；第二章，周骏、徐同广、郑晓曼；第三章，郑晓曼、徐同广；第四章，徐同广、陈敏、解晓翠；第五章，周骏、徐同广、白若石、易小丽；第六章，刘维涓、周骏、刘兴余、白若石、张馨予、朱景溯、曹伏军；第七章，周骏、白若石、郑晓曼、田书霞、杨振民；第八章，周骏、张杰。

在本书出版之际，真诚感谢所有给予了我们帮助的老师和科研技术人员。本书在出版过程中，得到了科学技术文献出版社张丹和王瑞瑞编辑的大力帮助，在此表示诚挚感谢！

本书在编写过程中查阅参考了大量的国内外相关领域的论文、论著和研究成果，在此谨表谢意。编委们以科学认真的态度对待本书的编写，但由于涉及领域较广、内容较多、专业性较强等，加之编写者学术水平有限，书中难免存在一些疏忽与错误，有待于今后进一步改进和完善。恳请同行专家、学者及广大读者对本书的不足之处予以指正。

周　骏　徐同广　刘维涓　白若石

2018 年 9 月 30 日于北京

目　录

第一章　烟草特有 *N*–亚硝胺概述 ···1

第一节　烟草特有 *N*–亚硝胺的形成 ···1

第二节　烟草特有 *N*–亚硝胺的危害 ···4

一、NNK 的致癌性 ··5

二、NNN 的致癌性 ··6

三、NAT 和 NAB 的致癌性 ··6

第三节　降低烟草特有 *N*–亚硝胺的研究 ···6

一、叶组配方减害 ··7

二、加工措施减害 ··7

参考文献 ···14

第二章　降低卷烟烟气中 TSNAs 的层状金属氢氧化物材料研究 ·········19

第一节　引言 ···19

第二节　系列层状金属氢氧化物材料的合成及在卷烟中应用的评价 ·····20

一、系列层状金属氢氧化物材料的合成 ···20

二、系列层状金属氢氧化物材料的表征 ···21

三、滤棒中添加系列层状金属氢氧化物材料降低主流烟气有害物的评价 ···28

四、层状金属氢氧化物材料在卷烟纸中的应用 ··································32

第三节　不同晶相 FeOOH 材料的合成及在卷烟中应用的评价 ··········36

一、不同晶相 FeOOH 材料的控制合成 ···36

二、不同晶相 FeOOH 材料的表征 ··37

三、滤棒中添加不同晶相 FeOOH 降低卷烟主流烟气中有害物的评价 ·····40

第四节　烟用添加材料的迁移评价和安全性评价 ······························45

一、在滤棒中添加层状金属氢氧化物材料的迁移评价 ························45

二、　FeOOH 材料卷烟添加安全性评价 ··50

第五节　应用介孔复合材料降低卷烟烟气中 TSNAs 的技术研究 ·············· 54

一、降低卷烟主流烟气中 NNK 的纳米介孔材料的制备 ·············· 55

二、介孔复合材料的制备条件实验 ·············· 56

三、介孔复合材料的添加量实验 ·············· 57

四、介孔复合材料添加方式实验 ·············· 58

参考文献 ·············· 58

第三章　分子印迹聚合物材料降低 TSNAs 的技术研究 ·············· 60

第一节　引言 ·············· 60

一、分子印迹聚合物材料概述 ·············· 60

二、分子印迹聚合物材料在烟草领域的应用 ·············· 61

第二节　分子印迹聚合物的制备及在烟草中的应用 ·············· 66

一、空心多孔分子印迹聚合物的制备及应用 ·············· 66

二、沉淀聚合法制备分子印迹聚合物及应用 ·············· 75

三、不同模板分子、功能单体或交联剂 MIPs 的制备及应用 ·············· 82

四、*β*-环糊精分子印迹聚合物的制备及应用 ·············· 86

参考文献 ·············· 90

第四章　碳材料在卷烟减害中的应用 ·············· 93

第一节　碳材料概述 ·············· 93

第二节　活性炭材料在卷烟中的应用研究 ·············· 96

一、活性炭的基本结构特征 ·············· 96

二、活性炭孔结构对主流烟气粒相物过滤效率的影响 ·············· 100

三、活性炭孔结构对烤烟型卷烟烟气过滤效率的影响 ·············· 108

四、活性炭材料在卷烟减害中的应用研究 ·············· 115

第三节　炭气凝胶材料降低烟草中的有害物评价 ·············· 119

一、炭气凝胶的制备 ·············· 119

二、炭气凝胶的表征 ·············· 120

三、炭气凝胶对溶液污染物的吸附评价 ·············· 129

第四节　石墨烯气凝胶材料降低烟草中的有害物研究 ·············· 135

一、石墨烯气凝胶的制备及性能评价 ·············· 135

二、石墨烯复合凝胶的制备及性能评价 ·············· 143

第五节　碳基气凝胶材料及滤棒添加卷烟烟气的安全性评价 ·············· 146

一、碳基气凝胶材料的安全性评价 ·············· 146

二、滤棒添加碳基气凝胶材料的卷烟安全性评价 ·············· 149

　　参考文献 ……………………………………………………………………………… 151

第五章　纳米硅基氧化物材料在卷烟减害中的应用 …………………………………… 154
　　第一节　引言 ……………………………………………………………………………… 154
　　第二节　纳米硅基氧化物材料的制备及在卷烟中的应用 ……………………………… 156
　　　　一、实验材料及方法 …………………………………………………………………… 156
　　　　二、纳米氧化物材料的表征及在卷烟中的应用评价 ………………………………… 160
　　第三节　二氧化硅复合凝胶材料的制备及性能评价 …………………………………… 191
　　　　一、二氧化硅 – 石墨烯复合气凝胶的制备及表征 ………………………………… 192
　　　　二、琼脂 – 纳米 SiO_2 气凝胶的制备及在卷烟滤棒中的应用 …………………… 198
　　第四节　大孔体积硅胶材料在卷烟中的应用 …………………………………………… 204
　　参考文献 ……………………………………………………………………………… 206

第六章　降低烟草特有 N–亚硝胺的功能型再造烟叶技术 ………………………… 207
　　第一节　引言 ……………………………………………………………………………… 207
　　第二节　功能型再造烟叶的开发 ………………………………………………………… 209
　　　　一、功能型再造烟叶中纳米材料的应用研究 ………………………………………… 209
　　　　二、功能型再造烟叶中生物技术的应用研究 ………………………………………… 211
　　第三节　硝酸盐降低法对降低再造烟叶主流烟气中 TSNAs 的技术研究 …………… 216
　　　　一、实验材料及方法 …………………………………………………………………… 216
　　　　二、结果与讨论 ………………………………………………………………………… 217
　　　　三、功能型再造烟叶加工工艺技术研究 ……………………………………………… 218
　　第四节　新型干法再造烟叶丝技术研究 ………………………………………………… 220
　　　　一、实验材料 …………………………………………………………………………… 220
　　　　二、样品制备方法 ……………………………………………………………………… 220
　　　　三、样品检测方法 ……………………………………………………………………… 221
　　　　四、纳米材料在干法再造烟叶丝中的应用研究 ……………………………………… 221
　　第五节　功能型再造烟叶在卷烟中的实际应用 ………………………………………… 223
　　　　一、添加纳米材料的功能型再造烟叶在卷烟产品中的应用效果 …………………… 223
　　　　二、干法再造烟叶丝在卷烟产品中的应用 …………………………………………… 224
　　第六节　白肋烟膨胀技术加工工艺路径改进和工艺参数研究 ………………………… 226
　　　　一、白肋烟膨胀工艺研究 ……………………………………………………………… 227
　　　　二、混合型膨胀烟丝工艺路径优化 …………………………………………………… 229

第七章　降低烟草特有 N–亚硝胺技术体系的构建及在“中南海卷烟”产品中的应用 …… 238
　　第一节　降低烟草特有 N–亚硝胺技术体系的构建 ………………………………… 238

第二节　降低 NNK 技术在"中南海卷烟"产品中的应用 ················· 242

　　一、降低 NNK 技术在"中南海卷烟"产品维护中的应用 ········· 242

　　二、降低 NNK 技术在"中南海卷烟"产品开发中的应用 ········· 243

第八章　吸烟人群血液中 TSNAs 的接触生物标记物和外周血 miRNA 表达谱 ············· 258

第一节　TSNAs 的接触生物标记物概述 ················· 258

　　一、生物标记物的定义和分类 ················· 258

　　二、烟草特有 *N*－亚硝胺的接触生物标记物 ················· 259

　　三、外周血 miRNA 表达谱概述 ················· 262

第二节　吸烟人群和非吸烟人群血浆中 NNK 与烟碱的接触生物标记物研究 ··········· 263

　　一、血浆中 NNAL 和可替宁在线 SPE 分析方法 ················· 263

　　二、吸烟人群血浆中 NNAL 和可替宁含量与主流烟气中 NNK 和烟碱释放量的

　　　　关系 ················· 268

第三节　吸烟人群和非吸烟人群血浆中 miRNA 表达谱的研究 ················· 275

　　一、血浆中 miRNA 表达谱的研究 ················· 275

　　二、血浆热休克蛋白 70 表达检测 ················· 280

参考文献 ················· 281

第一章

烟草特有 N-亚硝胺概述

第一节　烟草特有 N-亚硝胺的形成

N-亚硝胺是广泛存在于环境、食品和药物中的一类物质，由于 N-亚硝胺分子量的不同，可以表现出饱和蒸气压大小不同的特点，能够被水蒸气蒸馏并不经衍生化直接由气相色谱测定的称为挥发性亚硝胺，否则称为非挥发性亚硝胺。通常状况下，N-亚硝胺化学性质相对稳定，不易水解、氧化和转为亚甲基，需要在机体内发生代谢时才具有致癌能力。Hoffmann 等于 1991 年报道认为，烟草中包括 3 种类型的 N-亚硝胺：挥发性 N-亚硝胺（Volatile N-nitrosamines，VNA）、非挥发性的 N-亚硝胺和烟草特有的 N-亚硝胺（Tobacco Specific N-nitrosamines，TSNAs）。它们主要是烟叶在调制、发酵和陈化期间及烟草燃烧时形成的，其含量与烟叶中的硝酸盐、生物碱、蛋白质、氨基酸的含量及工艺技术条件有关。

烟气中的 N-亚硝胺主要有两类：一类是烟草特有 N-亚硝胺（从烟草生物碱如 N-亚硝基去甲甲基烟碱衍生而来），仅发现存在于烟草和烟气粒相物中；另一类是非烟草特有 N-亚硝胺，存在于主流烟气的气相或半挥发相中，也被发现存在于其他体系中（如 N-亚硝基甲胺和 N-亚硝基吡咯烷），属于挥发性 N-亚硝胺。

烟草特有 N-亚硝胺（TSNAs）是烟草特有的 N-亚硝基类化合物，目前已检测鉴定出 8 种主要的烟草特有 N-亚硝胺，它们分别为：4-（甲基亚硝胺基）-1-（3-吡啶基）-1-丁酮[4-（N-methyl-N-nitrosamino）-1-（3-pyridyl）-1-butanone，NNK）、N-亚硝基去甲基烟碱（N'-Nitrosonornicotine，NNN）、N-亚硝基新烟碱（N'-Nitrosoanatabine，NAT）、N-亚硝基假木贼碱（N'-Nitrosoanabasine，NAB）、4-（甲基亚硝胺基）-1-（3-吡啶基）-1-丁醇 [4-（Methylnitrosamino）-1-（3-pyridyl）-1-butanol，NNAL]、4-（甲基亚硝胺基）-4-（3-吡啶基）-1-丁醇 [4-（methylnitrosamino）-4-（3-pyridyl）-1-butanol，iso-NNAL]、4-（甲基亚硝胺基）-4-（3-吡啶基）-1-丁酸 [4-（methylnitrosamino）-4-（3-pyridyl）butyric acid，iso-NNAC]、4-（甲基亚硝胺基）-4-（3-吡啶基）-1-丁醛 [4-（methyl-nitrosamino）-4-（3-pyridyl）-butanal，NNA]，化合物结构如图 1-1 所示。

目前，研究最多的是烟草和烟气中的主要烟草特有亚硝胺：NNK、NNN、NAT 和 NAB。一般认为，在新鲜采收的绿叶中不存在烟草特有 N-亚硝胺，这主要是因为青烟细胞内各类物质被细胞膜有效地隔离开，尽管烟叶内含有丰富的前体物质，但是没有机会接触发生化学反应而形成 TSNAs。Bush 研究表明，TSNAs 的有效积累与调制过程中烟叶细胞膜的破坏同步。当烟叶晾制 2 周后，随着烟叶水分的散失，细胞膜遭到破坏，膜的通透性迅速增大，细胞内物质外渗，紧接着在晾制第 3 周 TSNAs 的形成和积累达到最高峰。TSNAs 形成的前体物是烟草生物碱、硝酸盐和亚硝酸盐。烟草生物碱根据氮原子所连氢原子数的多少，可分为仲胺和叔胺，其中，烟碱（Nicotine）属于叔胺化合物，去甲基烟碱（Nornicotine）、新烟碱（Anatabine）和假木贼碱（Anabasine）属于仲胺化合物。生物碱经亚硝化反应会生成 TSNAs，叔胺和仲胺类生物碱的亚硝化过程如图 1-2 所示。烟草燃烧和亚硝酸盐分解会产生 NO 和 NO_2 等化合物（1），并

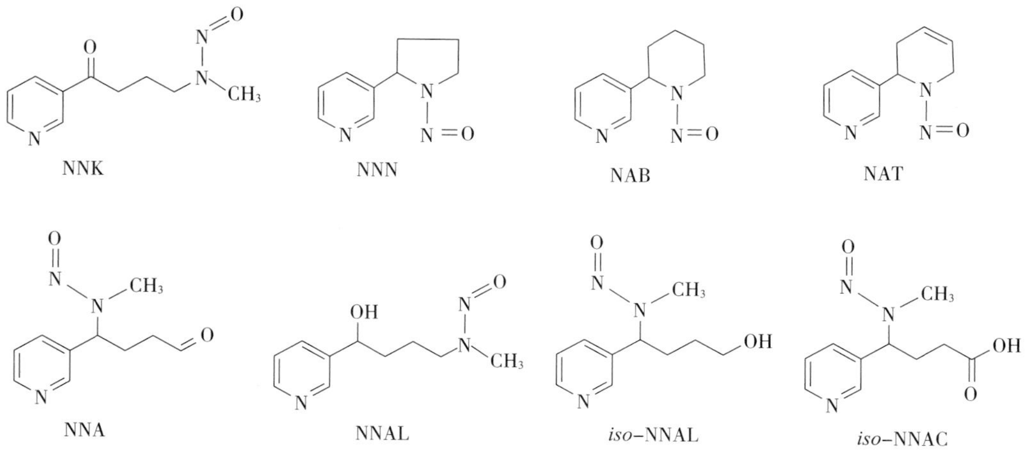

图 1-1　TSNAs 的结构式

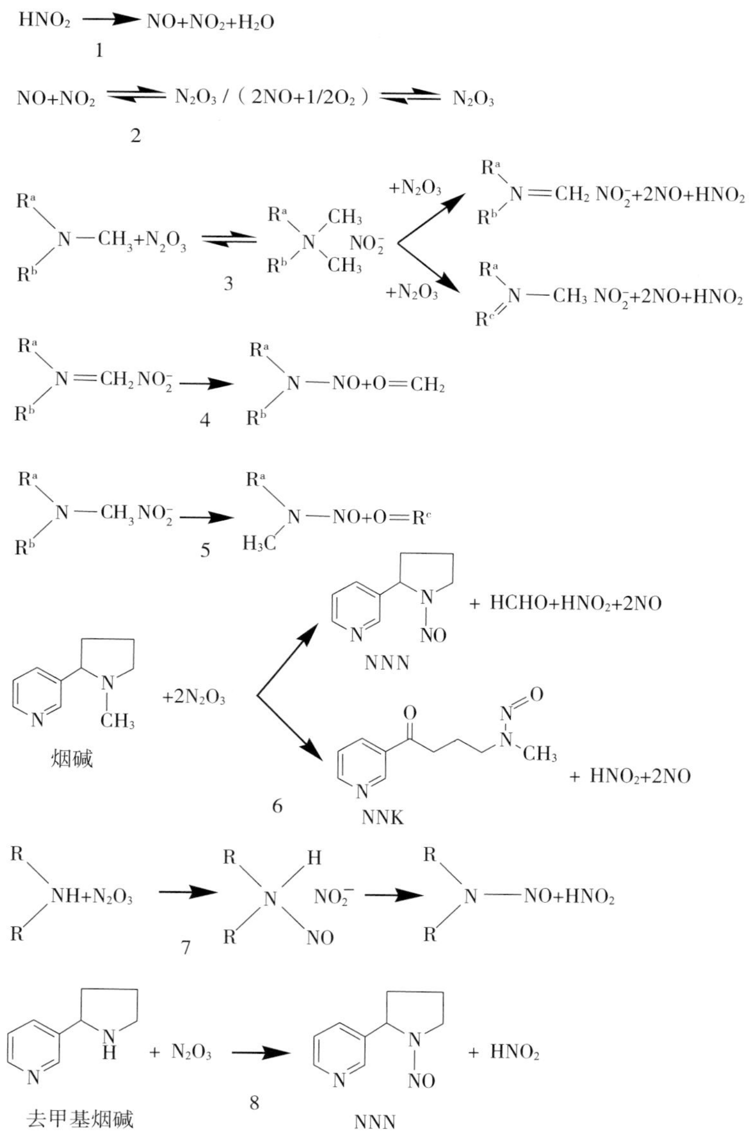

图 1-2　叔胺和仲胺类生物碱生成 TSNAs 的反应

与 N_2O_3 处于动态平衡中（2）；NOx 具有强氧化性，在合适的条件下，叔胺和仲胺生物碱与氮氧化物会发生氧化还原反应，其中叔胺发生的反应如（3）所示，中间产物会进一步反应，生成亚硝胺类化合物（4 和 5），因此，烟碱与 N_2O_3 总反应如（6）所示。仲胺类生物碱的亚硝化与叔胺不同，Mirvish 等研究去甲基烟碱和假木贼碱的亚硝化反应动力学过程发现仲胺类生物碱的亚硝化是典型的脂肪仲胺类亚硝化反应，反应较为容易，反应过程如（7）所示，去甲基烟碱与 N_2O_3 反应是典型仲胺亚硝化，如（8）所示。所以，NNN、NAT 和 NAB 主要通过相应的仲胺（微量生物碱）的亚硝化作用形成，一些 NNN 也能通过叔胺 – 烟碱亚硝化后再失去一个甲基而形成。NNK 只能由烟碱通过吡咯环开环后被氧化、*N*-亚硝化作用而形成。研究发现，仲胺类生物碱的亚硝化反应速度较快，而叔胺类生物碱的亚硝化反应受中间产物亚胺离子的限制，反应速度较慢，且更依赖于反应溶液的 pH。烟草调制期间烟草生物碱通过亚硝化作用形成烟草特有 *N*-亚硝胺机制如图 1-3 所示，普遍认为，NNK 来源于烟碱，NNN 除了来源于烟碱，还有一部分来源于去甲基烟碱，NAT 和 NAB 则分别来源于新烟碱和假木贼碱。

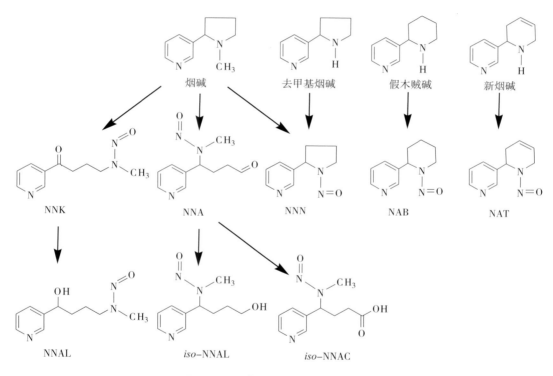

图 1-3　烟草特有 *N*-亚硝胺的形成

作为亚硝化剂的亚硝酸盐是烟草调制期间烟草中的硝酸盐被细菌和烟草中的酶还原产生的，因此烟草中的硝酸盐含量对烟草特有 *N*-亚硝胺的含量水平有重要影响。云南省烟草农业科学研究院的研究表明，各种 TSNAs 及其总量与亚硝酸盐都存在着显著的相关性，尤其是与 NNN、NAT+NAB 和 TSNAs 之间有极显著的相关性；TSNAs 总量与 NNN、NAT+NAB 和 NNK 都具有极显著相关性，但与 NNK 的相关性稍低；NNK 与 NNN、NAT+NAB 也存在着显著的相关性；NNN 与 NAT+NAB 之间的相关性极为显著（表 1-1），这表明亚硝酸盐是形成 TSNAs 的重要前体物质。总结认为，烟草中烟草特有 *N*-亚硝胺的最终含量与下列因素有关：烟草品种和影响最初生物碱与硝酸盐浓度的农学条件；调制期间发生生物碱亚硝化作用的调制条件；进一步发生亚硝化作用的储藏和加工条件。

表 1-1 晾制期间烟叶中 TSNAs 与硝酸盐、亚硝酸盐的相关性及显著性分析

	NNN	NAT+NAB	NNK	TSNAs	亚硝酸盐	硝酸盐
NNN	—	0.8689**	0.6781*	0.9761**	0.9765**	0.4920
NAT+NAB	—	—	0.6367*	0.9291**	0.9195**	0.4390
NNK	—	—	—	0.7820**	0.7304*	0.2182
TSNAs	—	—	—	—	0.9874**	0.4611
亚硝酸盐	—	—	—	—	—	0.4875
硝酸盐	—	—	—	—	—	—

注：** 表示两者 *P* 值在 0.01 水平上显著相关；* 表示两者 *P* 值在 0.05 水平上显著相关。

当烟草燃烧时，烟草特有 *N*-亚硝胺能转移至烟气中并发生热分解，也会通过热合成反应形成更多的 *N*-亚硝胺，因此卷烟烟气中的 TSNAs 由烟草转移部分和卷烟燃烧部分组成，但每一部分所占比例由于研究手段的不同至今未形成统一意见。Fischer 等认为，大部分 TSNAs 是由烟草中转移而来的，仅有 NAT 和 NAB 与烟草燃烧有关。Hoffmann 及其同事通过应用放射性同位素标记技术发现，主流烟气中的 *N*-亚硝基去甲基烟碱 40% ~ 46% 是从烟草直接转移过来的，其余部分是吸烟期间经热合成形成的；对于 NNK，他们估计只有 26% ~ 37% 是从烟草直接转移过来的，其余部分由热合成形成。Adams 等认为 63% ~ 74% 的 NNK 是由燃烧产生的。Moldoveanu 等通过同位素标记添加实验，系统研究了在参比卷烟 2R4F 基质下燃烧产生的 TSNAs 与总 TSNAs 的关系，结论认为，高温裂解产生的 NNK 和 NNN 分别占主流烟气中各自总量的 5% ~ 10% 与 5% ~ 25%，在低 TSNAs 释放量的卷烟中上述比例会更高。也正是由于燃烧部分的贡献，传统卷烟烟气中的 TSNAs 难以彻底清除。口含烟等无烟气烟草制品由于不燃烧，无高温裂解反应，因此无烟气烟草制品中的 TSNAs 仅来源于烟草自身固有 TSNAs 的转移。

第二节 烟草特有 *N*-亚硝胺的危害

动物实验证实，TSNAs 尤其是 NNN 和 NNK 不仅是强有力的器官特定致癌物，而且也是接触性致癌物（表 1-2）。器官特定致癌物常在相同的部位诱发肿瘤，与应用暴露的场合和方式无关。

表 1-2 TSNAs 对动物的致癌性

烟草特有 *N*-亚硝胺	品种及品系	应用途径	主要目的器官	剂量
NNK	A/J 小鼠	i.p	肺	0.12 mmol
	F344 大鼠	s.c	鼻腔、肝脏、肺	0.1 ~ 2.8 mmol
	Syrian 金仓鼠	s.c	气管、肺、鼻腔	0.05 ~ 0.9 mmol
NNN	A/J 小鼠	i.p	肺	0.12 mmol
	F344 大鼠	s.c	鼻腔、食道	0.2 ~ 3.4 mmol
	F344 大鼠	p.o	鼻腔、食道	1.0 ~ 3.6 mmol
	Sprague-Dawley 大鼠	p.o	鼻腔	8.8 mmol
	Syrian 金仓鼠	s.c	气管、鼻腔	0.9 ~ 2.1 mmol
NAT	F344 大鼠	s.c	—	0.2 ~ 2.8 mmol

续表

烟草特有 *N*-亚硝胺	品种及品系	应用途径	主要目的器官	剂量
NAB	F344 大鼠	p.o	气管	3 ～ 12 mmol
	Syrian 金仓鼠	s.c	—	2 mmol
NNA	A/J 小鼠	i.p	—	0.12 mmol
NNAL	A/J 小鼠	i.p	肺	0.12 mmol

一、NNK 的致癌性

研究发现，对于大鼠，肺部是 NNK 发挥致癌作用的主要靶器官，不同的给药途径（饮水、静脉、灌注、皮肤接触、腹腔注射及面颊涂拭等）均能诱导 F344 大鼠形成肺部肿瘤，在其他目标组织（鼻腔、肝脏、胰腺）中肿瘤的形成依赖于给药的途径、剂量及给药后观察治疗时间的长短。NNK 优先诱导形成肺部肿瘤而非局部肿瘤，例如，通过口腔涂拭或者饮水给药很少诱发口腔肿瘤和食道肿瘤，皮下注射给药或者血管内给药很少诱发皮下肿瘤和膀胱肿瘤。NNK 诱发的肺部肿瘤主要是腺瘤和恶性腺瘤，腺棘癌和鳞状细胞癌发生率较低。在剂量—反应实验中，在较低剂量条件下 NNK 诱导的肺部肿瘤对其他肿瘤具有一定的排斥作用。有研究表明，诱发肺部肿瘤的最低 NNK 剂量为 1.8 mg/kg，可导致大鼠 6.7% 的肺部肿瘤发生率，16.4% 的畸形生长发生率。另有相似研究表明，NNK 剂量为 6 mg/kg 时，可导致 10% 的肺部肿瘤发生率，15% 的畸形生长发生率。

对大鼠进行 NNK 皮下注射给药时，鼻腔肿瘤是除肺部肿瘤外最易诱发的肿瘤，诱导鼻腔肿瘤的给药总量较高，为 0.3 mmol/kg、1 mmol/kg 和 3 mmol/kg。通过饮水给药即使在总剂量为 0.68 mmol/kg 的高剂量条件下，也很少诱发鼻腔肿瘤，表明 NNK 饮水给药时，肝脏的解毒作用可降低 NNK 对鼻腔的影响。高剂量给药条件下可观察到恶性鼻腔肿瘤形成，主要是嗅觉成神经细胞瘤。当 NNK 皮下注射给药为 3 mmol/kg 或者更高剂量时，通常可诱发肝脏肿瘤，低剂量时为鼻腔肿瘤或肺部肿瘤，高剂量给药可观察到肝细胞癌和血管内皮瘤形成。通过 NNK 饮水给药则未发现恶性的肝脏肿瘤形成。NNK 饮水给药可诱发形成外分泌胰腺瘤，这种肿瘤主要是胰腺腺泡细胞瘤，这种肿瘤的发生率通常较低。NNK 饮水给药也可诱发形成导管瘤。

NNK 可诱发易感型和野生型大鼠形成肺部肿瘤，不过这种发病率的多样性在野生型大鼠中较低，且形成肿瘤的时间通常较长，偶尔也可观察到肝脏肿瘤和前胃肿瘤形成。Hecht 等对 A/J 小鼠进行单一的腹膜内注射，NNK 剂量为 10 μmol/kg，发现 16 周后每只老鼠形成 7 ～ 12 个肺部肿瘤。对 A/J 小鼠的 NNK 剂量—效应研究表明，随着 NNK 剂量的增加，肺部肿瘤的多样性迅速增加。仓鼠的肺部、气管和鼻腔是 NNK 发挥致癌作用的主要靶器官。单一剂量 NNK（1 mg/kg）可诱发呼吸道肿瘤。肺部肿瘤主要是腺瘤和恶性肿瘤，此外也可诱发腺鳞癌。气管肿瘤主要是多种刺瘤。Furukawa 的研究中，对于仓鼠，1×10^{-6} mg/kg 和 3×10^{-6} mg/kg 的 NNK 饮水给药剂量下，未观察到肿瘤的产生。Liu 的研究发现，对于仓鼠，各种给药途径均未发现肝脏肿瘤产生。Stephen 等使用 NNK 对肺癌易感的 A/J 小鼠进行不同剂量的灌胃和皮下注射，连续给药 8 周后自然恢复，在第 9 ～ 19 周的恢复期间处死，发现有肿瘤产生。William 等对肿瘤易感的 A/J 小鼠和抗肿瘤的 CH3 小鼠研究了由 NNK 诱导的小鼠肺部肿瘤基因的差异表达，证明了 NNK 诱导肺癌的发生与小鼠的种属有关系。

尚平平等采用模拟与风险分析方法对卷烟烟气中 NNK 进行了量化健康风险评估，结果显示 NNK 具有极高的致癌风险，但并未说明容易导致哪种组织的癌变。张宏山等采用细胞毒性实验证明了 NNK 可诱发人支气管上皮细胞的恶性转化。用 NNK 对人支气管上皮细胞系（16HBE）进行多次染毒，结果发现，在细胞染毒至第 23 代时呈恶性形态。由此可见，NNK 对 16HBE 细胞具有较强的恶性转化能力。吕兰海等研究 NNK 诱发基因突变的作用，实验以人支气管上皮细胞（BEP2D）为靶细胞，将指数生长期的 BEP2D 细胞进行 NNK 染毒，结果表明，NNK 可诱发细胞次黄嘌呤 – 鸟嘌呤磷酸核糖转移酶（HPRT）基因突变，HPRT 对于嘌呤的生物合成及中枢神经系统功能具有重要作用。

关于烟草特有 *N*–亚硝胺致癌机制比较普遍的看法是，烟草特有 *N*–亚硝胺在混合功能氧化酶的作用下可生成重氮烷，再经脱烷基作用形成自由基，自由基使细胞的核酸和蛋白质烷基化，尤其使 RNA 和 DNA 的鸟嘌呤发生烷基化作用，烷基化后的核酸改变了细胞的遗传特性，通过体细胞突变活细胞的分化失常而导致肿瘤的发生。

二、NNN 的致癌性

对于大鼠，食道和鼻腔黏膜是 NNN 发挥致癌作用的主要靶器官，其他部位的肿瘤很少被重复观察到，而且这两个部位的肿瘤发生率与实验方案的设计有很大关系。对于仓鼠，气管和鼻腔则是主要靶器官。对于小鼠，肺部是主要靶器官。研究发现，对于 F–344 大鼠，通过 NNN 饮水给药或者流食给药，可诱发食道和鼻腔的肿瘤，通过皮下注射给药和填喂法给药，主要诱发鼻腔肿瘤，少量诱发食道肿瘤。Castonguay 等的研究发现，5×10^{-6} mg/kg 剂量的 NNN 通过饮水给药（大鼠），食道肿瘤的发生率为 71%。Griciute 等的研究认为，NNN 皮下注射诱发肿瘤的最低剂量为 1 mmol/kg，在此剂量下大鼠鼻腔肿瘤的发生率为 50%，NNN 填喂法给药的最低剂量约为 0.8 mmol/kg，此剂量下鼻腔肿瘤的发生率为 20%。Hecht 等将 NNN 和 NNK 的混合物通过口腔给药，发现大鼠口腔肿瘤和肺部肿瘤有显著的发生率，而单独使用 NNK 给药仅诱发肺部肿瘤。对于大鼠，NNN 则很少诱发肺部肿瘤，在仓鼠中也不能诱发肺部肿瘤。对于小鼠，NNN 主要诱发的是肺部肿瘤，但发病率远低于 NNK。Koppang 等研究了 TSNAs 对貂的致癌性，这也是唯一的 TSNAs 非啮齿类动物模型，研究发现 NNN 可诱发貂形成鼻腔肿瘤，而且其致癌效应非常敏感，NNN 和 NNK 的混合物同样具有强致癌性，主要诱发鼻腔肿瘤。

三、NAT 和 NAB 的致癌性

对于大鼠，NAB 具有相对较弱的食道致癌性，其致癌性显著低于 NNN。NAB 对于叙利亚金黄地鼠没有致癌性，而相似剂量的 NNN 会诱发叙利亚金黄地鼠高发生率的气管肿瘤。对于 A/J 小鼠，NAB 和 NNN 具有相同的诱发肺腺瘤的作用。Hoffmann 等分别使用 1 mmol/kg、3 mmol/kg 和 9 mmol/kg 剂量的 NAT 通过皮下注射给药，1 周注射 3 次，观察 20 周未发现肿瘤产生，表明 NAT 可能对大鼠没有致癌性。

已有足够多的研究表明，NNK 和 NNN 对实验动物具有较强的致癌性，IARC 认为 NNK 和 NNN 在人体中也可能有致癌性，将 NNK 和 NNN 列为 1 类致癌物。NAB 和 NAT 对实验动物的致癌性证据较少，IARC 认为 NAB 和 NAT 对人体的致癌性尚不能确定，将 NAB 和 NAT 列为 3 类致癌物。

第三节　降低烟草特有 *N*–亚硝胺的研究

卷烟工业方面的减害是烟草农业方面减害的继续与深入，涉及卷烟设计、叶组配方、加工工艺和辅助材料等方面。烟草农业方面的减害仅涉及减少 TSNAs，且主要是 NNN，而烟草工业方面的减害则涉及

减少多种烟草或烟气有害成分，如 CO、HCN、氨、TSNAs、多环芳烃和烟气自由基等，此方面的专利报道较多，主要集中在添加剂研究方面，而且多集中在固体添加剂方面，这些添加剂通过吸附或催化可降低一种或多种卷烟烟气有害成分。

一、叶组配方减害

目前通过调整叶组配方直接降低有害成分尚无报道，然而，通过分析不同年份、产地、品种、等级烟叶或叶组配方的各种烟叶及其烟气有害成分释放量，在卷烟叶组配方设计或改造中使用低 TSNAs、低农残和低重金属元素含量的烟叶，少用或不用高有害成分释放量烟叶，或用低害原料替代配方中的高害原料，或添加再造烟叶、膨胀烟丝、膨胀梗丝，其卷烟烟气中的有害成分自然减少，这种方法可以称为间接叶组配方减害。直接调整叶组配方减害法由于不了解叶组中每种原料的有害成分释放量，故盲目性大，缺乏针对性，而间接减害法需要做大量的烟叶和烟气有害成分分析研究工作，时间长，工作量大，但针对性强，适用性广。美国劳瑞拉德烟草公司的 Guan J 等考察了不同部位烤烟与白肋烟组成的叶组配方对烟气中氨、多环芳胺（PAAs）、多环芳烃（PAHs）、TSNAs、挥发性有机物（VOCs）、半挥发性有机物（SVOCs）羰基化合物、NO 和酚类释放量，以及卷烟燃烧锥表面和中心温度的影响。结果表明，烤烟部位与主流烟气成分释放量和燃烧温度之间存在 3 种类型的相关关系：对于氨、PAHs、TSNAs、SVOCs 和燃烧锥内温度，US（上部叶）＞ LS（下部叶）＞ MS（中部叶）；对于焦油、PAHs、NO、VOCs（异戊二烯除外）、酚类（间苯二酚除外），LS ＞ MS ＞ US；对于烟碱和异戊二烯，US ＞ MS＞LS。其细胞毒性和致突变性亦因烟草种类的不同而异。Johnson J 等为了弄清与 4– 氨基联苯（4–ABP）生成和调节有关的主要参数进行了各种实验，以评价烟叶类型、部位、燃烧特性、配方效果及其在生成 4–ABP 中的作用。结果表明，燃烧条件影响热合成化合物的生成，烟叶是生成多环芳胺的主要来源。控制烟叶的蛋白质含量可显著降低 4–ABP，控制烟叶的蛋白质含量是降低芳胺生成的最有益的方式。Kim J 等研究了不同等级烟叶的还原糖含量对烟气中丙烯酰胺的影响。结果表明，烟丝中的还原糖含量与主流烟气中的丙烯酰胺线性相关。Winter D 等考察了不同烟叶配方成分——烤烟、白肋烟、香料烟及 1∶1 烤烟与白肋烟混合物和 Hoffmann 分析物之间的潜在关系。结果表明，Hoffmann 分析物可能与一种以上的烟叶配方成分相关，某些叶组成分或许是各种 Hoffmann 分析物的可能前体，各类不同的 Hoffmann 分析物或许有一个共同的叶组前体，通过叶组成分可预测烟气中某些 Hoffmann 分析物的释放量。王保兴等采用气相色谱 / 热能分析联用仪（GC/TEA）测定了 63 个烤烟样品中的 TSNAs 含量，并进行了差异显著性检验。结果显示，进口烟叶的 TSNAs 含量明显比云南烟叶的高；云南烟叶中 TSNAs 含量的高低顺序为 NAT+ NAB ＞ NNK ＞ NNN，而进口烟叶没有明显的规律；品种对烟叶中的 TSNAs 含量影响显著，而等级对烟叶中的 TSNAs 含量影响不大。

二、加工措施减害

加工措施减害包括卷烟加工工艺减害和外加添加剂减害等。

（一）加工工艺减害

卷烟生产过程中，各种烟草加工措施如回潮、膨胀、烘丝等在改善烟草加工性状和燃吸品质的同时，实际上也都起着一定的减少烟草或烟气有害成分的作用。Green C R 等报道了以前未发表的烟草膨胀对卷烟主流烟气总粒相物（TPM）、烟气烟碱和数百种烟气成分的影响，卷烟中掺入不同量的膨胀烟丝烟气 TPM、烟碱和特殊烟气成分的变化，膨胀烟丝化学成分的变化，认为膨胀烟丝是低危害卷烟的一项重要卷烟设计技术。张鼎方等发现，烟丝经二氧化碳膨胀处理后，其脯氨酸、丝氨酸、谷氨酸、甘氨酸、组氨酸和异亮氨酸等总体上呈下降趋势，而精氨酸和天冬氨酸等总体上呈上升趋势。王文领等考察了制丝过程中烟草中游离氨基酸的变化，结果表明，加料后烟草中的游离氨基酸含量稍微上升，贮片过程中明显下降，烘丝后部分上升部分下降。谢卫发现，烘丝工序对烟草总生物碱和游离生物碱的影响最为显著，润叶加料工序次之，松片回潮工序影响较小，经过这 3 个工序处理后，烟草总生物碱和游离生物碱分别降低 15% 与 25%。白晓莉等研究了造纸法再造烟叶在制丝工艺处理过程中真空回潮（工序 1）、松散回潮（工序 2）、润叶（工序 3）、烘丝（工序 4）后的致香成分、有害成分和感官品质的变化，结果表明：烟草中致香成分含量在工序 1～3 有降低趋势，工序 4 含量增加，重要致香成分巨豆三烯酮、新植二烯、二氢大马酮含量在烘丝工序明显增加；卷烟主流烟气中多环芳烃基本无变化，NNK 在烘丝工序明显降低，其他亚硝胺变化较小；卷烟烟气的常规化学指标在加工前后基本无变化；加工过程中感官质量各项指标有升有降，烘丝工序感官质量明显提高，烟气均衡感较好，圆润感提高，烟香丰富性、清晰度提升，甜韵明显增强，此研究较为全面系统，既研究了造纸法再造烟叶在制丝过程中重要致香成分的变化，又研究了其卷烟烟气的常规化学指标、重要有害成分和感官质量的变化。徐安传等将生产线上刚加完香的成品烟丝分别在 0 ℃、–5 ℃、–10 ℃、–15 ℃和 –20 ℃下放置 10 min、20 min 和 30 min，然后测定处理烟丝卷烟主流烟气中的水分和 CO，并对烟气水分、CO 与处理温度、处理时间进行回归分析，结果表明，与对照相比，处理后的卷烟烟气中水分均有所提高、CO 均有所降低；相同的低温处理时间内，卷烟烟气中水分随处理温度的降低呈先升高后降低的趋势，最大提高幅度为 7.66%；CO 则随处理温度的降低呈先降低后升高的趋势，最大降幅为 7.58%；相同的处理低温下，卷烟烟气中水分随处理时间的延长呈先升高后降低的趋势，CO 则随处理时间的延长而逐渐降低。

（二）外加添加剂减害

除采用烟草加工工艺减害外，研究人员还进行了大量在烟叶或烟丝中加入添加剂以降低烟草或烟气中有害成分的研究，所用的添加剂有钾盐、微生物和其他材料等。卷烟添加剂减害研究一般应包括 6 个方面：添加剂安全性评价、烟气有害成分分析及添加剂成分分析、有害成分降低、添加剂热解产物分析、烟气感官评价和烟气毒理学评价。但大多研究都偏重于有害成分分析、有害成分降低和烟气感官评价，而未重视添加剂安全性评价、烟气添加剂成分分析及其热解产物分析和烟气毒理学评价。

1. 钾盐法

钾盐有助燃作用，可以降低烟草的热裂解温度，故添加钾盐有一定的减害作用。Yoji U 等研究了不同钾含量的烟草热解产物中的苯并 [a] 芘（B[a]P）产生量，先用水洗去烟草中的钾，然后在除钾烟草中分别加入乳酸钾、碳酸钾（K_2CO_3）和氯化钾（KCl），加钾烟草样品于红外影像炉中热解。结果表明，水洗除钾使烟草的 B[a]P 产生量大幅升高，添加乳酸钾、K_2CO_3 的烤烟烟叶的产生量降低，而加 KCl 的升高，但加乳酸钾的白肋烟的产生量并未降低。其热重分析（TGA）测试结果显示，烤烟烟叶中加乳酸钾、K_2CO_3 可以降低烟叶细胞壁物质如纤维素和木质素的分解温度，而加 KCl 的烤烟和加乳酸钾的白肋烟的燃烧温度均未发生明显的变化。结论是，通过钾改变细胞壁物质的热解过程影响 B[a]P 的形成，而钾影响的程度取决于钾的形态。Dyakonov A J 等研究了钾盐添加剂作为卷烟助燃剂对卷烟燃烧温度、烟气 NOx、CO 和 B[a]P 的释放量的影响。按照钾盐在高温下的热解机制将其分为 3 组：第一组：氯化钾和二氯乙酸钾；第二组：碳酸钾和碳酸氢钾；第三组：葡萄糖酸钾、甲酸钾和柠檬酸钾。用 DTA /TG /MS 测定温度升至 1300 ℃（升温速率 40 ℃ /min）、10% O_2 80 mL/min 气流中各个钾盐的热化学性质，并分析加钾盐的烟草和纤维素在同样条件下的热解产物，以寻找钾盐碎片的自由基清除或初始活性的证据，测定了由钾盐改进烟丝卷制的卷烟燃烧锥空间温度图、烟气自由基，NOx、CO 和 B[a]P 的释放量。结果表明，烟气 NOx、CO 和 B[a]P 的释放量与卷烟燃烧锥温度的变化和自由基的生成有关，气体产物对钾的存在比 B[a]P 敏感，40% NOx 和 25%CO 被抑制，B[a]P 受同种盐的影响更显著，但无选择性。刘湘君等报道，将一种或几种金属盐或碱金属氢氧化物水溶液生成的凝胶状混合物加入烟丝或再造烟叶中，可使卷烟焦油量降低高达 6 mg/ 支。JP2006187360 介绍，在卷烟烟丝中加入 2%～5%（质量分数）一种碱金属盐可降低卷烟主流烟气中 CO，而不大幅改变抽吸口数。杨彦明等为有效降低烟梗中的蛋白质含量，提高造纸法再造烟叶的品质，在保持再造烟叶原有工艺流程不变的前提下，通过添加有机酸盐或碱处理剂及改变处理条件的方法提高烟梗或烟梗浆料中蛋白质的溶出量。结果表明，用该方法处理梗浆料比处理烟梗的效果好；处理剂以氢氧化钾的效果最好，其最适条件为处理温度 25 ℃、处理时间 2 h、处理液内物料与溶剂比 1∶4、处理剂浓度 1.0%，梗浆中的蛋白质含量比对照降低 60.4%。刘志华等用柠檬酸钾和枸橼酸钠混合盐作助燃剂，研究了混合盐的添加量和配比对卷烟主流烟气指标的影响。结果表明，助燃剂添加量在 0.5%～2.0% 范围内，随着添加量的增加，抽吸口数、烟气中焦油量、CO 量与烟碱量、CO / 焦油均显著下降；单口烟气中焦油量和烟碱量增加，CO 量降低；柠檬酸钾助燃效果优于枸橼酸钠。通过调整二者在混合盐中的比例，可以在适当降低烟气焦油量的条件下，显著降低烟气中的 CO 量。

2. 微生物法

微生物法就是从烟叶或植烟土壤或堆放烟叶的土壤中分离可分解烟碱的微生物，然后应用于烟叶，以分解烟碱。此外，也有采用微生物法降低烟叶亚硝酸盐和（或）TSNAs 的。然而，此法虽然在一定程度上可分解烟碱，但由于微生物或酶属于蛋白质，而蛋白质热解不仅产生有害物质，而且其热解产物对烟味也有不利的影响。因此，此方面的研究既要考察其分解烟碱的能力，也要考察其对卷烟吸味和烟气有害成分的影响，但大多研究仅考察了前者，而忽视了后者。Shu M 等从废弃烟草中分离出一株新型降解烟碱菌株，经标准形态学检测、生态学检测和 16S 核蛋白体脱氧核糖核酸酶扩增的核苷酸序列分析证明，该菌株为 *Pseudomonas* sp. Zutskd。通过适应过程该菌株耐 NaCl 和烟碱的能力分别由 2.0% 提高到 3.5% 及 4.5 g/L 提高到 5.0 g/L，对葡萄糖的耐受力高达 40 g/L，该菌株在高 NaCl 和烟碱浓度下，甚至在废弃烟草上均表现出高的降解烟碱的能力，但在加葡萄糖改善细胞生长时，烟碱的降解却随着葡萄糖用量的增大而受到抑制。Duan 等从植烟土壤中分离出一株新型烟碱降解菌株 Y22，经鉴定，该菌株为 *Bacterium R hodococcus* sp. Y22。该菌株可用烟碱作为唯一的碳源、氮源和能源，其降解烟碱的最佳培养条件为温度 28 ℃、pH 4～7、烟碱浓度 1.5 g/L。烟碱诱导的细胞比不诱导的降解纯烟碱活性高，用其处理烟叶，9 h 后可将烟叶中的烟碱完全分解。Lei L P 等通过 mini-Tn5 置换突变，由烟碱降解菌 *Pseudomonas putida* J5 菌株中产生一种烟碱敏感突变，以烟碱作为唯一碳源的该突变菌株不能生长，但用葡萄糖作碳源可以生长。Sun J S 等由堆积烟草的土壤中筛选分离出 *Pseudomonas nicotiana* 菌株，然后于 33～39 ℃下振荡培养 16～32 h，培养介质：牛肉提取物 0.3～0.8 g，蛋白胨 1～2 g，NaCl 0.3～0.8 g，水 98 mL，pH 6～7；再用此菌株处理烟草（含水率 10%～50%），处理量：烟草重量的 1%～5%，处理烟草发酵 4～8 h。Lei L P 等从烟叶中分离了一株菌株 L1，L1 能分解 1.5 g/L 烟碱。L1 为 *Bacillus* 属，可用烟碱作为唯一的碳源和氮源，其最佳生长的烟碱浓度为 1.0 g/L，比其高或低都不利于生长。在最佳接种条件下 36 h，L1 可降解 75.0% 烟碱，且降解过程中未出现色素。马林等从卷烟厂附近的土壤中筛选的降解烟碱细菌处理烟丝，处理后各培养 2 天和 7 天，其烟碱分别降低 15.2% 和 22.1%。陈洪等用超临界二氧化碳破壁的烟叶微生物的多酶体系处理烟叶，烟草烟碱的降低速度比自然陈化的提高了几十倍至几百倍，在酶用量一定的条件下，烟碱的降低量随着作用时间的延长而增大，但 4 天后烟碱含量几乎不再变化；在作用时间一定的条件下，烟叶中的烟碱含量与酶用量基本上呈负相关关系；酶法在降解烟草烟碱方面优于微生物法，并且具有可控制性。US20060225750 发现，用无硝酸盐还原能力而有生长竞争力的微生物大肠杆菌或泛菌属处理烟叶，可降低烟叶中的 TSNAs 含量。US20060225751 提出，用土壤杆菌属微生物处理烟叶，可降低烟叶中的亚硝酸盐和（或）TSNAs 含量。JP2006180715 用双歧杆菌处理烟草提取物，可降低其中的 TSNAs 而不大幅降低烟碱。

3. 固体颗粒添加剂法

此法是将无机固体添加剂如沸石粉末或负载于载体上的纳米贵金属催化剂或氧化剂加入卷烟烟丝中，燃吸时通过改变烟丝的燃烧温度或催化、氧化而降低烟气有害成分。这些添加剂虽然有或大或小的降低烟气有害成分的作用，但应用于卷烟需要解决 4 个问题：这些添加剂本身必须无毒无臭，不会给烟气增加新的有害成分，不会对卷烟的吸味产生不利影响；加入烟丝中的固体添加剂粉末必须用黏合剂固定在烟丝上，否则在进行卷烟卷制时添加的粉末材料可能被作为粉尘而除去；燃吸时这些添加剂和黏合剂不会裂解产生新的有害成分；燃吸时这些添加剂和黏合剂不会通过滤嘴进入主流烟气中，但大多研究都未报道此方面的研究。Radojicic V 等将 Y 型沸石、超稳定 Y 型沸石、Pentasil 型沸石 3 种沸石材料分别以 3% 和 5% 的量加入卷烟配方中。结果表明，3 种沸石都有催化活性，可使烟气的产生量和组成发生改变。沸石的类型和添加量均影响卷烟的燃烧速率与烟气焦油量，沸石类型的影响较沸石添加量大。3 种沸石均使焦油量降低，其中添加 5% Pentasil 型沸石的降低率最大。结论是，直接将沸石加入叶组配方工艺可成功用于改变卷烟的燃烧条件、燃烧速率和卷烟烟气主要成分的产生量。Yin 等在烟丝中加入 2%（质量分数）$La_{0.7}Ln_{0.3}Fe_{1-y}M_yO_3$ 纳米催化剂，主流烟气中的 CO 和 NOx 含量分别降低 16.0% 与 15.9%，而总粒相物仅有轻微降低。黎成勇等采用共沉淀法和焙烧法制备了 $CuO-CeO_2$，并考察了 Ce 含量、焙烧温度对 $CuO-CeO_2$ 催化氧化 CO 性能的影响，以及加于烟丝中对卷烟烟气中焦油、烟碱、CO 含量和卷烟吸味的影响。结果表明，于 250 ℃下焙烧 3 h 制备的含 10% CeO_2 的 $CuO-CeO_2$ 催化氧化 CO 的性能较好；与对照相比，烟丝中添加 0.4% $CuO-CeO_2$ 的卷烟烟气 CO 降低 12%～13%，但其吸阻、烟气焦油、烟碱释放量和吸味均变化不大，且放置时间对 $CuO-CeO_2$ 催化降低卷烟烟气 CO 的效果影响不大。钱晓春等采用 TG、XRD、氮吸附和 TEM 等方法测定了 $LaFeO_3$ 钙钛矿型复合金属氧化物 $LaFe_{0.85}Pd_{0.05}Cu_{0.1}O_3$ 的热稳定性、比表面积、粒子的形状与大小，以及对 NO 的分解催化活性，并以添加于造纸法再造烟叶中的形式考察了该氧化物对卷烟烟气中 NOx 等有害成分的影响。结果表明，700 ℃下焙烧 2 h 该氧化物的比表面积为 17.24 m^2/g，平均粒径为 50 nm，具有较高的 NO 分解催化活性；与对照相比，含 1.5% 该复合金属氧化物的卷烟烟气中 NOx 含量降低 13.0%，比焦油多降低约 9%。WO2005039329 声称，采用激光蒸发控制缩合或化学反应法将目标添加剂（催化剂如锰、铁、铜的氧化物或氢氧化物）以纳米微纤维结构形式沉积在烟丝或卷烟纸上，这些添加剂可作为 CO 转化为 CO_2 的氧化剂或催化剂。WO2005039328 提出，通过某种金属氧化物前体溶液和某种添加剂颗粒与烟丝、卷烟纸或卷烟过滤材料反应，将某种添加剂颗粒固定在烟丝、卷烟纸或卷烟过滤材料上，这些颗粒包括碳、金属和（或）金属氧化物，颗粒与金属氧化物载体的比例为：前者占 1%～50%（质量分数），后者占 50%～99%，最好分别为 30%～40% 和 60%～70%。US20050279372 发明了一种可将 CO 转化为 CO_2 的银基催化剂。该催化剂系负载在金属氧化物载体上的银和（或）氧化银的纳米级或稍大的颗粒，将这些颗粒加入烟丝、卷烟纸和卷烟滤嘴材料中，以降低卷烟主流烟气中的 CO。US20060032510 发现，在反应室中梯度温度下和 Ar 惰性气氛或含氧的反应气氛中通过激光照射使其中一种原料蒸发，其蒸汽冷凝在第二种金属氧化物的纳米颗粒上得到复合纳米颗粒，将复合纳米颗粒催化剂加入烟丝、卷烟纸和（或）卷烟过滤材料中，这种催化剂可在低温和接近环境温度下将 CO 氧化为 CO_2。US7011096 也发现将一种纳米添加剂加入烟丝中作为氧化剂或催化剂使烟气中的 CO 转化为 CO_2。US7017585 报道，将一种纳米颗粒添加剂加入烟丝中可以降低卷烟主流或侧流烟气中的多种成分，如醛、CO、1，3-丁二烯、异戊二烯、丙烯醛、丙烯腈、HCN、邻甲苯胺、2-萘胺、氮氧化物、苯、NNN、苯酚、儿茶酚、苯并[a]蒽、B[a]P 及其混合物。这种纳米颗粒添加剂最好是一种有效的氧化剂，将烟气中的 CO 转化为 CO_2，或一种有效的催化剂，将醛类如乙醛和丙烯醛、烃类如异戊二烯和（或）酚类化合物如儿茶酚转化为 CO_2 与水蒸气。US20060086366 提出，将表面改性的吸附剂如活性炭、硅胶、氧化铝、聚酯树脂、沸石或沸石类材料及其混合物等加入卷烟中，可以有效降低一种或多种卷烟烟气成分，所用的表面改性剂为 2– 羟基甲基哌啶（2-HMP）或其同系物如 2–（2– 哌啶）乙醇、*N*–哌啶乙醇和 2–（4– 哌啶）乙醇等。Hampl V J R 研究认为，在烟丝和（或）卷纸中添加金属氧化物或金属碳酸盐能够降低 CO。WO2005039327 发现，将氮化的过渡金属氧化物纳米颗粒或簇如 $Fe_2O_2N_2$ 和氮化氧化铁等加入烟丝（或）卷纸或滤嘴中，可以降低主流烟气中的 CO 和 NO。WO2006046149 提出，将甘油与钯或钙盐和（或）镁盐的混合物一起加入烟丝中，可以降低烟气的细胞毒性和（或）诱变性。

4. 植物提取物法

Guo 等对一种烟草添加剂——复合物 C（一种可食用药物植物提取物）进行了毒理学评估和减害效果评价。结果表明，该复合物对小白鼠的 LD_{50} 为 15.1 mL/kg，对沙门氏菌菌株 TA97、TA98、TA100 和 TA102 的抑菌检验无致突变性。添加复合物 C 的卷烟烟气的急性致死毒性、细胞毒性、氧化损伤、细胞膜损伤和致基因突变作用均显著低于对照，且其烟味舒适柔和。金劲松等进行了槐米浸膏和金针花浸膏的抗氧化活性实验，采用槐米浸膏、金针花浸膏、纤维素酶和中性蛋白酶混合物添加的卷烟烟气对 SPF 小鼠和 Wistar 大鼠进行急性毒性致死实验。结果表明，槐米浸膏和金针花浸膏具有较强的清除羟基自由基和超氧自由基的能力；与对照组相比，抽吸含槐米浸膏、金针花浸膏、纤维素酶和中性蛋白酶混合物卷烟的大鼠存活时间明显延长，其心肝肺组织损伤程度明显较轻。黄龙等对添加前胡、矮地茶、槐米复合提取物卷烟的燃吸品质及其烟气的危害性分别进行了毒理学评价。结果表明，含该提取物的卷烟烟气急性毒性、染色体损伤的遗传毒性、细胞膜脂质过氧化损伤均明显低于未加提取物的卷烟；没有阳性致突变反应；哺乳动物细胞的细胞毒性和染色体畸变稍低于未添加提取物的卷烟，但没有统计学差异。JP2007228954 宣称，将干飞燕草（*Cacalia delphiniifolia*）粉、海藻粉和苹果粉或其提取物添加到基料干松针粉、南天竺叶（果）粉和绿茶粉或其提取物中制成细小颗粒，然后连同醋一起喷洒在烟丝中，可分解烟叶烟碱或焦油。EP1723860 介绍了一种烟碱降低剂，该降低剂至少含有一种多糖如罗望子果树胶、角豆胶、黄原胶、他拉胶（Tara gum，又称刺云豆胶）、瓜尔豆胶、果胶、出芽短梗孢糖、欧车前子胶、甲基纤维素、羧甲基纤维素、羟丙基甲基纤维素和卡拉胶（Carageenan，又称角叉菜胶）。US20070107743 认为，在再造烟叶中添加 0.1%（质量分数）维生素 E 或其衍生物，可降低卷烟烟气中的自由基。

这些添加剂虽然可能可以起到一定的减少烟草或烟气有害成分的作用，但是在卷烟烟丝中还是少加添加剂为好，以免引入新的有害成分。在卷烟材料尤其是在烟丝中加入固态或液态添加剂，特别是加入固态的纳米氧化剂或催化剂颗粒，存在许多问题，如卷制过程中加入或黏附在烟丝上的微小的固体颗粒是否被作为粉尘被吸丝带吸走；抽吸过程中这些液态添加剂或细小的添加剂颗粒及其热解产物是否被吸入烟气中对健康造成新的危害。

（三）提取法减害

提取法减害就是采用某种溶剂提取出烟叶或再造烟叶中的有害成分或有害成分前体从而降低烟气有害成分。烟草中的一些成分如氨基酸和蛋白质等，燃吸时不仅影响卷烟的吸味，而且会产生有害烟气成分，除去这些成分，既可降低烟气有害成分又可将这些蛋白质用作饲料。当然，一些氨基酸在陈化过程中可以与烟草中的还原糖发生非酶棕色化反应生成烟草香味物质。Perinifer 等研究了烟草不溶性蛋白质和不溶性氮对卷烟烟气芳香胺的影响，即用各种洗涤介质包括自来水、95% 乙醇、磷酸、柠檬酸、NaOH 溶液和含水吐温 80 洗涤烟草，洗涤后烟草干重损失 30% ～ 60%，而后测定洗涤烟草中的不溶性蛋白质和不溶性氮及烟气芳香胺。结果表明，当用各种介质洗涤全烟叶配方时，中性和酸性介质洗去的不溶性氮最少，而 0.1 mol/L NaOH 溶液洗涤除去 37%，用 NaOH 溶液和吐温 80 洗涤白肋烟，每支卷烟的 4- 氨基联苯（4-ABP）分别降低 44% 和 37%。将 NaOH 溶液和吐温 80 洗涤的白肋烟按 25%（质量分数）比例分别加入有代表性的叶组配方中，其烟气中的 4-ABP 含量由原来的 0.70 ng/ 支分别降低到 0.47 ng/ 支和 0.51 ng/ 支，而总粒相物（TPM）的影响不大。阳元娥等考察了夹带剂（75% 乙醇）用量、萃取压力、萃取温度、CO_2 流量、萃取时间和超声功率密度对超声强化超临界 CO_2 萃取烟叶中烟碱的影响。结果表明，超声强化超临界流体 CO_2 萃取烟叶中烟碱的较佳工艺条件为：萃取压力 21 MPa，萃取温度 50 ℃，萃取时间 2 ～ 5 h，CO_2 流量 3.0 L/h，夹带剂用量 4 mL/g 烟末，超声功率密度 100 W/L，频率 20 kHz。在此条件下萃取，烟碱萃取率超过 94%。B01J020/02 提出，用含水溶剂提取烟草，提取物中加入吸附剂蒙脱土和活性炭、环糊精、醋酸纤维素或其混合物，在除去烟草中的大部分含氮化合物的同时尽可能减少去除对烟草风味有益的化合物。US20060130859 称用含过氧化氢和某种碱金属氢氧化物的溶液提取烟草，可降低烟草中的含氮化合物和木质素。先用水提取烟草材料，提取物用酸性吸附剂吸附后回加到再造烟叶基片上，不溶性部分用氢氧化钠或氢氧化钾与过氧化氢的混合水溶液提取，不溶性部分用水洗后做再造烟叶基片，溶解部分含有欲去除的成分。ES2251464 介绍，在一定温度和压力下用超临界 CO_2 萃取烟草，萃取液用吸附剂如活性炭、铝硅酸盐、沸石或离子交换剂吸附，再通过酸洗和紫外光光照除去 TSNAs。WO2006059229 用主要由甲醇、乙醇、1- 丙醇或者 2- 丙醇组成的萃取溶剂处理烟草，可以减少烟气中的 B[a]P。AR050461 发明了通过泡沫分级分离（foam fractionation）法除去烟草中的可溶性蛋白质和其他生物分子如 Hoffmann 分析物前体的含量，即先用水（蒸馏水、自来水、去离子水或其他含水溶剂）提取烟草或烟茎，然后在提取物中加入巧克力、活性炭、黏土、离子交换树脂、分子印记聚合物和（或）表面活性剂，再用泡沫分级分离器进行分离，得到的提取物可用于造纸法再造烟叶中。可通过改变提取条件如 pH、提取温度和（或）离子强度提高提取效率，如可用酸如盐酸或碱如 KOH 调节提取液的 pH，调节范围为 3 ～ 10。泡沫分级分离是一个分离和富集具有气 - 液表面活性（air-liquid surface activity）的化合物、胶体与其他物质的处理过程。分离过程中这些物质被富集在泡沫气泡的气 - 液界面中，并随着泡沫气泡的逸出而被分离。US20060065279 用某种萃取溶剂提取烟草，提取物通过超滤、反渗滤或反相分配色谱处理，就得到了包含较多希望保留成分和较少不希望保留成分的馏分 1，以及包含较少希望保留成分和较多不希望保留成分的馏分 2，再主要将馏分 1 回加到烟草基片中，也可以加少量的馏分 2。EP1708582 提出除去烟叶中的有害物质的步骤为：将烟叶于水槽中 13 ～ 25 ℃下浸泡 4 ～ 12 h，冷却至温度不高于 -35 ℃，然后以不高于 2 ℃/h 平均速率逐渐加热到至少 35 ℃。NZ538851 发现，先用水提取烟草材料，水溶部分用固相吸附剂如蒙脱土或阳离子交换树脂吸附或经微膜过滤后浓缩，浓缩液回加到纤维基片上。不溶部分用过氧化氢和碱金属氢氧化物（氢氧化钾或氢氧化钠）混合溶液提取，溶解部分弃去，不溶部经水洗后制成纤维基片。US20050279374 提出，降低烟草中酚类化合物的前体可以降低烟气有害成分，这些前体包括龙胆酸、3，4- 二羟基苯甲酸、绿原酸、芦丁、莨菪亭、喹尼酸及其衍生物、咖啡酸、肌醇和木质素，通过降低调制或原烟叶中的这些酚类前体而使卷烟主流烟气中的酚类物质如苯酚、氢醌类、儿茶酚类和甲酚类降低。其方法是用某种溶剂提取烟草，在存在某种酶的情况下用聚乙烯基聚吡咯烷酮或聚乙烯基咪唑处理提取物，再将处理后的提取物回加到烟草基片上。其实，我国早已将水洗法用于烟梗加工工艺，以降低烟梗中不利于吸味的成分。Yoshida S 等考察了氨基酸（AAs），着重分析了侧链结构的 AAs 对 2- 氨基萘（2-AN）和 4- 氨基联苯（4-ABP）产生量的影响。用天冬氨酸、脯氨酸、丙氨酸和苯丙氨酸水溶液分别喷洒烤烟烟丝，用量 5%（质量分数），然后将各氨基酸及其喷洒的烟丝和对照（喷洒同量水的烟丝）分别置于红外炉中，于氮气中加热至 800 ℃，热解产物进行 GC/MS 分析。结果表明，添加天冬氨酸、脯氨酸和丙氨酸的烟丝 2-AN 和 4-ABP 产生量增大，虽然这 3 种 AAs 本身热解产生很少量的芳香胺；加苯丙氨酸的烟丝热解产物中 4-ABP 产生量增大幅度比其他 AAs 大，但 2-AN 的产生量仅增大 1 ～ 5 倍,虽然苯丙氨酸本身热解产生的这 2 种芳香胺均是其他 AAs 的 150 倍。得出结论:烟草热解产物中 2-AN 产生量受 AAs 的侧链结构的影响不大,估计可能主要取决于 AAs 中的氮含量;烟草热解产物中 4-ABP 产生量可能受 AAs 侧链结构中苯基结构的影响。Bregeon B 等考察了外加氨基酸、多肽、蛋白质和提取烟草色素(类黑素类)对烟气中 HCN 释放量的影响。结果表明,烟草中的蛋白质残留量对烟气中 HCN 含量起重要作用,烟气中的 HCN 含量与这些含氮化合物之间具有良好的相关关系。

（四）辅助材料减害

卷烟纸、滤棒成型纸和滤嘴接装纸都是卷烟减害的重要工具。Loureau J M 等研究了卷烟纸自然透气度、定量、填料含量、纤维重量、助燃剂用量和卷烟纸通风(均匀添加的透气率和分散添加的透气率)对卷烟主流烟气中羰基化合物特别是甲醛的影响,提出卷烟纸是降低卷烟主流烟气中甲醛和其他羰基化合物的工具。Case P D 等用定量、填料量和透气度一定的卷烟纸基片进行了 3 种不同的钾盐及其添加量对主、侧流烟气的影响实验,所用的钾盐为柠檬酸钾、甲酸钾和葡萄糖酸钾。结果表明,与未加助燃剂的卷烟纸相比,主、侧流烟气的焦油和烟碱均降低 30%,主流烟气气相物产生量亦降低,但侧流烟气气相物产生量随着钾盐用量的增大而增大。Stadlmann K 等考察了有机酸盐及金属盐离子对卷烟纸热解产物的影响。结果表明,卷烟纸热解产物的组成受所加的有机酸盐及金属盐离子控制,特别是金属盐离子的加入不仅使热解产物的种类发生很大的变化,而且热解产物的总量也有很大改变。所用有机酸盐的影响没有金属盐离子的大,但热解模式也取决于有机酸盐(乙酸盐 / 乳酸盐＞苹果酸盐 / 丙二酸盐 / 琥珀酸盐＞柠檬酸盐)的化合价。Holland A 等考察了加热到焦化温度时卷烟纸的组成:碱金属(K、Na /K 混合和 Na)、柠檬酸盐含量(0 ～ 6% 重量)、定量(18 ～ 32 g/m^2)和填料含量(10% ～ 38%)对其物理性质的影响。结果表明,卷烟纸的扩散能力随着加热温度的升高而增大,60 ℃下卷烟纸的扩散能力是柠檬酸盐用量和碱金属类型的函数,卷烟纸的扩散能力随着柠檬酸盐用量的增大而增大。钾使卷烟纸的扩散能力增加最大,钠最小。卷烟纸的扩散能力直接与加热前后填料相关。增大柠檬酸盐用量,降低了卷烟纸最高焦化温度和点燃温度,而定量和填料用量对这些温度的影响很小。郑琴等研究了卷烟纸透气度、定量和助剂对主流烟气中 CO 等 7 种有害成分的影响。结果表明,随着卷烟纸透气度的增加,卷烟主流烟气中 CO、HCN、B[a]P、NH$_3$、苯酚和卷烟危害性指数都呈降低趋势,而 NNK 和巴豆醛的变化不明显;随着卷烟纸定量的增大,卷烟主流烟气中 CO、HCN 的释放量和卷烟危害性指数呈增大趋势,而巴豆醛、B[a]P、NNK、NH$_3$ 和苯酚随卷烟纸定量的变化不显著;不管是有机酸钾,还是有机酸钾与有机酸钠的混合物,随着其在卷烟纸中的用量增大,烟气中 CO、HCN、B[a]P、NH$_3$、苯酚释放量和卷烟危害性指数也都呈降低趋势,但降低幅度都不大,NNK 和巴豆醛的释放量变化不明显;有机酸钾盐降低 CO、HCN、B[a]P、NH$_3$、苯酚释放量和卷烟危害性指数的效果优于有机酸钾钠盐混合物。WO2005039330 将纳米尖晶石型铁氧化物催化剂颗粒加入卷烟纸或烟丝中可以降低烟气有害成分,这些可以是锰 - 铜 - 铁氧化物,也可以是氧化铜和氧化铁混合物。WO2005039326 将过渡金属或稀土金属的氧基氢氧化物(MOOH)或其混合物加到卷烟纸中,燃吸时 MOOH 分解为氧化物,该氧化物可催化 CO 转化为 CO$_2$,如 FeOOH 和 TiOOH 可分解为 Fe$_2$O$_3$ 和 TiO$_2$。US20060174904 提出将海藻酸盐制品涂布于卷烟纸表面,可以大幅降低烟气中的 Hoffmann 分析物。Fournier J A 等介绍在卷烟纸中单独或与其他填料如碳酸钙一起加入含铵填料如磷酸镁铵,可选择性地降低卷烟烟气中的醛类。其机制为,燃烧 / 热解时,含铵填料释放出氨,氨既可与烟气中的醛类发生化学反应,又可改变燃烧 / 热解反应,从而降低了醛类的初始生成。US20060090768 介绍,在烟草燃吸混合物和(或)卷烟纸中加入高温氨释放剂,可以有效降低卷烟烟气气相或粒相物的细胞毒性,因为在高于 200 ℃温度下产生的氨可与烟气粒相物相互作用。高温氨释放剂有磷酸铁铵、焦磷酸铁铵、磷酸铝铵和金属胺络合物水合物及其混合物，如四水合磷酸二氢钴己胺、四水合磷酸铬己胺和四水合磷酸钌己胺等。这 2 项研究虽然从原理上讲是可行的，但由于氨本身就是一种烟气有害成分，工业上亦想方设法降氨，目前尚未解决如何降低氨的技术问题，再在卷烟纸中加入新的热解可产生氨的添加剂势必会增大卷烟烟气中的氨含量，因此这 2 项研究是否适用值得商榷。Jin Y 等考察了自然透气接装纸和在线电火花打孔接装纸对烟气有害成分的影响。结果表明，在通风率低于 30% 时，所有卷烟样品的焦油、烟碱、CO、TSNAs、酚类和 HCN 释放量均随着通风率的增大而降低，自然透气接装纸接装卷烟的焦油、CO、TSNAs、酚类和 HCN 释放量降低幅度较打孔接装纸的大，而其烟碱降幅与打孔接装纸的一致，因而其烟 / 焦比最高。

参考文献

[1] PREUSSMANN R，DAIBER D，HENGY H. A sensitive colour reaction for nitrosamines on thin-layer chromatograms [J]. Nature，1964，201：502-503.

[2] NEURATH G，PIRMANN B，WICHERN H. Examination of *N*－Nitroso compounds in tobacco smoke[J]. Beitr Zur Tabakforsch，1964，2/7：311-319.

[3] NEURATH G，PIRMANN B，LUTTICH W，et al. *N*－Nitroso compounds in tobacco smoke II[J]. Beitr Zur Tabakforsch，1965，3/4：251-262.

[4] MORIE G P，SLOAN C H. Determination of *N*－Nitrosodimethylamine in the smoke of high-nitrate tobacco cigarettes[J]. Beitrage Zur Tabakforschung，1973，7/2：61-66.

[5] PEELE D M. Formation of tobacco specific nitrosamine in flue-cured tobacco[C]. CORESTA，1999.

[6] HOFFMANN D，HECHT S S，OMAF R M，et al. *N′*－Nitrosononicotine in tobacco[J]. Science，1974，186：265-267.

[7] 戴亚，郭家明，肖怡宁，等. 血红蛋白的提取及降低卷烟烟气中 *N*－亚硝胺含量的初步实验 [J]. 烟草科技，2001（1）：19-21.

[8] 魏玉玲，宋普球，缪明明. 降低烟草特有亚硝胺含量的微波处理方法综述 [J]. 烟草科技，2002（2）：18-19.

[9] 宫长荣，宋朝鹏，赵明月，等. 微波技术在烟草行业的应用 [J]. 中国烟草学报，2003（3）：34-36.

[10] WILLIAMS J R. Method of treating tobacco to reduce nitrosamine content：US，6311695 [P]. 2001-11-06.

[11] BRANDY FISHER. Curing the TSNA problem[J]. Tobacco Reporter，2000（8）：52-56.

[12] 王英，沈彬，朱建华，等. 选择性去除香烟烟气中亚硝胺的研究 [J]. 环境化学，2000，19（3）：277-282.

[13] 徐杨，朱建华，恽之瑜. 微波辐照同时分离烟草中亚硝胺和氮氧化合物 [J]. 分析化学，2002，30（3）：286-289.

[14] NAKAJIMA M. Agents for removal of harmful substances from tobacco smoke：JP，6214774 [P]. 1987-01-23.

[15] MEIER W M，WILD J，SCANLAN F. Smoker's article：EP，0740907A1 [P].1996-11-06.

[16] 沈彬，朱建华，夏加荣. 沸石复合材料对于香烟烟气中 *N*－亚硝基化合物的催化降解 [J]. 金属功能材料，1999，6：224-231.

[17] 朱建华，沈彬，吴峰，等. 一种其烟雾中低亚硝胺含量的卷烟及其制法：中国，98111479.2 [P]. 1999-03-10.

[18] 马丽丽，沈彬，朱建华，等. 亚硝胺在沸石催化剂上的程序升温表面反应 [J]. 催化学报，2000，21（2）：138-142.

[19] 马丽丽，严冬，朱建华. 沸石对于亚硝胺的吸附和裂解 [J]. 宁夏大学学报（自然科学版），2001，22（2）：208-210.

[20] 薛军，朱建华，沈彬，等. 亚硝胺在沸石上催化分解的研究 [J]. 物理化学学报，2001，17（8）：696-701.

[21] 夏加荣，朱建华，淳远，等. 微波法研制催化降解亚硝胺的 ZrO_2/NaY 沸石新材料 [J]. 化学学报，2001，59（8）：1196-1200.

[22] SASAKI J，SUZUKI T，TATAYAMA I，et al. Effect of iron modification on the adsorption property of nitrogen monoxide on zeolite Y[J]. Journal of the Ceramic Socociety of Japan，1998，106（1）：79-83.

[23] 刘华道，曹毅. Fe_2O_3 改性 NaY 沸石上吡咯烷亚硝胺的降解 [J]. 催化学报，2003，24（7）：499-504.

[24] 刘立全，周雅宁，龚安达. 烟草工业减害研究进展 [J]. 烟草科技，2011（2）：25-34.

[25] 朱建华，沈彬，须沁华. *N*－亚硝基化合物表观总量的微量分析法：中国，97107228 [P].1998-09-23.

[26] 王英，朱建华，沈彬，等.降低卷烟烟雾中亚硝胺含量的添加剂及含该添加剂的卷烟：中国，99114106 [P].1999-09-22.

[27] 王英，夏加荣，黄文裕，等.降低香烟烟气中亚硝胺含量的环糊精液体添加剂：中国，00119069 [P]. 2001-03-21.

[28] 王英，朱建华，徐杨.纳米孔香烟助燃降害添加剂：中国，01134084 [P]. 2002-10-23.

[29] 恽之瑜，徐杨，朱建华，等.沸石在去除卷烟烟气中亚硝胺的应用 [J].应用化学，2002，19（3）：276-279.

[30] 恽之瑜，徐杨，薛军，等.沸石对于卷烟烟气中亚硝胺的吸附去除 [J].宁夏大学学报（自然科学版），2001，22（2）：206-207.

[31] 朱建华，沈彬，马丽丽，等.沸石对于亚硝胺的选择性吸附及其在卷烟中的应用 [J].常德师范学院学报（自然科学版），2002，14（4）：24-29.

[32] 周仕禄，王英，徐佳卉，等.用纳米孔材料去除卷烟烟气中的亚硝胺和多环芳烃 [J].江苏化工，2004，32（3）：29-31.

[33] 金闻博.吸烟与健康研究进展 [M].北京：中国轻工业出版社，1997.

[34] 李丽，汤平涛，周少琴，等.微孔透气陶瓷滤毒烟嘴的研制与滤效评价 [J].中国公共卫生学报，1997，16（2）：102-103.

[35] 张志玲，王菲，马林，等.卷烟主流烟气中 CO 的降低方法综述 [J].烟草科技，2005（6）：30-31.

[36] MATSUKURA K K，ISHIZU Y. Role of alkali metals in reducation of carbon monoxide in mainstream smoke [C]. International Tobacco Convertion，1990.

[37] YAMATOMO T，SUGA Y，KANEKI K，et al. Effect of chemical constituents on the formation rate of carbon monoxide in bright tobacco[J]. Beitra Tabakforsch Int，1989，14（3）：163-170.

[38] 吕功煊，聂聪，赵明月，等.应用含纳米贵金属催化材料降低卷烟烟气中 CO 的技术研究 [J].中国烟草学报，2003，9（3）：18-27.

[39] OGAWA M. Cigarette filter：JP，2000210069 [P]. 2000-08-02.

[40] DALE R W，ROONEY，et al. Smoking products：US，4317460 [P].1982-03-02.

[41] GALLAHER LTD. Smoking products：Belgium，873600 [P]. 1979-07-19.

[42] CHARALAMBOUS J，HAINES L I B，MORGAN J S. Tob smoke filter：UK，2150806 [P]. 1985-07-10.

[43] PINNEBERG F S，BUCHHOLZ E K. Removal of nitric oxide and carbon monoxide from tobacco smoke：US，4182348 [P].1980-01-08.

[44] 郭立民，张谋真.壳聚糖在卷烟滤嘴中的应用研究 [J].延安大学学报（自然科学版），2000，19（3）：60-62.

[45] 约安尼斯·斯塔夫里迪斯，乔治·德里康斯坦丁诺斯.利用生物物质从香烟烟气中除去有害的氧化剂和致癌的挥发性亚硝基化合物：中国，94193886 [P]. 1996-10-16.

[46] 郭灿城.烟草生物降焦剂：中国，99115651 [P]. 2000-05-10.

[47] 马林.利用生物技术改变烟叶化学组分提高其吸食品质和安全性的研究 [J].郑州工程学院学报，2001，22（3）：40-45.

[48] 彭斌，翁昔阳，姚小琴，等.一种新型添加剂在降低主流烟气一氧化碳中的应用 [J].香料香精及化妆品，2004，4：1-4.

[49] GUAN J，BARRETT K，HAMM J. Correlations between tobacco blend，firecone temperatures，and Hoffmann deliveries[C]. 61st Tob Sci Res Conf，2007：55.

[50] JOHNSON J，GUAN J，PERNIF R. Implications of tobacco variety，stalkposition，and construction parameters on the formation of polyaromatic amines[C]. 61st Tob Sci Res Conf，2007：56.

[51] KIM I J，LEE J T，MIN H J，et al. Analysis of acrylamide in mainstream cigarette smoke and effects of reducing sugars on acrylamide content[C].CORESTA Meeting，Smoke Science/Product Technology Groups，Jeju，2007：6.

[52] WINTER D，CASE P D，COLEMAN M，et al. The effect of blend type on mainstream and sidestream Hoffmann analyte machine yields[C].CORESTA Meeting，Smoke Science/Product Technology Groups，Jeju，2007：23.

[53] 王保兴，汪旭，王玉，等.烤烟中烟草特有亚硝胺的对比 [J].烟草科技，2010（11）：47-50.

[54] GREEN C R，SCHUMACHER J N，RODGMAN A. The expansion of tobacco and its effect on cigarette mainstream smoke properties[J].Beitr Tabakforsch Int，2007，22（5）：317-345.

[55] 张鼎方，刘江生.CO_2 膨胀前后烟丝中游离氨基酸的变化 [J].烟草科技，2006（11）：14-17.

[56] 王文领，郝辉，李彦周，等 . 制丝过程中烤烟内游离氨基酸含量的变化 [J]. 烟草科技，2005（9）：20-22，28.

[57] 谢卫 . 回潮、加料和烘丝工序烟草生物碱的变化 [J]. 烟草科技，2004（9）：4-5，20.

[58] 白晓莉，邹泉，董伟，等 . 工艺加工对再造烟叶致香成分、有害成分和感官质量的影响 [J]. 烟草科技，2009（10）：12-16.

[59] 徐安传，王超，胡巍耀 . 低温处理对卷烟烟气水分和 CO 的影响 [J]. 烟草科技，2010（7）：26-28.

[60] YOJI U，SHINYA Y.Influence of potassium on the formation of benzo[a]pyrene in tobacco pyrolysis[C]. 63rd Tob Sci Res Conf，Amelia Island，Florida USA，2009：37.

[61] YOSHIDA S，UWANO Y. Influence of potassium on the formation of benzo[a]pyrene in tobacco pyrolysis[C].CORESTA Meeting，Smoke Science/Product Technology Groups，Aix-en-Provence，2009：31.

[62] DYAKONOV A J，BROWN C A，WALKER R T. Controlling the tobacco combustion by potassium salts[C]. 61st Tob Sci Res Conf，2007：53.

[63] 刘湘君，丁时超，尹大锋 . 一种卷烟降焦剂的研制 [J]. 烟草科技，2005（5）：9-11.

[64] KANEKI K. Cigarette：JP，2006187260[P].2006-07-20.

[65] 杨彦明，王晶，唐自文，等 . 烟梗处理降低蛋白质含量的研究 [J]. 烟草科技，2008（3）：10-12，21.

[66] 刘志华，崔凌，缪明明，等 . 柠檬酸钾钠混合盐助燃剂对卷烟主流烟气的影响 [J]. 烟草科技，2008（12）：10-13.

[67] SHU M，YANG J，ZHU C J，et al. Biodegraation of nicotine in aqueous extract from tobacco by *Pseudomonas* sp. Zutskd [C]. 63rd Tob Sci Res Conf，Amelia Island，Florida，USA，2009：39.

[68] DUAN Y Q，ZENG X Y，GONG X M，et al. Characterization of a novel nicotine-degrading *Bacterium Rhodococcussp* Y 22 and its metabolic pathway[C]. 63rd Tob Sci Res Conf，Amelia Island，FloridaUSA，2009：59-60.

[69] LEI L P，WEI H L，XIA Z Y，et al. Molecular characterization of the pan B gene in a nicotine-degrading strain of *Pseudomonas putida*[C]. CORESTA Meeting，Agro-Phyto Groups，Rovinj，2009：18.

[70] SUN J S，MA L，WU Y. Method for degrading nicotine in tobacco by using microorganism[C]. CORESTA Meeting，Agro-Phyto Groups，Rovinj，2009.

[71] LEI L P，XIA Z Y，WANG Y，et al. Isolation and characterization of nicotine-degrading bacterial strain L1[C]. CORESTA Meeting，Agro-Phyto Groups，Krakow，2007：12.

[72] 马林，武怡，曾晓鹰，等 . 降解烟碱微生物的筛选及其酶在烟草中的应用 [J]. 烟草科技，2005（9）：6-8，19.

[73] 陈洪，许平，马清仪，等 . 微生物酶法降解烟草总植物碱试验 [J]. 烟草科技，2004（4）：12-16.

[74] KOGA K，KATSUYA S.Method of reducing nitrosamine content in tobacco leaves：US，20060225750[P].2006-10-12.

[75] KOGA K，KATSUYA S. Method of reducing nitrite and/or nitrosamine in tobacco leaves using microorganism having denitrifying ability：US，20060225751[P]. 2006-10-12.

[76] YAMADA Y. Method for treatment of tobacco extraction liquid for reducing nitrosamine content characteristic to tobacco，method for producing regenerated tobacco material and regenerated tobacco material：JP，2006180715 [P]. 2006-07-13.

[77] RADOJICIC V，NIKOLIC M，SRBINOSKA M. Influence of zeolite type and quantity added directly to cigarette blend to the changes of sbr and tar content in tobacco smoke[J]. Tutun，2008，58（3-4）：87-95.

[78] YIN D H，XIE G Y，LIU J F. Novel catalysts for selective reduction of CO and NO*x* in cigarette smoke[C].61st Tob Sci Res Conf，2007：52.

[79] 黎成勇，李克，银董红，等 .CuO-CeO$_2$ 催化氧化 CO 性能及其在卷烟中的应用 [J]. 烟草科技，2008（10）：47-49.

[80] 钱晓春，谢国勇，银董红，等 .LaFeO$_3$ 系钙钛复合氧化物降低卷烟烟气中的 NO*x*[J]. 烟草科技，2010（3）：42-45.

[81] SAOUD K，RASOULI F，RABIEI S，et al. Cigarettes and cigarette components containing nanostructured fibril materials：WO，2005039329[P].2005-05-06.

[82] RABIEL S，RASOULI F，HAJALIGOL M. Tobacco cut filler including metal oxide supported particles：WO，2005039328[P].2005-05-06.

[83] SUNDAR R S，DEEVI S. Silver and silver oxide catalysts for the oxidation of carbon monoxide in cigarette smoke：US，20050279372[P].2005-12-22.

[84] DEEVI S，SUNDAR R S，PITHAWALLA Y B.In situ synthesis of composite nanoscale particles：US，

20060032510[P].2006-02-16.

[85] LI P, HAJALIGOL M. Oxidant/catalyst nanoparticles to reduce carbon monoxide in the mainstream smoke of a cigarette：US, 7011096[P]. 2006-03-14.

[86] LI P, HAJALIGOL M. Constituents such as carbon monoxide：US, 7017585[P].2006-03-28.

[87] XUE L L, KOLLER K B. Surface modified adsorbents and use thereof：US, 20060086366[P].2006-04-27.

[88] HAMPL V J R, GU A, MAHONE K. Smoking articles having reduced carbon monoxide delivery：BRPI, 0412513[P].2006-09-19.

[89] REDDY B V, RASOULI I F. Reduction of carbon monoxide and nitric oxide in smoking articles using nanoscale particles and/or clusters of nitrided transition metal oxides：WO, 2005039327[P].2005-05-06.

[90] LI S, OLEGARIO R, BANYASZ J, et al. Additives for tobacco cut filler：WO, 2006046149[P].2006-05-04.

[91] GUO L, ZHU M X, HUANG H G I. Safety and harm-reducing effects of composition C tobacco additive on smoking[J]. Acta Tabacaria Sinica, 2007, 13（6）：7-12.

[92] 金劲松, 文俊, 刘通讯. 槐米、金针花浸膏的抗氧化活性及其对卷烟危害性的影响 [J]. 烟草科技, 2009（7）：38-42.

[93] 黄龙, 朱巍, 罗诚浩, 等. 前胡、矮地茶、槐米复合提取物在卷烟中的应用及其毒理学评价 [J]. 烟草科技, 2010（4）：30-34.

[94] TAKASHI G. Method for decomposing and mildening nicotine/tar contained in tobacco leaf：JP, 2007228954[P]. 2006-03-02.

[95] OJIAM N, OMOTO T, KOZAKAIA T, et al. Nicotine-reducing agent and nicotine reduction method：EP, 1723860[P].2006-11-22.

[96] PERFETTI T A, MCGEE C D, BEST JAMES FITZGERALD, et al. Reconstituted tobaccos containing additive materials：US, 20070107743[P]. 2007-01-17.

[97] PERINIFER G J, HAYE S. Tobacco insoluble protein, insoluble nitrogen and aromatic amine abatement in smoke[C].61st Tob Sci Res Conf, 2007：47.

[98] 阳元娥, 谭伟, 李桂锋. 超声超临界流体萃取烟叶中的烟碱 [J]. 烟草科技, 2008（9）：48-51.

[99] MUA J P, HAYES B L. Removal of nitrogen containing compounds from tobacco：US, 20040835379[P]. 2007-01-17.

[100] MUA J PAUL, HAYES B L, BRADLEY K J. Process for reducing nitrogen containing compounds and lignin in tobacco：US, 20060130859[P].2006-06-22.

[101] MCADAM K G, O'REILLY D D, MANSON A J. Tobacco treatment：ES, 2251464[P].2006-05-01.

[102] MCGRATH T, HAUT S A, CHAN W G.Process of reducing generation of benzo[a]pyrene during smoking：WO, 2006059229[P].2006-06-08.

[103] THOMPSON B. Process to remove protein and other biomolecules from tobacco extractor slurry：AR, 050461[P].2006-10-25.

[104] YAMADA Y, HASEGAWA Y. Method of manufacturing regenerated tobacco material：US, 20060065279[P].2006-03-30.

[105] LEO F. Process for reducing the level of harmful substances in tobacco leaves：EP, 1708582[P]. 2006-10-11.

[106] MUA J P, HAYES B L, BRADLEY K J. A process for reducing the levels of lignin and nitrogenous compounds in tobacco：NZ, 538851[P]. 2006-12-22.

[107] MCGRATH T E, MERUVA N K, CHAN W G, et al. Reduction of phenolic compound precursors in tobacco：US, 20050279374[P].2005-12-22.

[108] YOSHIDA S, UWANO Y, KUSAKA B. The effect by the side chain structure of amino acids on the generation of aromatic amines in tobacco pyrolysis[C]. CORESTA Meeting, Smoke Science/Product Technology Groups, Jeju, 2007：40.

[109] BREGEON B, COUPE M, GONNY B. HCN and tobacco precursors[C]. CORESTA Congress, Smoke Science/ Product Technology Groups, Paris, 2006：07.

[110] LOUREAU J M, JOYEUX T, LE B L, et al. Paper tools to reduce formaldehyde and other carbonyl compounds in cigarette mainstream smoke[C]. CORESTA Meeting, Smoke Science/Product Technology Groups, Jeju, 2007：5.

[111] CASE P D, COBURN S, COTTEVM E. The application of different levels and types of burn additives to cigarette paper

and the resultant effects on mainstream and sidestream yields[C]. CORESTA Congress，Shanghai，2008：26.

[112] STADLMANN K，EBERHERR W，KLAMPFL C W，et al. Influence of ionic additives on the pyrolysis behaviour of cigarette paper[C]. CORESTA Meeting，Smoke Science/ Product Technology Groups，Jeju，2007：4.

[113] HOLLAND A，NORMAN A. Properties of thermally degraded cigarette paper[C]. 61st Tob Sci Res Conf，2007：13.

[114] 郑琴，程占刚，李会荣，等 . 卷烟纸对卷烟主流烟气中 7 种有害成分释放量的影响 [J]. 烟草科技，2010（12）：49-51.

[115] GEDVANISHIVILI S. Cigarette wrapper with nano-particles pinel ferrite catalyst and methods of making same：WO，2005039330[P].2005-05-06.

[116] RASOULI F，LI P，ZHANG W J，et al. Use of oxyhydroxide compounds in cigarette paper for reducing carbon monoxide in the mainstream smoke of acigarette：WO，2005039326[P].2005-05-06.

[117] WANNA J T. Smoking articles having reduced analyte levels and process for making same：US，20060174904[P].2006-08-10.

[118] FOURNIER J A，PAINE J B. Wrapper with improved filler[J].Tob Rptr，2007，134（7）：59.

[119] FOURNIER J A，PAINE J B，FERNANDEZ D A. Synthesis and incorporation of high-temperature ammonia-release agents in lit-end cigarettes：US，20060090768[P]. 2006-05-04.

[120] JIN Y，TAN H F，YIN DH，et al. Comparison of natural porous and perforated tipping paper：effect on harmful smoke deliveries[C]. CORESTA Congress，Shanghai，2008：9.

[121] LEVASSEUR G，FILLION J，KAISERMAN M J. Less hazardous：factor fiction? The Canadian experience[C].61st Tob Sci Res Conf，2007：19.

[122] 左天觉 . 烟草的生产、生理和生物化学 [M]. 朱尊权，译 . 上海：上海远东出版社，1993.

[123] FAWKY A. 卷烟产品开发 [M]. 缪明明，等译 . 昆明：云南科技出版社，2006.

[124] DAVIS D L，NIELSEN M T. 烟草：生产，化学和技术 [M]. 北京：化学工业出版社，2003.

[125] 艾伦·罗德曼，托马斯·艾伯特·佩尔费蒂 . 烟草及烟气化学成分 [M]. 缪明明，刘志华，李雪梅，等译 . 2 版 . 北京：中国科学技术出版社，2017.

[126] 姚庆艳 . 烟草中的特有亚硝胺 [M]. 昆明：云南大学出版社，2002.

[127] 金平正，金闻博 . 卷烟烟气安全性与危害防范 [M]. 北京：中国轻工业出版社，2009.

第二章

降低卷烟烟气中 TSNAs 的层状金属氢氧化物材料研究

第一节　引言

　　氢氧化物的层状结构是一种可以利用层状结构特有的氢键、偶极力等作用力为其提供特定生长条件的理想反应场所，因此可以通过调控反应条件控制生长出所需要的特殊新型层状氢氧化物微结构组装体。利用氢氧化物易于控制生长和含有羟基的层状结构，通过合成新型结构的材料，将其作为降低卷烟主流烟气中有害物释放量的减害材料进行应用。

　　层状金属氢氧化物（Layered Double Hydroxides，LDHs）是一类二维阴离子层状黏土材料，结构类似于层状氢氧化物水镁石[Mg（OH）$_2$]的结构，其中层板所包含的羟基配位八面体结构单元的二价中心阳离子被三价阳离子部分取代，从而致使其层板带上正电荷，为了保证层状金属氢氧化物整体的电中性，LDHs 层板间包含的可交换阴离子所带负电荷与层板所带正电荷相平衡，如图 2-1 所示。基于层状金属氢氧化物独特的层状结构，这类材料表现出如下性质：①层板元素组成及结构可调变性：层状金属氢氧化物的层板是由二价和三价金属阳离子为中心离子的配位八面体结构单元组成的，因此和镁离子离子半径相近的二价金属离子和三价金属离子的比例及种类都可在一定范围内进行调变；同时二价和三价金属阳离子以原子水平有序分散在层状金属氢氧化物的层板中为制备催化 / 吸附位高度分散的催化剂 / 吸附剂提供了有利的结构基础。②层间阴离子的可交换性：基于层状金属氢氧化物层板的正电性，其层间可插入具有特定功能的无机或有机阴离子，通过层间阴离子的交换过程，可以实现催化活性物种在 LDHs 层间的高度有序与均匀分散负载；基于 LDHs 的阴离子交换能力，实现对无机或有机污染物的高效吸附和分离。③层板可剥离性：以层状金属氢氧化物为前体，通过剥离方法将层状金属氢氧化物剥离成带正电的纳米片，可以将具有催化活性的物种高度分散或高度有序组装或固载在层状金属氢氧化物纳米片的表面上。④结构拓扑转变效应：层状金属氢氧化物作为前体或刚性、稳定的模板，通过焙烧或还原处理能诱导或限制形成具有高度分散和特定形貌的复合金属氧化物或负载型金属纳米粒子。⑤结构记忆效应：将层状金属氢氧化物经过焙烧得到相应的复合金属氧化物置于一定温度和 pH 的阴离子溶液中能够实现结构复原，制备含相应阴离子的层状金属氢氧化物结构。⑥碱性：层状金属氢氧化物层板上羟基对的存在，赋予了层状金属氢氧化物一定的弱碱性，碱性的相对强弱与层板中所含有二价金属离子的种类有关。因此，层状金属氢氧化物经过焙烧得到的复合金属氧化物具有较强的催化碱性。

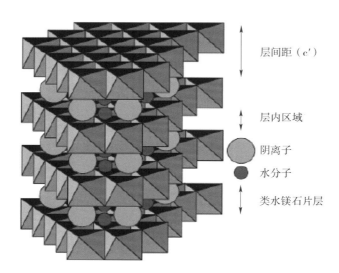

图 2-1　层状金属氢氧化物（LDHs）的结构示意

由于碳酸根型的层状金属氢氧化物在受热时分解可以吸收大量的热，从而有效地降低燃烧体系的温度，同时释放出二氧化碳和水作为阻燃物种，可以降低体系的燃烧温度。另外，碳酸根型的层状金属氢氧化物受热分解后，形成高分散的大比表面积的固体碱对燃烧产生的酸性气体也有很强的吸附作用，因此设计合成了不同镁铝比例的层状金属氢氧化物作为卷烟的添加材料发挥以上优势来降低卷烟主流烟气释放的有害物浓度。

FeOOH 是一类对人体无害的无机化合物材料，晶体中存在大量规则排列的羟基（—OH）可以与活性基团（如—COOH，—COCl）的分子组装而吸附有害成分，同时 FeOOH 分子中存在的—OH 和 Fe^{3+} 也可以与烟草燃烧产生的粒子半径相近的离子进行交换，从而达到降低有害物浓度的目的。因此，可以发展简单的合成方法，同时控制产物的形貌，实现简单工业生产，同时在降低卷烟有害物质方面得到应用。

第二节　系列层状金属氢氧化物材料的合成及在卷烟中应用的评价

一、系列层状金属氢氧化物材料的合成

（一）MgAl–LDHs 系列层状氢氧化物材料的合成

层状金属氢氧化物材料的合成采用变化 pH 共沉淀的方法。金属离子按照不同比例配制阳离子总浓度为 1 mol/L 的混合溶液 A，称量氢氧化钠和碳酸钠配制混合碱液 B，氢氧化钠物质的量等于 2 倍的阳离子物质的量的总和，碳酸根的物质的量等于铝离子物质的量的一半，将上述配制好的两溶液在快速搅拌的条件下混合，溶液 pH 为 9 ～ 10，将混合体系转移至反应釜中，在 120℃条件下保温 12 h，自然冷却至室温，洗涤、离心至中性，在鼓风烘箱中 80℃干燥 24 h。

Mg_2Al–LDHs 纳米片：称取 8.132 g 氯化镁和 7.5026 g 硝酸铝加入到 60 mL 去离子水中，搅拌使之完全

溶解，称取 4.8 g 氢氧化钠和 1.06 g 碳酸钠加入到 20 mL 的去离子水中；将上述两溶液在快速搅拌条件下混合，混合体系的 pH 为 9～10，将混合体系转移至 100 mL 反应釜中，在 120℃条件下保温反应 12 h，冷却至室温后过滤、洗涤至中性，在 80℃鼓风烘箱中常压干燥 24 h 后制得白色固体，该白色固体即为 Mg_2Al-CO_3-LDHs。

$Mg_3Al-LDHs$ 纳米片：称取 9.1845 g 氯化镁和 5.6270 g 硝酸铝加入到 60 mL 去离子水中，搅拌使之完全溶解，称取 4.8 g 氢氧化钠和 0.7949 g 碳酸钠加入到 20 mL 的去离子水中；将上述两溶液在快速搅拌条件下混合，混合体系的 pH 为 9～10，将混合体系转移至 100 mL 反应釜中，在 120℃条件下保温反应 12 h，冷却至室温后过滤、洗涤至中性，在 80℃鼓风烘箱中常压干燥 24 h 后制得白色固体，该白色固体即为 Mg_3Al-CO_3-LDHs。

$Mg_4Al-LDHs$ 纳米片：称取 9.7584 g 氯化镁和 4.5004 g 硝酸铝加入到 60 mL 去离子水中，搅拌使之完全溶解，称取 4.8 g 氢氧化钠和 0.6360 g 碳酸钠加入到 20 mL 的去离子水中；将上述两溶液在快速搅拌条件下混合，混合体系的 pH 为 9～10，将混合体系转移至 100 mL 反应釜中，在 120℃ 条件下保温反应 12 h，冷却至室温后过滤、洗涤至中性，在 80℃鼓风烘箱中常压干燥 24 h 制得的白色固体，即为 Mg_4Al-CO_3-LDHs。

（二）CuMgAl-LDHs 系列层状金属氢氧化物材料的合成

$CuMg_3Al_2-LDHs$ 纳米片：称取 2.416 g 硝酸铜、6.099 g 氯化镁和 7.5026 g 硝酸铝加入 60 mL 去离子水中，搅拌使之完全溶解，称取 4.8 g 氢氧化钠和 1.06 g 碳酸钠加入 20 mL 的去离子水中；将上述两溶液在快速搅拌条件下混合，混合体系的 pH 为 9～10，将混合体系转移至 100 mL 反应釜中，在 120℃条件下保温反应 12 h，冷却至室温后过滤、洗涤至中性，在 80℃鼓风烘箱中常压干燥 24 h 后制得白色固体，即为 $CuMg_3Al_2-LDHs$。

CuMgAl-LDHs 纳米片：称取 4.832 g 硝酸铜、4.066 g 氯化镁和 7.5026 g 硝酸铝加入到 60 mL 去离子水中，搅拌使之完全溶解，称取 4.8 g 氢氧化钠和 1.06 g 碳酸钠加入到 20 mL 的去离子水中；将上述两溶液在快速搅拌条件下混合，混合体系的 pH 为 9～10，将混合体系转移至 100 mL 反应釜中，在 120℃条件下保温反应 12 h，冷却至室温后过滤、洗涤至中性，在 80℃鼓风烘箱中常压干燥 24 h 后制得白色固体，即为 CuMgAl-LDHs。

二、系列层状金属氢氧化物材料的表征

采用多种方法对制备的系列层状金属氢氧化物材料进行了表征。X 射线晶体衍射（XRD）用于表征所得材料的结晶情况，包括所属的晶相、晶体的结构、晶粒大小和择优取向等，图 2-2 给出了不同 Mg/Al 比例和不同 Cu/Mg/Al 层状金属氢氧化物材料的 X 射线衍射图谱。可以看出，通过变化 pH 共沉淀法合成产物的 XRD 图谱中都呈现出层状金属氢氧化物的特征衍射峰，基线低且平稳，衍射强度大，衍射峰型窄而尖，都呈现（003）、（006）、（012）、（015）、（018）、（110）和（113）晶面的特征衍射峰，所得的晶格常数为 $a = 3.054$ Å，$c = 23.400$ Å，可以确定所合成的样品中主要成分是层状结构的层状金属氢氧化物，几乎没有其他的杂质相存在。当 Mg/Al 元素比为 2∶1 时，样品的衍射图谱与标准卡片（JCPDS 35-0964）一致，而当 Mg/Al 元素比为 3∶1 和 4∶1 时，两种样品的衍射图谱与标准卡片（JCPDS 35-0965）一致，当 Mg/Al 元素比增大为 3∶1 和 4∶1 后样品的各个衍射峰整体向小角度方向移动，这是因为镁离子的离子半径比铝离子的要大，镁离子比例的增加使层间距变大；含 Cu 元素两个样品的 XRD 衍射图谱相似，与层状金属氢氧化物材料的衍射图谱一致，在图谱中没有观察到 CuO、$Cu(OH)_2$ 等其他金属氧化物或氢氧化物的特征衍射峰。随 Cu/Mg 比例的变化衍射峰位置没有明显变化，这可能是因为构成八面体中的

Cu^{2+}（r =0.65 Å）和 Mg^{2+}（r =0.69 Å）的离子半径相近，与不含 Cu 元素的镁铝层状金属氢氧化物材料的衍射图谱比较，含铜类层状金属氢氧化物材料的衍射峰整体向高角度方向移动，不同 Cu 含量的类层状金属氢氧化物结晶度差异明显。当 Cu/Mg 的物质的量的比值为 1 时，衍射峰强度减弱表明形成的类层状金属氢氧化物结晶度下降，这是由于 Cu^{2+} 的姜-泰勒效应是层状金属氢氧化物类化合物的部分结构被破坏所致。Cu^{2+} 含量增加使得取代层板上 Mg^{2+} 的难度增加，如果继续增加 Cu 元素的量全部取代 Mg^{2+} 时，类层状金属氢氧化物材料（110）晶面衍射峰会变得很弱晶型不完整且形成杂峰；当 Cu/Mg 的物质的量的比值为 1:3 时，（110）和（113）晶面特征衍射峰由弥散变得尖锐，说明金属离子排列的规整性随着层板上镁元素含量的增多而得以加强，增加 Mg 元素含量有利于减弱 Cu^{2+} 的姜-泰勒效应稳定层板结构。

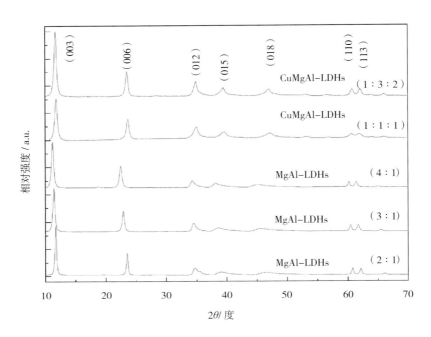

图 2-2　不同 M^{2+}/M^{3+} 比例的层状金属氢氧化物材料的 XRD 图谱

由于层状金属氢氧化物可作为前体或刚性、稳定的模板，通过焙烧或还原处理能诱导或限制形成具有高度分散和特定形貌的复合金属氧化物或负载型金属纳米粒子，图 2-3 给出了 $CuMg_3Al_2$-LDHs 纳米片在不同温度下分解的 XRD 图谱。从图 2-3 中可以看出，未经煅烧的层状金属氢氧化物材料晶体结构的规整性较高，有明显的 d（003）峰，表现出良好的层状结构，经过高温煅烧的层状金属氢氧化物 d（003）峰基本上完全消失，层状金属氢氧化物的特征衍射峰基本消失，层状金属氢氧化物的原始结构完全被破坏，出现了一组宽度大强度低的中高角度衍射峰，300 ℃下焙烧后得到以 CuO 为主的物相，但是 CuO 的峰型弥散，说明 CuO 的含量很少；不断提高焙烧的温度，MgO 的衍射峰峰型越来越明显，当焙烧温度为 600 ℃时出现尖晶石的特征峰，这组衍射峰主要为结晶度良好的 CuO 和 MgO。原始的水滑石是由纳米片组成的层状结构，当对材料进行煅烧时，LDHs 的结构水、层板羟基及层间离子在不同的温度内脱离层板，从而可在较低的温度范围内（200 ～ 800 ℃）释放阻燃物质，在阻燃过程中，吸热量大，有利于降低燃烧时产生的高温；在加热过程中，层状金属氢氧化物的结构塌陷，形成了金属氧化物，这个过程中纳米片上面产生了许多连续的小孔。这种结构使形成的多金属氧化物有较大的比表面积，具有过渡金属含量高、活性位分布均匀、晶粒小、比表面积大、可以抑制烧结良好的稳定性等特点，从而表现出优异的催化性能。

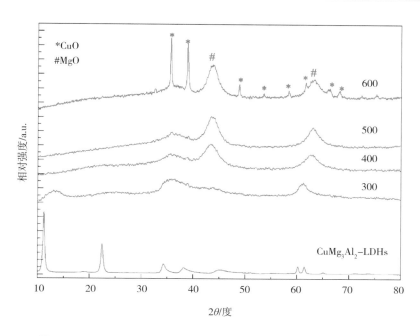

图 2-3 CuMg$_3$Al$_2$-LDHs 纳米片在不同温度下分解的 XRD 图谱

图 2-4 给出了 Mg/Al 不同比例的层状金属氢氧化物材料及类层状金属氢氧化物材料的扫描电镜照片。这些材料的形貌基本符合层状金属氢氧化物的特征,从图 2-4a 至图 2-4c 可知,镁铝双氢氧化物材料是由无数的近六边形小层板组成的,形成类似海绵状的层状结构,这些纳米片的尺寸范围是几十到几百纳米;当 Cu 元素参与形成三金属氢氧化物时(图 2-4d),样品表面的规整度变差,层片状表面形态也有改变,比较起来,MgAl-LDHs 材料尺寸整体上更加均匀,层片薄且空的大小均匀,Cu 元素的加入虽然仍保持层状结构但层片的厚度稍微增加,层板的尺寸变小且有结构坍塌的倾向,这一点能与 XRD 的结果相吻合。层板的大小与层间距和制备过程的温度及 pH、晶化时间等条件有关。

图 2-4 不同 M^{2+}/M^{3+} 比例层状金属氢氧化物材料的扫描电镜照片

氮气吸附－脱附等温线可以较好地观察样品的孔隙结构特征和比表面积。系列层状金属氢氧化物纳米片的氮气吸附－脱附等温线和孔径分布如图 2-5 所示，相应的孔结构参数列于表 2-1。从给出的系列层状金属氢氧化物纳米片材料的氮气吸附－脱附等温线看出，所有的层状氢氧化物纳米片样品在 $P/P_0 < 0.4$ 的区域几乎无氮气吸附，都在 $P/P_0 > 0.45$ 的区域出现滞后环，根据 IUPAC（International Union of Pure and Applied Chemistry，国际理论和应用化学联合会）的分类标准，可以判断这些层状金属氢氧化物纳米片材料的孔隙结构应该属于 BDDT IV 型（Brunauer-Deming-Deaming-Teller）吸附－脱附等温式。在相对压力为 0.4 ～ 0.8 内产生的滞后环属于 H2 型，反映出材料具有细长脖子和宽大肚子的墨水瓶孔结构；在高压区 0.8 ～ 1.0 内产生的滞后环属于 H3 型，反映出材料具有典型的平行壁的狭缝孔结构。从图 2-5 看出，锌铝金属氢氧化物和不同比例镁铝金属氢氧化物材料的吸附－脱附等温线也较类似，在较高 P/P_0 处没有出现吸附平台，而样品的滞后环在高 P/P_0 区域显示出一个较陡的滞后环，所以这个滞后环也是 H3 型。BDDT IV 型吸附－脱附等温线和 H3 型滞后环的这种结合，反映出 MgAl-LDHs 和 ZnAl-LDHs 样品的孔隙结构类似于有平行外壁或宽腔窄口的开放型撕裂状毛细管结构，这种特殊的撕裂状孔隙结构通常属于片状颗粒堆积成的夹缝状孔结构。此外，这 4 种层状金属氢氧化物材料吸附－脱附等温线中的滞后环的分支具有同样的斜率，说明具有同质的孔结构特征。

比较图 2-5b 可以看出，CuMg$_3$Al$_2$-LDHs 样品的滞后环形状与 Mg$_2$Al-LDHs 样品的滞后环形状相似，而 Cu 元素含量增加的 CuMgAl-LDHs 样品的滞后环形状与前两个样品明显不同，除了在 P/P_0 0.8 ～ 1.0 区域有滞后环，在 P/P_0 0.4 ～ 0.8 区域也存在滞后环。CuMg$_3$Al$_2$-LDHs 样品的滞后环在 P/P_0 0.7 ～ 1.0 范围内的面积明显大于 Mg$_2$Al-LDHs 样品的滞后环在 P/P_0 0.85 ～ 1.0 范围内的面积，这说明 CuMg$_3$Al$_2$-LDHs 具有较大的孔体积，其值为 0.498 cm^3/g（表 2-1）。Zn$_2$Al-LDHs 样品滞后环提前闭合说明其孔径相对较小，表现出一个较弱的氮气吸附，没有明显的滞后圈，这归属于 III 型的吸附－脱附等温线。比较系列样品的比表面积发现，引入铜元素的层状金属氢氧化物纳米片的比表面积（分别为 86.64 m^2/g 和 67.58 m^2/g）明显大于 MgAl-LDHs 纳米片的比表面积（分别为 59.74 m^2/g，64.69 m^2/g 和 40.66 m^2/g），而引入锌元素的 Zn$_2$Al-LDHs 和 CuZn$_3$Al$_2$-LDHs 样品的比表面积（23.04 m^2/g 和 44.97 m^2/g）都比对应的金属氢氧化物的比表面积小。样品的孔径分布曲线如图 2-5 中的插图所示，可以看到孔径分布曲线相当宽，小介孔（峰值处的孔径为 4.5 ～ 10 nm）说明了系列层状金属氢氧化物纳米片具有内部孔的存在。样品的其他孔结构参数如表 2-1 所示。这些样品具有较大的比表面积，大的比表面积能够提供足够多的活性吸附位点。

通过热重－差热（TG-DTA）分析进一步了解层状金属氢氧化物的热分解过程并证实层状金属氢氧化物材料的结构，结果如图 2-6 和图 2-7 所示。从图中可以看出，系列层状金属氢氧化物纳米片在 600 ℃ 左右区域都有 2 个非常明显的失重台阶和 2 个独立的吸热峰（室温到 200 ℃ 左右区域及 200 ～ 600 ℃ 区域）。首先室温至 200 ℃ 左右区域的低温吸热峰对应的是层状金属氢氧化物表面吸附水和晶体层间结晶水的去除过程，Mg$_2$Al-LDHs、Mg$_3$Al-LDHs、Mg$_4$Al-LDHs 层状金属氢氧化物纳米片第一阶段的失重分别为 14.75%、15.39% 和 14.71%，对应的吸热分解温度最大值分别为 231.4 ℃、219.7 ℃ 和 189.2 ℃，表现出随着镁元素含量的增加层间结晶水去除所需的温度降低。含铜元素 CuMg$_3$Al$_2$-LDHs、CuMgAl-LDHs 层状金属氢氧化物纳米片第一阶段的失重分别为 15.13% 和 14.49%，对应的吸热分解温度最大值分别为 191.5 ℃ 和 165.2 ℃，这两个温度明显低于 Mg$_2$Al-LDHs、Mg$_3$Al-LDHs 的吸热分解温度，说明样品中铜元素替代镁元素使层间结晶水移除所需的温度降低，而且铜元素含量越多这个最大吸热峰的温度越低。第二阶段明显失重主要在 200 ～ 500 ℃，一般认为是层状金属氢氧化物层状结构中碳酸根的分解引起的，这一阶段还包括上一阶段未分解完全的羟基所产生的水，对应于碳酸根阴离子和层板镁羟基的脱去，首先是碳酸根离子以二氧化碳形式脱去，随后脱去层板之间的羟基，此过程可能会导致层状金属氢氧化物的片层结构的塌陷。Mg$_2$Al-LDHs、Mg$_3$Al-LDHs、Mg$_4$Al-LDHs 层状金属氢氧化物纳米片第二阶段的失重分别为

28.63%、29.41% 和 30.26%，对应的吸热分解温度最大值分别为 405.1 ℃、389.6 ℃ 和 375.7 ℃，表现出随着镁元素含量的增加碳酸根阴离子和层板镁羟基的脱去所需的温度降低。

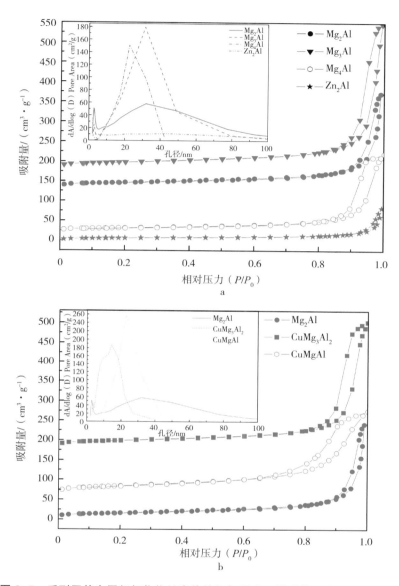

图 2-5　系列层状金属氢氧化物纳米片的氮气吸附 - 脱附等温线和孔径分布

表 2-1　系列层状金属氢氧化物材料的表面结构参数

样品	比表面积 / ($m^2 \cdot g^{-1}$)	孔体积 / ($cm^3 \cdot g^{-1}$)	微孔体积 / ($cm^3 \cdot g^{-1}$)	平均孔径 /nm
Mg_2Al–LDHs	59.74	0.374	0.0024	24.99
Mg_3Al–LDHs	64.69	0.567	0.0029	27.51
Mg_4Al–LDHs	40.66	0.310	0.0034	25.32
Zn_2Al–LDHs	23.04	0.129	0.0012	23.75
CuMgAl–LDHs	86.64	0.334	0.0015	13.27
$CuMg_3Al_2$–LDHs	67.58	0.498	0.0032	26.85

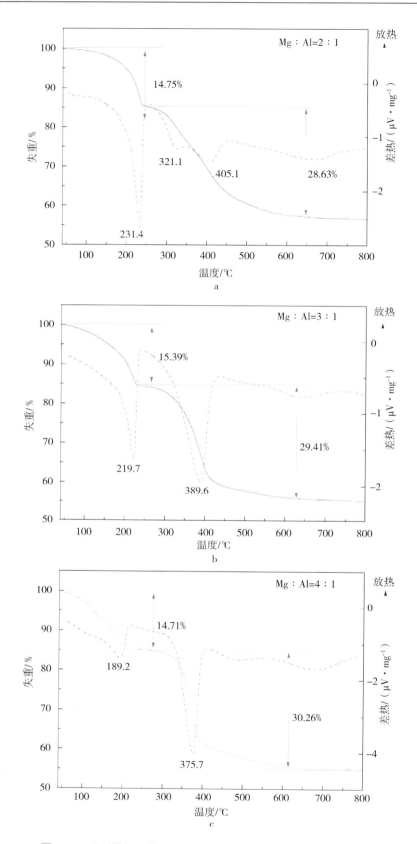

图 2-6 系列镁铝层状金属氢氧化物纳米片材料的 TG-DTA 分析

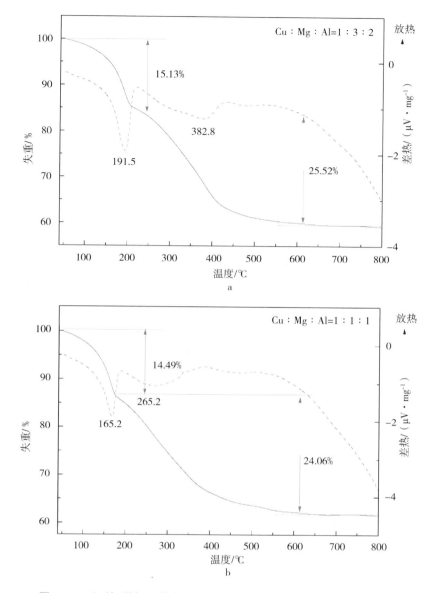

图 2-7　系列铜镁铝层状金属氢氧化物纳米片材料的 TG-DTA 分析

含铜元素 CuMg$_3$Al$_2$-LDHs、CuMgAl-LDHs 层状金属氢氧化物纳米片第二阶段的失重分别为 25.52%和 24.06%，对应的吸热分解温度最大值分别为 382.8 ℃和 265.2 ℃，这两个温度明显低于 Mg$_2$Al-LDHs、Mg$_3$Al-LDHs 的吸热分解温度，说明样品中铜元素替代镁元素使层间碳酸根阴离子和层板镁羟基的脱除所需的温度降低，而且铜元素含量越多这个最大吸热峰的温度越低。另外，不含铜元素的 3 种镁铝层状金属氢氧化物的热重－差热分析曲线在 600 ～ 700 ℃都有一个较明显的吸热峰，这个主要是由于层状金属氢氧化物分解形成相应的氧化物造成的，对应于体系金属氧化物的生成及体系从无序态到有序态的转变，与之相对应的含铜元素的两种层状金属氢氧化物的热重－差热分析曲线在 600 ～ 700 ℃没有明显吸热峰，说明 CuMgAl-LDHs 层状金属氢氧化物纳米片材料的分解温度比不含铜元素镁铝层状金属氢氧化物的分解温度低，随层板上铜离子的增加，铜离子本身具有姜－泰勒畸变效应会很大程度影响层板的稳定性，从而导致含铜层状金属氢氧化物的稳定性降低，表现出层状金属氢氧化物热稳定性变差。这与前面的 XRD 的分析结果是一致的。

图 2-8 为系列层状金属氢氧化物纳米片的 FT-IR 图谱，由 FT-IR 分析可以获取层状金属氢氧化物层间阴离子、阳离子，结晶水及层中晶格氧振动的有关信息。从图 2-8 可以看出，通过水热方法制备的系列层状金属氢氧化物纳米片的 FT-IR 的峰形大致相同。所有的层状金属氢氧化物纳米片材料在 $3200 \sim 3500 \ cm^{-1}$ 区域都有一个较宽的吸收峰，这主要是由片层结构中层与层之间的羟基伸缩振动所引起的。与自由状态的—OH（$3600 \ cm^{-1}$）相比，此峰向低波数发生了一定的偏移。主要是因为这些—OH 可能与层间阴离子 CO_3^{2-} 或层板羟基之间发生作用以氢键相连，且其振动波数与层状氢氧化物中金属离子的种类和比例相关，随着镁铝原子比例的增加此处的主要吸收峰位置也逐渐向高波数方向移动，分别 $3422 \ cm^{-1}$、$3506 \ cm^{-1}$ 和 $3564 \ cm^{-1}$，但都明显低于 $3600 \ cm^{-1}$，与之相比较，如果将 MgAl-LDHs 纳米片中的镁元素替换为锌元素，则 Zn_2Al-LDHs 纳米片在此处的吸收峰主要位置向低波数方向移动 $3402 \ cm^{-1}$。$1650 \ cm^{-1}$ 附近的特征吸收峰归结为层状金属氢氧化物所带结晶水中—OH 的弯曲振动峰 δ（O—H），这个峰的强度与水的含量有关，从图中可以看出当层状金属氢氧化物二价和三价金属离子的比例较低时这个特征峰的强度较弱，随着两者比例的增加此处峰的强度也明显增强；$1360 \ cm^{-1}$ 处特征吸收峰归属于 CO_3^{2-} 中 C—O 的不对称伸缩振动吸收峰；与 $CaCO_3$ 的 CO_3^{2-} 的吸收峰（$1430 \ cm^{-1}$）相比波数向较低的方向发生了偏移，这是由于层状金属氢氧化物中层间插入的 CO_3^{2-} 离子与层间水分子之间存在着较强的氢键作用。低于 $1000 \ cm^{-1}$ 的特征吸收峰主要归属于 M—O、O—M—O 和 M—O—M 等形式的阳离子晶格振动峰。$620 \ cm^{-1}$ 的峰可能是 Al—OH 的过渡形式。这些吸收峰的出现表明层状金属氢氧化物的层间阴离子为碳酸根和氢氧根而没有其他的杂离子。

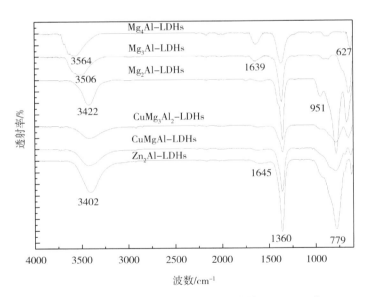

图 2-8 系列层状金属氢氧化物纳米片的 FT-IR 图谱

三、滤棒中添加系列层状金属氢氧化物材料降低主流烟气有害物的评价

将所得的系列层状氢氧化物实验材料添加到卷烟二元复合滤棒的中间位置，制成二元含层状金属氢氧化物材料的复合滤棒，使评价材料均匀分布于两段醋酸纤维滤棒的截面上，使主流烟气通过材料时能和层状金属氢氧化物材料充分并完全接触（添加量约为 10 mg/ 支）。

系列层状金属氢氧化物添加到滤棒中对卷烟主流烟气特征参数的影响如表 2-2 所示。通过对焦油、烟碱、CO 等数据分析可知，添加的系列层状金属氢氧化物对卷烟主流烟气特征参数几乎没有影响。

表 2-2　滤棒中添加系列层状金属氢氧化物材料对卷烟主流烟气常规成分释放量影响的结果

样品名称	总粒相物 / (mg·支$^{-1}$)	抽吸口数 /	CO/ (mg·支$^{-1}$)	水分 / (mg·支$^{-1}$)	烟碱 / (mg·支$^{-1}$)	焦油 / (mg·支$^{-1}$)
对照卷烟	10.66	6.43	10.35	1.13	0.66	8.87
Mg$_2$Al–LDHs	10.56	6.38	10.33	1.17	0.65	8.74
Mg$_3$Al–LDHs	10.51	6.25	9.98	1.13	0.66	8.72
Mg$_4$Al–LDHs	10.68	6.32	10.81	1.17	0.65	8.86
CuMgAl–LDHs	10.99	6.52	10.88	1.13	0.67	9.19
CuMg$_3$Al$_2$–LDHs	11.03	6.45	11.53	1.15	0.67	8.94
改性 Mg$_2$Al–LDHs	11.17	6.48	10.97	1.24	0.69	8.94
HAP	11.2	6.35	10.6	1.37	0.68	9.15

表 2-3 和图 2-9 给出了 Mg-Al 系列层状金属氢氧化物添加到滤棒中降低卷烟主流烟气中 TSNAs 的评价结果。按照有关标准测定卷烟烟气中常规成分和 NNN、NNK、NAT、NAB 的释放量，并计算以上 4 种 TSNAs 释放量的选择性降低率。从图 2-9 和表 2-3 可以看出，与对照卷烟相比，Mg-Al-LDHs 系列化合物材料都能使卷烟主流烟气中 TSNAs 的释放量选择性降低，以 Mg$_2$Al-LDHs 为例，滤棒中添加了 10 mg 材料的卷烟主流烟气释放量对 NAT、NNK、NNN、NAB 的选择性降低率分别为 17.61%、27.66%、11.04%、12.32%。此外，材料对烟气中 4 种亚硝胺（NAT、NNK、NNN、NAB）的释放量降低程度不同，说明材料对这 4 种特有亚硝胺分子具有选择性作用。系列层状金属氢氧化物中元素比例的变化对 NNK 的降低效率也有影响，数据表明 Mg-Al-LDHs 系列化合物对 NNK 的选择性降低率均达到了 20% 以上，分别为 27.66%（Mg$_2$Al-LDHs）、27.48%（Mg$_3$Al-LDHs）和 32.79 %（Mg$_4$Al-LDHs），可以看出，随着 Mg/Al 元素比例的增加对主流烟气中 NNK 释放量的降低率也增加。

通常地，材料物理吸附效率的高低主要和材料的比表面积的大小有关，但是从表 2-1 给出的 3 种材料的比表面积数据来看（分别为 59.74 m^2/g、64.69 m^2/g 和 40.66 m^2/g）并不是完全按照比表面积的大小顺序影响材料对 NNK 的选择性降低率，这说明层状金属氢氧化物材料表现出降低卷烟主流烟气中 NNK 释放量的作用不单是两者间发生简单的物理吸附作用，还存在 NNK 分子与层状金属氢氧化物分子之间的化学作用，这种作用的相对强弱与晶体自身的内在结构密切相关。结合表 2-2 烟气中焦油数据的变化可知，层状金属氢氧化物纳米片材料表现出了对卷烟主流烟气中的亚硝胺的选择性降低作用。

表 2-3　滤棒添加 Mg-Al 层状金属氢氧化物材料后卷烟烟气中亚硝胺的含量分析

样品	NAT/（ng·支$^{-1}$）	NNK/（ng·支$^{-1}$）	NNN/（ng·支$^{-1}$）	NAB/（ng·支$^{-1}$）	TSNAs/（ng·支$^{-1}$）
对照样（无添加）	129.80	26.29	249.52	14.67	420.28
Mg$_2$Al–LDHs	105.02	18.63	218.28	12.71	354.64
选择性降低率 /%	17.61	27.66	11.04	12.32	14.14
Mg$_3$Al–LDHs	109.89	18.62	216.91	12.78	358.20
选择性降低率 /%	13.65	27.48	11.48	11.19	13.08
Mg$_4$Al–LDHs	106.85	17.64	219.82	12.99	357.30

样品	NAT/（ng·支 $^{-1}$）	NNK/（ng·支 $^{-1}$）	NNN/（ng·支 $^{-1}$）	NAB/（ng·支 $^{-1}$）	TSNAs/（ng·支 $^{-1}$）
选择性降低率 /%	17.57	32.79	11.79	11.34	14.88
Mg$_2$Al–LDHs（改性）	110.86	17.77	202.03	12.76	343.42
选择性降低率 /%	13.89	31.70	18.33	12.52	17.59

注：添加量为 10 mg/ 支，*n*=25。

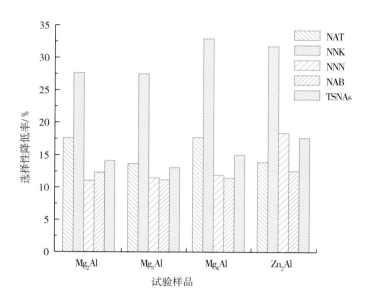

图 2–9　Mg–Al 系列层状金属氢氧化物材料添加滤棒中降低 TSNAs 的效果评价

表 2–4　添加层状金属氢氧化物材料的卷烟主流烟气常规成分释放量结果

样品名称	平均重量 /g	平均吸阻 /Pa	总粒相物 /（mg·支 $^{-1}$）	烟气水分 /（mg·支 $^{-1}$）	实测烟气烟碱量 /（mg·支 $^{-1}$）	实测焦油量 /（mg·支 $^{-1}$）	抽吸口数
对照卷烟	0.861	985	7.32	0.54	0.53	6.34	6.55
试验卷烟 1	0.851	987	7.91	0.64	0.62	6.69	6.81
试验卷烟 2	0.859	984	7.56	0.69	0.65	6.21	6.83
试验卷烟 3	0.860	989	7.87	0.49	0.55	6.56	6.76

　　由于现有工艺制备的层状金属氢氧化物材料在干燥后容易硬团聚，限制了材料的应用范围，将材料的表面在后处理过程中改性使其易分散于乙醇或酯中可以大大拓宽材料的使用范围。为了实现材料在卷烟滤棒中的应用，将改性层状金属氢氧化物材料 Mg$_2$Al–LDHs 分散到滤棒成型剂三醋酸甘油酯中，配制的浆料的理想浓度为 3% ～ 4%，在滤棒加工过程中添加到复合滤棒中，以上述复合滤棒制表 2–4 中试验卷烟 1。将改性 Mg$_2$Al–LDHs 材料分散到乙醇中，以烟丝质量 0.5% 的比例添加到烟丝中（表 2–4 中试验卷烟 2），这种改性后的 Mg$_2$Al–LDHs 表现出了很好的降低 TSNAs 的效果，NNK 的选择性降低率为 20.18%。将改性 Mg$_2$Al–LDHs 材料在烟丝和滤棒中同时添加制作成表 2–4 中试验卷烟 3 后进行卷烟烟气分析。卷烟主流烟气中常规成分释放量的测试结果如表 2–4 所示，将试验卷烟与对照卷烟一起按照相关标准进行卷烟烟气 7 种有害成分的分析，结果如表 2–5 和图 2–10 所示。

表 2-5 试验卷烟主流烟气中 7 种有害物成分释放量结果

样品名称	CO 释放量 /（mg·支⁻¹）	HCN 释放量 /（μg·支⁻¹）	NNK 释放量 /（ng·支⁻¹）	NH₃ 释放量 /（μg·支⁻¹）	B[a]P 释放量 /（ng·支⁻¹）	苯酚释放量 /（μg·支⁻¹）	巴豆醛释放量 /（μg·支⁻¹）
对照卷烟	7.54	82.18	24.62	6.98	5.72	10.54	10.73
试验卷烟 1	6.95	70.19	19.82	6.02	5.18	9.48	8.65
选择性降低率 /%	13.32	20.09	25.03	19.25	14.94	15.56	24.88
试验卷烟 2	6.89	69.63	19.16	5.85	5.09	8.82	7.98
选择性降低率 /%	6.62	13.27	20.18	14.19	9.01	14.32	23.63
试验卷烟 3	6.68	70.47	17.35	5.64	4.83	6.75	8.71
选择性降低率 /%	14.80	17.65	32.93	22.59	18.96	39.36	22.22

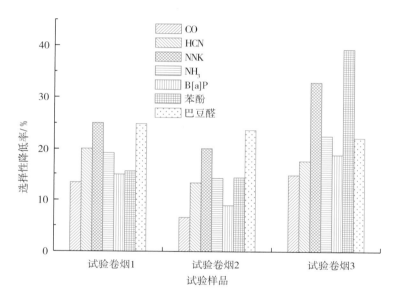

图 2-10 改性 Mg₂Al-LDHs 材料在滤棒和烟丝中添加的效果评价

　　添加了这种改性 Mg₂Al-LDHs 材料制作的试验卷烟 1 对 NNK 的选择性降低率为 25.03%，在中试生产过程中材料必须要通过分散到三醋酸甘油酯中才能实现在复合滤棒中的均匀添加，但这同时会造成本来比表面积就不高的层状金属氢氧化物表面的活性吸附位被三醋酸甘油酯部分覆盖从而影响降低 TSNAs 的效果；滤棒和烟丝中同时添加了改性层状氢氧化物材料的试验卷烟 3 与对照卷烟相比，主流烟气中 7 种有害物的释放量出现了不同程度的降低，NNK、NH₃、B[a]P、苯酚、巴豆醛的选择性降低率分别为 32.93%、22.59%、18.96%、39.36%、22.22%，危害性指数也降低了 20% 以上。此外，4 种烟草特有亚硝胺 NAT、NNK、NNN、NAB 的选择性降低率分别为 23.45%、32.93%、29.75%、31.04%。通过对上述材料的考察发现，这些材料中都含有丰富的羟基基团，我们还合成了含多羟基的羟基磷灰石（HAP）材料，通过干法添加到滤棒中进行评价，结果表明，羟基磷灰石纳米材料对卷烟主流烟气中 NNK 的降低效率也达到了 27.39%，这为寻找选择性降低 NNK 的无机材料提供了一个目标和方向，即含（多）羟基的无机类材料适合作为卷烟添加材料来降低卷烟主流烟气中特有亚硝胺的释放量。

　　结合层状金属氢氧化物材料的结构特点和文献研究结论认为，利用层状金属氢氧化物降低卷烟主流烟气中 NNK 的机制可概括为以下三点：第一个是选择性吸附截留，吸附主要是主客体分子通过化学成键作用和静电相互吸引发生的作用。层状金属氢氧化物具有分等级的多孔结构，介孔间彼此交错相通，且自身的比表面积很大。根据表面化学理论，当固体颗粒的比表面积越大时，越不稳定，因此它为了能稳定存在，颗粒表面在溶液中会吸附其他细小颗粒使自身达到无活性和表面光滑。将层状金属氢氧化物添加到烟丝中或添加到滤棒中，层状金属氢氧化物对所经过的主流烟气中 NNK 会产生吸附截留，从而使主流烟气中 NNK 释放量降低。总体来说，层状金属氢氧化物和被吸附物质分子之间的几何配位与静电作用决定了 NNK 能否被很好地吸附。前者决定了层状材料能否吸附 NNK，后者则可以加速这种吸附。烟草特有亚硝胺 NNK 拥有六元环状结构，而且其 N—N＝O 基团带负电荷，使其很容易被阳离子吸附。实验中所用的系列层状金属氢氧化物孔径分别为 24.99 nm、27.51 nm、25.32 nm、23.75 nm、13.27 nm、26.85 nm 和 27.04 nm，比表面积分别为 59.74 cm^3/g、64.69 cm^3/g、40.66 cm^3/g、23.04 cm^3/g、86.64 cm^3/g、67.58 cm^3/g 和 44.97 cm^3/g，因此 NNK 分子可部分或全部进入和通过孔道，层状金属氢氧化物层间存在酸—碱中心，晶体内有库仑场和极性作用，可以与 N—N＝O 基团发生相互作用。因此层状金属氢氧化物独特的孔结构、表面特性及较大的比表面积使其对 NNK 具有很强的吸附能力。

能够使卷烟主流烟气中 NNK 降低的第二个机制是吸附燃烧，将层状金属氢氧化物添加到烟丝中，当材料未被燃烧时，所经过主流烟气中的 NNK 会被吸附，随着抽吸口数的增加，层状金属氢氧化物在吸附饱和之前，对所经主流烟气中 NNK 反复吸附；当燃烧锥后移时，燃烧锥中的层状金属氢氧化物上被吸附的 NNK 就会被高温燃烧，NNK 彻底被燃烧就会转化为二氧化碳、二氧化氮和水，从而可使主流烟气中的 NNK 释放量降低。

降低卷烟主流烟气中 NNK 的第三个机制是选择性催化转化，在一定温度条件下，层状金属氢氧化物煅烧处理后形成的双金属或三金属氧化物催化剂对被吸附的 NNK 进行催化氧化，材料中的过渡金属元素由于其 d 轨道的电子处于未充满状态，具有很强的反应活性。杂环和脂肪族的亚硝胺 N—N＝O 键的摩尔热焓为 217～225 kJ/mol，而 C—N、C—C 或 C—H 的摩尔热焓值则为 250～450 kJ/mol，所有亚硝胺的摩尔 N—N＝O 键的热焓都低于上述键的热焓值。因此在一定温度下亚硝胺可被金属氧化物催化剂催化裂解，亚硝胺分子中的 N—N＝O 键断裂，使 NNK 被催化转化为含氮化合物、一氧化氮和其他化合物，从而可使主流烟气中的 NNK 释放量降低。

以 NaOH/Na$_2$CO$_3$ 为沉淀剂采用变化 pH 共沉淀的方法水热制备了一系列不同比例的 Mg–Al–LDHs 层状金属氢氧化物纳米片化合物，此方法所制备的材料晶相单一结晶度高。采用 XRD、FT–IR、SEM、TG–DTA 等方法对层状金属氢氧化物材料进行了系统表征，将材料添加到卷烟滤棒中进行卷烟主流烟气评价的结果表明，层状金属氢氧化物材料对卷烟主流烟气中烟草特有亚硝胺具有明显的选择性降低作用，而且这类材料表现出对 4 种非挥发性亚硝胺的选择性差异，这与高比表面材料吸附亚硝胺的机制不同，对 NNK 的选择性降低率最高为 32.93%。

四、层状金属氢氧化物材料在卷烟纸中的应用

将功能材料添加到卷烟纸中也是发挥材料特殊功能的一种途径，通常的添加方法有：浆内添加法、浸渍法和涂布法。浆内添加法就是在打浆时或在供浆系统中往浆内添加功能材料的方法，该方法的优点是适用于各种纸的生产，工艺操作简单，功能材料在纸中的分布比较均衡，但功能材料的流失非常严重，因而效果和成本不宜控制。浸渍法是在抄纸后，用功能材料的水溶液或水分散液进行浸渍的方法。浸渍法是机外处理，处理量变化范围广，且处理时间短、操作容易，但该方法得到的功能卷烟纸也存在耐水性差、吸潮性强、变形大、强度下降显著、易发黄变硬等缺点。涂布法是将功能材料涂布于卷烟纸表面的方法，把功能材料粉体均匀分散在某种黏结剂中，制成乳状涂料，然后用涂布的方法把此涂料涂

在纸的表面上，经加热干燥即可得涂布型卷烟纸。这种方法的优点是功能材料大部分集中在卷烟纸的表面，对卷烟纸的物理性能影响较小，对表面要求的耐延燃性效果明显。

层状镁铝氢氧化物材料是一类具有层状微孔结构的双羟基金属复合氧化物，它兼具了氢氧化铝和氢氧化镁功能材料的优点，又克服了它们各自的不足，具有阻燃、消烟、填充等功能，是一种高效、无卤、无毒、低烟的新型功能材料。而且由于其特殊的层状结构赋予其较大的表面积和较多的表面吸附活性中心，能吸附有害气体特别是酸性气体，因而具有降低燃烧温度和抑烟的双重功能。由于试验材料与纸张纤维的结合力较弱，需要通过胶黏剂引入卷烟纸表面。采用优选的海藻酸钠和改性淀粉混合物作为层状金属氢氧化物材料的胶黏剂。由于试验材料富含羟基基团，能与纤维表面形成结合力较强的氢键，同时材料本身具有一定包合作用，能在介孔材料和纸张表面间起到很好的桥梁作用。此外，材料符合烟用材料许可名录要求，燃烧后对卷烟抽吸品质也无明显不良影响。

按照试验设计方案要求，卷烟原纸选择定量为 32 g/m^2、透气度为 65 CU 横罗纹卷烟原纸；根据涂布纸幅宽要求，抄造符合卷烟纸物理指标要求的原纸，复卷规格为 640 mm × 4000 m。

根据项目设计方案，配制含有不同含量梯度的层状镁铝金属氢氧化物材料及纯胶黏剂的胶料，用于涂布样品的试制。胶黏剂中海藻酸钠、改性淀粉及水的比例设计为 1∶3∶100。在涂料的配制过程中，搅拌过程中会有大面积的粉尘现象。

胶料 1：将 4 kg 层状金属氢氧化物材料、0.6 kg 海藻酸钠和 1.8 kg 改性淀粉分别加入 60 kg 水中，充分搅拌 20 min 后备用。

胶料 2：将 5 kg 层状金属氢氧化物材料、0.6 kg 海藻酸钠和 1.8 kg 改性淀粉分别加入 60 kg 水中，充分搅拌 20 min 后备用。

胶料 3：将 6 kg 层状金属氢氧化物材料、0.6 kg 海藻酸钠和 1.8 kg 改性淀粉分别加入 60 kg 水中，充分搅拌 20 min 后备用。

涂布机凹版深度为 35 μm，试制车速为 40 m/min，烘箱温度控制在 110 ℃，保证溶剂完全烘干。将 3 种配方的胶黏剂分别进行涂布，整个涂布过程，涂布机运行稳定，在出烘箱牵引辊处及涂布导辊上都有粉尘残留。卷烟纸表面肉眼可见明显的涂层，但用手很难摩擦出粉尘，表面达到有效黏接效果。涂布后下机卷烟原纸及卷烟纸样品的具体标识编号为：涂布原纸为 0#，胶料 1 涂布后下机卷烟纸样品为 1#、胶料 2 涂布后下机卷烟纸样品为 2#、胶料 3 涂布后下机卷烟纸样品为 3#。对下机卷烟纸样品及卷烟纸原纸进行相关物理指标检测，具体检测结果如表 2-6 所示。

表 2-6　几种功能卷烟纸的物理指标

检验项目	检测结果			
	0#	MF1#	MF2#	MF3#
定量 /（g·m^{-2}）	32.3	33.8	33.5	33.3
抗张能量吸收不小于 /（J·m^{-2}）	10.49	10.37	10.42	10.33
亮度（白度）不小于 /%	91.0	91.0	91.0	91.0
荧光白度不大于 /%	0.1	0.1	0.1	0.1
不透明度不小于 /%	75.6	76.1	75.8	76.1
罗纹 /%	10.05	9.78	9.83	9.87
透气度 /CU	64.9	59.8	60.7	61.3

检验项目	检测结果			
	0#	MF1#	MF2#	MF3#
透气度变异系数	5.13	4.79	5.12	4.96
水分 / %	4.68	4.75	4.91	4.88
灰分不小于 / %	15.9	16.8	16.5	16.4
阴燃速率 /（s/150 mm）	102	108	106	105
特殊纤维	无	无	无	无

从整个后续分切过程来看，涂布样品在分切过程中没有出现大量的掉粉现象。从分切后样品物理指标测试情况来看，卷烟纸样品的定量和透气度随涂布胶料固含量的变大定量和透气度都有所增加。从表2-6中数据分析可计算出：胶料1涂布后卷烟纸样品盘纸实际在卷烟纸上引入层状金属氢氧化物材料比重为1.93%；胶料2涂布后卷烟纸样品盘纸实际在卷烟纸上引入层状金属氢氧化物材料比重为2.51%；胶料3涂布后卷烟纸样品盘纸实际在卷烟纸上引入层状金属氢氧化物材料比重为3.32%。

从图2-11中可以看出，在纸张的纤维上除了分布有微米级的梭形碳酸钙填料外，还有尺寸更小形貌也完全不同的颗粒附着，进一步说明了这种涂布方法能够实现层状金属氢氧化物材料在卷烟纸中的添加。通过离线涂布加工方式可将功能介孔材料适量引入卷烟纸表面；优选海藻酸钠和改性淀粉载体作为介孔材料的黏结剂，既能满足有效架桥作用，又能减少对卷烟吸食品质的影响；从涂料的配制、涂料的涂布及分切影响来看，涂料配制过程中有大面积粉尘现象，涂布过程导辊上有少量摩擦下的粉尘现象，分切过程则没有出现大量掉粉掉灰现象。

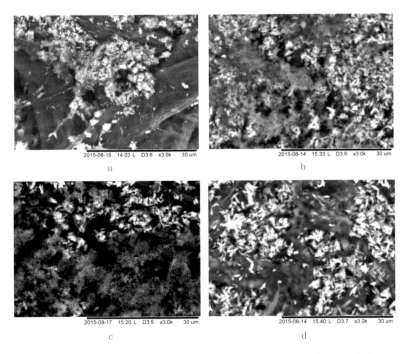

图 2-11　涂布卷烟纸（0#，MF1#，MF2#，MF3#）的 SEM 表征

卷烟规格选定"中南海（8 mg）"卷烟，卷接时在保证烟支叶组和规格一致的条件下，采用相同辅材用同一台卷烟机进行卷制，以保证对照卷烟和试验卷烟的烟丝质量一致，达到试验样品的可比性。

卷烟主流烟气中常规成分、NNK 及其他有害成分的释放量分析结果如表 2-7 和表 2-8 所示。

从表 2-7 中可以看出，卷烟涂布功能减害材料的试验卷烟和对照卷烟相比，卷烟主流烟气中的焦油、烟碱、水分、CO 等常规成分均下降明显。

表 2-7 功能卷烟纸卷烟主流烟气中常规成分释放量结果

样品名称	平均吸阻 / Pa	总粒相物 / (mg・支$^{-1}$)	CO / (mg・支$^{-1}$)	水分 / (mg・支$^{-1}$)	烟碱 / (mg・支$^{-1}$)	焦油 / (mg・支$^{-1}$)	抽吸口数
对照卷烟	1104	9.78	11.10	0.71	0.69	8.38	6.32
MF-1	1106	8.58	8.96	0.57	0.60	7.41	6.12
MF-2	1116	9.06	8.46	0.62	0.63	7.81	6.20
MF-3	1108	8.27	9.01	0.49	0.59	7.19	6.08

从表 2-8 和图 2-12 中可以看出，通过胶黏剂将材料引入卷烟纸表面后卷烟主流烟气中代表性有害物的释放量降低效果明显。当层状金属氢氧化物材料在样品卷烟纸 2 中的添加比例为 2.51% 时各有害成分的降低效果最明显，CO、HCN、NNK、NH$_3$、B[a]P、苯酚、巴豆醛降低率分别为 18.31%、28.03%、15.97%、23.19%、22.92%、20.73%、19.47%，选择性降低率分别为 11.51%、21.23%、9.17%、16.39%、16.12%、13.93%、12.67%。

通过在卷烟纸中添加改性的层状金属氢氧化物除了能显著降低卷烟烟气中有害物的释放量，还能使卷烟的焦油有所降低，表现出既能选择性减害又能降焦的特点，因此通过将这类层状金属氢氧化物材料添加到卷烟纸中是实现降焦减害的一种比较好的途径。

表 2-8 功能卷烟纸卷烟主流烟气中 7 种有害物释放量结果

样品	CO/ (mg・支$^{-1}$)	HCN/ (g・支$^{-1}$)	NNK/ (ng・支$^{-1}$)	NH$_3$/ (g・支$^{-1}$)	B[a]P/ (ng・支$^{-1}$)	苯酚 / (g・支$^{-1}$)	巴豆醛 / (g・支$^{-1}$)	危害性指数
对照卷烟	11.03	115.24	28.56	9.14	7.46	9.31	13.71	14.06
卷烟纸 1	8.96	98.31	26.30	7.21	5.80	7.32	11.65	12.22
降低率 / %	18.77	14.69	7.91	21.12	22.25	21.37	15.03	13.09
选择性降低率 / %	8.04	3.96	-2.82	10.39	10.52	10.64	4.30	—
卷烟纸 2	9.01	82.94	24.00	7.02	5.75	7.38	11.04	11.40
降低率 / %	18.31	28.03	15.97	23.19	22.92	20.73	19.47	18.92
选择性降低率 / %	11.51	21.23	9.17	16.39	16.12	13.93	12.67	—
卷烟纸 3	8.46	82.70	25.49	8.04	5.55	7.37	11.3	11.69
降低率 / %	23.30	28.24	10.75	25.16	25.60	20.84	17.58	16.86
选择性降低率 / %	9.10	14.04	-3.45	10.96	11.40	6.64	3.38	—

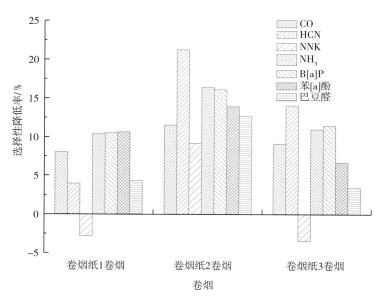

图 2-12　功能卷烟纸卷烟主流烟气中 7 种有害物的选择性降低率

第三节　不同晶相 FeOOH 材料的合成及在卷烟中应用的评价

一、不同晶相 FeOOH 材料的控制合成

对于 β-FeOOH 材料已有较多的文献报道，但文献中采用的方法为三价金属铁盐水热法，这种方法是通过金属离子的水解反应来实现的，虽然操作简单，但由于体系中水解平衡的存在限制了反应的持续进行，从而使目标化合物的最终产率始终不高。本研究通过在体系中引入有机碱化合物促使水解反应持续向右进行，使金属离子彻底转化为沉淀，目标化合物的产率接近 100%，而且通过控制体系的反应条件能够实现不同晶相 FeOOH 的调控合成，这在水热反应法中是无法实现的。

羟基氧化铁的晶相控制合成以二价铁离子为铁源，体系中的氢氧根 OH^- 来自有机弱碱的缓慢释放，再通过调节体系的 pH 和后氧化过程制备了不同晶相与结构的 FeOOH，具体制备过程如下：先称取 7.9696 g 十二烷基苯磺酸钠溶解于 100 mL 无水乙醇中，完全溶解后加入 2000 mL 去离子水中；然后称取 222.416 g 的七水合硫酸亚铁加入到上述体系中，充分搅拌使硫酸亚铁完全溶解，向混合体系中通氮气 15～20 min 赶走体系中的空气，密封保存备用（A）；再称取 80 g 尿素溶解于去离子水中（B），将（A）和（B）两种溶液混合后转移至 5 L 三颈烧瓶中，搅拌，控制升温速率至 90 ℃，保温 1 h 使尿素充分水解，向体系中滴加过氧化氢，控制滴加速度不产生大量泡沫，检验体系中的亚铁离子是否完全氧化，共需过氧化氢约 200 mL；最后用滴液漏斗向体系中滴加 1 mol/L 的碳酸钠溶液，调整体系 pH 至 3～4 共需滴加碳酸钠溶液 580 mL，90 ℃条件下继续加热回流 3 h，反应体系冷却至室温，沉淀分层、离心洗至中性，产物在鼓风烘箱中 80 ℃干燥 24 h，最后得到的松散粉末为 α-FeOOH。

制备 β-FeOOH 的其他条件同上，所用尿素的质量为 160 g，用滴液漏斗向体系中滴加 1 mol/L 的碳酸钠溶液，调整体系 pH 至 7～8，共需滴加碳酸钠溶液 800 mL。制备 δ-FeOOH 时将沉淀剂改为氢氧化钠，用滴液漏斗向体系中滴加 2 mol/L 的氢氧化钠溶液使二价铁离子充分沉淀，此时体系 pH 约为 7，共需滴加氢氧化钠溶液 800 mL，然后向体系中分次滴加过氧化氢溶液，控制滴加速度不产生大量泡沫，检验体系中的亚铁离子是否完全氧化，共需过氧化氢约 200 mL。

α-FeOOH- 石墨烯复合材料的制备（α-FeOOH/rGO）：称取一定量的石墨氧化物配制成浓度为 0.05% 的溶液，石墨氧化物比较容易分散到水中，然后将溶液超声 30 min 将石墨烯氧化物剥离成石墨氧化物片，得到均匀分散的石墨氧化物分散液。石墨氧化物转变为石墨烯的过程参考相关文献的方法。具体操作如下：取 50 mL 得到的均匀 GO 分散液与 50 mL 去离子水、50 μL 35% 的水合肼溶液、350 μL 浓氨水在烧杯中混合均匀（体系中水合肼和 GO 的质量比约为 7∶10），剧烈搅拌几分钟后，放置在水浴锅中 95 ℃ 条件下反应 1 h，这样就得到了均匀稳定且不易发生团聚的石墨烯分散液。为了得到更均匀的 α-FeOOH- 石墨烯复合材料，采用原位还原制备石墨烯的方法：先将 1 g α-FeOOH 加入均匀分散的 GO 分散液中，搅拌超声使 α-FeOOH 分散均匀，再按照上述相同的比例加入去离子水、水合肼溶液、氨水，95 ℃ 条件下水浴反应 1 h，反应后的混合物在真空烘箱中干燥 12 h。

二、不同晶相 FeOOH 材料的表征

图 2-13 给出了有机碱沉淀法控制合成的不同晶相 FeOOH 样品的 XRD 图谱，可以看出合成样品的衍射峰形尖锐，衍射强度也较高，证明该方法制备的 FeOOH 结晶度很好。（a）样品的衍射峰与正交相 α-FeOOH 标准图谱基本对应，在 2θ=21.223°、33.241°、36.649°、41.186° 和 53.237° 处的衍射峰分别对应于 α-FeOOH 的（110）、（130）、（111）、（140）和（221）晶面（JCPDS 81-0462），表明样品为 α-FeOOH（a=4.618 Å，b=9.951 Å，c=3.025 Å）；（b）样品的衍射峰与四方相 β-FeOOH 标准图谱基本对应，在 2θ=11.939°、16.887°、26.801°、35.246°、39.287°、46.503°、52.029°、55.911° 和 64.379° 处的衍射峰分别对应于 β-FeOOH 的（100）、（200）、（400）、（211）、（310）、（411）、（006）、（215）和（415）晶面（JCPDS 01-0662），表明样品为 β-FeOOH（a=10.440 Å，c=3.010 Å）；（c）样品的衍射峰与六方 δ-FeOOH 标准图谱基本对应，在 2θ=35.443°、40.816°、54.407° 和 63.445° 处的衍射峰分别对应于 δ-FeOOH 的（100）、（002）、（102）和（110）晶面（JCPDS 77-0247），表明样品为 δ-FeOOH（a= 2.950 Å，c=4.560 Å）。

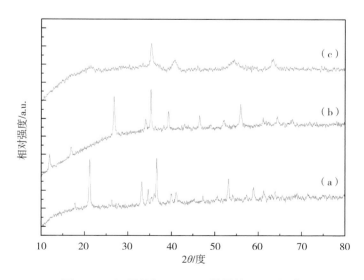

图 2-13 不同晶相 FeOOH 样品的 XRD 图谱

在一定的温度下用化学沉淀法合成 FeOOH 纳米材料可通过调节反应物之间的比例和反应体系的 pH 使其生成悬浮液，再利用过氧化氢将溶液中亚铁离子全氧化成三价铁，控制制备出不同晶相和结构的 FeOOH。本研究中所采用的尿素或六亚甲基四胺可以为反应体系提供持续的弱碱性环境。以尿素为例，随着体系温度的升高，溶液中的尿素会发生水解反应，缓慢释放出 NH_3 和 CO_2，这里的 NH_3 可以作为络合剂与 Fe^{2+} 发生络合作用进而调节 Fe^{2+} 的浓度，同时，NH_3 溶于水后可释放出 OH^-，溶液中的 OH^- 充当 pH 缓冲剂并与 Fe^{2+} 反应生成 $Fe(OH)_2$ 纳米簇，而后 Fe^{2+}、$Fe(OH)_2$ 纳米簇被后续加入溶液中的过氧化氢快速氧化为不同晶相的纳米 FeOOH。结合实验现象可以将 FeOOH 的生成过程用方程式表示如下：

$$(NH_2)_2CO + H_2O \rightarrow 2NH_3 + CO_2; \tag{2-1}$$

$$NH_3 + H_2O \rightarrow NH_4^+ + OH^-; \tag{2-2}$$

$$Fe^{2+} + 2OH^- \rightarrow Fe(OH)_2; \tag{2-3}$$

$$Fe(OH)_2 + H_2O_2 \rightarrow Fe(OH)_3 + 1/2\,H_2O; \tag{2-4}$$

$$Fe(OH)_3 \rightarrow FeOOH + H_2O。 \tag{2-5}$$

从样品的 SEM 和 TEM 测试结果可以发现不同晶相 FeOOH 的颗粒尺寸和形貌差异（图 2-14）。综合看来，可以通过调控反应体系中初始反应物的比例和 pH 来实现 3 种晶相 FeOOH 的合成，从左侧 SEM 图像中看出 α-FeOOH 和 β-FeOOH 的形貌明显为棒状结构，α-FeOOH 纳米棒的长度更长，范围为 $0.5 \sim 1\ \mu m$，而 β-FeOOH 纳米棒的长度均在 $0.5\ \mu m$ 以下，结合右侧的 TEM 结果分析看出，这两种晶相的纳米棒实际上是由许多 α-FeOOH 和 β-FeOOH 纳米棒在酸性体系中自组装而成的；δ-FeOOH 的 SEM 图像给出了片状形貌的结构，TEM 图像进一步可以观察到 δ-FeOOH 的纳米片状结构，片状大小约为 100 nm，从衬度上来看纳米片的厚度为几个纳米。材料形貌的明显差异是由材料的晶体结构决定的。

不同晶相 FeOOH 纳米材料的氮气吸附–脱附等温线和孔径分布曲线如图 2-15 所示，相应的孔结构参数如表 2-9 所示。从图 2-15 中可以看出，所有的 FeOOH 样品在 $P/P_0 < 0.4$ 的区域内几乎无 N_2 吸附，都在 $P/P_0 > 0.45$ 的区域出现滞后环，根据 IUPAC 的分类标准，可以判断这些不同晶相 FeOOH 纳米材料的孔隙结构应该属于 BDDT Ⅳ 型吸附–脱附等温式。根据吸脱附数据计算得到 3 种晶相 α-FeOOH、β-FeOOH、δ-FeOOH 纳米材料的比表面积分别为 43.21 m^2/g、89.78 m^2/g 和 77.27 m^2/g，计算得到在 $2 \sim 300$ nm 范围内的累积孔体积分别为 0.160 cm^3/g、0.197 cm^3/g 和 0.517 cm^3/g。

从图 2-15a 中可以看出，α-FeOOH 和 β-FeOOH 在 $P/P_0 = 0.5$ 附近就出现了明显的滞后环，而 δ-FeOOH 出现明显的滞后环在 $P/P_0 = 0.8 \sim 1.0$ 时，这是明显的介孔结构特征。在相对压力 P/P_0 为 $0.4 \sim 0.8$ 内产生的滞后环属于 H2 型，反映出材料具有细长脖子和宽大肚子的墨水瓶孔结构；在高压区 P/P_0 为 $0.8 \sim 1.0$ 内产生的滞后环属于 H3 型，反映出材料具有典型的平行壁的狭缝孔结构，从 δ-FeOOH 的吸脱附等温线中可以看出，在较高 P/P_0 处没有出现吸附平台，而样品的滞后环在高 P/P_0 区域显示出一个较陡的吸附带，所以这个吸附带可以归为 H3 型，这种特殊的撕裂状孔隙结构通常属于片状颗粒堆积成的夹缝状孔结构，这和电镜照片观察到的 δ-FeOOH 为纳米片状结构吻合，α-FeOOH 和 β-FeOOH 吸脱附等温线形成的滞后环属于 H2 型。从图 2-15b 中看出，α-FeOOH 和 β-FeOOH 纳米棒都具有一定的孔结构，孔大小最可几分布分别在 $50 \sim 90$ nm 和 $20 \sim 50$ nm，结合透射电子显微镜（TEM）观察到 α-FeOOH 和 β-FeOOH 纳米棒中有许多类似于空心结构的内部孔存在，正是这些介孔范围的内部孔使得纳米棒具有较高的表面积和孔体积，而 δ-FeOOH 纳米片状结构的孔径分布范围相对较窄，主要集中在 30 nm。

a α-FeOOH的SEM和TEM图

b β-FeOOH的SEM和TEM图

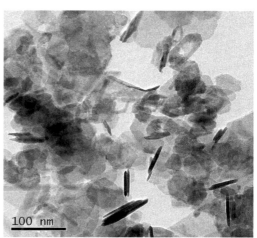

c δ-FeOOH的SEM和TEM图

图 2-14　不同晶相 FeOOH 样品的 SEM 和 TEM 图像

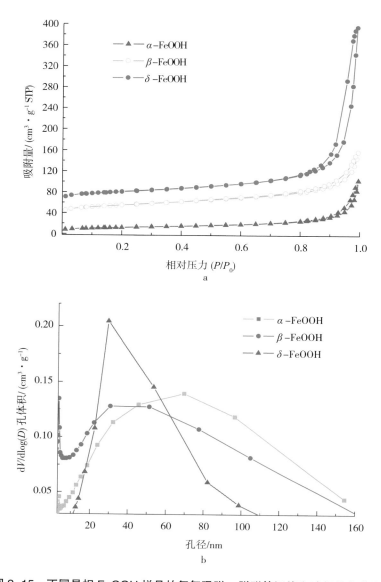

图 2-15　不同晶相 FeOOH 样品的氮气吸附 – 脱附等温线和孔径分布曲线

表 2-9　不同晶相 FeOOH 样品的孔结构参数

样品	比表面积 / ($cm^2 \cdot g^{-1}$)	孔体积 / ($cm^3 \cdot g^{-1}$)	微孔体积 / ($cm^3 \cdot g^{-1}$)	平均孔径分布 /nm
α–FeOOH	43.21	0.160	0.0037	14.89
β–FeOOH	89.78	0.197	0.0029	8.94
δ–FeOOH	77.27	0.517	0.0022	23.92
α–FeOOH/rGO	31.38	0.099	0.0035	11.18

三、滤棒中添加不同晶相 FeOOH 降低卷烟主流烟气中有害物的评价

将所得的实验材料添加到二元滤棒两段醋酸纤维滤棒的中间位置，制成二元复合滤棒，使评价材料均匀分布于两段醋酸纤维滤棒的截面上，从而保证主流烟气通过材料时能和不同晶相 FeOOH 材料充分并

完全接触。

从图 2-16a 中可以看出，当滤棒中材料的添加量为 10 mg 时，与对照卷烟相比不同晶相 FeOOH 系列纳米材料都能使主流烟气中 TSNAs 的释放量降低，但是单就一种材料来讲，表现出对 4 种特有亚硝胺（NAT、NNK、NNN、NAB）具有明确的选择性作用。以 α-FeOOH 材料为例，滤棒中添加了 10 mg α-FeOOH 材料的卷烟主流烟气释放量中 NAT、NNK、NNN、NAB 的选择性降低率分别为 12.94%、18.56%、15.18% 和 16.16%。图示数据表明不同晶相 FeOOH 系列化合物对 NNK 的选择性降低率在 20% 左右，分别为 18.56%（α-FeOOH）、22.44%（β-FeOOH）和 25.03 %（δ-FeOOH），可以看出 FeOOH 纳米材料的晶相影响对卷烟主流烟气中 NNK 释放量的降低率，降低主流烟气中 NNK 释放量的相对顺序为 δ-FeOOH > β-FeOOH > α-FeOOH。此外，还对材料的添加量与降低卷烟烟气中 4 种烟草特有 N- 亚硝胺的选择性效率进行了研究（添加量分别为 3 mg/ 支、5 mg/ 支、10 mg/ 支、20 mg/ 支、30 mg/ 支），结果如图 2-16b 所示，可以看出随着 α-FeOOH 材料在滤棒中添加量的增加，对 TSNAs 的选择性降低效率呈现出明显增加的趋势，当添加量为 20 mg/ 支时选择性降低烟草特有 N- 亚硝胺的效率最高，再继续增加用量没有明显的变化，因此为了最大程度实现 α-FeOOH 的减害效率，实际应用时推荐材料的添加量为 20 mg/ 支。通常，材料物理吸附的效率高低主要由材料的比表面积来决定，但结合表 2-9 给出的 3 种材料的比表面积数据来看，材料对 NNK 的降低率顺序并不与比表面积的大小顺序完全一致，这说明不同晶相 FeOOH 材料作为降低卷烟主流烟气中 NNK 释放量的材料不仅利用物理吸附作用，还可能存在 NNK 分子与不同晶相 FeOOH 材料分子之间的化学作用，后续的红外光谱实验也给出了 FeOOH 材料和 NNK 分子间存在化学作用的证据，而这种作用的相对强弱和晶体自身的内在结构密切相关。α-FeOOH 晶体单位晶胞中每个 Fe^{3+} 与其周边的阴离子构成了 $FeO_3(OH)_3$ 八面体，β-FeOOH 晶体在平行于 C 轴方向含有隧道状的孔穴，δ-FeOOH 为层状排列，且层与层之间以氢键连接。增加材料在滤棒中的添加量到 20 mg，α-FeOOH 对卷烟主流烟气中特有亚硝胺的降低也明显增加，特别是对 NNK 的选择性降低率提高到了 22.48%（表 2-10）。将材料的表面在后处理过程中改变成易分散于乙醇或酯中的，可以大大拓宽材料的使用，如添加到烟丝中。将 α-FeOOH 与还原氧化石墨烯进行复合，氧化石墨烯（GO）是石墨经过深度液相氧化后得到的一种层间距远大于石墨的层状化合物，具有典型的准二维层状结构，层面含有羧基、羟基等大量极性含氧基团，能与许多聚合物基体有较好的相容性，也可使氧化石墨表面由亲水性变为亲油性、表面能降低，还原后成改性的石墨烯，这种改性后的 α-FeOOH/rGO 对 NNK 的选择性降低率为 22.56%（表 2-10）。

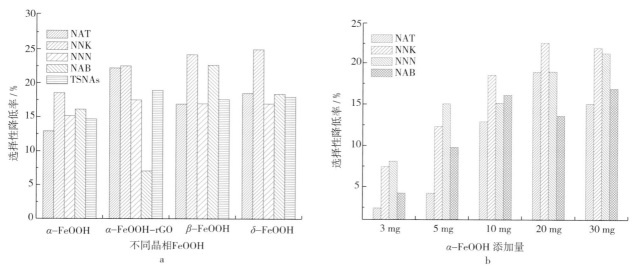

图 2-16　不同晶相 FeOOH 材料添加到滤棒中卷烟烟气中 TSNAs 的选择性降低率
和滤棒中 α-FeOOH 的添加量与卷烟烟气中 TSNAs 选择性降低率的关系

表 2-10   不同晶相 FeOOH 材料添加到滤棒中卷烟主流烟气中 TSNAs 的释放量

样品	NAT/ (ng·支$^{-1}$)	NNK/ (ng·支$^{-1}$)	NNN/ (ng·支$^{-1}$)	NAB/ (ng·支$^{-1}$)	TSNAs/ (ng·支$^{-1}$)
对照样	129.80	26.29	249.52	14.67	420.28
α–FeOOH（10 mg）	113.00	21.41	211.64	12.30	358.35
选择性降低率 / %	12.94	18.56	15.18	16.16	14.73
α–FeOOH（20 mg）	105.20	20.38	202.1	12.67	340.35
选择性降低率 / %	18.95	22.48	19.01	13.64	19.02
α–FeOOH/rGO （10 mg）	100.92	20.36	205.74	13.63	340.65
选择性降低率 / %	22.25	22.56	17.55	7.09	18.95
β–FeOOH（10 mg）	110.13	20.39	211.56	11.60	353.68
选择性降低率 / %	16.95	24.24	17.01	22.73	17.65
δ–FeOOH（10 mg）	105.70	19.71	207.04	11.96	344.41
选择性降低率 / %	18.57	25.03	17.02	18.47	18.05

注：添加量为 10 mg/ 支，*n*=25。

不同晶相 FeOOH 纳米材料添加到滤棒中对卷烟主流烟气特征参数的影响如表 2–11 所示。通过焦油、烟碱、CO 数据分析可知，添加不同晶相 FeOOH 纳米材料对卷烟主流烟气特征参数几乎没有影响。从焦油的数据可知，不同晶相 FeOOH 纳米材料对卷烟主流烟气中亚硝胺的降低作用是有选择性的。

表 2-11   部分添加金属氢氧化物后卷烟主流烟气常规成分释放量结果

样品	总粒相物 / (mg·支$^{-1}$)	抽吸口数	CO/ (mg·支$^{-1}$)	水分 / (mg·支$^{-1}$)	烟碱 / (mg·支$^{-1}$)	焦油 / (mg·支$^{-1}$)
对照卷烟	10.66	6.43	10.35	1.13	0.66	8.87
α–FeOOH（10 mg）	10.72	6.40	10.22	1.23	0.64	8.85
α–FeOOH（20 mg）	10.87	6.50	10.46	1.31	0.65	8.89
β–FeOOH（10 mg）	10.98	6.50	10.81	1.32	0.63	9.03
δ–FeOOH（10 mg）	10.62	6.42	10.52	1.30	0.66	8.86

（一）利用 FT–IR 研究不同晶相 FeOOH 对 NNK 的吸附

铁的氧化物及羟基氧化物的红外吸收光谱的特征峰主要来自 Fe—OH 的弯曲振动和 Fe—O 的伸缩振动，因此区分不同羟基氧化物的特征吸收峰主要来自 FeOH 群体中 OH 面内、面外的弯曲振动。从图 2–17 中可以看出，对于 α–FeOOH 纳米棒来说，位于 3142 cm^{-1} 处的特征吸收峰对应于表面羟基（νOH）的伸缩振动；材料本身吸附的 H$_2$O 分子提供了 H—O—H 键，其振动峰处于 1653 cm^{-1}；895 cm^{-1} 和 796 cm^{-1} 处的特征吸收峰均对应于 α–FeOOH 中 Fe—O—H（δ–OH 和 γ–OH）的弯曲振动；639 cm^{-1} 处相对较弱的峰对应于 Fe—O 和 Fe—OH 键的伸缩振动。对于 β–FeOOH 纳米棒来说，在 3465 cm^{-1} 和 3362 cm^{-1} 处观察到

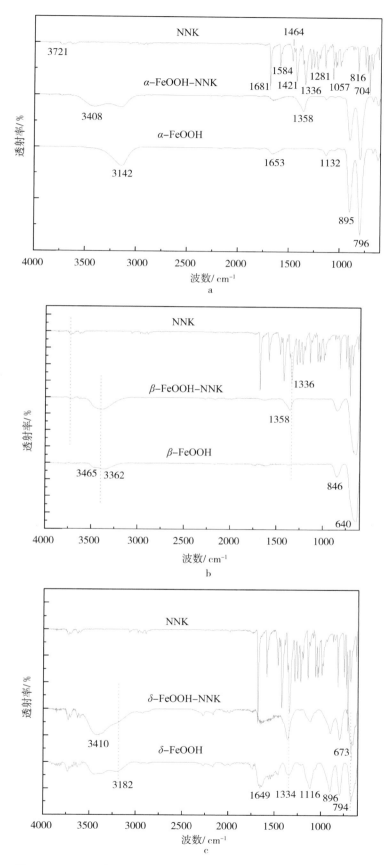

图 2-17　不同晶相 FeOOH 纳米材料吸附 NNK 前后的 FT-IR 图谱

一个宽峰，这个宽峰对应于 β-FeOOH 的羟基—OH 的伸缩振动；在 1653 cm^{-1} 处的峰归因于吸附的 H_2O 或者材料本身基团 OH 中的 O—H 伸缩振动峰，在本研究合成中的 β-FeOOH 红外光谱中不明显；846 cm^{-1} 处的峰是 β-FeOOH 所特有的 O—H—Cl 振动模型；以 640 cm^{-1} 为主宽而强的吸附峰对应于 β-FeOOH 中的 Fe—O 特征振动。对于 δ-FeOOH 纳米片样品来说，在 3410 cm^{-1} 和 3358 cm^{-1} 处观察到和 β-FeOOH 类似的一个宽峰，而在 3182 cm^{-1} 处出现了类似于 α-FeOOH 的特征吸收峰对应于表面羟基（ν OH）的伸缩振动，这些特征吸收峰都对应于 δ-FeOOH 的羟基—OH 的伸缩振动；1649 cm^{-1} 处的特征吸收峰归因于吸附的 H_2O 或者材料本身基团 OH 中的 O—H 伸缩振动峰；1116 cm^{-1} 处的特征吸收峰对应于 FeOH 群体中 OH 的面内弯曲振动；896 cm^{-1} 和 794 cm^{-1} 处的特征吸收峰均是 δ-FeOOH 中 Fe—O—H（δ-OH 和 γ-OH）的弯曲振动；673 cm^{-1} 附近的宽峰对应于 Fe—O 和 Fe—OH 键的伸缩振动。

傅里叶红外光谱（FT-IR）技术被用来进一步表征吸附污染物前后的两种材料，红外光谱图中提供了被吸附污染物的振动态信息，因而可以推测材料的表面特性解释吸附机制。从图 2-17 中可以看出，不同晶相 FeOOH 样品吸附 NNK 溶液后相应的红外光谱都有不同程度的变化。我们先分析 NNK 的红外吸收光谱：NNK 分子中含有的吡啶芳杂环化合物的红外光谱与苯系化合物类似，在 3070 ～ 3020 cm^{-1} 特征吸收峰对应于 ν（C—H）伸缩振动，在 1600 ～ 1500 cm^{-1} 对应于芳杂环的骨架伸缩振动，在 900 ～ 700 cm^{-1} 处的指纹峰归属于芳杂环上氢面外弯曲振动；通常，胺的 N—H 伸缩振动峰出现在 3500 ～ 3100 cm^{-1}，峰形尖锐峰强弱于 O—H，由于 NNK 分子中的胺为三级胺，所以在此区域基本上观察不到 ν（N—H）伸缩振动峰；1464 cm^{-1}、1421 cm^{-1} 处的特征吸收峰归因于 NNK 分子中 N—N=O 基团中 N=O 的振动吸收，而 1336 cm^{-1}、1281 cm^{-1} 附近的振动吸收峰则是与亚硝基基团相连的 C—N 键的振动吸收。从实验结果看出，不同晶相 FeOOH 吸附 NNK 后红外光谱都发生了一些变化。对 α-FeOOH 纳米材料来讲，吸附 NNK 后 3142 cm^{-1} 处的振动吸收峰的强度变弱，原来的一个宽峰分化为两个弱的宽峰（3408 cm^{-1} 和 3138 cm^{-1}），比较明显的变化是在 1358 cm^{-1} 处出现了一个明显的新峰，这个峰的位置与 NNK 分子中 N—N=O 基团中 N=O 的振动吸收密切相关；β-FeOOH 纳米材料吸附 NNK 后红外光谱的变化与 α-FeOOH 的变化相似，也是在 1358 cm^{-1} 处出现了一个与 NNK 分子中 N—N=O 基团中 N=O 的振动吸收密切相关的新峰，而在 3000 cm^{-1} 以上的两个宽峰（3465 cm^{-1} 和 3362 cm^{-1}）合并为一个主要峰位置，在 3390 cm^{-1} 的宽峰；δ-FeOOH 纳米材料吸收 NNK 后红外光谱的吸收变化比较丰富，原来 3182 cm^{-1} 处比较明显的特征峰弱化基本消失，而 3410 cm^{-1} 处的宽峰强度增加峰宽收窄，此外，1116 cm^{-1}、896 cm^{-1}、794 cm^{-1} 和 673 cm^{-1} 这些处与 δ-FeOOH 中 Fe—O—H（δ-OH 和 γ-OH）相关的弯曲振动特征峰的强度变弱，但是 1334 cm^{-1} 处的特征吸收峰强度却增加并轻微向高波数方向移动。

通过以上分析可以看出，不同晶相 FeOOH 材料吸附污染物分子 NNK 后发生变化的特征吸收峰都是与 FeOOH 晶体中的羟基相关，而 NNK 分子的红外光谱发生变化表现为 N=O 的吸收的变化，这是与 N—N=O 基团密切相关的，由此可以推断，这些不同晶相 FeOOH 材料能够降低卷烟主流烟气中特有亚硝胺的原因是 FeOOH 纳米材料中的表面羟基和 NNK 分子中的亚硝基官能团之间发生了化学作用。

前面的实验结果表明，不同晶相 FeOOH 纳米材料降低主流烟气中 NNK 释放量的相对顺序为 δ-FeOOH ＞ β-FeOOH ＞ α-FeOOH，这和材料比表面积大小的相对顺序不一致，结合 FT-IR 的分析结果可以推断，NNK 分子在不同晶相 FeOOH 纳米材料上的吸附主要通过静电物理吸附和化学吸附。静电物理吸附的作用力较弱，它是与 FeOOH 表面带异号电荷的离子由于受到库仑力的吸引作用而吸附于 FeOOH 的表面上，静电吸附的极限是表面电荷的中和。FeOOH 在与空气或溶液中的水接触时表面会发生羟基化反应，形成多种表面基团，包括 ＞ FeOH，＞ Fe_2OH，＞ Fe_3OH，＞ Fe（OH）$_2$，＞ Fe（OH）$_3$。羟基氧化铁能选择性地吸附某些有机污染物，研究显示，体系中的有机污染物首先会吸附在羟基氧化铁表面形成一种复杂的羟基氧化铁和有机物的复合物。污染物在材料表面的化学吸附作用取决于材料表面的原子暴露情况，羟基氧化铁的晶相差异决定了参与吸附的 FeOOH 表面原子暴露的差异，从而对吸附分子的种类和状态产生影响。α-FeOOH 单位晶胞中均包含 4 个 FeOOH 阴离子按六方密堆积排列，每个 Fe^{3+} 与其周边的阴离子构成了 $FeO_3(OH)_3$ 八面体；β-FeOOH 具有 $BaMnO_2$ 晶型，在平行于 C 轴方向含有隧道状的孔穴，这些孔穴有两排并列的八面体通过共点的方式连接，非金属离子嵌入其中来稳定隧道结构；δ-FeOOH 为层状排列，且层与层之间以氢键连接，阴离子以面心立方密堆积排列，Fe^{3+} 位于与 C 轴平行的双链 $Fe(O, OH)_6$ 八面体空隙中，结构中的 Fe^{3+} 易被二价的金属离子取代，Gotio 等提出 δ-FeOOH 六方密堆积的晶格中有 20% 的 Fe^{3+} 随机分布于四面体晶格中，80% 的 Fe^{3+} 随机分布于八面体晶格中。

（二）小结

以二价铁离子为铁源，有机弱碱通过水解过程持续缓慢释放氢氧根将二价铁离子沉淀下来，再通过调节体系的 pH 和后氧化过程应用加热回流的方式控制制备了不同晶相与结构的 FeOOH。利用 XRD、FT-IR、SEM 等方法对不同晶相和结构的 FeOOH 进行了系统表征，并对材料吸附 NNK 红外光谱的变化进行了研究。将材料添加到卷烟滤棒中进行卷烟主流烟气评价的结果表明，不同晶相和结构的 FeOOH 对卷烟主流烟气中烟草特有亚硝胺具有明显的选择性降低作用，而且这类材料表现出对 4 种非挥发性亚硝胺的选择性差异，降低主流烟气中 NNK 释放量的相对顺序为 δ-FeOOH > β-FeOOH > α-FeOOH。与高比表面材料吸附亚硝胺的机制不同，对 NNK 的选择性降低率最高为 25.03%。

第四节　烟用添加材料的迁移评价和安全性评价

一、在滤棒中添加层状金属氢氧化物材料的迁移评价

在滤棒和卷烟纸中添加使用的层状金属氢氧化物材料经查验在下列引用文件中都是许可使用：① GB 9685—2008 食品容器、包装材料用添加剂使用卫生标准，塑料中许可使用（PE、PP、PS、AS、ABS、PA、PET、PC、PVC、PVDC、UP: 按生产需要适量使用）；② 2011/10 EU 欧盟塑料法规 [Commission Regulation（EU）No 10/2011of 14 January 2011 on plastic materials and articles intended to come into contact with food] 许可使用，按生产需要适量使用；③美国食品药品监督管理局包装及食品接触物质许可名录（FCN No.193，633，1026）。

一般来说，作为辅料添加在滤棒中的材料主要通过物理化学相互作用与滤棒丝料结合。为了合理评价材料添加的安全性，建立了多种评价研究卷烟滤棒中的添加材料在吸烟者抽吸的过程中是否会泄漏出来的方法。

（一）剑桥滤片捕集场发射扫描电子显微镜法

将在标准抽吸及深度抽吸状态下，采用纤维素滤片过滤收集卷烟在吸烟机模拟抽吸过程中可能存在的泄漏物质，再进行高分辨的电镜观察。为避免主流烟气中复杂物质的干扰，在不点燃香烟的情况下用吸烟机空抽进行样品采集，将抽吸后的剑桥滤片和未经样品采集实验的空白滤片同时进行场发射扫描电镜（SEM）观察与比对（图 2-18）。因滤片为绝缘材料，在用场发射扫描电镜进行分析时无法得到进一步纳米级的高分辨图像。在微米级的 SEM 图像中，发现经空抽采集实验的滤片与空白滤片的纤维丝表面呈

现相似的光洁度，没有观测到有类似于滤棒纤维表面吸附的颗粒状物质。因此，在采用吸烟机进行空抽采集的实验条件下，并未发现有明显的微纳米尺寸的颗粒物质逸出。

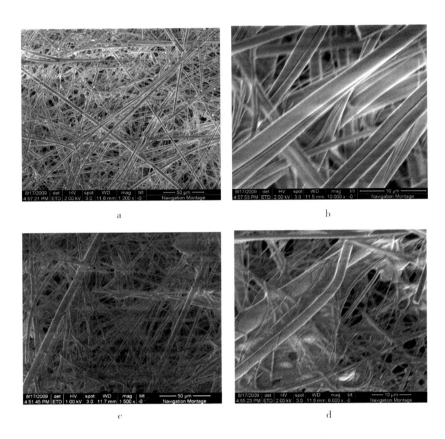

图 2-18　纤维素剑桥滤片的 SEM 图像

a 和 b 为经过吸烟机空抽试验后的剑桥滤片；c 和 d 为空白剑桥滤片

（二）采用 TEM 微栅支持膜收集场发射扫描电子显微镜法

由于剑桥滤片不导电导致不便于直接进行高分辨 SEM 观察，而喷溅导电金属膜又会掩盖其表面在纳米级的形貌细节。因此，采用透射电子显微镜（TEM）所用的微栅支持膜来作为收集卷烟空抽试验中可能的逸出物质 [TEM 微栅支持膜由 230 目的圆形铜网骨架（网孔直径约 63 μm）和铜网一侧表面上覆盖的多孔导电碳膜（孔径 0 ~ 3 μm）构成]并在扫描电子显微镜上进行观察。在非超净的通常实验室环境中，微栅支持膜样品表面会出现较多数量的环境灰尘污染物，这将严重干扰实验观测，因此整个实验需在万级超净实验室环境下进行。应用自行搭建的模拟吸烟装置（将烟支放入聚四氟乙烯管中，其中聚四氟乙烯管的尖端接真空泵，微栅网紧贴在复合滤棒中未添加材料的醋酸纤维部分收集可能得到的颗粒），在高于数倍正常抽吸容量（约 170 mL/s，连续空抽 30 min）的极限条件下，对试验卷烟进行了未点燃的空抽采集实验。图 2-19a 至图 2-19c 为空白 TEM 微栅支持膜样品的 SEM 图像，图 2-20a 至图 2-20c 和图 2-21a 至图 2-21c 展示了两次平行对比采集实验得到的 TEM 微栅支持膜样品的 SEM 图像。通过观测微栅支持膜上的不同区域，没有发现在微栅支持膜和导电碳膜的表面出现明显多于在空白对照微栅支持膜样品表面可观测到的颗粒状污染物。

因此，如果在此条件下滤棒中的添加材料不会发生泄漏逸出的话，该卷烟在被吸烟者吸食时也应不会面对滤棒中添加材料的泄漏隐患。

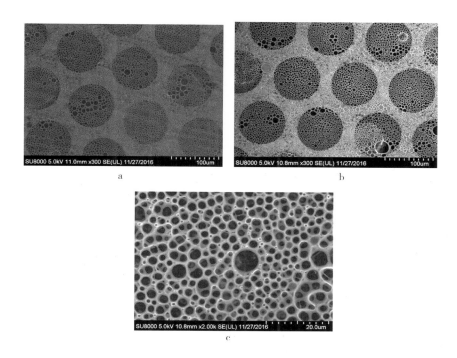

图 2-19　空白 TEM 微栅支持膜样品的 SEM 图像

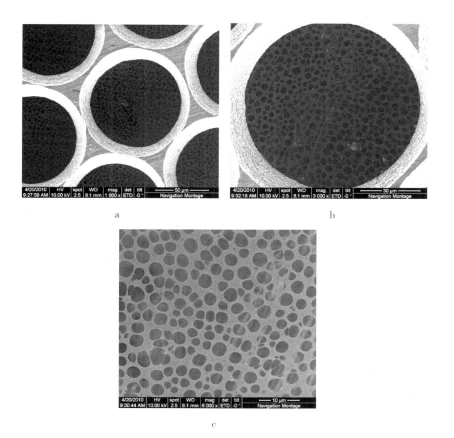

图 2-20　经空抽样品采集平行试验 1 的 TEM 微栅支持膜样品的 SEM 图像

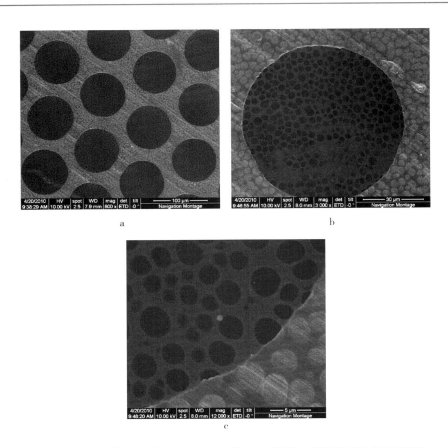

图 2-21　经空抽样品采集平行试验 2 的 TEM 微栅支持膜样品的 SEM 图像

（三）添加材料滤棒纤维的扫描电镜分析

将空白滤棒、复合滤棒过添加材料的部分，复合滤棒经不燃烧抽吸后的不添加材料部分分别取样进行扫描电镜分析，来确定抽吸过程中是否有添加材料迁移至复合滤棒中的未添加材料段。如图 2-22 所示，从各部分的扫描电镜分析结果看出，空白滤棒的纤维表面光滑没有颗粒物附着，对纤维进行能谱分析（EDX）表明，其组成只有 C、O 两种元素。

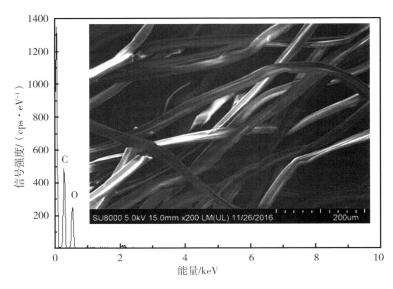

图 2-22　空白滤棒的 SEM 图像及 EDX 能谱

复合滤棒中添加材料部分的纤维能明显观察到纤维丝束的表面附着明显的颗粒，对颗粒进行能谱扫描分析表明，复合滤棒 1 中的颗粒组成为 Si、O 两种元素，这与添加的大孔硅胶材料完全对应，如图 2-23 所示。复合滤棒 2 中的颗粒组成为 Mg、Al、O 3 种元素，这与添加的 Mg$_2$Al-LDHs 材料完全对应，如图 2-24 所示。

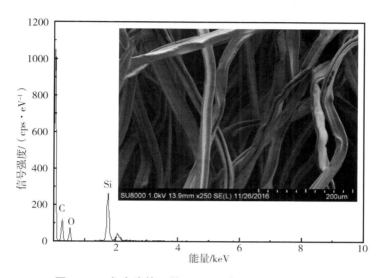

图 2-23　复合滤棒 1 的 SEM 图像及 EDX 能谱分析

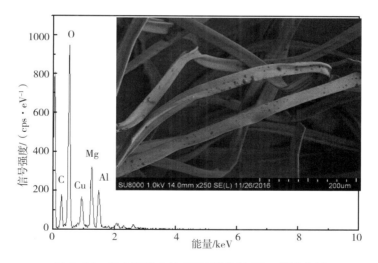

图 2-24　复合滤棒 2 的 SEM 图像及 EDX 能谱分析

经过不燃烧抽吸过程后未添加材料部分的丝束也是光滑的纤维（图 2-25），表面观察不到颗粒附着，能谱分析表明，纤维的组成成分为 C、O 两种元素，与空白滤棒一致（图 2-22）。通过对不同部分的丝束形貌及元素分析可以确定，在正常的抽吸条件下，添加到复合滤棒中的材料不会被抽吸到未添加材料部分，因而也不会被吸烟者吸入口腔。

分别取卷烟复合滤棒 1（添加大孔硅胶材料）和卷烟复合滤棒 2（添加 Mg$_2$Al-LDHs 材料）的添加材料部分及经抽吸后复合滤棒中未添加材料部分的丝束利用 ICP-MS 进行元素分析，结果如表 2-12 和表 2-13 所示，表明两种纳米材料均不会随抽吸迁移至滤棒的未添加材料部分。

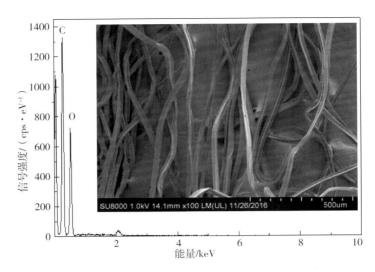

图 2-25　经过不燃烧抽吸过程后未添加材料部分滤棒的 SEM 图像及 EDX 能谱分析

表 2-12　复合滤棒 1 经抽吸后添加材料（大孔硅胶）部分及未加料部分的丝束元素分析

分析组分	添加材料部分	空白滤棒	不燃烧抽吸后未添加材料部分	燃烧抽吸后未添加材料部分
Si/%	17.29	0.51	0.56	0.54

表 2-13　复合滤棒 2 经抽吸后添加材料（Mg_2Al–LDHs）部分及未添加材料部分的丝束元素分析

分析组分	添加材料部分	燃烧抽吸后添加材料部分	不燃烧抽吸后未添加材料部分	燃烧抽吸后未添加材料部分
Mg/%	1.4630	0.0035	1.4380	0.0037
Al/%	0.7749	0.0027	0.7802	0.0024

（四）颗粒物浓度计数法

以上方法是基于形貌的观察，颗粒物浓度计数法将直接从颗粒物大小的统计结果看吸入气体的粒径分布情况。粒子计数测试试验在万级洁净实验室进行，试验开始前开启洁净台净化系统，稳定后测定实验台环境中 0.3 ～ 10 μm 范围内的累积粒子数为 0，然后将复合卷烟滤棒 1（添加新型硅胶材料）插入粒子计数器采样探头（美国 Lighthouse 公司的 3016 尘埃粒子计数器）开启测量，3 次平行测量的结果为：0.3 ～ 10 μm 范围内的累积粒子数为 0；按照同样的步骤测定卷烟复合滤棒 2（添加类水滑石材料），3 次平行测量的结果为：0.3 ～ 10 μm 范围内的累积粒子数为 0。试验中通过卷烟复合滤棒的流速为 2.83 L/min。

通过对不燃烧抽吸前后颗粒物的迁移评价结果可以看出，符合滤棒安全性添加要求的层状金属氢氧化物和大孔硅胶材料经过数倍于吸烟机抽吸速率的过程后，添加到复合滤棒段的材料不会迁移到未添加颗粒材料的滤棒部分，因此这两类材料在卷烟中的添加是安全的。

二、　FeOOH 材料卷烟添加安全性评价

为评价卷烟的安全性，综合考虑卷烟的应用性试验结果，选取烟丝中实际添加了 α–FeOOH、β–FeOOH 材料的卷烟样品，标号为 K2、K5，未添加 FeOOH 材料的对照卷烟标号为 K8。在军事医学科学院放射与辐射医学研究所开展了卷烟样品的 3 种毒理学测试。

（一）3 种毒理学实验测试

1. 卷烟烟气的细胞毒性实验

烟草凝集物（CSC）制备：按标准吸烟条件（GB/T 16450—1996 常规分析用吸烟机定义的标准条件）收集卷烟烟气，制备烟气凝集物（CSC），用细胞培养液配制成 1 支 /mL 溶液，–80 ℃贮存备用。实验时，稀释到实验设计浓度。

细胞培养：CHO 细胞采用含 10% 胎牛血清的 DMEM 培养基在 37 ℃、5%CO$_2$ 和 95% 湿度条件下培养。细胞每周传代一次，传代后 3 天换液。

细胞毒性实验：将指数生长的细胞适当密度接种于 96 孔板中，24 h 后加入不同浓度的受试物，每种条件设 8 个平行样，培养基总体积为 200 μL，在 37 ℃、5%CO$_2$ 和 95% 湿度条件下继续培养 24 h。培养结束前 4 h，每孔加入 5 mg/mL MTT 溶液 20 μL。培养结束后，吸出培养上清，加入 200 μL DMSO，吹打混匀，待紫色结晶全部溶解后，用联标仪测定 490 nm 波长的 OD 值，计算细胞存活分数，绘制细胞存活曲线。

2. 卷烟烟气的鼠伤寒沙门氏菌诱变性实验

研究系统：鼠伤寒沙门氏菌 TA98 及 TA100。

菌株遗传特性：TA98 和 TA100 测试菌株除具有组氨酸合成缺失突变外，还具有细胞壁脂多糖缺失突变和含有抗性 R 因子，前者可增加受试物渗透进入细胞的能力，而后者使细菌产生氨基苄青霉素抗性并增加检测的敏感性。另外，TA98 和 TA100 还具有切除修复系统缺失突变（紫外线敏感）。鉴定结果表明，所用试验菌株均满足上述遗传特性要求。

大鼠 S9 活化系统的制备：雄性大鼠（180 ～ 220 g）腹腔注射多氯联苯玉米油溶液（200 mg/mL），注射剂量为 500 mg/kg，5 天后将大鼠断头处死，75% 乙醇皮毛消毒，开腹取出肝脏称重。将肝组织剪碎后，用 0.15 mol/L KCl 溶液洗涤 4 ～ 5 次。以每克肝重加 3 mL 0.15 mol/L KCl 溶液的比例将肝组织放入匀浆器中制成匀浆，9000 g 离心 10 min，取其上清液（S9）分装塑料管（2 mL/ 管），液氮冷冻保存。临用前配制 S9 混合液，每毫升 S9 混合液组成如下：0.1 mL S9，8 μmol MgCl$_2$，33 μmol KCl，5 μmol G–6–P，4 μmol NADP，0.5 mL 磷酸缓冲液（pH 7.4）。

诱变性实验方法：将细菌接种在肉汤培养液中，在 37 ℃空气振荡（100 ～ 120 r/min）条件下连续培养约 10 h。诱变性实验采用平皿掺入实验预保温法。将 0.1 mL 受试品溶液或溶媒、0.1 mL 增菌液和 0.5 mL 磷酸缓冲液（pH 7.4，0.2 mol/L）或 0.5 mL S9 混合液加入无菌试管（13 mm×100 mm）内，37 ℃振荡培养 20 min，振荡频率约 120 r/min。然后向试管中加入 2 mL 融化的顶层琼脂（顶层琼脂加入前维持在 45 ℃水浴中）。振荡混悬管中成分后，铺至基础培养基平皿表面。待顶层琼脂凝固后，将平皿倒置放入培养箱中，37 ℃培养约 48 h。每测试浓度在活化条件下各做 3 个平皿，最终结果取均值。

实验分组：受试浓度相同，最高受试剂量为 150 μL / 皿，共设 4 个浓度，每皿含萃取液的体积分别为 150 μL、75 μL、38 μL 和 19 μL。实验设空白对照和溶剂对照及阳性诱变剂对照。

菌落计数：显微镜下确认细菌背景菌苔生长良好，与溶剂对照相比无明显稀疏的条件下进行回变菌落计数，用自动菌落计数仪计数。

结果观察与判断：如受试品在一个或一个以上测试浓度诱发的回复突变菌落数比溶剂对照增加一倍以上，且具有剂量依赖关系，可判为阳性反应。任何菌株出现上述阳性反应时，均可判为实验结果阳性。

3. 卷烟烟气的体外细胞微核率检测

细胞采集、染色、溶解：采用 L5178Y 细胞，染毒剂量为 40 μL/mL，染毒 24 h 后测定。取 5×10^5 个细胞于聚丙烯管中（15 mL），离心（600×g）5 min，弃上清，加入 300 μL EMA 染液，然后，浸入碎冰（深度约 2 cm），可见光源（荧光灯 40 ～ 60 W）照射细胞悬浮液（光源离液面 10 ～ 15 cm），持续 30 min。光激活结束后，加入 3 mL 2% 胎牛血清液（4 ℃ 预冷），以锡箔纸包裹管子避光。上述溶液经离心（600×g）5 min，弃上清（约 50 μL 上清液保留），轻打重悬细胞（30 min 以内进行下一步操作），于室温下慢速（2 ～ 3 s）加入 500 μL Lysis Ⅰ，迅速涡旋（5 s，中速），室温放置 1 h。然后，用力打入 500 μL Lysis Ⅱ，涡旋（5 s），室温放置 30 min 后，流式细胞仪检测或 4 ℃ 冰箱保存（上述细胞收集、染色、裂解步骤须于 1 天内完成，且上机前样品可放置 2 天不影响检测）。

FCM 参数设置：激发光：488 mm（FACSCalibur，BD Biosciences）；发射光：SYTOX- 荧光 –FL1 通道（530/30 带通滤波器），EMA-associate 荧光 –FL3 通道（670 长通滤波器）。

数据处理与分析：实验结果用 SPSS 11.5 统计软件进行统计处理和分析。

（二）实验结果

细胞急性毒性：3 种卷烟烟气凝集物 CSC 对 BEAS-2B 细胞增殖的影响如图 2-26 所示，IC_{50} 如表 2-14 所示，从图表中可以看出，3 种卷烟烟气凝集物 CSC 的细胞毒性近似。

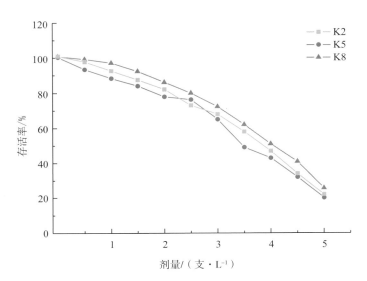

图 2-26　3 种卷烟烟气凝集物（CSC）对 BEAS-2B 细胞增殖的影响

表 2-14　3 种卷烟细胞急性毒性 IC_{50}

单位：支 · L⁻¹

样品	IC_{50}	95% 置信区间
K2	3.49	3.09 ～ 3.74
K5	3.57	2.97 ～ 3.93
K8	3.89	3.67 ～ 4.01

鼠伤寒沙门氏菌诱变性实验：3 种卷烟 CSC 对鼠伤寒沙门氏菌（TA98 和 TA100）的致突变性实验结果如表 2-15 所示。从表中可以看出，在受试剂量下 3 种卷烟对 TA100 的致突变率无明显增加（在溶剂对照的两倍以内）。19×10⁻³ 支 / 皿剂量下 3 种卷烟 CSC 对 TA98 的突变率出现升高，受试剂量下 3 种卷烟对 TA98 的致突变率无差异。

表 2-15　鼠伤寒沙门氏菌诱变性实验结果

浓度（CSC 为 $\times 10^{-3}$ 支·皿$^{-1}$）		平均回变菌落数（个·皿$^{-1}$，$\bar{x} \pm SD$）	
		TA98	TA100
自发突变		36.3 ± 4.0	122.3 ± 10.0
溶剂		40.7 ± 4.5	143.3 ± 5.7
苯并 [a] 芘	1 μg/ 皿	155.0 ± 5.6	1081.0 ± 94.6
K2	19	139.0 ± 5.2	136.3 ± 26.6
	38	163.0 ± 5.3	165.7 ± 11.5
	75	158.3 ± 5.7	128.7 ± 18.5
	150	279.7 ± 11.2	144.3 ± 35.0
K5	19	109.7 ± 6.0	161.7 ± 11.1
	38	155.0 ± 11.5	141.7 ± 8.6
	75	170.0 ± 7.9	187.7 ± 8.1
	150	274.7 ± 8.1	160.7 ± 13.1
K8	19	118.7 ± 3.8	141.7 ± 26.3
	38	192.3 ± 4.9	149.0 ± 19.3
	75	164.0 ± 1.0	150.7 ± 3.8
	150	199.0 ± 18.2	173.7 ± 20.5

体外细胞微核检测：CSC 染毒剂量为 33.3 支 /L。3 种卷烟 CSC 诱发 L5178Y 细胞微核率检测结果如表 2-16 所示。从表中可以看出，K8 CSC 诱发的细胞微核率明显低于 K5 及 K2 的试验烟，高于空白。

表 2-16　3 种卷烟 CSC 诱发细胞微核率

样品	微核率 / %
空白	0.72 ± 0.11
K2	5.45 ± 0.10
K5	3.24 ± 0.11
K8	2.09 ± 0.15

综上所述，烟丝中添加了 FeOOH 材料的卷烟与对照卷烟相比，卷烟 CSC 细胞急性毒性无差异，在受试剂量下鼠伤寒沙门氏菌（TA98 和 TA100）突变数无明显差异，添加材料的 K8 卷烟细胞微核率明显降低。

以新型功能材料为研究对象，以选择性降低卷烟主流烟气中 TSNAs 释放量为研究目标，在充分考虑卷烟主流烟气复杂基质影响的基础上，利用材料的层状结构中存在的羟基官能团和亚硝胺中亚硝基基团的化学作用，通过对新型材料制备方法研究，材料的结构、组成和降低 TSNAs 的性能关系研究及卷烟应用集成技术研究，形成了一套适合于利用吸附或催化作用降低卷烟主流烟气中 TSNAs 的集成技术。

①通过优化材料合成条件、加入其他元素改善活性位分布状态等改变层状氢氧化物纳米材料的物理结构和化学性质。另外，还将材料与氧化石墨烯材料进行复合以调节表面亲疏水性能，提高作为卷烟材料的可适用性。

②将改性材料添加到醋酸纤维丝束中制作卷烟滤棒，使用改性纳米材料的烟丝和卷烟滤棒制作卷烟

及对照卷烟，并进行检测，评价选择性降低卷烟主流烟气中 7 种有害成分的释放量的效果。针对不同材料在分散体系中的差异，找到了既能增加分散性又能实现在烟丝中能够均匀施加的工艺方法。层状金属氢氧化物材料具有主体层板金属离子组成可调性、主体层板电荷密度及其分布可调控性、插层阴离子客体种类及数量可调变性、层内空间可调变性、主客体相互作用可调变性的结构特点，这些孔隙结构的特殊性和表面活性中心的作用使其具有优异的吸附性能与催化性能，除了静电因素引起的吸附外，还有表面络合、物理正吸附、化学吸附等作用。与对照烟相比，新制备的结构功能材料对 TSNAs 都有很高的吸附特性，分析结果表明：与对照卷烟比较，层状金属氢氧化物添加到滤棒中、烟丝中及烟丝和滤棒同时添加可使主流烟气中 NNK 释放量分别选择性降低 25.03%、20.18%、32.93%。

③将层状金属氢氧化物材料添加到滤棒中制成二元复合滤棒和喷洒到烟丝中制作卷烟。通过降 NNK 效果评价，确定了它们的适宜添加方式和添加用量。分析结果表明：与对照卷烟比较，样品卷烟主流烟气中 NNK 释放量选择性降低了 20% 以上。稳定性实验结果表明：所选材料减害稳定性较好，储存 6 个月以上卷烟主流烟气中 NNK 释放量降低率基本保持不变。与高比表面材料吸附亚硝胺的机制不同，NNK 分子可部分或全部进入和通过孔道，层状金属氢氧化物层间存在的酸－碱中心，晶体内有库仑场和极性作用，可以与 N—N=O 基团发生相互作用，因此层状金属氢氧化物独特的孔结构、表面特性及较大的比表面积使其对 NNK 具有很强的吸附能力，通过胶黏剂将材料引入卷烟纸表面后卷烟主流烟气中的代表性有害物的释放量降低效果明显。当使用层状金属氢氧化物材料添加比例为 2.51% 的功能型卷烟纸时，与在线对照卷烟相比，CO、HCN、NNK、NH_3、B[a]P、苯酚、巴豆醛选择性降低率分别为 11.51%、21.23%、9.17%、16.39%、16.12%、13.93%、12.67%。添加大孔硅胶材料和层状金属氢氧化物材料的复合滤棒的不燃烧抽吸迁移实验与羟基氧化铁材料的生物安全性实验表明，本研究所设计合成的几类新型减害材料在卷烟中的添加是安全的。

第五节　应用介孔复合材料降低卷烟烟气中 TSNAs 的技术研究

随着卷烟工业的发展，产生了低焦油卷烟。低焦油卷烟降低了卷烟的危害，提高了卷烟的安全性，这无疑是一大进步，但低焦油卷烟本身存在着一些缺点：一是在降焦的同时也降低了烟气中的香味成分，使得消费者得不到吸食满足感，因此降焦是有一定限度的，不能无限度地降低焦油。二是目前降焦手段还比较单一，有些有害成分难以降低，如采用的掺兑再造烟叶、梗丝和膨胀烟丝能降低一定程度的焦油，对粒相物中的有害成分降低效果明显，而对气相物中的有害成分作用较小；采用打孔稀释也能大幅降低焦油，甚至气相成分比粒相成分降低幅度更大，但是这种方法目前有应用风险，近年来，世界卫生组织（WHO）提出采用加拿大"深度抽吸模式"测定卷烟焦油量、烟气烟碱量和烟气一氧化碳量，并一直致力于推动该模式成为 ISO 国际标准，若该模式成为国际标准，那么打孔稀释降焦减害作用就无从体现。选择性减害通过选择性吸附截留或选择性催化转化，可以降低烟气中的有害成分，不降低或少降低香味成分，既可降低粒相物中的有害成分，又可降低气相物中的有害成分，如此不仅降低了吸烟的危害性，提高了卷烟的安全性，而且还克服了低焦油卷烟的缺点。所以选择性降低烟气中的有害成分是研制低危害卷烟的有效途径。

纳米材料作为吸附催化材料，不仅可以发挥比表面积大、吸附能力强的优点，还由于其表面活性位点增多、化学反应接触面增大、气体通过纳米材料的扩散速度成千上万倍地增加，使得催化效率大大提高，可以减少有效成分的使用量，特别是贵金属催化剂，大大降低成本，这为新型纳米材料介孔复合体在卷烟减害降焦应用中提供了很大优势。

介孔复合体仍然具有介孔固体的特点，比表面积大，吸附能力强；介孔固体的孔径可调，可适用于不同大小的吸附和组装对象；可以将适应于不同目的要求的客体物质，如催化剂、特定反应物、功能性添加剂、植物提取物等组装到介孔固体的孔中，得到各种各样的介孔复合体，这可大大减少客体物质的使用量，有效降低成本；可对介孔复合体的孔壁进行改性，不仅可提高其物理吸附能力，而且还可改善其化学吸附能力；粉体介孔复合体可直接添加到烟丝中（将其制成纳米溶胶后与表香香精混合）、滤棒中（与增塑剂混合）和再造烟叶中（与涂布液混合）；颗粒介孔复合体可直接制成二元或三元复合滤棒。

一、降低卷烟主流烟气中 NNK 的纳米介孔材料的制备

（一）有序介孔固体 MCM-41 材料的制备

称取 2.4 g CTAB 溶于 120 g（120 mL）去离子水中，在 40 ℃加热条件下搅拌均匀至澄清，然后加入 10 mL 的 NH_4OH（25%），搅拌 5 min，再加入 10 mL TEOS，使各物质的摩尔比为：1 mol/L TEOS ：1.64 mol/L NH_4OH：0.15 mol/L CTAB ：126 mol/L H_2O，最后搅拌反应 12 h，把得到的产物过滤、洗涤、烘干、煅烧，得到有序介孔固体 MCM-41 材料，放入干燥器内备用。

（二）介孔复合材料的制备

采用浸渍 - 煅烧法制备介孔复合材料：称取一定量烘干后的所选介孔固体加入到一定量的 $M(NO_3)x \cdot nH_2O$（M=Cu、Fe、Co、Mn、Zn）试剂的水溶液中，不时搅拌，浸渍一定时间后过滤、烘干；再将其放入母液中浸渍，如此反复，直至滤液被吸干为止，过滤，烘干，在一定温度下煅烧一定时间，得到介孔复合材料，放入干燥器内备用。

以氧化铜 /MCM-41 介孔复合材料制备为例，具体制备过程如下：称取一定量硝酸铜（最终转换成氧化铜的质量为 MCM-41 质量的 5%），溶于一定量蒸馏水中，待硝酸铜溶解以后，加入一定量已烘干的介孔固体 MCM-41（120 ℃，12 h 条件下烘干），保鲜膜封口，在搅拌状态下浸渍 48 h，真空抽滤，量取并保存滤液。将过滤后固体放入烘箱中进行烘干：第一阶段在 80 ℃条件下保持 6 h，然后在 120 ℃条件下保持 6 h。

将得到的烘干固体加入到母液中进行二次浸渍，再次烘干，如此反复直至滤液被吸干为止。接下来在 300 ℃条件下煅烧 3 h 得到介孔复合材料氧化铜 /MCM-41，放入干燥器内备用。

（三）介孔复合材料降低卷烟主流烟气中 NNK 释放量的效果评价和筛选

按干烟丝重量的 4% 称取所制作的介孔固体和介孔复合材料，用 95% 乙醇超声分散后手工喷加到烟丝上，手工卷制成烟支，采用标准方法检测其主流烟气中 NNK 的释放量，与对照卷烟比较，烟丝中添加介孔固体 MCM-41、介孔复合材料 1 和介孔复合材料 2 可使卷烟主流烟气中 NNK 的释放量分别降低 4.7%、22.5% 和 24.2%；与对应的介孔固体 MCM-41（样品卷烟 1）比较，介孔复合材料 1 和介孔复合材料 2 使卷烟主流烟气中 NNK 释放量降低率分别提高 17.8% 和 19.5%，这是金属氧化物与 MCMC-41 形成的介孔复合材料催化氧化 NNK 的结果。

二、介孔复合材料的制备条件实验

按照前述介孔复合材料制备的实验方法，其他条件不变，只改变介孔复合材料 1 和介孔复合材料 2 的煅烧温度，分别取 200 ℃、300 ℃、400 ℃、500 ℃ 和 600 ℃ 5 个煅烧温度点进行煅烧，研究煅烧温度对材料降低卷烟主流烟气中烟草特有亚硝胺的影响。将在不同温度下煅烧所得到的材料按干烟丝重量的 4% 用量，用 95% 乙醇超声分散，然后均匀地喷加到烟丝中，手工卷制成卷烟，检测卷烟样品主流烟气中的 NNK 的释放量，检测结果如图 2-27 所示。从图 2-27 中可知，当介孔复合材料 1 的煅烧温度从 200 ℃ 升高到 600 ℃ 时，随着煅烧温度的增加，NNK 的降低率先上升后降低，当煅烧温度为 300 ℃ 时，NNK 的降低率最高，为 23.2%，所以 300 ℃ 是介孔复合材料 1 的较佳煅烧温度。当介孔复合材料 2 的煅烧温度从 200 ℃ 升高到 600 ℃ 时，随着煅烧温度的增加，NNK 的降低率先上升后降低，当煅烧温度为 500 ℃ 时，NNK 的降低率最高，为 24.6%，所以 500 ℃ 是介孔复合材料 2 的较佳煅烧温度。

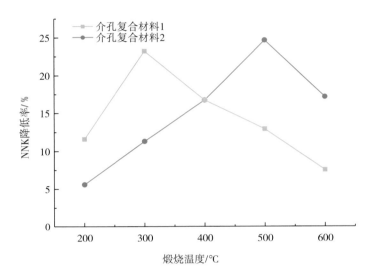

图 2-27 不同温度煅烧的介孔复合材料 1 和介孔复合材料 2 对卷烟主流烟气中 NNK 的降低率

按照介孔复合材料制备的实验方法，其他条件不变，研究煅烧时间对材料降低卷烟主流烟气中 NNK 的影响，只改变介孔复合材料 1 和介孔复合材料 2 的煅烧时间，分别取 2 h、3 h、4 h、5 h、6 h 5 个煅烧时间点。将在不同煅烧时间所得到的材料按干烟丝重量的 4% 用量，用 95% 乙醇超声分散后均匀地喷加到烟丝中，手工卷制成卷烟，检测卷烟样品主流烟气中 NNK 的释放量，当介孔复合材料 1 的煅烧时间从 2 h 延长到 6 h 时，随着煅烧时间的增加，NNK 的降低率先上升后降低，当煅烧时间为 4 h 时，NNK 的降低率最高，为 22.3%，所以 4 h 是介孔复合材料 1 的较佳煅烧时间。当介孔复合材料 2 的煅烧时间从 2 h 延长到 6 h 时，随着煅烧时间的增加，NNK 的降低率先上升后降低，当煅烧时间为 3 h 时，NNK 的降低率最高，为 24.2%，所以 3 h 是介孔复合材料 2 的较佳煅烧时间。

按照介孔复合材料制备的实验方法，其他条件不变，只是改变介孔固体负载金属氧化物 1（CuO）和金属氧化物 2（MnO_2）的量，分别取介孔固体重量的 1%、3%、5%、7% 和 9% 5 个量，研究不同负载金属氧化物 1 和金属氧化物 2 的量对材料降低卷烟主流烟气中 NNK 的影响。将在不同负载量下所制得的材料按干烟丝重量的 4% 用量，用 95% 乙醇超声分散后均匀地喷加到烟丝中，手工卷制成卷烟，检测卷烟样品主流烟气中的 NNK 的释放量，检测结果如图 2-28 所示。

由图 2-28 可知，当介孔固体负载金属氧化物 1 和金属氧化物 2 的量从 1% 增加到 9% 时，随着负载量的增加，NNK 的降低率变化趋势都是先上升后降低，都表现出在负载量为 5% 时，NNK 的降低率最高，分别为 22.9% 和 23.7%，所以金属氧化物 1 和金属氧化物 2 在介孔固体上的负载量为 5% 是介孔复合材料 1 与介孔复合材料 2 的较佳负载量。

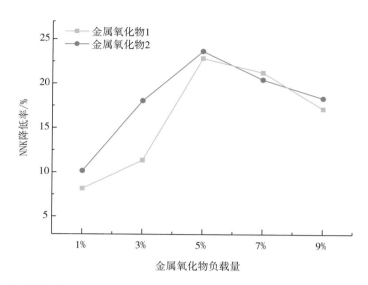

图 2-28　介孔固体负载不同量金属氧化物 1 和金属氧化物 2 对卷烟主流烟气中 NNK 的降低率

三、介孔复合材料的添加量实验

将介孔复合材料 1 和介孔复合材料 2 以干烟丝重量的 1.0%、2.5%、4.0%、5.5% 和 7.0% 用量，用 95% 乙醇超声分散，然后均匀地喷加到 200 g 干烟丝中，手工卷制成卷烟，测其主流烟气中 NNK 的释放量，检测结果如图 2-29 所示。

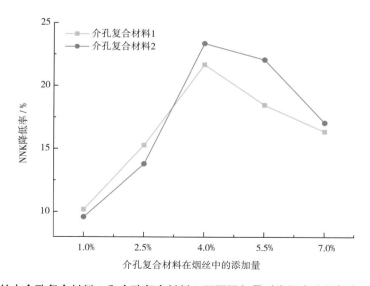

图 2-29　烟丝中介孔复合材料 1 和介孔复合材料 2 不同添加量对卷烟主流烟气中 NNK 的降低率

由图 2-29 可知，随着添加量从 1.0% 增加到 7.0%，介孔复合材料 1 对 NNK 的降低率分别为：

10.2%、15.3%、21.7%、18.5% 和 16.4%，当添加量为 4.0% 时，NNK 的降低率最高，为 21.7%，因此介孔复合材料 1 的添加量选择 4.0% 为宜；介孔复合材料 2 随着在烟丝中的添加量从 1.0% 增加到 7.0%，对 NNK 的降低率分别为 9.6%、13.8%、23.4%、22.1% 和 17.1%，也表现出添加量为 4.0% 时对 NNK 的降低率最高，所以介孔复合材料 2 的添加量选择 4.0% 为宜。

四、介孔复合材料添加方式实验

将介孔复合材料 1 和介孔复合材料 2 在线添加到滤棒中，制成二元复合滤棒，添加量为 30 ～ 40 mg/支卷烟，然后用此滤棒机制卷烟，检测其主流烟气中 NNK 的释放量，与对照卷烟比较，样品卷烟 1 和样品卷烟 2 分别可使卷烟主流烟气中 NNK 的释放量降低 9.0% 和 12.5%，证明其具有一定的降低 NNK 效果。

分别将所选出的介孔复合材料 1、介孔复合材料 2 按一定量与涂布液混合均匀，然后分别涂布到造纸法再造烟叶的纸基上，经加工得实验造纸法再造烟叶。将对照再造烟叶和实验再造烟叶样品 1、实验再造烟叶样品 2 分别手工切丝、机制卷烟，检测其主流烟气中 NNK 的释放量，与对照再造烟叶相比，介孔复合材料 1、介孔复合材料 2 对功能性实验再造烟叶 1 号卷烟、实验再造烟叶 2 号卷烟主流烟气中 NNK 的释放量均有一定的降低效果，降低率分别为 20.0%、4.0%，其中添加介孔复合材料 1 的效果较好。

以上研究表明，通过优选的条件合成的介孔复合材料 1、介孔复合材料 2 均可以显著降低主流烟气中 NNK 的释放量。将介孔复合材料 1 和介孔复合材料 2 以干烟丝重量的 4.0% 用量，用 95% 乙醇超声分散，然后均匀地喷加到 200 g 干烟丝中，制作卷烟，可以分别降低主流烟气中 NNK 的释放量 21.7%、23.4%。将介孔复合材料 1 和介孔复合材料 2 在线添加到滤棒中，制成二元复合滤棒，添加量为 30 ～ 40 mg/ 支卷烟，可使卷烟主流烟气中 NNK 的释放量降低 9.0% 和 12.5%。将选出的介孔复合材料 1 按一定量与涂布液混合均匀，然后分别涂布到造纸法再造烟叶的纸基上，经加工得实验造纸法再造烟叶，实验再造烟叶手工切丝，机制卷烟，可以降低主流烟气中 NNK 的释放量 20.0%。

参考文献

[1] KREHULA S，MUSIĆ S. Influence of aging in an alkaline medium on the microstructural properties of α-FeOOH[J]. J Cryst Growth，2008，310：513-520.

[2] YUSAN S，AKYIL E S. Adsorption equilibrium and kinetics of U（VI）on beta type of akagaiieite[J]. Desalination，2010，263：233-239.

[3] CHEKMENEVA E，DIAZ-CRUZ J M，ARINO C，et al. Binding of Hg^{2+} with phytochelatins：study by differential pulse voltammetry on rotating Au-disk electrode，electrospray ionization mass-spectrometry and isothermal titration calorimetry[J]. Environ Sci Technol，2009，43：7010-7015.

[4] CAMBIER P. Infrared study of goethites of varying crystallinity and particle-size：crystallographic and morphological-changes in series of synthetic goethites[J]. Clay Miner，1986，21：201-210.

[5] MURAD E，BISHOP J L. The infrared spectrum of synthetic akaganéite，β-FeOOH[J]. Am Mineral，2000，85：716-721.

[6] SUGIMOTO T，ITOH H，MOCHIDA T. Shape control of monodisperse hematite particles by organic additives in the gel-sol system[J]. J Colloid Interf Sci，1998，205：42-52.

[7] WEI C Z，NAN Z D. Effects of experimental conditions on one-dimensional single-crystal nanostructure of β-FeOOH[J]. Mater Chem Phys，2011，127：220-226.

[8] RAHMAN M S，WHALEN M，GAGNON G A. Adsorption of dissolved organic matter（DOM）onto the synthetic iron pipe corrosion scales（goethite and magnetite）：effect of pH[J]. Chem Eng J，2013，234：149-157.

[9] 吴大清，刁桂仪，魏俊峰，等 . 矿物表面基团与表面作用 [J]. 高校地质学报，2000，4（6）：225-232.

[10] PIZZIGALLO M D, RUGGIERO P, CRECCHIO C. Oxidation of chloroanilines at metal oxide surfaces[J]. J Agric Food Chem, 1998, 46（5）: 2049-2054.

[11] GOTIĆ M, POPOVIĆ S, MUSIĆ S. Formation and characterization of δ-FeOOH[J]. Mater Lett, 1994, 21（3-4）: 289-295.

[12] RIVES V, ULIBARRI M A. Layered double hydroxides (LDH) intercalated with metal coordination compounds and oxometalates[J]. Coordin Chem Rev, 1999, 181: 61-120.

[13] CAVANI F, TRIFIRÒ F, VACCARI A. Hydrotalcite-type anionic clays: preparation, properties and applications[J]. Catal Today, 1991, 11: 173-301.

[14] MEYN M, BENEKE K, LAGALY G. Anion-exchange reactions of layered double hydroxides[J]. Inorg Chem, 1990, 29: 5201-5207.

[15] CHÂTELET L, BOTTERO J Y, YVON J, et al. Competition between monovalent anions for calcined and uncalcined hydrotalcite: anion exchange and adsorption sites[J]. Colloids Surf A, 1996, 111(3): 167-175.

[16] TÜRK T, ALP İ, DEVECI H. Adsorption of As（V）from water using Mg-Fe-based hydrotalcite（FeHT）[J]. J Hazard Mater, 2009, 171: 665-670.

[17] 倪哲明, 薛继龙. 含 Cu 层状金属氢氧化物的结构与光催化性能 [J]. 高等学校化学学报, 2013, 34（3）: 503-508.

[18] 张惠, 齐荣, 段雪. 镁铁和镁铝双羟基复合金属氧化物的结构和性能差异 [J]. 无机化学学报, 2002, 18（8）: 834-837.

[19] HORVÁTH L T, MEHDI H, FÁBOS V, et al. γ-Valerolactone-a sustainable liquid for energy and carbon-based chemicals[J]. Green Chem, 2008, 20: 238-242.

[20] ZHI Y, LI Y G, ZHANG Q H. ZnO nanoparticles immobilized on flaky layered double hydroxides as photocatalysts with enhanced adsorptivity for removal of acid red G[J]. Langmuir, 2010, 6(19): 15546-15553.

[21] ROUQUEROL F, ROUQUEROL J, SING K. Adsorption by powders and porous solids: principles, methodology and applications[M]. London: Academic Press, 1999.

[22] BENITO P, LABAJOS F M, ROCHA J, et al. Influence of microwave radiation on the textural properties of layered double hydroxides[J]. Micropor Mesopor Mater, 2006, 94: 148-158.

[23] 包玉红, 贾美林, 王奖, 等. Cu-Mg-Al 类层状金属氢氧化物的制备及其对二苯醚合成的催化性能研究 [J]. 分子催化, 2013, 27（6）: 548-555.

[24] DAVID M D. Genotoxicity of tobacco smoke and tobacco smoke condensate: a review[J]. Mutation Research, 2004, 567(2-3): 447-474.

[25] XU Y, LIU H, ZHU J, et al. Removal of volatile nitrosamines with copper modified zeolitesy[J]. New J Chem, 2004, 28: 244-252.

[26] XU Y, ZHU J, MA L, et al. Removing nitrosamines from mainstream smoke of cigarettes by zeolites [J]. Micropor Mesopor Mat, 2003, 60: 125-138.

[27] WANG Y, ZHOU S, XIA J, et al. Trapping and degradation of volatile nitrosamines on cyclodextrin and zeolites [J]. Micropor Mesopor Mat, 2004, 75: 247-254.

[28] 谢兰英, 刘琪, 朱效群, 等. 卷烟烟气 N– 亚硝胺化合物及其吸附催化降解研究进展 [J]. 环境科学与技术, 2006, 29: 133-135.

[29] 方智勇, 张悠金, 韩开冬, 等. CeO₂-NaZSM-5 分子筛降低卷烟主流烟气中烟草特有 N– 亚硝胺的研究 [J]. 中国烟草学报, 2010, 16（s1）: 60-65.

第三章
分子印迹聚合物材料降低 TSNAs 的技术研究

第一节 引言

一、分子印迹聚合物材料概述

分子印迹具体是指能制备出一种"记忆"模板分子形状、大小、官能团等特定结构特征的技术。分子印迹的概念首次在 1931 年由 Polyakov 提出，他在文中将其描述为"一种通过新方法合成的不同于普通吸附性质的硅胶"，后来这种"不同于普通吸附性质"的材料被证明可以在多种聚合物中实现，因此被命名为"分子印迹聚合物"（molecularly imprinted polymers，MIPs）。

分子印迹聚合物的制备包含模板分子、功能单体和交联剂三大类反应物。分子印迹聚合物通过模板分子、功能单体和交联剂的聚合及模板分子的洗脱实现了这种独特的"记忆"，为特异性吸附这个领域开辟了一条新的道路。在分子印迹过程中，功能单体与模板分子的官能团之间一般会形成共价键、氢键、范德华力等相互作用，"记忆"模板分子官能团的特点，而功能单体会连接到交联剂上，交联剂则在模板分子周围形成固定的空间三维结构，"记忆"模板分子的形状和大小。当模板分子洗脱后，就会留下带有特定结合位点和空间结构的孔洞，可再次吸附模板分子，其原理如图 3-1 所示。与其他传统的特异性识别材料相比，分子印迹聚合物具有低廉简便的合成条件、在不同化学和物理条件下具有良好的稳定性及可重现性等特点，已经成功应用于固相萃取、色谱分离、化学传感器等多个领域。

在模板分子和功能单体之间存在两种可逆的结合方式：可逆共价键和非共价键作用。在可逆共价键结合的方式里，典型的模板分子和功能单体之间形成共价键（如 4- 乙烯基硼酸和 4- 乙烯基苯胺），在聚合之后模板分子和功能单体之间共价键断裂，模板分子可从分子印迹聚合物中移除，当聚合物再次结合要吸附的目标分子时，目标分子和功能单体之间形成与模板分子相同的共价键，达到捕捉目的。但是因为此类分子印迹聚合物要求模板分子与功能单体之间的共价键达到快速可逆的要求，因此适用范围窄，应用受到了一定的局限性，同时因为共价键过于稳定，其断裂和重建都需要很高的能量。与之相反，非共价键的结合方式则没有这么多限制条件，在条件合适的溶剂里，模板分子和功能单体可以形成以氢键、离子键、范德华力、π-π 共轭等各种相互作用力为基础的复合体，当聚合完成移除模板分子后，带有功能单体基团的聚合物基质可以吸附能与功能基团形成相同化学作用的类似目标物，这样可以扩大分子印迹聚合物的应用范围，因此非共价键作用的分子印迹聚合物是现在研究的普遍方向。

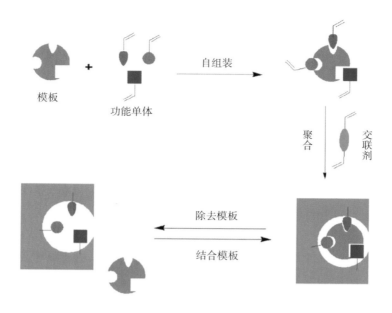

图 3-1　分子印迹聚合物制备的机制

二、分子印迹聚合物材料在烟草领域的应用

对于烟草行业，分子印迹聚合物的研究也是一个新兴的热点。众所周知，烟叶和烟气中含有各种各样的物质，既有有害人体的成分，也有消费者需要的成分。分子印迹材料的特异性吸附功能可以使研究者将吸附目标固定在一种或几种特定的有害成分上而不影响其他成分的含量，从而达到降低主流烟气中有害成分同时不影响香气的目的。同时，因为分子印迹材料在固相萃取和色谱分离技术中的应用，可以改良烟叶和烟气中某些特定的微量或者痕量成分的检测方法，达到准确检测的目的，为烟草领域的科学研究提供了新思路和新方法。

分子印迹聚合的方式一般采用自由基聚合和溶胶凝胶法，下面介绍几种主要的自由基聚合的方法，包括本体聚合、种子溶胀聚合、沉淀聚合、可逆加成－断裂链转移沉淀聚合（RAFT）、表面印迹聚合等。

（一）本体聚合

本体聚合是分子印迹应用最广泛、最普遍的制备方法。本体聚合的制备过程简单，反应速度快，条件易控，体系中只含有引发剂和单体，采用热引发或光引发引发聚合反应后得到完整的 MIPs。此种方法需要的设备简单、条件易控制，应用最为广泛。在烟草行业中，早期对于分子印迹聚合物在烟草领域的应用研究，其制备方法多选择本体聚合。

陈潜等以烟碱为模板分子，甲基丙烯酸为功能单体，二甲基丙烯酸乙二醇酯为交联剂，以 1∶4∶20 的摩尔比例采用本体聚合方法制备出烟碱分子印迹聚合物，经过研磨筛选、去除模板和烘干等后续过程后，将烟碱分子印迹聚合物添加到烟支卷烟嘴的滤棒中，结果表明，此种材料对主流烟气中的烟碱有良好的选择性吸附功能。庹苏行等以芘为模板分子，通过本体聚合方法制备出芘分子印迹聚合物，并将此类材料添加到滤嘴中，结果表明，材料能够有效地选择性降低卷烟烟气中苯并 [a] 芘、苯并 [a] 蒽和苣等多环芳烃类物质。王程辉等以 1- 萘胺为模板分子，甲基丙烯酸为功能单体，二甲基丙烯酸乙二醇酯为交联剂，采用本体聚合方法制备出相应的分子印迹聚合物，也同样将其添加到滤棒中，考察其对主流烟气中芳胺的吸附功能，结果表明，此种材料能够选择性截留主流烟气中的 1− 萘胺、2− 萘胺、3− 氨基联苯等有害芳胺类物质。Razwan 等通过本体聚合制备出分子印迹材料并用于固相萃取，成功从烟草中提取出七叶亭。

但是通过本体聚合制备的分子印迹聚合物有共同的缺点，即聚合物成整体块状结构，需要经过粉碎、研磨、分筛等工序得到尺寸基本一致的 MIPs 颗粒，最后通过洗脱模板分子得到产品。烦琐冗长的后续处理会降低分子印迹聚合物的产率，而且研磨得到的产物很难控制形态和大小，其过程还会破坏一些结合位点，降低聚合物的结合能力。

为了克服本体聚合的这些缺点，研究者逐渐将目光转移到其他聚合方法上，其中包括沉淀聚合、可逆加成 − 断裂链转移沉淀聚合、种子溶胀聚合等，利用这些方法制备出的分子印迹聚合物直接是微球结构，不需要经过后续的研磨筛分过程，从而减少了制备时间和对结合位点的破坏，也更加符合各种材料应用领域的要求。

此外，牺牲硅胶法以硅胶微球作为模板，浸渍在含有模板分子、功能单体及交联剂的环境中，让硅胶微球的孔洞中充满分子印迹的模板 − 单体复合物，然后在此条件下引发聚合反应，反应结束后用氢氟酸除去硅胶基质，即可得到和硅胶微球孔洞结构相反的 MIPs 微球颗粒，用这种方法得到的 MIPs 微球尺寸均一，改变了本体聚合情况下不能控制 MIPs 颗粒微观结构的特点。

一般，微球状的分子印迹聚合物材料可以作为理想的色谱吸附剂，应用于分离和固相萃取等方面。传统的固相萃取小柱填料多采用非特异性的吸附剂，会有很多非目标分析物被一起吸附下来，影响检测精度，而分子印迹聚合物的特异性吸附可以将特定目标分子从复杂基质中萃取分离出来，作为固相萃取小柱的填料可以用来分析特定的化合物。烟草特有亚硝胺的醇化物 NNAL 会存在在吸烟者的尿液当中，是吸烟人群典型的生物标记物，但因其含量低，对检测造成了一定困难。Xia 等通过制备 NNAL 的分子印迹聚合物，进而制备成固相萃取小柱，成功从人体尿液的样本中分析出 NNAL 的含量。

（二）种子溶胀聚合

种子溶胀聚合是悬浮聚合的一类，可以从微观上控制 MIPs 颗粒的球状结构，是适合制备分子印迹聚合物的方法之一。种子溶胀聚合体系通常包含种子微球、助溶胀剂、单体、连续相、引发剂和悬浮剂等，而且为了制备分子印迹聚合物微球还需要加入交联剂和致孔剂。分子印迹中种子溶胀聚合一般选取水作为连续相，此时种子微球具有疏水性，先通过溶胀剂将种子微球进行溶胀，则不溶于水的低聚物（如模板分子和功能单体复合物、交联剂、引发剂等）会溶胀到种子微球内，然后加热引发反应，在致孔剂和悬浮剂等作用下制备出分子印迹聚合物的多孔微球。种子溶胀聚合可分为单步溶胀和多步溶胀，相比单步溶胀，多步溶胀具有更好的可控性，且种子溶胀聚合得到的多孔微球能实现快速传质，在短时间内识别和吸附目标分子，所以可用于固相萃取小柱。

相对于普通种子溶胀聚合得到的实心多孔分子印迹微球，近几年发展起来的空心多孔分子印迹微球在吸附方面则有更好的表现。因为目标分子的吸附，即分子印迹的过程大多发生在 MIPs 表面，如图 3-2 所示，当实心多孔分子印迹微球的表面印迹空间被占据以后，目标分子就很难再进入球体内部，影响吸附效率。而空心多孔分子印迹微球相当于增加了内外两个印迹表面，变相扩大了吸附面积，所以增加了印迹效率。

空心多孔分子印迹的制备通常需要先制备核壳结构的微球，再将核结构去除后便可得到空心壳层结构，利用种子溶胀聚合的方法制备以 TSNAs 为目标分子的空心多孔分子印迹微球，并将材料应用在 NNK 的水溶液中考察其吸附性能，结果表明，材料具有吸附速度快、吸附量高等特点。

a 实心多孔分子印迹微球　　b 核壳结构分子印迹微球　　c 空心多孔分子印迹微球

图 3-2　分子印迹微球

（三）沉淀聚合

沉淀聚合是非均相溶液聚合，其机制是在溶剂中加入模板、功能单体、交联剂和引发剂等成分，引发反应后随着聚合物分子量的不断增加，在聚合过程中，当聚合物的分子链长到一定分子量后，就会从溶液中析出，然后继续从溶液中捕捉低聚物和单体长大。用沉淀聚合制备的分子印迹聚合物粒径均一，且体系成分简单，不含分散剂或乳化剂，仅有的致孔剂能够在分子印迹聚合物微球上得到大量细小微孔，有助于分子印迹点的形成，是一种便捷的制备方法。同时，微球状的 MIPs 可以作为理想的色谱吸附剂，应用于分离和固相萃取等方面。传统的 SPE 小柱填料多采用非特异性的吸附剂，会有很多非目标分析物被一起吸附下来，影响检测精度，而 MIPs 的特异性吸附可以将特定目标分子从复杂基质中萃取分离出来，作为 SPE 小柱的填料可以用来分析特定的化合物。

利用沉淀聚合可以制备出不同均一粒径尺寸的聚合物微球，通过控制反应条件可以改变产物的粒径大小和形态。Wang 等在其文章中认为，聚合物和致孔剂之间的溶度参数会影响最后产物的孔结构与微球的尺寸均一性，其他影响微球尺寸的因素包括交联剂、聚合温度、搅拌速率等。而且，即使处在完全相同的实验条件下，带有模板分子制备出的分子印迹聚合物和不带模板分子制备出的非分子印迹聚合物，其微球尺寸大小也并不相同。原因可能是模板分子的存在改变了分子印迹聚合物的溶解性，进而影响了沉淀聚合过程中微球析出的临界分子量。

下面利用沉淀聚合制备以 TSNAs 为目标分子的分子印迹聚合物材料，并进行对 NNK 水溶液和 NNK/NAT/NNN 混合溶液的吸附性能评价。实验结果表明，用本方法制备的 MIPs 具有较高的比表面积，在溶液中能实现快速吸附，并具有较高吸附量。另外，将 MIPs 作为填料制备固相萃取柱，通过离线固相萃取实验对烟草浸提液中的 TSNAs 进行萃取，结果表明，浸提液中 TSNAs 可实现在自制分子印迹固相萃取柱上的富集和淋洗，并具有良好的可重复性。

（四）可逆加成 – 断裂链转移沉淀聚合（RAFT）

自由基聚合是工业上生产聚合物的重要方法，与其他聚合方法相比，因其具有单体选择范围广、条件温和、引发剂和反应介质（如水等）价廉易得便于工业化生产等优点而备受研究者的青睐。然而，传统自由基聚合的慢引发、快速链增长、易发生链转移和链终止等特点，决定了自由基聚合过程难以控制，其结果常常导致聚合产物呈现较宽的分子量分布，分子量大小和分子结构难以控制，有时甚至发生支化、交联等，从而严重影响聚合物产品的性能。人们一直希望能够实现对自由基聚合的有效控制，使其既能保持自由基聚合自身的优越性，又具有离子型聚合的可控性。因此，可控自由基活性聚合的研究成为当今合成高分子研究中一个十分活跃的领域。可逆加成 – 断裂链转移聚合技术首先是由 Rizzardo 等在第 37 届国际高分子大会上公布的，RAFT 聚合除具有活性聚合的一般特征，如聚合物的分子量正比于单体浓度与加成 – 断裂链转移剂初始浓度之比、聚合物分子量随单体转化率线性增加及相对较窄的分子量分布等之外，还有自己的特点，具体表现在：适用单体范围广；操作条件温和；可通过本体、溶液、乳液、悬浮等多种方法实现聚合；可以借助于活性末端引入功能基团，并可合成线性、嵌段、刷型、星型等多种具有精细结构的高分子。

（五）表面印迹聚合

表面印迹是一种使印迹位点处于材料表层的印迹技术，它克服了传统聚合过程中模板分子被包埋在分子印迹聚合物内部的缺点，提高了印迹效率，上文提到的空心多孔分子印迹微球也是一种表面印记聚合。核壳结构的模板分子可以通过去核这一行为实现表面印迹，但是现在研究更多的是利用硅胶进行表面印迹，在硅胶表面进行处理和衍生，以此得到较为均匀的球形颗粒。以硅胶为模板的优势是硅胶是一种不会被溶胀的无机颗粒，而且具有化学和物理稳定性，是合适的模板材料。Li 等在硅胶表面改性后，将分子印迹聚合物接枝在硅胶表面，制备出以吸附 TSNAs 为目标的 MIPs@SiO$_2$ 材料，然后添加在滤棒中用于吸附主流烟气中的 TSNAs，结果表明，这种材料对 TSNAs 具有良好的选择吸附性。

载体牺牲法也是表面印记聚合的一种，以硅胶微球作为模板，浸渍在含有模板分子、功能单体及交联剂的环境中，让硅胶微球的孔洞中充满分子印迹的模板–单体复合物，然后在此条件下引发聚合反应，反应结束后用氢氟酸除去硅胶基质，即可得到和硅胶微球孔洞结构相反的分子印迹聚合物微球颗粒，其过程如图 3-3 所示。

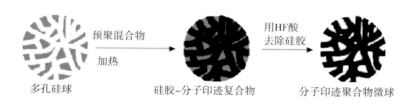

多孔硅球　　　　　硅胶–分子印迹复合物　　　分子印迹聚合物微球

图 3-3　牺牲硅胶法制备流程

分子印迹的聚合反应是一个复杂的化学反应过程，通常采用自由基聚合的机制进行，其聚合过程会受到引发剂、模板分子、功能单体和交联剂种类及浓度的影响，在不同的聚合方法条件下，也同时会受到溶剂、温度，甚至搅拌速率、溶液体积等外在条件的影响。因此，寻找分子印迹聚合物的最优合成条件需要考虑大量的反应因素，是一个非常耗时的过程。其中，筛选合适的反应物是分子印迹聚合过程的第一步，也是最重要的一步。

通常情况下，我们会选择目标化合物作为模板分子应用在分子印迹聚合的过程中。作为模板分子的反应物应该具备以下 3 个条件：首先，模板分子不能含有会影响自由基聚合的基团；其次，在聚合反应过程中模板分子具有良好的稳定性；最后，模板分子具有能和功能单体产生相互作用的官能团。大多数用于分子印迹的模板都是对环境或者人体有害的物质及药物成分，在烟草领域，则多会选取烟碱、多环芳烃、芳胺等多类物质为模板进行研究。

选择功能单体对于分子印迹步骤尤为重要，因为其上携带的官能团直接影响分子印迹聚合物对于目标分子吸附的亲和力强弱，而且决定了结合位点对于目标分子选择性吸附的精确程度。模板分子与功能单体的相互作用越强，分子印迹聚合物就越稳定，结合能力也就越强。分子印迹过程中常用的功能单体包括甲基丙烯酸（methacrylic acid，MAA）、丙烯酸（acrylic acid，AA）、乙烯吡啶（vinylpyridine，VP）、甲基丙烯酸羟乙酯（2-hydroxyethyl methacrylate，HEMA）等。它们的分子结构中大多含有羧基、羟基、酯基、吡啶环等特征官能团，容易与模板分子之间形成相互作用。其中，甲基丙烯酸可以说是"万能"功能单体，因为其独特的分子结构很容易和各类物质形成氢键。

　　分子印迹中交联剂的作用是固定功能单体，并在模板分子和功能单体复合体的周围形成空间基质，等到模板分子被去除后就可以留下特定空间结构的空腔，因此交联剂一般选择刚性较强的聚合物。交联剂的种类一般会影响分子印迹聚合物的选择性和结合能力，当交联度过低时，分子印迹聚合物会难以保持识别位点空腔的稳定性，但当交联度过高时，致密的结构会减少识别位点空腔的形成数量。常用的交联剂有二甲基丙烯酸乙二醇酯（ethylene glycol dimethacrylate，EGDMA）、三羟甲基丙烷三甲基丙烯酸酯（Trimethylolpropane trimethacrylate，TRIM）、二乙烯基苯（divinylbenzene，DVB）等。

　　近几年，随着人们不断寻找适合分子印迹的新功能单体和新交联剂，β-环糊精（β-CD）逐渐进入人们的视野。β-环糊精的分子结构如图 3-4 所示，其结构是由多个环形低聚糖构成的"分子笼"锥筒结构，低聚糖上的多羟基结构使β-环糊精同时具有亲水和疏水两种性质，腔内疏水，腔外亲水。β-环糊精的结构差异使得它与传统的功能单体也不相同，在与模板分子的复合过程中，β-环糊精可以形成氢键、范德华力等多种相互作用力，而且多羟基的结构使其能在分子印迹过程中担任功能单体和交联剂双重角色。

　　Wang 等曾做过环糊精吸附和降解挥发性亚硝胺的研究，结果表明，环糊精能选择性吸附亚硝胺形成主客体复合物，当亚硝胺分子进入环糊精的空腔内，亚硝胺分子的烷基部分会靠近锥筒结构开口较大的部位，而—N—N═O 官能团会与环糊精的羟基之间形成氢键，从而使环糊精可以有效吸附亚硝胺分子。李朝建等曾制备出茶多酚 /β-CD 的复合材料，用来降低卷烟主流烟气中 TSNAs 的含量，结果表明，复合材料对主流烟气中的 TSNAs 有良好的选择性吸附能力，对 NNK 有一定的选择性降低效果。然而在这些研究中有些内容尚未涉及将β-环糊精的分子印迹聚合物应用于降低烟气中 TSNAs 的研究。利用分散聚合两步法和种子溶胀聚合技术可以制备出新型结构的空心多孔 MIPs 微球，将这微球应用于降低烟气中 TSNAs 的研究也还未有报道。同时，利用牺牲硅胶法和沉淀聚合法制备出以吸附 TSNAs 为目标的分子印迹聚合物微球（MIPs），最后应用于 MIPs-SPE 小柱，可以进行烟草萃取液的 TSNAs 离线固相萃取实验，为现有的 TSNAs 分析方法提供新思路、新方法。

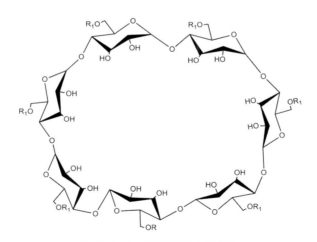

图 3-4　β-环糊精的分子结构

　　随着人们对分子印迹技术不断深入的探索和应用领域的不断扩展，分子印迹技术已经具有了多种制备手段和广阔的应用前景。分子印迹聚合物具有高选择性、成本低、良好的热力学和化学稳定性等优异性能，虽然整个材料的制备工艺和流程还有待研究与完善，但是并不影响其在烟草领域的应用和发展。新式的分子印迹聚合方法为分子印迹聚合物在烟草领域的应用开拓出新的道路和方向，使其更适用水相和生物产品的分离与纯化，与烟草行业的应用更加契合，为特异性吸附主流烟气中的有害成分和烟草化学的分析检测带来了新的思路。

第二节　分子印迹聚合物的制备及在烟草中的应用

一、空心多孔分子印迹聚合物的制备及应用

（一）材料与方法

1. 材料、试剂与仪器

苯乙烯（St）、二乙烯基苯（DVB）、二甲基丙烯酸乙二醇酯（EGDMA）、聚乙烯醇（PVA，1788）、苯乙烯磺酸钠（NaSS），以上试剂均购自阿拉丁；偶氮二异丁腈（AIBN）、邻苯二甲酸二丁酯（DBP）、烟酰胺（NAM）、甲基丙烯酸（MAA），以上试剂均购自天津市光复精细化工研究所；四氢呋喃（THF）、甲苯、乙酸，以上试剂均购自北京北化精细化学品有限责任公司；甲醇和十二烷基磺酸钠（SDS），购自国药集团化学试剂有限公司。上述试剂均为分析纯。

标准品 *N-*亚硝基降烟碱（NNN）、*N-*亚硝基新烟碱（NAT）、*N-*亚硝基假木贼碱（NAB）和 4- 甲基亚硝氨基 -1-（3- 吡啶基）-1- 丁酮（NNK）（纯度＞98%，加拿大 TRC 公司），乙酸铵（纯度＞98%，sigma），内标 d_4-NNN、d_4-NNK、d_4-NAB 和 d_4-NAT（纯度＞98%，加拿大 TRC 公司）；甲醇（色谱纯）、乙酸（色谱纯）、乙腈（质谱纯）（购自 Fisher Scientific），超纯水（实验室自制）。

KH5200DE 超声波清洗器（昆山禾创超声仪器有限公司），离心机（上海安亭科学仪器厂），真空干燥箱（Binder），U-3900H 紫外可见分光光度计（HITACH），Milli-Q 超纯水仪（Millipore），SM 450 直线型吸烟机（英国 Cerulean 公司），在线固相萃取 – 液相色谱（Spark），Triple Quad 5500（AB Sciex），TSQ Quantiva（Thermo），傅立叶变换红外光谱仪（FT-IR，Nicolet Nexus 670），扫描电子显微镜（SEM，HITACHI S4700），透射电子显微镜（TEM，JEOL JEM-2100 及 HITACHI H-800）。

2. 制备方法

空心种子微球制备：称取 2.5 mL St、0.04 g AIBN、0.04 g NaSS，溶于 25 mL 甲醇 / 水（V/V=9/1）的溶液中，超声 15 min，水浴中机械搅拌，通氮气 15 min 后升温至 75℃。反应 3 h 后，缓慢滴加 0.5 mL DVB，继续反应 5 h。反应结束后用甲醇超声离心清洗 3 遍，真空烘箱中 60℃干燥 12 h。之后将干燥样品溶于 THF 中，浸泡 24 h，使 PS 球核内未交联的部分溶解，之后用 THF 清洗两次，甲醇清洗一次，放入真空烘箱中 60℃干燥 12 h，得到空心种球 H-PS。

为了对比最终的 H-MIPs 分子印迹效果，同样制备作为对照的聚苯乙烯实心种球，其合成方法相同，只是在反应过程中不加入 DVB，同时不需要用 THF 溶解去核，聚合反应结束后清洗烘干，直接得到实心种球 S-PS。

分子印迹聚合物制备：①第一步种子溶胀：取制备好的空心种球 H-PS 0.4 g，加入 10 mL 0.2%SDS 溶液超声 1 h，使 H-PS 与 SDS 溶液形成均匀乳液，同时将 2 mL DBP、2.5 mL 甲苯、50 mg AIBN 加入另外 10 mL 0.2% SDS 溶液中超声 10 min 形成均匀乳液，将两种乳液混合，搅拌状态下将 H-PS 种球溶胀 24 h。

②第二步种子溶胀：将 0.06 g NAM、0.26 g MAA、5 mL 甲苯混合，超声 30 min，使 NAM 与 MAA 先预聚合，再加入 3 g EGDMA 和 10 mL 1.25%PVA 溶液，将混合均匀后的溶液加入第一步溶胀后的 H-PS 种球乳液中，继续溶胀 24 h。

③第三步 MIPs 聚合：将经过两步溶胀聚合好的 H-PS 溶液加入三口瓶中，再加入 40 mL 1.25% PVA 溶液，通氮气 15 min 除氧，机械搅拌，冷凝回流，75℃反应 12 h，结束后用沸水和甲醇各自超声离心 2 遍，除去多余的表面活性剂、未反应单体和有机溶剂。

④第四步模板分子洗脱：将聚合清洗后得到的产物放入乙酸 / 甲醇（V/V=1/9）的洗脱液中，加热超声机至 50 ℃，超声洗脱模板分子 NAM。多次超声离心过程后用紫外可见分光光度计检测洗脱液的上层清液，直到上层洗脱液中 NAM 紫外吸收峰消失时即可认为 MIPs 中的模板分子已经洗脱干净，然后再用甲醇清洗 3 遍 MIPs，将乙酸除去，真空烘箱中干燥 24 h，最终得到空心多孔聚合物微球（H–MIPs）。

将种球换为实心种球 S–PS，用相同溶胀聚合方法制备出实心多孔聚合物微球（S–MIPs）。

在制备过程中不加入模板分子 NAM，使用相同方法制备出非印迹聚合物（NIPs）：空心多孔 H–NIPs 和实心多孔 S–NIPs。

3. 分析方法

MIPs 形貌表征：采用红外光谱仪对 MIPs 的有机官能团结构进行表征，扫描范围为 400 ～ 4000 cm^{-1}；采用扫描电子显微镜（加速电压为 20 kV）和透射电子显微镜（加速电压为 200 kV）对 MIPs 的形貌进行观察。MIPs 对水溶液中污染物的吸附性能评价如下。

① NNK 溶液。将 25 mg 吸附材料（MIPs 或 NIPs）加入 100 mL 一定浓度的 NNK 溶液中，160 r/min 下充分振荡，每隔一定时间取 3 mL 水溶液，用滤膜过滤除去溶液中的吸附剂，采用高效液相色谱 – 质谱联用法测定滤液中剩余 NNK 的量，按照式（3–1）计算得到吸附剂对水溶液中 NNK 的吸附量 Q：

$$Q=V(C\text{–}C_t)/1000m。 \tag{3–1}$$

式中：Q 为材料的吸附量，mg/g；V 为 NNK 溶液的体积，mL；C 为 NNK 溶液的初始质量浓度，ng/mL；C_t 为 t 时刻溶液中剩余 NNK 的浓度，ng/mL；m 为 MIPs 或 NIPs 的质量，mg。

② TSNAs 混合溶液。实验方法与 NNK 溶液的方法相同。

③吸附性能数据处理。数据处理包括吸附动力学分析和吸附等温线分析。其中，描述吸附动力学的准一级动力学模型方程式见式（3–2）：

$$\ln(Q_e\text{–}Q_t) = \ln Q_e - k_1 t。 \tag{3–2}$$

式中：Q_e 为平衡状态下吸附剂的吸附量，mg/g；Q_t 为 t 时刻吸附材料的吸附量，mg/g；k_1 为准一级动力学方程吸附速率常数，min^{-1}。

吸附等温线表示恒定温度下溶液中目标物的平衡浓度与吸附剂平衡吸附量的关系，通常用 Langmuir 和 Freundlich 两种模型描述。其中，Langmuir 等温线模型假设发生的是单分子层吸附，模型见式（3–3）：

$$\frac{C_e}{Q_e} = \frac{1}{q_m}C_e + \frac{1}{q_m K_L}。 \tag{3–3}$$

式中：Q_e 为平衡状态下吸附剂的吸附量，mg/g；C_e 为平衡状态下溶液中 NNK 的浓度，ng/mL；q_m 为最高理论吸附量，mg/g；K_L 为 Langmuir 吸附平衡常数，L/μg。通过以 C_e/Q_e 对 C_e 作图线性拟合得到直线，由直线的斜率和截距求得 q_m 和 K_L。

Freundlich 等温线模型假设发生的是多分子层吸附，模型见式（3–4）：

$$\ln Q_e = \frac{1}{n}\ln C_e + \ln K_F。 \tag{3–4}$$

式中：Q_e 为平衡状态下吸附剂的吸附量，mg/g；C_e 为溶液中 NNK 在平衡状态下的浓度，ng/mL；K_F 为 Freundlich 吸附平衡常数，体现吸附剂对目标吸附物的吸附能力；$\frac{1}{n}$ 为 Freundlich 常数。通过以 $\ln Q_e$ 对 $\ln C_e$ 作图线性拟合得到直线，由直线的斜率和截距求得 n 和 K_F。

研究分子印迹聚合物与目标分子结合位点特征的手段是利用 Scatchard 方程作图分析。Scatchard 方程见式（3–5）：

$$\frac{Q}{C} = \frac{Q_{max}}{K_d} - \frac{Q}{K_d}。 \tag{3–5}$$

式中：Q 为平衡状态下 MIPs 或 NIPs 的吸附量，mg/g；C 为平衡状态下 NNK 溶液的浓度，ng/mL；K_d 为平衡状态下的解离常数，ng/mL；Q_{max} 为 MIPs 或 NIPs 的最大结合量，mg/g。根据 MIPs 或 NIPs 的吸附等温线分别计算 Scatchard 方程，利用 Q/C 对 Q 作图得到拟合直线，由斜率和截距可得平衡解离常数 K_d 及最大表观结合量 Q_{max}。

4. MIPs 降低主流烟气中 NNK 含量的研究

选取两段式空白醋酸纤维滤棒的某品牌混合型卷烟产品，将前端的滤棒小心取下，准确称取一定量的 MIPs 或 NIPs，添加到两段式复合滤棒中间的截面上滤棒之间，平铺在截面上，然后将取出的前端滤棒小心塞回。选择单支克重和吸阻合格的样品，按照标准方法测定主流烟气中的 TSNAs 含量。对照卷烟除滤棒不添加材料外，其余制备条件相同。参照 GB/T 16447—2004 对卷烟进行平衡、筛选和实验，按照 GB/T 19609—2004 方法测定卷烟主流烟气中总粒相物、焦油、烟碱和水分，按照 GB/T 23228—2008 测定卷烟主流烟气中 TSNAs 的释放量。

(二)结果与讨论

通常，制备分子印迹聚合物时选择待吸附的目标分子或结构相近分子作为模板。本研究中选用 NAM 作为模板，原因有三：一是分子结构方面相近，如图 3-5 所示，与 TSNAs 相似，NAM 含有吡啶环，且其含有的酰胺结构比 TSNAs 中官能团亚硝胺结构更易与功能单体 MAA 发生作用，有利于 MIPs 的制备；二是成本较低，MIPs 合成实验中模板分子的使用量大，相比 TSNAs，NAM 价格低廉，降低了材料成本；三是安全风险，NAM 无毒，对操作人员的身体健康不会产生风险，从而提高了实验的安全性。

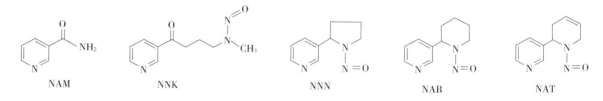

图 3-5　烟酰胺分子（NAM）及 4 种 TSNAs 分子结构

通过分散聚合 - 种子溶胀法制备空心多孔分子印迹聚合物微球 H-MIPs，以烟酰胺为模板分子、甲基丙烯酸为功能单体、二甲基丙烯酸乙二醇酯为交联剂进行分子印迹过程，具体制备流程如图 3-6 所示。

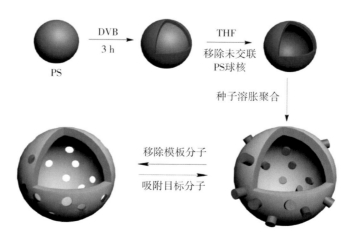

图 3-6　空心多孔分子印迹聚合物微球的制备流程

　　作为分子印迹模板的烟酰胺分子结构与作为目标分子的 NNK 的结构虽然相似，即都含有吡啶环及其 3 位上的羰基，但并不完全相同，因此在分子印迹过程中选用分子链较为柔软的酯类交联剂 EGDMA，希望分子印迹"空穴"的形状和大小并不会严格符合烟酰胺的结构，这样也许会有利于 NNK 的再印迹过程，增加对 NNK 的吸附能力。因此用这种方法制备出的 MIPs，对和 NNK 有相似结构的其他 3 种 TSNAs 也同样具有吸附能力，为更好地降低主流烟气中的 4 种 TSNAs 创造了条件。

　　从图 3-7a 中可以看出，H-PS 粒径均一，少量的塌陷和破碎球可以看出其中空结构，并能从 TEM 照片中清楚地看到其空心结构（图 3-7b）。以 H-PS 为模板制备得到的 H-MIPs 球壳表面的孔隙结构较大，内部有空腔（图 3-7c），且通过 TEM 图像还可以更清楚地看到 H-MIPs 球壳内的空腔结构（图 3-7d）。作为对比制备的实心分子印迹聚合物微球 S-MIPs 的表面孔隙结构较细密（图 3-7e），而且内部为实心（图 3-7f），仅在球表面较薄的地方可以看出因多孔结构而导致的衬度不一。文献表明，在 St 分散聚合过程中，1 ～ 3 h 为 PS 球的成核阶段，在此期间如果体系产生扰动时极容易造成二次成核，最终 PS 球粒径分布不均匀。因此在制备空心种球 H-PS 过程中，体系补加交联剂 DVB 反应 3 h 后，此时的 PS 球核已经稳定，所以 DVB 会与剩下的单体在核表面继续长大，形成一层交联的壳层，最后通过 THF 溶解核内未交联的

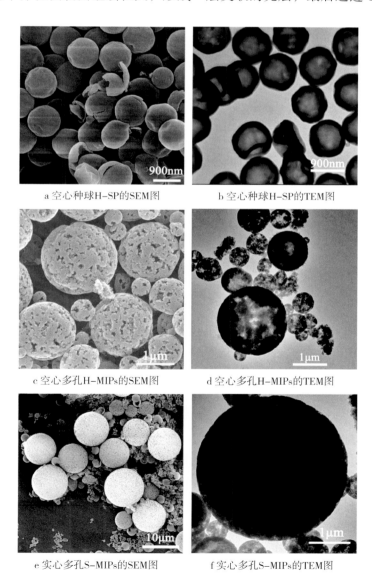

a 空心种球 H-SP 的 SEM 图　　　　b 空心种球 H-SP 的 TEM 图

c 空心多孔 H-MIPs 的 SEM 图　　　d 空心多孔 H-MIPs 的 TEM 图

e 实心多孔 S-MIPs 的 SEM 图　　　f 实心多孔 S-MIPs 的 TEM 图

图 3-7　PS 空心各球的、空心多孔 H-MIPs 及实心多孔 S-MIPs 的 SEM 图像和 TEM 图像

PS，可得到粒径均一的空心 PS 球，进而通过种子溶胀聚合制备出空心多孔分子印迹微球。

从图 3-7 中还可以看出，空心多孔聚合物微球 H-MIPs 和实心多孔聚合物微球 S-MIPs 粒径并不均一，大小微球甚至相差几个微米。其粒径分布不均匀可能原因有 2 个：一是在第一步溶胀中加入 SDS，主要目的是帮助种球和新加入的有机相能在水中均匀分散，但也有可能为体系创造了新的溶胀胶束，为后续分子印迹聚合提供新的场所，而不仅仅是种球内，所以产生了小粒径微球；二是溶胀比和水油比等条件没有控制好，使得种球溶胀不均匀，造成了粒径的不均一。

空心多孔聚合物微球 H-MIPs 和实心多孔聚合物微球 S-MIPs 的 FT-IR 谱图如图 3-8a 所示。图中黑线为空心种球 H-PS，是典型的聚苯乙烯谱图，因作为交联剂的 DVB 聚合后与 PS 是相同结构，因此红外谱图不会显示。而以此为种子最终制备的空心多孔 H-MIPs 中，在 1720 cm^{-1} 左右出现了明显的 C=O 特征吸收峰，来源于 EGDMA 和 MAA 中的羰基，同时在 3500 cm^{-1} 左右也出现了—OH 的特征吸收峰，这是 MAA 中的羧基上羟基的特征峰。FT-IR 可以说明，交联剂 EGDMA 和功能单体 MAA 都已经成功连接到空心种球 H-PS 上，H-MIPs 成功制备。图 3-8b 为 S-PS 和 S-MIPs 的红外吸收谱图，峰位解释与图 3-8a 相同，说明 S-MIPs 也成功制备。

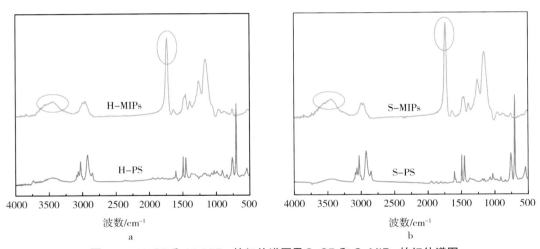

图 3-8　H-SP 和 H-MIPs 的红外谱图及 S-SP 和 S-MIPs 的红外谱图

从图 3-9 中可以看出，当相对压力 P/P_0 高于 0.7 时曲线陡然升高，这说明了微球的壳层上存在许多细小的微孔结构。H-MIPs 和 H-NIPs 的孔结构分析结果（表 3-1）显示，累积孔体积相差不大，平均孔径 H-NIPs 略高于 H-MIPs，而比表面积则是 H-MIPs 高于 H-NIPs，尽管二者比表面积都较高，但是 H-MIPs 更大的比表面积有利于吸附更多目标分子。

分子印迹聚合物材料对于水溶液中 NNK 的吸附研究：室温条件下，配制相同浓度（540 ng/mL）的 NNK 水溶液，分别加入 H-MIPs、H-NIPs 和 S-MIPs 绘制 3 种材料的吸附动力学曲线，如图 3-10 所示。从图中可以看出，H-MIPs、H-NIPs 在 30 min 内就快速达到了吸附平衡，而 S-MIPs 也能在 60 min 内达到吸附平衡，这与前文所述多孔 MIPs 能快速传质的特点有关。H-MIPs、H-NIPs 和 S-MIPs 3 种材料对溶液中 NNK 的饱和吸附量分别为 0.32 mg/g、0.16 mg/g 和 0.25 mg/g。虽然 H-NIPs 的饱和吸附量少于 H-MIPs，但是两者的吸附平衡时间均快于 S-MIPs。当溶液中含有大量 NNK 时，会优先被吸附在分子印迹微球表面的识别位点中，当实心多孔微球 S-MIPs 的表面识别位点被"占满"后，NNK 分子就必须要转移到球体的内部才能被吸附，这一过程增加了 S-MIPs 达到吸附平衡的时间，而且 H-MIPs 的饱和吸附量要高于 S-MIPs，也归因于空心多孔微球增加的内表面。因此，相对于实心多孔 S-MIPs，空心多孔 H-MIPs 对目标分子 NNK 具有更高的结合力和物质传输效能。

表 3-1　空心多孔聚合物微球 H-MIPs 和实心多孔聚合物微球 H-NIPs 分子印迹聚合物材料的结构特征参数

分子印迹聚合物	比表面积 / ($m^2 \cdot g^{-1}$)	累积孔体积 / ($mL \cdot g^{-1}$)	平均孔径 / nm
H-MIPs	289.57	0.673	9.29
H-NIPs	220.29	0.578	10.21

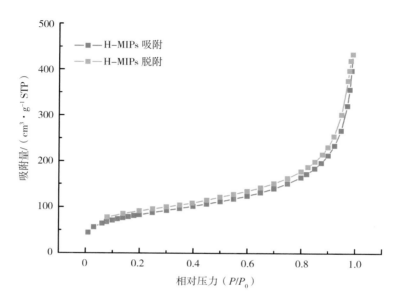

图 3-9　空心多孔聚合物微球 H-MIPs 的氮气等温吸附 – 脱附曲线

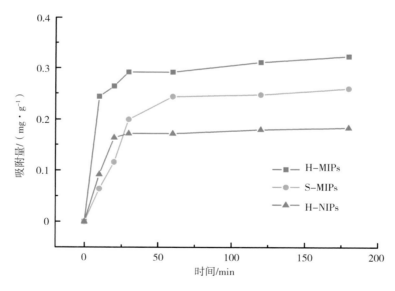

图 3-10　空心多孔聚合物微球 H-MIPs、实心多孔聚合物微球 S-MIPs 和
空心多孔非印迹聚合物微球 H-NIPs 对 NNK 溶液的吸附动力学曲线

　　室温条件下，配制不同浓度的 NNK 水溶液，加入 H-MIPs、H-NIPs 和 S-MIPs，震荡 3 h，绘制出 3 种材料的等温吸附线，如图 3-11a 所示。因为 NNK 毒性高，所以配置的水溶液浓度不宜过高。从图 3-11a 中可以看出，H-MIPs、S-MIPs 和 H-NIPs 对于 NNK 的吸附量随着 NNK 水溶液浓度的上升快速升高，

800 ng/mL 之后 H-NIPs 的吸附量增速变缓,可能是球表面的识别位点快要达到饱和,但是 H-MIPs 和 S-MIPs 的吸附量变化依然很快,说明直到 NNK 水溶液浓度达到 1300 ng/mL 的条件下,H-MIPs 和 S-MIPs 依然能从水中有效地吸附目标分子,其表面还存在一定量的空余识别位点,而且相同浓度条件下的吸附饱和量 H-MIPs > S-MIPs > H-NIPs,与图 3-10 中的吸附动力学曲线一致。

根据 H-MIPs、S-MIPs 和 H-NIPs 材料的等温吸附线,Langmuir 和 Freundich 等温线拟合数据如表 3-2 所示。从相关系数 R^2 来看,H-MIPs 和 S-MIPs 的等温吸附线与两个模型的拟合度都很好,说明 H-MIPs 中可能存在着单分子层和多分子层两种吸附形式。图 3-11b 是以 H-MIPs 为例的 Langmuir 和 Freundich 等温线拟合图,进一步证实了上述结论。

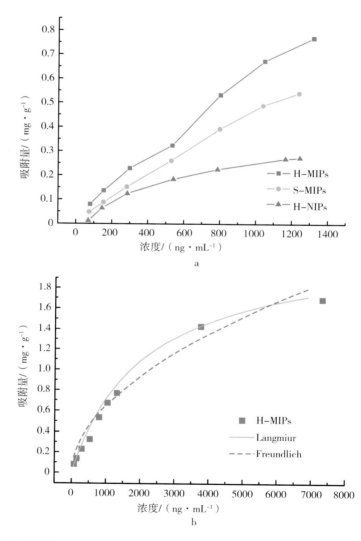

图 3-11　空心多孔聚合物微球 H-MIPs、实心多孔聚合物微球 S-MIPs 和空心多孔非印迹聚合物微球 H-NIPs
　　　　对 NNK 溶液的等温吸附线及空心多孔聚合物微球 H-MIPs 吸附 NNK 的 Langmuir 和 Freundich 等温线

表 3-2　空心多孔聚合物微球 H-MIPs 和空心多孔非印迹聚合物微球 H-NIPs 的 Langmuir 和 Freundich 等温线数据

模型	参数	H-MIPs	S-MIPs	H-NIPs
Langmuir	R^2	0.935	0.928	0.991
	Q_{max}	1.95	2.30	0.46

续表

模型	参数	H-MIPs	S-MIPs	H-NIPs
Langmuir	K_L	4.45E-4	2.51E-4	1.20E-3
Freundich	R^2	0.999	0.998	0.975
	K_F	2.18E-3	1.02E-3	2.72E-3
	$1/n$	0.82	0.88	0.66

根据 Scatchard 方程分析 H-MIPs 和 H-NIPs 的吸附等温线，结果如图 3-12 所示，H-MIPs 的 Scatchard 曲线分为两段，两段均有较明显的线性关系，说明 H-MIPs 中存在特异性和非特异性两种结合位点。对两段分别进行线性拟合，得到高亲和力结合位点数据 K_{d1} = 358.42 ng/mL，Q_{max1} = 0.538 mg/g，低亲和力结合位点数据 K_{d2} = 2172.02 ng/mL，Q_{max2} = 2.281 mg/g。H-NIPs 的 Scatchard 曲线则为一段，得到 K_d = 735.29 ng/mL，Q_{max} = 0.449 mg/g。

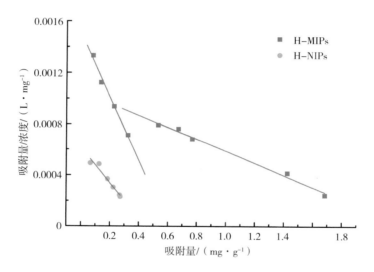

图 3-12　H-MIPs 和 H-NIPs 的 Scatchard 分析

分子印迹聚合物对于主流烟气中 TSNAs 吸附的研究：将制备的 H-MIPs、S-MIPs、H-NIPs 和 S-NIPs 材料以 10 mg/ 支的添加量加入混合型卷烟的烟支滤棒中，测定试验卷烟主流烟气中 TSNAs 的释放量，结果如表 3-3 所示。

表 3-3　添加分子印迹聚合物材料的卷烟主流烟气中 TSNAs 释放量的分析结果

单位：ng·支$^{-1}$

样品	焦油	NAT	NNK	NNN	NAB
对照	9.74	114.63	21.57	211.63	12.84
H-MIPs	9.09	99.91	18.74	197.17	10.83
S-MIPs	9.29	105.39	19.65	197.60	11.89
H-NIPs	9.27	112.94	21.01	201.02	12.11
S-NIPs	9.39	110.39	21.32	198.15	12.25

从表 3-3 中可以看出，H-MIPs 对于混合型卷烟主流烟气中的 NNK 降低量接近 3 ng/ 支，降低率达 13% 左右。同时，H-MIPs 对于主流烟气中 NAT、NAB 也有较明显的降低效果（12.84% 和 15.65%），只有对 NNN 的降低效果不甚明显（6.83%）。从图 3-13a 中可以看出，H-MIPs 对于主流烟气中 4 种 TSNAs 降低效果最为明显，S-MIPs 其次，两种 NIPs 的降低效果并不理想，这与几种材料在 NNK 水溶液中的吸附结果一致，说明 H-MIPs 对于主流烟气中的 TSNAs 同样具有良好的吸附效果。从图 3-13b 中可以看出，除去焦油降低量的影响后，只有 H-MIPs 和 S-MIPs 的选择性降低率一直为正值，说明这两种分子印迹聚合物确实吸附了主流烟气中的 TSNAs。

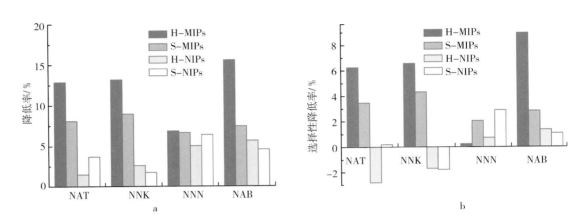

图 3-13　H-MIPs、S-MIPs、H-NIPs 和 S-NIPs 对主流烟气中 TSNAs 的降低率和选择性降低率

分子印迹聚合物材料在滤棒中的添加量也会影响对主流烟气中 TSNAs 的降低效率，图 3-14 给出了 H-MIPs 和 S-MIPs 不同添加量降低 TSNAs 的效果及对应的选择性降低率。

从图 3-14a 中可以看出，随着滤棒中 H-MIPs 添加量的不断增加，主流烟气中 4 种 TSNAs 的降低率增加。当 H-MIPs 的添加量为 15 mg/ 支时，对于混合型卷烟主流烟气中的 NNK 含量有明显降低效果，降幅达到 22%，降低量接近 6 ng/ 支，同时对其他 3 种 TSNAs 的降低率也很明显，分别为 NAT 15%、NNN 13% 和 NAB 16%。图 3-14c 的选择性降低率中也显示出同样规律，当 H-MIPs 的添加量为 15 mg/ 支时，TSNAs 的选择性降低率分别为 NNK 13%、NAT 6%、NNN 4% 和 NAB 7%。

从图 3-14b 中可以看出，当 S-MIPs 的加入量为 15 mg/ 支时，对于 NNK 的降低率为 18%，且对于 NAT 和 NAB 也有较好的吸附效果，降低率分别为 19% 和 22%，但是对于 NNN，在材料添加量较低时（3 mg/ 支）主流烟气中的 NNN 含量出现了升高现象，这可能与 S-MIPs 的吸附量较小有关。另外，因为分子印迹过程中的模板分子与吸附的目标分子并不相同，因而 H-MIPs 和 S-MIPs 对于 4 种 TSNAs 并没有明显"偏爱"，吸附降低率各不相同，这可能与交联剂 EGDMA 构造的空间结构不严格有一定关系。当 S-MIPs 的加入量为 15 mg/ 支时，图 3-14d 中选择性降低率分别为 NNK 10.8%、NAT 11.2%、NNN 5.3% 和 NAB 13.1%。

通过分散聚合两步 - 种子溶胀法成功制备了空心多孔分子印迹聚合物微球 H-MIPs，并通过电镜和红外进行了结构表征，证明了空心多孔结构。实验结果表明，H-MIPs 和 H-NIPs 在水中比 S-MIPs 能更快吸附目标分子 NNK，而且 H-MIPs 比 S-MIPs 有更大的吸附量，这些都归功于其空心多孔的结构特点。Scatchard 分析表明，H-MIPs 中存在特异性和非特异性两类吸附结合位点。将 H-MIPs 作为吸附材料添加到烟支滤棒后，可以降低混合型卷烟主流烟气中 TSNAs 的含量，其降低效果顺序为 H-MIPs > S-MIPs > H-NIPs，且当滤棒中 H-MIPs 的添加量达到 15 mg/ 支时，对于烟气中的 NNK 释放量降低率为 22%，同时，NAT、NNN 和 NAB 的含量也分别降低了 15%、13% 和 16%。

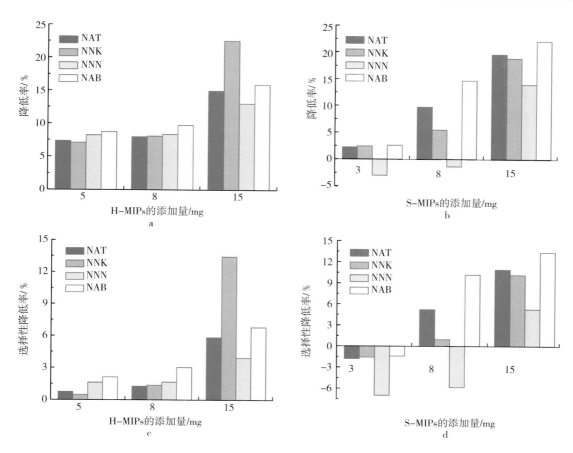

图 3-14　不同添加量的 H-MIPs 对主流烟气 TSNAs 的降低率与选择性降低率及不同添加量的 S-MIPs 对主流烟气 TSNAs 的降低率与选择性降低率情况

二、沉淀聚合法制备分子印迹聚合物及应用

（一）材料与方法

1. 材料、试剂与仪器

白肋烟叶 C2F（湖北恩施，2014 年），经过粉碎机磨成粉末，不过筛直接使用。二乙烯基苯（DVB）、偶氮二异丁腈（AIBN）、烟酰胺（NAM）、甲基丙烯酸（MAA）、烟酸（NA）、丙烯酰胺（AM）、甲苯、乙酸、乙腈、甲醇（分析纯，国药集团化学试剂有限公司）；乙酸铵（纯度 > 98%，美国 Sigma 公司）；N- 亚硝基降烟碱（NNN）、N- 亚硝基新烟碱（NAT）、N- 亚硝基假木贼碱（NAB）和 NNK、d_4-NNN、d_4-NNK、d_4-NAB 和 d_4-NAT（> 98%，加拿大 TRC 公司）；超纯水（电导率 ≥ 18.2 MΩ·cm）。

LPT-10 实验室旋风式粉碎磨（莱普特科学仪器有限公司），KH5200DE 超声波清洗器（昆山禾创超声仪器有限公司）；Milli-Q50 超纯水仪（Millipore）；CP2245 电子天平（感量 0.0001 g，德国 Sartorius 公司）；L.X.J-IIC 离心机（上海安亭科学仪器厂）；VD23 真空干燥箱（德国 Binder 公司）；S4700 扫描电子显微镜（SEM）、U-3900H 紫外可见分光光度计（日本 Hitachi 公司）；SYMBIOSIS™ Pico 高效液相色谱（荷兰 Spark Holland 公司）/Triple Quad 5500 质谱仪（美国 AB Sciex 公司）；Nicolet Nexus 670 傅里叶变换红外光谱仪（FT-IR，美国 Thermo 公司）；ASAP 2020 物理吸附仪（美国 Micromeritics 公司）；Supelco 离线固相萃取装置（美国 Supelco 公司）；3 mL 聚丙烯（PP）固相萃取空柱及筛板（上海安谱实验科技股份有限公司）。

2. 方法

聚合物微球制备：① NAM-MIPs 聚合物。称取 0.36 g（3 mmol）NAM 和 1.55 g（18 mmol）MAA 于单口圆底烧瓶中，加入 150 mL 甲苯 / 乙腈（体积比 1∶3）溶液，超声 30 min，静置 12 h 预聚合。在上述混合液中加入 7.81 g DVB（60 mmol）和 0.25 g AIBN，超声 15 min 使反应物完全溶解，通氮气 30 min 后密封瓶口，70 ℃水浴条件下磁力搅拌反应 24 h。反应结束后将得到的产物离心分离，用乙酸/甲醇(体积比1∶9)洗脱液在 50 ℃下加热超声洗脱模板分子 NAM，用紫外可见分光光度计监测洗脱液，重复超声离心洗脱步骤直到洗脱液中 NAM 紫外吸收峰消失，即可认为 MIPs 中的模板分子已经洗脱干净，最后再用甲醇清洗 3 遍 MIPs 以除去乙酸，最终产物于真空烘箱中干燥 24 h。② NAM-NIPs 聚合物。在制备过程中不加入模板分子 NAM，使用① MIPs 聚合物中的方法制备出非印迹聚合物（NIPs）。

聚合物结构表征：采用红外光谱仪对聚合物的有机官能团结构进行表征，扫描范围 400 ～ 4000 cm^{-1}；采用扫描电子显微镜（加速电压为 20 kV）进行形貌观察；采用 ASAP 2020 物理吸附仪测定材料的比表面积并进行孔结构分析。

聚合物吸附性能评价：评价方法同上。

烟叶中 TSNAs 的 MIPs 离线固相萃取：将 100 mg 干燥 MIPs 装入 3 mL 聚丙烯针筒内，针筒底部和样品表面均垫有微孔筛板，防止填料渗漏。称取 1 g 干燥烟叶粉末，加入 100 mL 去离子水，22 ℃下振荡 1 h 后过滤得到烟草萃取液。将小柱装入离线固相萃取装置，先用甲醇活化，然后取 2 mL 烟草萃取液通过小柱，使烟草萃取液中的 TSNAs 富集到小柱上，再用 8 mL 乙酸 / 甲醇（体积比 1∶9）溶液洗脱，得到 TSNAs 洗脱液。洗脱液于 10 mL 容量瓶中定容加标，取样过 0.22 μm 滤膜，采用高效液相色谱 – 质谱联用法测定其中 TSNAs 含量。

（二）结果与讨论

通过沉淀聚合方法制备的分子印迹聚合物的形态结构如图 3-15 所示。可以看出，图 3-15a 中实验产物 MIPs 为球形，且粒径分布均匀，在 500 ～ 600 nm，放大 SEM 图像可以看出，微球表面具有细小的不规则层状结构（图 3-15b）。

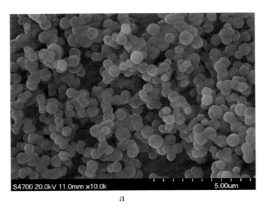

图 3-15　MIPs 材料的 SEM 图像

MIPs 的红外光谱图如图 3-16 所示。结果表明，1603 cm^{-1}、1509 cm^{-1} 和 900 ～ 650 cm^{-1} 处的几个吸收峰均来源于 DVB 的苯环结构，证明了 DVB 的存在；1710 cm^{-1} 的特征吸收峰来源于 MAA 羧基官能团，1421 cm^{-1} 同样是 MAA 羧基官能团的吸收峰，证明了产物中含有 MAA；3019 cm^{-1} 的吸收峰是 DVB 和

MAA 两种化合物共同作用的结果。作为模板的 NAM 的酰胺键特征吸收峰（3500 ～ 3100 cm^{-1}）在图 3-16 中并未出现，说明 NAM 被成功洗脱。综上可知，DVB 和 MMA 成功聚合。

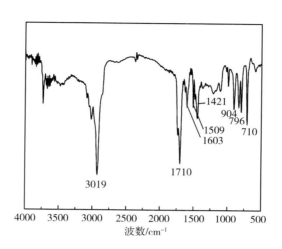

图 3-16　MIPs 的 FT-IR 红外光谱图

图 3-17 是 MIPs 和 NIPs 的氮气等温吸附 – 脱附曲线。可以看出，两种材料的吸附类型均为 II 型等温线，属于介孔结构材料。MIPs 和 NIPs 的孔结构分析结果（表 3-4）显示，通过沉淀聚合法制备的 MIPs 与 NIPs 的累积孔体积和平均孔径结果相差不大，但是比表面积差异较大。尽管二者都属于高比表面积材料（分别为 523.3 m^2/g 和 453.3 m^2/g），但是 MIPs 的比表面积比 NIPs 更大，有利于吸附更多目标分子。

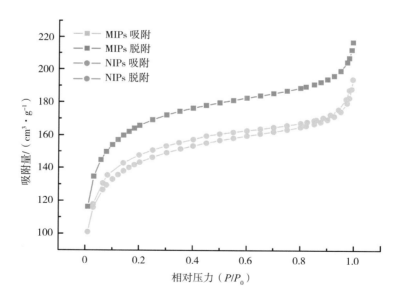

图 3-17　MIPs 和 NIPs 的氮气等温吸附 – 脱附曲线

表 3-4　MIPs 和 NIPs 的结构特征参数

分子印迹聚合物	比表面积 /（m^2·g^{-1}）	累积孔体积 /（mL·g^{-1}）	平均孔径 /nm
MIPs	523.3	0.3361	2.5662
NIPs	453.3	0.3006	2.6580

分子印迹聚合物材料对 NNK 及 TSNAs 标准溶液中的吸附效果：采用准一级动力学方程模型对 MIPs 和 NIPs 的吸附动力学数据进行拟合，结果如图 3-18a 所示。MIPs 和 NIPs 曲线的 R^2 分别为 0.96 和 0.98，表明两者的吸附动力学行为符合准一级动力学模型。室温条件下，NNK 溶液中的 MIPs 对目标分子的吸附 30 min 内即达到平衡，此时 MIPs 对 NNK 的吸附率达到 96%，吸附量达到 2.29 mg/g，表现出良好的吸附能力；NIPs 对目标分子的吸附在 50 min 内也能达到平衡，但吸附速率和容量都低于 MIPs，说明 NIPs 对 NNK 的吸附能力弱于 MIPs。

同样，在室温条件下配制不同浓度的 NNK 溶液，分别加入 MIPs 和 NIPs，吸附 3 h 后取样测定溶液中剩余 NNK 的量，并绘制两种材料的吸附等温线，如图 3-18b 所示。可以看出，低浓度时 MIPs 对 NNK 的吸附量随着 NNK 浓度的上升快速升高，3000 ng/mL 后 MIPs 的吸附量增速变缓。NIPs 也有相似规律。

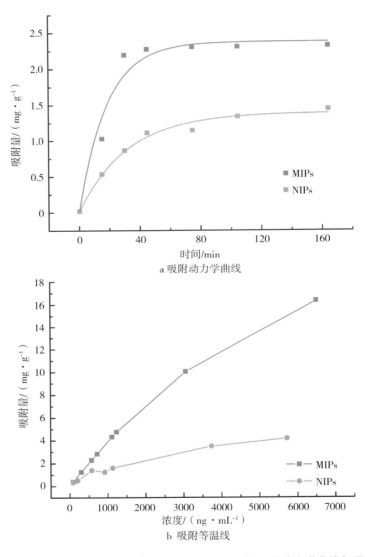

图 3-18　NNK 溶液（600 ng·mL^{-1}）中 MIPs 和 NIPs 的吸附动力学曲线与吸附等温线

采用 Langmuir 和 Freundlich 两种吸附等温线模型进行数据拟合，结果如表 3-5 所示。从 R^2 的数值可以看出，对于 MIPs 或 NIPs，用两种模型拟合的吸附等温线的拟合度均大于 0.92。

根据 Scatchard 方程分析 MIPs 和 NIPs 的吸附等温线，结果如图 3-19 所示。可以看出，MIPs 的

Scatchard 曲线分为两段，且均呈现较明显的线性关系，说明 MIPs 中存在特异性和非特异性两种结合位点。对两段分别进行线性拟合，得到高亲和力结合位点数据 K_{d1} 和 Q_{max1} 分别为 42.58 ng/mL 和 7.74 mg/g，低亲和力结合位点数据 K_{d2} 和 Q_{max2} 分别为 584.79 ng/mL 和 20.05 mg/g。但是，NIPs 的 Scatchard 曲线仅一段，K_d 和 Q_{max} 分别为 97.18 ng/mL 和 1.76 mg/g。

表 3-5　MIPs 和 NIPs 材料吸附 NNK 溶液的 Langmuir 与 Freundlich 吸附等温线拟合数据

分子印迹聚合物	Langmuir 模型			Freundlich 模型		
	R^2	$q_m/$（mg·g^{-1}）	$K_L/$（L·μg^{-1}）	R^2	K_F	$1/n$
MIPs	0.9864	17.15	5.301E-3	0.9891	0.8542	0.3846
NIPs	0.9212	4.762	1.117E-3	0.9513	0.0931	0.4489

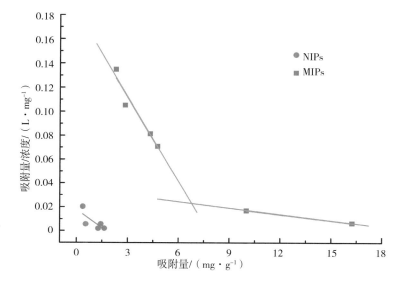

图 3-19　MIPs 和 NIPs 的 Scatchard 曲线

为了研究 MIPs 对于不同种类 TSNAs 的吸附特性，配制了 TSNAs 的高浓度混合溶液，加入 MIPs 进行 3 h 吸附实验，结果如表 3-6 所示。可以看出，MIPs 在高浓度溶液中对 NAT、NNK 和 NAB 的吸附率较高，而对 NNN 的吸附能力弱于其他 3 种 TSNAs，这一点与空心多孔分子印迹聚合物微球对主流烟气中 4 种 TSNAs 的吸附结果一致，说明 TSNAs 分子结构上与模板 NAM 的差异会影响 MIPs 对 TSNAs 吸附的选择性。

表 3-6　MIPs 对 4 种 TSNAs 的吸附效果

分析物	初始浓度 /（ng·mL^{-1}）	平衡浓度 /（ng·mL^{-1}）	吸附率 /%
NAT	604.1	83.6	86.16
NNK	706.9	186.9	73.56
NNN	614.9	318.3	48.24
NAB	576.3	73.2	87.30

MIPs 的离线固相萃取实验：将 MIPs 作为填料制备成萃取小柱（MIPs-SPE），通过测定烟草萃取液 A、对 MIPs-SPE 小柱上样后得到的流出液 B 及洗脱液 C 中 TSNAs 的量（为便于与 A 进行比较，均换算为质量浓度），考察 MIPs-SPE 小柱对于烟草萃取液中 TSNAs 的富集和洗脱能力。第 1 次萃取结束后，将

MIPs-SPE 小柱冲洗干净并吹干进行重复实验，得到二次上样后流出液 D 和洗脱液 E，考察小柱的重复使用性能，结果如表 3-7 所示。

表 3-7　MIPs 对烟草中 4 种 TSNAs 的离线固相萃取结果[1]

分析物	溶液 A/ (ng·mL⁻¹)	溶液 B/ (ng·mL⁻¹)	吸附效率 /%	溶液 C/ (ng·mL⁻¹)	溶液 D/ (ng·mL⁻¹)	吸附效率 /%	溶液 E/ (ng·mL⁻¹)
NAT	124.8	—	100.00	134.8	—	100.00	119.8
NNK	15.3	—	100.00	17.1	—	100.00	14.8
NNN	303.3	0.073	99.98	327.6	0.015	99.99	292.6
NAB	4.6	—	100.00	5.0	0.002	99.96	4.5

注：A 为烟草萃取液，小柱两次使用均以 A 为上样液；B 和 C 分别为小柱第 1 次使用时的上样流出液与洗脱液；D 和 E 分别为小柱第 2 次使用时的上样流出液与洗脱液。

从表 3-7 可以看出，烟草萃取液 A 中的 4 种 TSNAs 经过 MIPs-SPE 小柱后，流出液 B 中 NAT、NNK 和 NAB 未检出，仅检出少量 NNN，说明萃取液中 4 种 TSNAs 被有效富集在 MIPs-SPE 小柱上，吸附率接近 100%。从洗脱液 C 的检测结果来看，与烟草萃取液 A 中 4 种 TSNAs 的检测值相比略高，说明经过 SPE 步骤净化后，溶液中复杂的干扰物质减少，基质效应降低，仪器的响应强度得到一定提高。

从小柱第 2 次使用时上样流出液 D 的分析结果可以看出，MIPs-SPE 小柱富集 TSNAs 的能力依然较好，流出液 D 中未检出 NAT 和 NNK，仅检出少量 NNN 和 NAB。但是，洗脱液 E 中 4 种 TSNAs 检测结果低于小柱第 1 次使用时洗脱液 C 中的数值，说明第 2 次使用小柱的洗脱过程中可能有少量物质残留在 MIPs 小柱上，使得 E 中检测值有所降低。

用同样的方法对 MIPs-SPE 小柱进行加标烟草萃取液的离线固相萃取实验，将烟草萃取液中加入不同浓度的 TSNAs 混合标准溶液，同时测定 4 种 TSNAs 的加标回收率，结果如表 3-8 所示。可以看出，MIPs-SPE 小柱对于烟草萃取液中 4 种 TSNAs 的加标回收率大部分为 82% ~ 113%，仅对较低浓度 NNK 的加标回收率较差（65.99%）。

表 3-8　MIPs 加标萃取实验结果

分析物	烟草萃取液浓度 / (ng·mL⁻¹)	加标浓度 / (ng·mL⁻¹)	检测值 / (ng·mL⁻¹)	加标回收率 /%
NAT	55.68	37.34	93.68	101.77
		71.78	136.11	112.05
NNK	6.25	5.44	9.84	65.99
		10.94	15.24	82.17
NNN	164.68	81.20	254.70	110.86
		197.26	352.12	95.02
NAB	2.27	3.27	5.52	99.39
		7.58	10.66	110.69

用制备的 MIPs-SPE 小柱、商品化的离线硅胶固相萃取小柱（SI-SPE）及在线 SPE 小柱对同一种不加标的烟草萃取液分别进行离线和在线固相萃取，两种离线固相萃取小柱的分析方法相同，结果如表 3-9 所示。与 SI-SPE 小柱相比，MIPs-SPE 小柱的回收率更好，原因是 SI-SPE 是非特异性吸附小柱，在相同

实验方法条件下会吸附萃取液中其他物质，影响对 TSNAs 的吸附效率，而且未经淋洗直接洗脱的分析方法也影响洗脱效率；MIPs–SPE 小柱是针对 TSNAs 的特异性吸附，吸附效率高，且不需要淋洗步骤可直接洗脱。与在线 SPE 小柱相比，MIPs–SPE 小柱的回收率均在可接受范围内，说明制备的离线 MIPs–SPE 小柱与在线 SPE 小柱对溶液中烟草特有 N–亚硝胺的萃取效率接近。

表 3-9　4 种 TSNAs 的离线 MIPs–SPE 和 SI–SPE 及在线 SPE 回收率

分析物	MIPs–SPE 小柱	SI–SPE 小柱	在线 SPE 小柱
NAT	103.7%	52.6%	102.0%
NNK	96.7%	52.8%	102.8%
NNN	105.1%	51.6%	85.6%
NAB	110.6%	52.2%	94.2%

图 3-20 是不加标的烟草萃取液分别经过 MIPs–SPE 小柱、SI–SPE 小柱和在线 SPE 小柱 3 种方法处理后 NNK 的色谱图。可以看出，3 种小柱相比，SI–SPE 小柱的回收率最低，与烟 t 草萃取液相比质谱响应强度无明显提高，这与此种方法下 SI–SPE 的低回收率有关。经过在线 SPE 小柱处理的溶液的质谱响应强度最高，MIPs–SPE 小柱次之，二者均明显高于烟草萃取液的质谱响应强度，说明 MIPs–SPE 小柱和在线 SPE 小柱均能提高仪器对烟草萃取液中 NNK 的响应强度，降低了基质效应的影响，提高了检测的准确性，具有较好的应用前景。

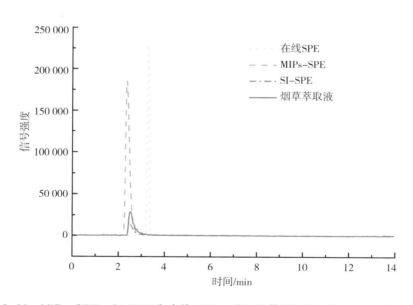

图 3-20　MIPs–SPE、SI–SPE 和在线 SPE 3 种固相萃取柱用于分析 NNK 的色谱图

通过以烟酰胺为模板、甲基丙烯酸为功能单体、二乙烯基苯为交联剂，采用沉淀聚合法成功制备了以吸附 TSNAs 为目标的分子印迹聚合物。结构表征及吸附性能评价结果表明，制备的 MIPs 具有较高的比表面积，在 NNK 溶液中能够 30 min 内达到吸附平衡，并且具有较高的吸附量。将 MIPs 作为填料制成小柱后应用于离线固相萃取实验，可实现烟草萃取液中 TSNAs 在 MIPs 固相萃取柱上的富集和淋洗，并且具有良好的可重复性。4 种 TSNAs 的加标回收率范围为 65.99% ～ 112.05%。通过对比 MIPs 小柱与在线固相萃取色谱柱的固相萃取数据，发现 MIPs 离线固相萃取柱对 TSNAs 的回收率和响应强度与成熟的在线固

相萃取色谱柱接近，表明 MIPs 小柱具有较好的应用前景。此外，通过对实验条件的选择和分析方法的优化，有望进一步提高 MIPs-SPE 小柱对烟草萃取液样品中 TSNAs 的处理效果，提升 MIPs-SPE 小柱在烟草萃取液离线固相萃取领域的应用价值。

三、不同模板分子、功能单体或交联剂 MIPs 的制备及应用

利用沉淀聚合的方法，尝试使用不同的模板分子、功能单体和交联剂制备 MIPs。

（一）材料与方法

1. 材料、试剂与仪器

二甲基丙烯酸乙二醇酯（EGDMA）、二乙烯基苯（DVB）、偶氮二异丁腈（AIBN）、烟酸（NA）、丙烯酰胺（AM）、甲苯、乙酸、乙腈、甲醇（AR，国药集团化学试剂有限公司）；乙酸铵（＞98%，美国 Sigma 公司）；*N*-亚硝基降烟碱（NNN）、*N*-亚硝基新烟碱（NAT）、*N*-亚硝基假木贼碱（NAB）和 NNK、d_4-NNN、d_4-NNK、d_4-NAB 和 d_4-NAT（＞98%，加拿大 TRC 公司）；超纯水（电导率 ≥ 18.2 MΩ·cm）。

此部分表征内容涉及的仪器与本节"一、"中"（一）"中的"1."使用的仪器相同。

2. 方法

聚合物微球制备：① NA-MIPs 聚合物。称取 0.36 g（3 mmol）NA 和 1.28 g（18 mmol）AM 于单口圆底烧瓶中，加入 150 mL 甲醇/乙腈（体积比 1:3）溶液，超声 30 min，静置 12 h 预聚合。在上述混合液中加入 7.81 g DVB（60 mmol）和 0.25 g AIBN，超声 15 min 使反应物完全溶解，通氮气 30 min 后密封瓶口，70 ℃水浴条件下磁力搅拌反应 24 h。后续处理过程同本节第二部分中 NAM-MIPs 聚合物的制备。② NA-NIPs 聚合物。在制备过程中不加入模板分子 NA，按照①中方法制备出非印迹聚合物。③ NAM-EGDMA-MIPs 聚合物。将本节第二部分中 NAM-MIPs 聚合物制备过程中的交联剂 DVB 换成 10.57 g（50 mmol）EGDMA，其他制备过程不变。

形貌表征：采用扫描电子显微镜（加速电压为 20 kV）进行形貌观察；采用 ASAP 2020 物理吸附仪测定材料的比表面积并进行孔结构分析。

MIPs 降低主流烟气中 NNK 含量的研究：选取两段式空白醋酸纤维滤棒的某品牌混合型卷烟产品，将前端的滤棒小心取下，准确称取一定量的 MIPs 或 NIPs，添加到加入两段式复合滤棒中间的截面上滤棒之间，平铺在截面上，然后将取出的前端滤棒小心塞回。选择单支克重和吸阻合格的样品，按照标准方法测定主流烟气中的 TSNAs 含量。对照卷烟除滤棒不添加材料外，其余制备条件相同。参照 GB/T 16447—2004 对卷烟进行平衡、筛选和实验，按照 GB/T 19609—2004 方法测定卷烟主流烟气中总粒相物、焦油、烟碱和水分，按照 GB/T 23228—2008 测定卷烟主流烟气中 TSNAs 的释放量。

（二）结果与讨论

将模板分子和功能单体组合从 NAM-MAA 换成 NA-AM，首先考虑 NAM 与 NA 结构相似，也可作为 TSNAs 的模板分子进行反应；其次作为功能单体的 AM 含有酰胺键，可以和 TSNAs 中的亚硝胺形成氢键络合物，吸附目标分子 TSNAs。交联剂从 DVB 换成 EGDMA，可以考察两种交联剂对于吸附 TSNAs 效果的影响。

通过沉淀聚合方法制备新的 3 种分子印迹聚合物的形态结构如图 3-21 所示。可以看出，图 3-21a 中实验产物 NA-MIPs 为球形，但颗粒之间粘连严重，且形态大小不均一，可能是溶剂甲醇与乙腈配比不

合适，影响了沉淀聚合的析出成球过程，其非印迹聚合物 NA-NIPs 的形态结构与其相似（图 3-21b）。图 3-21c 中的印迹聚合物 NAM-EGDMA-MIPs 微球之间虽然没有粘连，但形态不均匀，与图 3-19 中的 NAM-MIPs 相比形态更不规则。

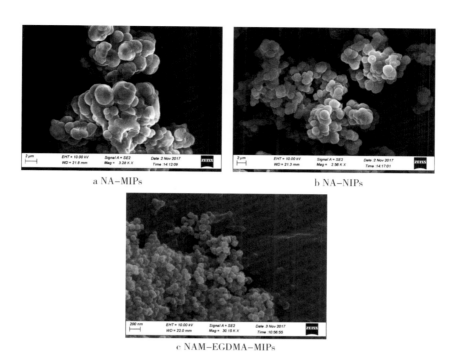

图 3-21　各材料的 SEM 图像

NA-MIPs、NA-NIPs 和 NAM-EGDMA-MIPs 的比表面积分析结果如表 3-10 所示，其中加入了 NAM-MIPs 的结果进行对比。从表 3-10 中可以看出，NA-MIPs 与 NA-NIPs 的比表面积差异巨大，NA-NIPs 比表面积值很低，几乎没有孔结构，但是通过 SEM 照片显示二者结构差异不大。NA-MIPs 与 NAM-MIPs 相比比表面积略有降低，可能与微球颗粒的粘连有关，NA-MIPs 的累积孔体积也相应减少，平均孔径相差不大。NAM-EGDMA-MIPs 与 NAM-MIPs 相比比表面积明显降低，平均孔径增大，这可能与 EGDMA 是长链交联剂有关。与 DVB 相比，由于缺少苯环结构，EGDMA 作为交联剂的刚性不足，分子链柔软，可能影响分子印迹的空间结构形成，影响了产物的比表面积和平均孔径。

表 3-10　MIPs 和 NIPs 的结构特征参数

分子印迹聚合物	比表面积 / ($m^2 \cdot g^{-1}$)	累积孔体积 / ($mL \cdot g^{-1}$)	平均孔径 /nm
NAM-MIPs	523.3	0.3361	2.5662
NA-MIPs	326.5	0.2117	2.3353
NA-NIPs	2.9	0.0054	7.3176
NAM-EGDMA-MIPs	77.14	0.3641	18.8796

从图 3-22 中可以看出，NAM-MIPs 和 NA-MIPs 材料的吸附类型均为 Ⅱ 型等温线，属于介孔结构材料；NAM-EGDMA-MIPs 材料的吸附类型为 Ⅲ 型等温线，低压区域吸附量少，高压区域吸附量突然升高。

分子印迹聚合物对于主流烟气中 TSNAs 吸附的研究

将 15 mg 制备的 NAM–MIPs、NAM–NIPs、NA–MIPs、NA–NIPs 和 NAM–EGDMA–MIPs 分子印迹聚合物材料加入混合型卷烟的烟支滤棒中，测定卷烟主流烟气中 TSNAs 的释放量，结果如表 3–11 和图 3–23 所示。

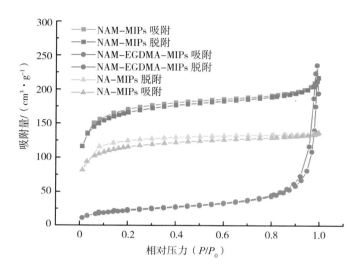

图 3–22　NAM–MIPs、NA–MIPs 和 NAM–EGDMA–MIPs 的氮气等温吸附 – 脱附曲线

从图 3–23 和表 3–11 中可以看出，5 种材料对主流烟气中 TSNAs 的降低效果明显，数值上相差不大，降低率大部分能达到 20% 以上，说明这 5 种材料对于主流烟气中 TSNAs 都有良好的吸附作用。但是由于 5 种材料可能是处在不饱和吸附的状态下，所以它们之间没有体现出明显因为结构差异导致的吸附差异性，为了更深一步研究 5 种材料的结构与主流烟气中 TSNAs 吸附性之间的关系，将滤棒中材料的添加量改为 6 mg/ 支，使滤棒中的材料处在饱和吸附状态下进行研究，结果如图 3–24 所示。

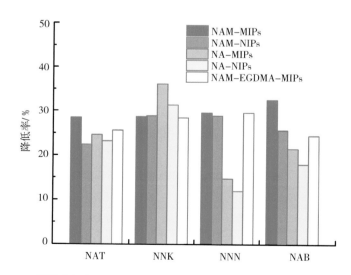

图 3–23　滤棒中添加 NAM–MIPs、NAM–NIPs、NA–MIPs、NA–NIPs 和
NAM–EGDMA–MIPs 材料（15 mg/ 支）的卷烟主流烟气中 TSNAs 的降低率

表 3-11　试验卷烟主流烟气中 TSNAs 释放量的分析结果

	NAM-MIPs	NAM-NIPs	NA-MIPs	NA-NIPs	NAM-EGDMA-MIPs
NAT 降低率 / %	28.45	22.39	24.63	23.22	25.62
NNK 降低率 / %	28.67	28.83	36.14	31.3	28.40
NNN 降低率 / %	29.53	28.84	14.73	11.96	29.52
NAB 降低率 / %	32.47	25.67	21.47	17.96	24.44

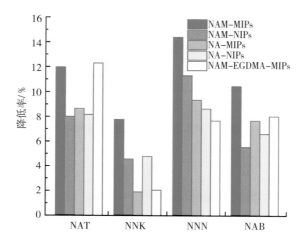

图 3-24　滤棒中添加 NAM-MIPs、NAM-NIPs、NA-MIPs、NA-NIPs 和
NAM-EGDMA-MIPs（6 mg/ 支）的卷烟主流烟气中 TSNAs 的降低率

从图 3-24 中可以看出，5 种材料中 NAM-MIPs 对主流烟气中 TSNAs 的降低效果最好，这与其在溶液及烟草萃取液中能大量吸附 TSNAs 的优异性能有关。与 NAM-MIPs 相比，NAM-NIPs 对主流烟气中 TSNAs 的降低率都有所下降，说明 NAM-MIPs 中的特异性吸附对主流烟气中 TSNAs 的吸附效果有重要贡献。

NA-MIPs 对主流烟气中 TSNAs 的降低率明显低于 NAM-MIPs，说明功能单体 AM 对 TSNAs 的吸附效果低于 MAA，而对比 NA-MIPs 和 NA-NIPs，二者对于主流烟气中 TSNAs（除 NNK 外）的降低率相近，说明 NA-MIPs 中的特异性吸附作用很小，功能单体 AM 并不能很好地捕捉到模板分子 TSNAs。

将 NAM-MIPs 中的交联剂替换为 EGDMA 后，NAM-EGDMA-MIPs 对主流烟气中 TSNAs（除 NAT 外）的降低率虽然低于 NAM-MIPs，但是反而高于比表面积更大的 NA-MIPs，说明功能单体对分子印迹聚合物吸附主流烟气中 TSNAs 的影响要大于交联剂的影响。对于用沉淀聚合方法直接制备分子印迹聚合物的方法来说，用功能单体 MAA 和交联剂 DVB 制备出的产物对 TSNAs 的吸附效果最好。

根据上述实验结果，我们选取 NAM-MIPs 为代表进行了不同添加量对于吸附效果影响的实验，结果如图 3-25 所示。随着滤棒中 NAM-MIPs 添加量的增加，试验卷烟主流烟气中 TSNAs 的降低率也越高。

采用沉淀聚合的方法，研究了模板、功能单体和交联剂对分子印迹聚合的影响，成功制备了以吸附 TSNAs 为目标的分子印迹聚合物 NAM-MIPs、NAM-NIPs、NA-MIPs、NA-NIPs 和 NAM-EGDMA-MIPs。结构表征结果表明，NAM-MIPs、NA-MIPs 和 NAM-EGDMA-MIPs 的比表面积由大到小，而对主流烟气中 TSNAs 的吸附降低率结果为 NAM-MIPs ＞ NAM-EGDMA-MIPs ＞ NA-MIPs，说明了功能单体对分子印迹聚合物吸附主流烟气中 TSNAs 的影响要大于交联剂的影响，对于用沉淀聚合方法直接制备分子印迹聚合物的方法，用功能单体 MAA 和交联剂 DVB 制备出的产物对 TSNAs 的吸附效果最好，且随着滤棒中

NAM-MIPs 添加量的增加，主流烟气中 TSNAs 的吸附降低率升高。

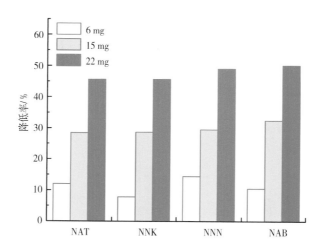

图 3-25　不同 NAM-MIPs 材料添加量对卷烟主流烟气中 TSNAs 的降低率

四、*β*-环糊精分子印迹聚合物的制备及应用

（一）材料与方法

1. 材料、试剂与仪器

β-环糊精（*β*-CD）、烟酰胺（NAM）、烟酸（NA）、二甲基丙烯酸乙二醇酯（EGDMA）、偶氮二异丁腈（AIBN）、二甲基亚砜（DMSO）、六亚甲基二异氰酸酯（HDI）、氢氟酸（HF）、纳米二氧化硅，以上试剂均为分析纯，购自阿拉丁；标准品 *N*-亚硝基降烟碱（NNN）、*N*-亚硝基新烟碱（NAT）、*N*-亚硝基假木贼碱（NAB）和 4-甲基亚硝氨基 -1-（3-吡啶基）-1-丁酮（NNK）（纯度＞ 98%，加拿大 TRC 公司），乙酸铵（纯度＞98%，Sigma 公司），内标 d_4-NNN、d_4-NNK、d_4-NAB 和 d_4-NAT（纯度＞ 98%，加拿大 TRC 公司）；甲醇（色谱纯）、乙酸（色谱纯）、乙腈（质谱纯），购自 Fisher Scientific，超纯水（实验室自制）。

此部分表征内容涉及的仪器与本节第一部分使用的仪器相同。

2. 方法

聚合物微球制备：①本体聚合法。NAM-*β*-CD-MIPs 聚合物：称取 0.36 g（3 mmol）NAM 和 9.08 g（8 mmol）*β*-CD 于单口圆底烧瓶中，加入 100 mL DMSO 溶液，升温至 60 ℃，待 *β*-CD 全部溶解后再搅拌 1 h，使 NAM 和 *β*-CD 预聚合。升温至 75 ℃，缓慢滴加 8.41 g（50 mmol）HDI，滴加结束后升温至 85 ℃，搅拌至体系完全凝胶。将凝胶加入大量丙酮，可得到白色沉淀产物，然后用热水清洗掉产物中未反应的 *β*-CD，反复 3 次沉淀离心分离，再用乙酸 / 甲醇（体积比 1 ：9）洗脱液在 50 ℃下加热超声洗脱模板分子 NAM，用紫外可见分光光度计监测洗脱液，重复超声离心洗脱步骤直到洗脱液中 NAM 紫外吸收峰消失，即可认为 MIPs 中的模板分子已经洗脱干净，再用甲醇清洗 3 遍 MIPs 以除去乙酸，最终产物于真空烘箱中干燥 12 h。最后将干燥产物进行研磨，即可得到 NAM-*β*-CD 分子印迹聚合物。

NAM-*β*-CD-NIPs 聚合物：在制备过程中不加入模板分子 NAM，使用 NAM-*β*-CD-MIPs 聚合物中的方法制备出非印迹聚合物（NIPs）。

②牺牲硅胶法。NA-*β*-CD-EGDMA-MIPs 聚合物：称取 0.36 g（3 mmol）NA 和 3.42 g（3 mmol）*β*-CD

溶于 15 mL DMSO 中，搅拌至完全溶解后预聚合 2 h，然后加入 3 g（15 mmol）EGDMA 和 0.1 g AIBN 继续搅拌至完全溶解。单口瓶中加入 15 g 硅胶，将上述预聚合溶液转移进单口瓶中，让硅胶刚好浸渍完全，体系密封后通氮除氧 15 min，在 70 ℃ 水浴中反应 20 h。之后将聚合物转移进聚四氟乙烯烧杯中，用 HF 搅拌 24 h 完全溶解硅胶，用水洗至中性，再用乙酸／甲醇（体积比 1∶9）洗脱液在 50 ℃ 下加热超声洗脱模板分子 NA，用紫外可见分光光度计监测洗脱液，重复超声离心洗脱步骤直到洗脱液中 NA 紫外吸收峰消失，即可认为 MIPs 中的模板分子已经洗脱干净，再用甲醇清洗 3 遍 MIPs 以除去乙酸，最终产物于真空烘箱中干燥 12 h。最后将干燥产物进行研磨，即可得到 NA–β–CD–EGDMA–MIPs 分子印迹聚合物。

NA–β–CD–EGDMA–NIPs 聚合物：上述制备过程中不加入模板分子 NA，即可得到 NA–β–CD–EGDMA–NIPs 聚合物。

聚合物结构表征：采用扫描电子显微镜（加速电压为 20 kV）进行形貌观察；采用 ASAP 2020 物理吸附仪测定材料的比表面积并进行孔结构分析。

NAM–β–CD–MIPs 降低主流烟气中 NNK 含量的研究：选取两段式空白醋酸纤维滤棒的某品牌混合型卷烟产品，将前端的滤棒小心取下，准确称取一定量的 MIPs 或 NIPs，添加到加入两段式复合滤棒中间的截面上滤棒之间，平铺在截面上，然后将取出的前端滤棒小心塞回。选择单支克重和吸阻合格的样品，按照标准方法测定主流烟气中的 TSNAs 含量。对照卷烟除滤棒不添加材料外，其余制备条件相同。参照 GB/T 16447—2004 对卷烟进行平衡、筛选和实验，按照 GB/T 19609—2004 方法测定卷烟主流烟气中总粒相物、焦油、烟碱和水分，按照 GB/T 23228—2008 测定卷烟主流烟气中 TSNAs 的释放量。

（二）结果与讨论

β–CD 作为一种有特殊结构的分子，因其多羟基的结构可在分子印迹过程中充当功能单体和交联剂双重角色，如图 3-4 所示。其中的羟基一部分可以作为功能单体上的官能团与模板分子 NAM 或 NA 产生化学键，而另一部分羟基可以在 HDI 的作用下相互交联，同时 β–CD 典型的锥筒式空间结构也可捕捉目标分子，起到"分子笼"作用，因此 β–CD 可以作为分子印迹吸附材料的理想原料。李朝建等曾制备出茶多酚／β–CD 的复合材料，用来降低卷烟主流烟气中 TSNAs 的含量，但是将 β–CD 制备出分子印迹聚合物来降低卷烟主流烟气中 TSNAs 的研究还未见报道。

牺牲硅胶法通过在硅胶基质上形成模板分子和功能单体，然后加入交联剂进行聚合反应，反应结束后用氢氟酸除去硅胶基质，从而得到粒径均一规整的分子印迹聚合物。实验中 β–CD 作为功能单体，选择 NA 为模板分子、EGDMA 为交联剂、AIBN 为引发剂进行反应。

图 3-26 是 聚 合 物 NAM–β–CD–MIPs、NAM–β–CD–NIPs、NA–β–CD–EGDMA–MIPs 和 NA–β–CD–EGDMA–NIPs 的扫面电镜照片。从图 3-26a 中可以看出，本体聚合得到的产物 NAM–β–CD–MIPs 为不规则的片层状颗粒，尺寸在微米级范围内，放大可以看到颗粒表面有不规则的层状空隙结构（图 3-26b），非印迹聚合物 NAM–β–CD–NIPs 的结构与其类似（图 3-26c），同为不规则片层状微米级颗粒。采用牺牲硅胶法制备的 NA–β–CD–EGDMA–MIPs 产物为球形（图 3-26d），尺寸为 800～1000 nm，这与作为模板的层析硅胶尺寸有关，放大可以看到微球之间有粘连（图 3-26e），可能是未进入层析硅胶空洞通道内的浸渍液反应导致的粘连，非印迹聚合物 NA–β–CD–EGDMA–NIPs 的结构也与其相似，为球状颗粒（图 3-26f）。

从表 3-12 中可以看出，通过本体聚合制备得到的 NAM–β–CD–MIPs 和 NAM–β–CD–NIPs 比表面积非常小，这与本体聚合的方法有关。本体聚合产物通过物理研磨筛分的方法，得到的都是几十到几百微米之间的不规则颗粒，因此这种大尺寸聚合物材料的比表面积通常不大。NA–β–CD–EGDMA–MIPs 和 NA–β–CD–EGDMA–NIPs 的比表面积与之前所做实验呈现相反的结果：印迹聚合物的比表面积小于非印迹聚合物的比表面积，原因推测是作为骨架的纳米二氧化硅颗粒之间比表面积有较大差异，纳米二氧化硅的比表面积影响了以其为模板制备的分子印迹聚合物的比表面积，这个因素的影响要远大于分子印迹聚合物本身模板分子形成印迹空穴的影响。

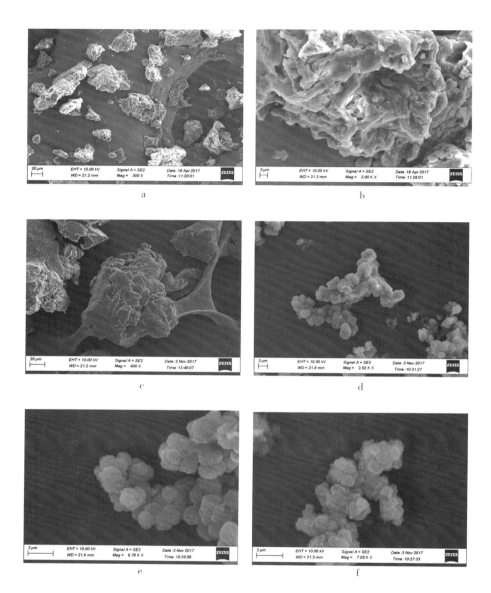

图 3-26　NAM-*β*-CD-MIPs、NAM-*β*-CD-NIPs、NA-*β*-CD-EGDMA-MIPs 和 NA-*β*-CD-EGDMA-NIPs 的 SEM 图像

表 3-12　*β*-CD -MIPs 和 *β*-CD-NIPs 材料的结构特征参数

分子印迹聚合物	比表面积 /（m²·g⁻¹）	累积孔体积 /（mL·g⁻¹）	平均孔径 /nm
NAM-*β*-CD-MIPs	0.3706	0.0023	24.86
NAM-*β*-CD-NIPs	0.033	0.0007	—
NA-*β*-CD-EGDMA-MIPs	111.3	0.2058	7.3982
NA-*β*-CD-EGDMA-NIPs	251.1	0.5110	8.1426

将制备得到的 NAM–β–CD–MIPs、NAM–β–CD–NIPs、NA–β–CD–EGDMA–MIPs 和 NA–β–CD–EGDMA–NIPs 材料按 15 mg/ 支添加量加入混合型卷烟的烟支滤棒中，测定主流烟气中 TSNAs 的含量，结果如表 3–13 和图 3–27 所示。

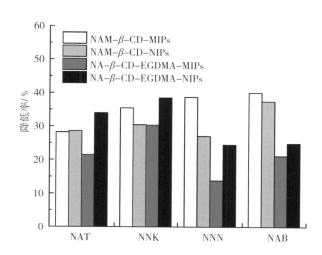

图 3–27　滤棒中添加 NAM–β–CD–MIPs、NAM–β–CD–NIPs、NA–β–CD–EGDMA–MIPs 和 NA–β–CD–EGDMA–NIPs 材料（15 mg/ 支）的卷烟主流烟气中 TSNAs 的降低率

表 3–13　滤棒中添加 β–CD 的分子印迹聚合物材料卷烟主流烟气中 TSNAs 释放量的分析结果

	NAM–β–CD–MIPs	NAM–β–CD–NIPs	NA–β–CD–EGDMA–MIPs	NA–β–CD–EGDMA–NIPs
NAT 降低率 / %	28.23	28.59	21.43	34.01
NNK 降低率 / %	35.49	30.46	30.37	38.52
NNN 降低率 / %	38.76	27.08	13.85	24.47
NAB 降低率 / %	40.08	37.54	21.14	24.91

从表 3–13 和图 3–27 中可以看出，4 种材料对主流烟气中 TSNAs 的降低效果明显，数值上相差不大，降低率大部分能达到 20% 以上，说明这 4 种材料对于主流烟气中 TSNAs 都有良好的吸附作用。其中，NAM–β–CD–MIPs 的吸附效果要略优于 NAM–β–CD–NIPs，这说明分子印迹聚合物中的特异性吸附起到了一定作用。但是这两种材料都是通过本体聚合得到的产物，对比其比表面积数据测定结果，这二者比表面积虽然很低，但是仍然在主流烟气的吸附中表现出优异的性能，这可能与 β–CD 的"分子笼"作用有关。环糊精能选择性吸附亚硝胺形成主客体复合物，其中亚硝胺的烷基从环糊精较大的开口端进入空腔发生包合，—N—N=O 官能团上的氧与主体分子的羟基基团以氢键结合，可以有效阻止亚硝胺的脱附。而 NA–β–CD–EGDMA–MIPs 的吸附效果与 NA–β–CD–EGDMA–NIPs 相比并没有明显提升，这可能与二者比表面积相差较大有关。

用本体聚合和牺牲硅胶两种方法成功制备出了环糊精分子印迹聚合物和非分子印迹聚合物 NAM–β–CD–MIPs、NAM–β–CD–NIPs、NA–β–CD–EGDMA–MIPs 和 NA–β–CD–EGDMA–NIPs。对其进行结构表征结果表明，利用本体聚合得到的产物 NAM–β–CD–MIPs 和 NAM–β–CD–NIPs 比表面积很低，且结构是片层状颗粒，尺寸在微米级范围，而牺牲硅胶法制备的 NA–β–CD–EGDMA–MIPs 和 NA–β–CD–EGDMA–NIPs

产物为球形颗粒，形态较为均一，有较高比表面积。将 4 种材料应用于滤棒中，对主流烟气中 TSNAs 均有明显吸附作用。

参考文献

[1] WANG C G，DAI Y，FENG G L，et al. Addition of Porphyrins to cigarette filters to reduce the levels of Benzo[a] pyrene（B[a]P）and tobacco-specific *N*-Nitrosamines（TSNAs）in mainstream cigarette smoke [J]. J Agri Food Chem，2011，59：7172-7177.

[2] CHEN L，XU S，LI J. Recent advances in molecular imprinting technology：current status，challenges and highlighted applications [J]. Chem Soc Rev，2011，40（5）：2922-2942.

[3] BUNTE G，HÜRTTLEN J，PONTIUS H，et al. Gas phase detection of explosives such as 2，4，6-trinitrotoluene by molecularly imprinted polymers [J]. Anal Chim Acta，2007，591（1）：49-56.

[4] ALIZADEH T H，LEYLA. Graphene/graphite/molecularly imprinted polymer nanocomposite as the highly selective gas sensor for nitrobenzene vapor recognition [J]. J Environ Chem Eng，2014，2（3）：1514-1526.

[5] RAZWAN SARDAR M，JIN Y，KONG G，et al. Molecularly imprinted polymer for pre-concentration of esculetin from tobacco followed by the UPLC analysis [J]. Sci-China Chem，2014，57（12）：1751-1759.

[6] ZHANG Z，XU S，LI J，et al. selective solid-Phase extraction of Sudan Ⅰ in chilli sauce by single-hole hollow molecularly imprinted Polymers [J]. J Agri Food Chem，2012，60（1）：180-187.

[7] LEI Y，ROBERT W，MOSBACH K. Synthesis and characterization of molecularly imprinted microspheres [J]. Macromolecules，2000，33：8239-8245.

[8] MA Y，PAN G，ZHANG Y，et al. Narrowly dispersed hydrophilic molecularly imprinted polymer nanoparticles for efficient molecular recognition in real aqueous samples including river water，milk，and bovine serum [J]. Angew Chem Int Edit，2013，52（5）：1511-1514.

[9] ZHAO M，ZHANG C，ZHANG Y，et al. Efficient synthesis of narrowly dispersed hydrophilic and magnetic molecularly imprinted polymer microspheres with excellent molecular recognition ability in a real biological sample[J]. Chem Comm，2014，50（17）：2208-2209.

[10] LI Y，ZHANG G C，CONG F. Molecular selectivity of tyrosine-imprinted polymers prepared by seed swelling and suspension polymerization [J]. Soc Chem Indus Polym Int，2002，51：687-692.

[11] SAMBE H，HOSHINA K，HAGINAKA J. Molecularly imprinted polymers for triazine herbicides prepared by multi-step swelling and polymerization method [J]. J Chromatgr A，2007，1152（1-2）：130-137.

[12] LI J，ZHANG X，LIU Y，et al. Preparation of a hollow porous molecularly imprinted polymer using tetrabromobisphenol A as a dummy template and its application as SPE sorbent for determination of bisphenol A in tap water [J]. Talanta，2013，117：281-287.

[13] CHEN W，XUE M，XUE F，et al. Molecularly imprinted hollow spheres for the solid phase extraction of estrogens [J]. Talanta，2015，140：68-72.

[14] ZHAO P，YU J，LIU S，et al. One novel chemiluminescence sensor for determination of fenpropathrin based on molecularly imprinted porous hollow microspheres [J]. Sensors Actuat B：Chem，2012，162（1）：166-172.

[15] LI H，HU X，ZHANG Y，et al. High-capacity magnetic hollow porous molecularly imprinted polymers for specific extraction of protocatechuic acid [J]. J Chromatogr A，2015，1404：21-27.

[16] WANG X，KANG Q，SHEN D，et al. Novel monodisperse molecularly imprinted shell for estradiol based on surface imprinted hollow vinyl-SiO$_2$ particles [J]. Talanta，2014，124：7-13.

[17] 廪苏行，吴名剑，戴云辉. 分子印迹聚合物选择性降低烟气中多环芳烃类物质 [J]. 应用化学，2014，31（1）：89-95.

[18] 王成辉，张丽丽，徐迎波，等. 分子印迹材料选择性截留卷烟烟气中芳胺的研究 [J]. 光谱实验室，2010，27（4）：1574-1578.

[19]　LI M T，ZHU Y Y，LI L，et al. Molecularly imprinted polymers on a silica surface for the adsorption of tobacco-specific nitrosamines in mainstream cigarette smoke [J]. J Sep Sci，2015，38（14）：2551-2557.

[20]　XIA Y，MCGUFFEY J E，BHATTACHARYYA S，et al. Analysis of the tobacco-specific nitrosamine 4-(methylnitrosamino)-1-（3-pyridyl）-1-butanol in urine by extraction on a molecularly imprinted polymer column and liquid chromatography/ atmospheric pressure ionization tandem mass spectrometry[J]. Anal Chem，2006，77（23）：7639-7645.

[21]　WANG S L，YUE K，LIU L Y，et al. Photoreactive，core–shell cross-linked/hollow microspheres prepared by delayed addition of cross-linker in dispersion polymerization for antifouling and immobilization of protein [J]. J Colloid Inter Sci，2013，389（1）：126-133.

[22]　LIU Y，YANG Q，ZHU J，et al. Facile synthesis of core-shell，multiple compartment anisotropic particles via control of cross-linking and continuous phase separations in one-pot dispersion polymerization [J]. Colloid Polym Sci，2014，293（2）：523-532.

[23]　成国祥，张立永，付聪 . 种子溶胀悬浮聚合法制备分子印迹聚合物微球 [J]. 色谱，2002，20（2）：102-107.

[24]　左华敏，李雁，李璐，等 . 二步种子溶胀法制备氯霉素分子印迹聚合物微球及其识别性能 [J]. 化工进展，2011，30(3)：589-596.

[25]　ZHANG J，BAI R S，YI X L，et al. Fully automated analysis of four tobacco-specific *N*-nitrosamines in mainstream cigarette smoke using two-dimensional online solid phase extraction combined with liquid chromatography-tandem mass spectrometry[J]. Talanta，2016，146：216-224.

[26]　KYZAS G Z，LAZARIDIS N K，BIKIARIS D N. Optimization of chitosan and *β*-cyclodextrin molecularly imprinted polymer synthesis for dye adsorption[J]. Carbohyd Polym，2013，91（1）：198-208.

[27]　李朝建，庄亚东，廖惠云，等 . 茶多酚 /*β*– 环糊精复合材料的合成条件对降低卷烟主流烟气 TSNAs 的影响 [J]. 烟草科技，2014（4）：55-59.

[28]　YILMAZ E，RAMSTROM O，MOLLER P，et al，A facile method for preparing molecularly imprinted polymer spheres using spherical silica templates[J]. J Mater Chem，2002，12（5）：1577-1581.

[29]　WANG Y，ZHOU S L，XIA J R，et al. Trapping and degradation of volatile nitrosamines on cyclodextrin and zeolites[J]. Microporous Mesoporous Mater，2004，75（3）：247-254.

[30]　ALEXANDER C，ANDERSSON H S，ANDERSSON L I，et al. Molecular imprinting science and technology：a survey of the literature for the years up to and including 2003 [J]. J Mol Recog，2006，19（2）：106-180.

[31]　FAN J，WEI Y F，WANG J J，et al. Study of molecularly imprinted solid-phase extraction of diphenylguanidine and its structural analogs [J]. Anal Chim Acta，2009，639（1）：42-50.

[32]　WULFF G. Molecular imprinting in cross-linked materials wit the aid of molecular templates-a way towards artificial antibodies [J]. Angew Chem Int Ed，1995，34：1812-1832.

[33]　MOSBACH K. Molecular imprinting [J]. Trends in Biochem Sci，1994，19（1）：9-14.

[34]　陈潜，银董红，金勇，等 . 分子印迹材料用于选择性降低卷烟烟气中烟碱的研究 [J]. 湖南烟草，2008（3）：31-32.

[35]　KOOHPAEI A R，SHAHTAHERI S J. Application of multivariate analysis to the screening of molecularly imprinted polymers（MIPs）for ametryn [J]. Talanta，2008，75（4）：978-986.

[36]　ZHANG H，SONG T，ZONG F，et al. Synthesis and characterization of molecularly imprinted polymers for phenoxyacetic acids [J]. Inter J Mol Sci，2008，9（1）：98-106.

[37]　XU Z，XU L，KUANG D，et al. Exploiting *β*-cyclodextrin as functional monomer in molecular imprinting for achieving recognition in aqueous media [J]. Mater Sci Engin C，2008，28（8）：1516-1521.

[38]　MIURA C，LI H，MATSUNAGA H，et al. Molecularly imprinted polymer for chlorogenic acid by modified precipitation polymerization and its application to extraction of chlorogenic acid from Eucommia ulmodies leaves [J]. J Pharmaceut Biomed Anal，2015，114：139-144.

[39]　MIURA C，FUNAYA N，MATSUNAGA H，et al. Monodisperse，molecularly imprinted polymers for creatinine by modified precipitation polymerization and their applications to creatinine assays for human serum and urine [J]. J Pharmaceut Biomed Anal，2013，85：288-294.

[40] WANG J，CORMACK P A G，SHERRINGTON D C，et al. Monodisperse，molecularly imprinted polymer microspheres prepared by precipitation polymerization for affinity separation applications [J]. Angew Chem，2003，42（43）：5336-5338.

[41] YOSHIMATSU K，REIMHULT K，KROZER A，et al. Uniform molecularly imprinted microspheres and nanoparticles prepared by precipitation polymerization：the control of particle size suitable for different analytical applications [J]. Anal Chim Acta，2010，584（1）：112-121.

[42] CHEN L，WANG X，LU W，et al. Molecular imprinting：perspectives and applications [J]. Chem Soc Rev，2016，45 (8)：2137.

第四章

碳材料在卷烟减害中的应用

第一节　碳材料概述

　　世界烟草工业从 20 世纪 20 年代起就开始研究各种方法来减少烟气中的有害气体，其中最直接的手段就是卷烟滤棒的开发和改进。滤棒不仅能滤除烟气中的部分有害成分，还可以有效截留卷烟主流烟气中的总粒相物，降低焦油含量，减少烟气对人体健康及环境的危害。如何使卷烟的焦油和卷烟烟气中有害成分显著降低，同时又保持卷烟吸味是卷烟设计面临的巨大挑战，近年来各类功能型滤棒的研究与开发都取得了较大的进展，其中开发滤棒添加材料是研究比较集中的一个方向。

　　活性炭作为一种优良的吸附材料，是碳材料中最常见的一种，目前已被广泛应用于工业三废治理、溶剂回收、食品饮料提纯、催化剂载体、医药行业、半导体应用及超级电容器的开发。活性炭的优良性能主要来源于其孔隙结构发达、比表面积大及表面官能团丰富等特点。目前，对于活性炭的研究主要集中于开发具有高比表面积的活性炭及对于活性炭的表面进行改性，从而达到提高吸附效率及选择性吸附的目标。在研制高比表面积活性炭方面，Lillo–Rodenas 等于 2001 年成功制备了比表面积高达 2746 m^2/g 的多微孔活性炭；2003—2005 年，一些研究者报道了可以利用 NaOH 来制得高比表面积活性炭，这些活性炭可用于甲醇燃料电池的催化剂、双层电容器材料及甲烷储气材料等，使用 NaOH 活化的优势在于用量少、价廉、环境友好、设备腐蚀性小等。

　　活性炭对烟气的过滤特性可以用过滤效率来表示，过滤效率指截留于活性炭中的物质量与每支烟的烟气物质量的百分比值。活性炭对卷烟烟气的过滤主要是通过吸附作用来实现的：在烟气这种特殊环境下，活性炭对烟气的吸附主要是物理吸附，这是由活性炭微孔上的表面冷凝引起的；除了物理吸附以外，化学吸附也发挥一定的作用。活性炭的吸附性能主要是由表面结构特性和表面化学特性决定的，其中表面结构特性决定活性炭的物理吸附，表面化学特性影响活性炭的化学吸附。

　　活性炭的结构特性主要是指比表面积、孔容、粒度、孔径大小和分布等，其中比表面积和孔容主要影响活性炭的吸附量，孔径分布和粒度主要影响传质速度。贾伟萍实验测定了 6 种结构特性不同的果壳基活性炭对烟气常规成分过滤效率的影响，发现活性炭的过滤效率主要与活性炭的比表面积有关：比表面积越大，过滤效率越高。在比表面积相近时，孔径分布对过滤效率的影响较为突出，烟碱和总粒相物的过滤效率随活性炭微孔含量的增加呈先增加后减小的趋势，水分的过滤效率随活性炭微孔率的增加而增大。这与 A. Tokida 等研究的碳纤维孔结构对烟气过滤效率的影响有所不同，Tokida 考察碳纤维对烟气常规成分、半挥发性成分和气相成分的过滤效率时发现，在碳纤维对烟气的吸附中孔径分布较比表面积发挥着更重要的作用，随孔径的增大，焦油和总粒相物的过滤效率增大，水分的过滤效率减小。二者的差异可能是因为传质方式不同引起的：活性炭中，吸附质分子要经过长距离的大孔、中孔的过渡才能到达微孔，在微孔中发生吸附；而碳纤维中的微孔多位于表面，可直接面对吸附质分子，因而扩散速度比活性炭颗粒中的更快。为了使活性炭的过滤效率达到最大，Branton 研究了活性炭比表面积、孔径分布和苯吸附的突破曲线，结果表明：活性炭对烟气有害成分的过滤效率，可以通过调整微孔和大中孔的含量以实现最大化。物理吸附能力随微孔孔容、突破点和过渡孔数量的增加而增大。Sasaki 等通过实验与理论推导相结合的方式，找到了烟气中挥发性有机物吸附效率与 D‐R 等温吸附方程中吸附常数（与活性炭微孔孔容、孔尺寸和化合物性质有关）之间的关系，并给出了预测不同化合物过滤效率的公式。活性炭的结构特性可以通过改变活化条件（如活化剂种类、活化时间、活化温度等）来控制。D. K. Ko 等分别用水蒸气活化法和氯化锌活化法制作了不同结构的活性炭，发现水蒸气活化制得的活性炭微孔含量更高，对主流烟气气相化合物的过滤效率也更高；以氯化锌活化法制得的活性炭含有大量的中孔，对主流烟气中半挥发性化合物如苯酚等，有更高的吸附效率。

活性炭的表面改性也是目前活性炭发展的重要趋势之一，活性炭的表面具有多种不同的化学官能团，其对于活性炭对不同原子或化合物的吸附有着重要影响。活性炭的表面官能团一般可分为含氧官能团及含氮官能团。除了物理吸附外，化学吸附在活性炭中也起着重要作用，它通过改变活性炭的表面化学性质来实现。活性炭表面化学性质改性方法有表面氧化法、表面还原法、负载原子和化合物法、酸碱法等。表面氧化法可以提高酸性基团的含量，可以增强对极性物质的吸附能力。用还原剂对表面官能团进行还原改性，可以提高碱性基团的相对含量，增强表面的非极性，从而提高活性炭对非极性物质的吸附能力。通过表面负载原子和化合物，可以提高与吸附质的结合力，增强活性炭的吸附能力。用酸、碱等物质处理活性炭，可以根据实际需要调整活性炭表面的官能团至所需要的数量。

活性炭在表面改性的同时，不仅伴随着表面化学结构的变化，其比表面积、孔容及孔径分布等也会发生改变。袁淑霞等对活性炭进行盐酸酸洗和过氧化氢、硝酸氧化处理，然后进行孔结构表征，考察了不同改性方式对滤嘴吸附性能的影响。结果表明，活性炭经酸洗后，因灰分和杂质减少，比表面积增加，总孔容和微孔孔容基本维持不变；活性炭经氧化改性后，因生成的氧化物堵塞微孔，比表面积、总孔容、微孔孔容减小。两种处理方式都使活性炭表面酸性增强，滤嘴对香烟主流烟气的吸附能力提高，且表面酸性越强，滤嘴的吸附能力越高。Byeoung‐Ku Kim 等对活性炭纤维的表面进行硝酸酸化处理，引入羟基、酚醛基等含氧官能团，使炭表面酸性增加。结果表明，由于生成的化合物堵塞孔道，碳纤维的比表面积和总孔容下降但是对丙胺的过滤效率增加。用 XPS（X 射线光电子光谱）检测碳纤维表面酸处理前后和吸附前后化学组成的变化，发现碳纤维经过酸处理，表面部分碳—碳键断裂有碳—氢键生成；丙胺是通过与羟基、酚醛基等官能团形成氢键作用而被物理吸附的。

不同处理方式对卷烟吸味特征的影响也不同。邱晔等对韩国进口的卷烟滤嘴专用活性炭进行了一些必要的理化测试，尝试用不同的改性方式对该活性炭进行处理，发现活性炭在添加到滤嘴之前经过酸洗、氨洗、有机溶剂清洗、强氧化剂处理和壳聚糖处理等不同方式改性后，均不同程度地提高了活性炭的吸附性能。酸洗可进一步提高烟气的细腻感、降低卷烟刺激性（此种方式处理的活性炭适合烤烟型卷烟使用）；氨洗则增强了烟香中烘烤香和白肋烟烟香，烟香浓度也有一定提高（适合混合型卷烟特征）。

近年来新型碳材料的研究已经成为材料学、物理、生物医学领域的热点之一。柴颖等将石墨烯作为卷烟滤嘴的添加剂，通过手工加入的方法制备了石墨烯复合滤棒卷烟。与同牌号普通卷烟样品相比，复合滤棒卷烟主流烟气粒相物中的苯并[a]芘和苯酚释放量发生了明显的降低，降低率分别达到 31.3% 和 32.8%。石墨烯对苯并[a]芘和苯酚的降低作用明显高于焦油及总粒相物，具有高选择性和较长时效性，减害效果显著。石墨烯吸附材料的使用对卷烟物理指标的影响较小，是一种较为理想的滤嘴添加材料。石墨烯合成原材料易得，合成方法简单，产率高且成本低，并具有高生物兼容性和安全性。

氧化石墨烯除具备普通石墨烯的特点外，其表面还含有丰富的羟基、羧基和碳氧官能团，易与羟基、羧基等含氧基团形成氢键作用，而纤维素纸张表面分布有丰富的含氧基团，易与氧化石墨烯通过氢键、范德华力等形式牢固结合。有研究认为，纸质滤棒对氢氰酸、苯酚和巴豆醛3种物质成分的降低效果不如醋酸纤维滤棒。高明奇等以双面滚涂的方式将氧化石墨烯溶液均匀涂布于压纹纤维素纸表面，负载均匀，能够充分与烟气接触，截留有害物质成分。负载氧化石墨烯滤棒卷烟样品中，3种物质成分释放量明显降低，随着纸醋复合滤棒中氧化石墨烯质量比例的增加，对有害成分吸附效率整体趋势是升高。特别是对于酚类等物质的有效滤除，能够有效克服纸质滤棒对烟气中酚类、醛类有害成分的截留效果低于醋酸纤维的问题。负载氧化石墨烯的纸醋复合滤棒对主流烟气中总粒相物、焦油及烟碱的释放量都有一定影响，但是降低幅度不大，原因可能是纸质滤棒中氧化石墨烯负载量有限，只能对与其有较强相互作用的物质进行吸附，而氧化石墨烯表面丰富的含氧基团与烟碱等分子具有相对强的氢键作用，会对其释放量稍有影响。

由于传统高分子材料或金属修饰材料本身具有选择性差、极性低、活性共轭位点少等缺点，其对共轭极性小分子的吸附效率不理想，且吸附方式以物理吸附为主，因此限制了其吸附效率的提高。氧化石墨烯对共轭分子、碱基、卟啉和醛酮分子等具有很好的选择性作用，已广泛应用于样品前处理吸附中。盛金等在活性炭纤维上修饰氧化石墨烯后，X射线光电子能谱中O1s峰形变得平滑，峰高变大，峰宽变窄，并向低结合能移动，表明材料的含氧官能团和共轭基团增多，同时材料的表面积和总孔容变大。添加氧化石墨烯–活性炭纤维至滤嘴的卷烟，其苯酚、氰化氢和醛酮类的释放量均比只添加活性炭纤维的卷烟释放量低，且除乙醛外均比对照样品降低10%以上，其中苯酚和巴豆醛的降幅达26.7%和33.1%。对烟气释放物的滤除机制研究表明，在活性炭纤维表面修饰上氧化石墨烯后，材料表面含有丰富的羟基、羧基、碳氧和共轭基团，活性位点增多，易与烟气中的共轭分子和极性分子发生作用。该方法量少高效，为氧化石墨烯二维纳米材料在卷烟领域的应用奠定了基础。

氧化石墨烯–活性炭材料对烟气释放物的有效吸附主要归功于氧化石墨烯具有独特的 π–π、π_{cation}–π 和 H–π 吸附作用。首先，上述分子具有的 π 键可以和氧化石墨烯双键碳环 π 键及氧化位点上的羰基 π 键产生 π–π 作用；其次，上述小分子所具有的 π 键均为极性 π 键，易通过 π_{cation}–π 与氧化石墨烯位点的活性 π 键作用；再次，上述分子除丙酮和2–丁酮外，均含作为氢键的质子给予体的氢原子，可以与氧化石墨烯上的活性 π 键发生 H–π 作用，氧化石墨烯上的活性羧基和羟基的羟基氢也易与上述分子的 π 键发生 H–π 作用；最后，氧化石墨烯由于 π 体系的氧化分割而拥有长度适中的 π 键，与上述分子的大小匹配，以巴豆醛为例，其分子碳链长度为4，具有长度适中的 Π_4^4 离域 π 键，且具有明显的极性，同时空间位阻较小，易与氧化石墨烯发生作用。

碳基气凝胶是一类具有多孔结构的碳材料，碳基气凝胶及其有机气凝胶前驱体的三维多孔结构具有发达的、可控的中孔和比表面积，因而具有良好的吸附性能，对一些极性或非极性有机物都有很好的吸附能力，如炭气凝胶对四氢呋喃、丙酮、乙醇、苯、四氯化碳和环己烷等有机蒸汽的静态饱和吸附量达到普通黏胶基活性炭纤维的水平，并明显高于市售粒状活性炭。碳基气凝胶的微观结构是一种三维的空间网络结构，使其在不同的领域都有很好的应用前景。利用碳基气凝胶的微观结构和孔结构可控性能够得到不同特性的碳基气凝胶，通过孔结构的调控可以赋予碳基气凝胶材料丰富的孔结构和尺寸，材料的吸附性能更为优异，可明显拓宽碳基气凝胶的应用和发展。以近年来的热点材料石墨烯气凝胶为例，其结构是由石墨烯纳米片的卷曲堆叠造成的孔道构成的，这样能使石墨烯气凝胶在保持丰富的纳米孔的同时，具备更多的微米级甚至数十微米级的孔道结构，有利于不同尺寸的分子在孔道结构中的传输。此外，石墨烯表面的 π–π 吸附作用不仅能够降低水的竞争吸附，还可以增强对污染物的吸附力并增加吸附量。有研究发现，石墨烯气凝胶通过平面 π–π 作用对双酚A等有机污染物表现出优异的吸附能力。氧化石墨烯气凝胶、石墨烯气凝胶是通过石墨烯纳米片层交联形成的三维网络结构，仍保留有纳米片结构，因此具有无孔面吸附的特点，和多孔材料及层间吸附材料相比，具有更快的吸附速度。因此，从原理上讲碳基气凝胶材料完全可以替代活性炭用于卷烟滤棒添加材料的开发，实现降焦减害的目的，而且材料易于加工成多种样式（如块状、珠状、粉状和薄膜状等）使用。因此，碳基气凝胶作为吸附材料和催化材料载体应用于卷烟烟气有害物的降低有良好的应用前景。还可通过调节石墨烯气凝胶的还原程度，来调控 $\pi-\pi$ 吸附和氢键吸附的最佳匹配，提高对一些有机污染物的吸附量和吸附强度。

第二节　活性炭材料在卷烟中的应用研究

一、活性炭的基本结构特征

活性炭是含碳物质经过炭化和活化制成的多孔性产物。它具有发达的孔隙结构和巨大的比表面积，可作为吸附剂、催化剂和催化剂载体，在制糖、医药、食品、化工、国防、农业等方面都有广泛应用。

活性炭的种类很多，按原料不同可分为植物原料炭、煤质炭、石油质炭及其他炭（如纸浆废液炭、合成树脂炭、有机废料炭、骨炭、血炭等）；按外观形状可分为粉状活性炭、不定型颗粒活性炭（或破碎活性炭）、成型活性炭（或定型颗粒活性炭）、球型炭、纤维状炭、织物状炭；按用途可分为气相吸附炭、液相吸附炭、糖用炭、工业炭、催化剂和催化剂载体炭等。

活性炭孔径大小分布很宽，从 10^{-1} nm 到 10^4 nm 以上。根据 IUPAC 的分类方法，孔径小于 2 nm 为微孔，孔径介于 $2 \sim 50$ nm 为中孔，孔径大于 50 nm 为大孔。在高比表面积活性炭中，比表面积主要由微孔贡献，微孔在吸附过程中起主要作用，中孔和大孔则起通道作用。因此，在制备活性炭时总是充分发展其微孔，尽量减少中孔和大孔数量。

影响活性炭吸附性能的主要因素是其孔隙结构和表面化学性质。孔隙结构包括孔的形状、孔径分布、孔容和表面积等。其中，孔容和表面积主要决定活性炭的吸附量，而孔径分布则对吸附选择性有一定影响。

孔隙结构的影响：活性炭之所以对许多物质具有很强的吸附能力，是因为它具有巨大的比表面积和发达的孔隙结构。尹宏越、刘影涛研究了几种不同的活性炭纤维素在卷烟滤嘴中的应用，发现焦油和水的降低率依赖于孔半径的大小，随着 ACF 孔半径的增加，焦油的降低率逐渐变大，而水的逐渐变小。日本烟草公司 Tokida 等在研究活性炭纤维对烟气中半挥发性有机物的吸附过程时也得出了同样结论，同时还发现微孔半径大于 1 nm 的活性炭纤维对半挥发性化合物有较高的吸附效率，尤其对沸点介于 $100 \sim 200$ ℃的化合物。Tokida 等在研究活性炭纤维的微孔结构对烟气中挥发性有机物吸附过程的影响时发现，在活性炭纤维上发生的吸附过程，微孔半径比比表面积的影响更大，具有丰富窄微孔分布的活性炭纤维有更高的吸附效率。日本烟草公司 Sasaki 等研究了活性炭的饱和吸附量和孔尺寸对烟气中挥发性有机物吸附效率的影响，发现吸附效率与活性炭的孔径分布和表面性质有关，吸附过程中的特征吸附能大小取决于活性炭的微孔结构，随着微孔尺寸的增大而减小。英美烟草公司 M. Mola 等利用低温氮吸附法测定了不同活化程度的活性炭对烟气中一些典型的物质的吸附等温线，发现高比表面积和丰富微孔的活性炭有更高的吸附效率。

表面化学性质的影响：表面官能团的存在使活性炭表面电荷的分布不均匀，从而影响到活性炭对极性和非极性物质的吸附行为。对于非极性物质的动态吸附过程，比表面积、孔径分布等孔隙结构起主要作用；对于极性大的物质的吸附过程，活性炭的表面性质的影响较大，但随着有机物碳原子的增加，这种影响作用变小。因此，活性炭对有机物的吸附过程中，比表面积和孔径分布等孔结构因素起主要作用，只有当这两因素影响较小时，官能团的影响才明显。在活性炭的改性研究中往往考虑对活性炭的表面进行处理，如增加表面酸性，可增强对碱性物质的吸附，减弱对酸性物质的吸附。通过对活性炭的表面修饰，加载表面官能团，可以对活性炭进行改性，提高活性炭的吸附性能和选择性。

目前，国内烟用活性炭生产厂家众多，生产水平不尽相同，产品质量差异较大。过去在筛选烟用活性炭时一般是借鉴国外的经验和数据或直接使用进口烟用活性炭和复合滤棒，缺乏自主对烟用活性炭进行选型的理论依据和数据支持。本研究中，查阅了烟用活性炭相关标准，对国内外多家活性炭生产厂家所提供的产品技术指标进行对比后，选择了粒度分布在 40～80 目的 3 种椰壳基烟用活性炭和 3 种杏核基烟用活性炭，测定了其低温氮吸附–脱附等温线，利用 BET 模型计算了其比表面积和总孔容，通过 H–K 法和 BJH 法分别计算了微孔和中孔孔结构参数及孔径分布，同时还利用扫描电子显微镜观察了活性炭表面孔形貌。根据实验及计算结果，分析并比较了 6 种活性炭材料的孔结构与吸附性能，为筛选卷烟过滤嘴用活性炭提供理论依据。

表 4–1 所示为厂商提供的商品化的 3 种椰壳基烟用活性炭和 3 种杏核基烟用活性炭基本参数。在 ASAP 2020 全自动比表面积及物理吸附仪上，以高纯氮气为吸附质，在液氮温度 77 K 下测定相对压力（P/P_0）为 10^{-6}～0.995 范围内 N_2 的吸附体积。样品测试前经 200 ℃ 充分脱气处理。由 BET 法求得活性炭样品的比表面积和总孔容；利用 H–K 法和 BJH 法求得活性炭样品的微孔及中孔的孔结构参数。

表 4–1　选用活性炭样品性质及编号

原料	样品编号	碘吸附值 / （mg · g^{-1}）	强度 / %	表观密度 / （g · mL^{-1}）	pH	产地
杏核	X2	971.98	95	0.41	9.35	国产
	X3	1073.88	95	0.41	9.40	国产
	X5	1395.09	95	0.41	9.27	国产
椰壳	Y1	855.38	97	0.51	9.70	国产
	Y5	1242.94	97	0.51	9.68	国产
	CTN	1087.00	98	0.48	10.10	进口

将活性炭样品固定于样品台，经离子溅射仪干燥、铂喷镀后，用扫描电子显微镜观察不同微孔和中孔分布比例的活性炭的表面形貌。电镜工作电压为 15 kV。

图 4–1 所示是 6 种活性炭样品的氮吸附–脱附等温线。由图 4–1 可知，X2、Y1、Y5、CTN 4 个样品都基本属于按 IUPAC 分类的 I 型吸附等温线，但具体形状有所不同。Y1、CTN 是典型的 I 型吸附等温线，吸附量随相对压力的增大急剧上升，吸附速率相当快，在 $P/P_0 \leq 0.1$ 时已经达到饱和吸附量的 90% 以上，并出现一吸附平台，吸附与脱附分支基本重合，看不到滞后回环，表明样品中微孔占主导地位且分布集中，较大的孔隙极少或几乎不存在。X2、Y5 的吸附等温线在低相对压力下也迅速上升，P/P_0 超过 0.1 后，吸附量随着相对压力的增大仍继续增加，但上升趋势变缓，导致吸附平台并非呈水平状，而是有一定的斜率，并在较高分压处出现了滞后回环，这是由于样品中含有一定量的中孔和大孔，在等温线的起始部分主要发生微孔填充，相对压力增大时发生多层吸附，随后又在较高的分压下发生了毛细凝聚，所以表现为吸附量随着相对压力的增大不断上升。X3、X5 的吸附等温线则显示了 IV 型等温线的特点，均出现了较宽的滞后回环，这说明样品中含有较多的中孔和大孔，并在其上发生了毛细凝聚现象，而且这两个样品的滞后回环也有所不同，X5 的滞后回环更大，表明其孔径分布更宽，较大孔隙含量更多。

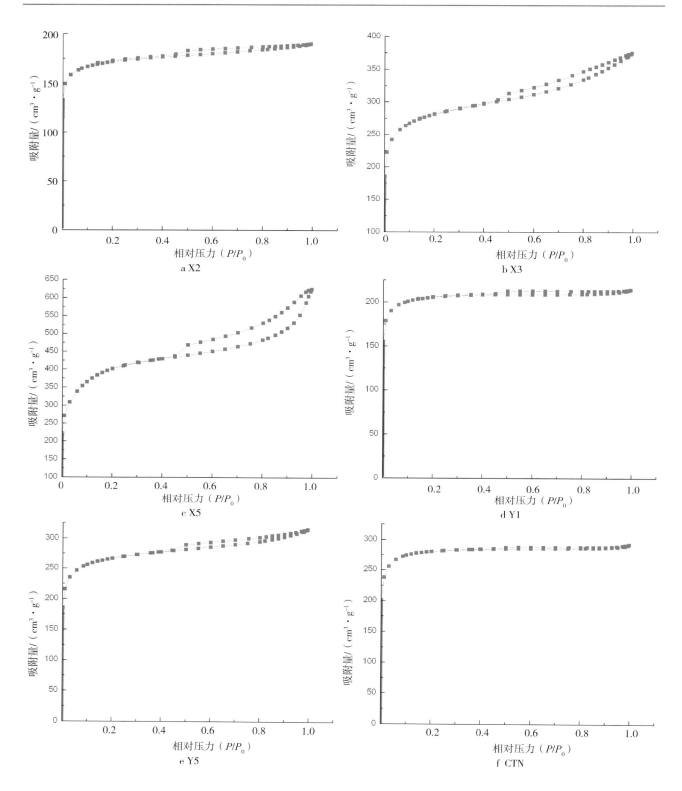

图 4-1　样品的氮吸附 – 脱附等温线

　　表 4-2 所示为用不同方法对样品的氮吸附 – 脱附等温线进行分析处理得到的一些孔结构参数。由表 4-2 的数据可见，X5 样品具有发达的孔隙结构，其总比表面积和总孔容远远高于其他样品。除了存在微孔外，X2、X3、X5、Y5 样品中还存在一定数量的中孔。Y1、CTN 样品则以微孔为主，2 nm 以上的较大

孔隙很少，这也进一步证实了前面由氮吸附－脱附等温线得到的结论。总体来看，杏核基活性炭比椰壳基活性炭含有更多的中孔，平均孔径也更大，这是由于在相同的制备条件和工艺下获得的孔结构与原料本身有关系。用 H-K 法和 D-R 法求得的微孔容虽略有差异，但都反映了相同的趋势，即 X5 ＞ CTN ＞ X3 ＞ Y5 ＞ Y1 ＞ X2。表 4-3 为根据 DFT 法计算的样品微孔、中孔和大孔的容积及相对比例，该数据也证实了，与杏核基相比，椰壳基活性炭微孔含量更为丰富。

表 4-2　活性炭样品孔结构参数

样品编号	BET			H-K		BJH		
	S_{BET}/ $(m^2 \cdot g^{-1})$	V_t/ $(cm^3 \cdot g^{-1})$	D/nm	V_{mi}/ $(cm^3 \cdot g^{-1})$	D_{mi}/nm	S_{me}/ $(m^2 \cdot g^{-1})$	V_{me}/ $(cm^3 \cdot g^{-1})$	D_{me}/nm
X2	534.72	0.296	2.24	0.205	0.501	66.0	0.056	3.42
X3	871.47	0.580	2.66	0.287	0.543	221.0	0.246	4.43
X5	1276.72	0.960	3.02	0.335	0.574	482.5	0.568	4.71
Y1	620.99	0.331	2.13	0.240	0.516	45.0	0.033	2.94
Y5	819.94	0.487	2.38	0.286	0.531	152.3	0.144	3.78
CTN	846.42	0.452	2.13	0.310	0.530	60.6	0.045	2.99

注：S_{BET}—用 BET 法计算的比表面积；V_t—总孔容，以 P/P_0=0.95 时的吸附量换算成液氮体积；D—平均孔径，$D=4V/S_{BET}$（圆柱孔模型）；D_{mi}—微孔中间孔径；D_{me}—BJH 脱附平均中孔孔径；S_{mi}（S_{me}）、V_{mi}（V_{me}）分别为用不同方法计算的微（中）孔比表面积和微（中）孔容。

表 4-3　活性炭样品的微孔、中孔和大孔相对比例

样品编号	微孔		中孔		大孔	
	孔容/ $(cm^3 \cdot g^{-1})$	含量/%	孔容/ $(cm^3 \cdot g^{-1})$	含量/%	孔容/ $(cm^3 \cdot g^{-1})$	含量/%
X2	0.166	87.2	0.024	12.6	0.0003	0.2
X3	0.327	69.3	0.143	30.2	0.0025	0.5
X5	0.409	55.5	0.301	40.9	0.0267	3.6
Y1	0.267	97.8	0.004	1.5	0.0019	0.7
Y5	0.324	81.5	0.072	18.0	0.0019	0.5
CTN	0.309	97.7	0.004	1.2	0.0033	1.1

从 6 种活性炭样品中选取 3 个比较典型的样品（中孔型活性炭 X5、微孔型活性炭 CTN、介于中孔型和微孔型之间的活性炭 Y5）利用扫描电子显微镜进行表面孔形貌分析。

从图 4-2 左、图 4-3 左和图 4-4 左中可以看到，3 个样品的表面都呈明显的蜂窝状结构，但程度有所不同，X5 样品表面比较粗糙，从图中可以很清晰地看到，在样品的表面上分布着许多大小不等的孔，孔形状为圆形或椭圆形；Y5 样品表面呈凹凸状，其上也有许多大小不等的孔，总体来看，孔径要比 X5 样品小，而且较小的孔隙比 X5 样品多；CTN 样品表面比较光滑，除了少数几个较大的孔隙外，该样品表面上有许多"小黑点"，从图中看不清这些"小黑点"的孔形貌，这表明该样品表面的中孔、大孔较少，孔结构主要为微孔。

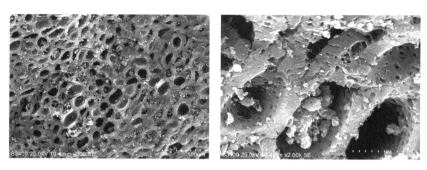

图 4-2　活性炭 X5 的 SEM 表面形貌（左图：×300；右图：×2000）

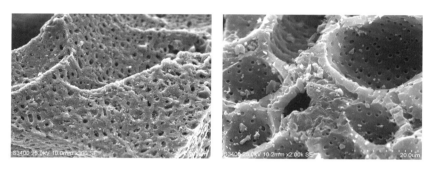

图 4-3　活性炭 Y5 的 SEM 表面形貌（左图：×300；右图：×2000）

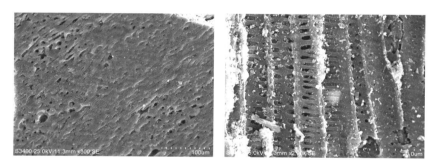

图 4-4　活性炭 CTN 的 SEM 表面形貌（左图：×300；右图：×2000）

从图 4-2 右、图 4-3 右和图 4-4 右中可以看到，3 个样品的大孔孔口都是开放的，并向里延伸，呈现明显的管道状结构，这对吸附是非常有利的，因为大孔在吸附过程中起着通道作用，其通畅与否，直接影响着吸附速度和吸附量。Y5 样品和 CTN 样品孔壁比较光滑，孔形状也比较规则，大孔的孔壁上均匀地分布着许多较小的圆形和椭圆形孔，孔壁上附着有少许微小碎片。X5 样品的孔壁有塌陷的迹象，向内凹陷，同时孔壁和孔道中有较多碎片附着物。

二、活性炭孔结构对主流烟气粒相物过滤效率的影响

国内对活性炭滤嘴在卷烟中的应用虽有研究，但仅局限在对活性炭的基本理化指标的测试和不同的改性前处理方式对其吸附性能的影响。影响活性炭吸附能力的主要因素是活性炭的孔结构和表面化学性质，目前，关于烟用活性炭的孔结构对烟气粒相物过滤效率的影响的系统研究还很少。

卷烟烟气是一个极其复杂的多相体系，活性炭对烟气的吸附受众多因素的影响，如活性炭的孔隙结构特性、化合物的性质及化合物之间的竞争吸附等。这些因素对烟气吸附效率的影响目前多是宏观的

定性描述，缺乏理论推导。活性炭对卷烟烟气的作用归根究底与活性炭的吸附特性有关。吸附理论研究一直是科学界关注的重要课题。从不同角度出发，已经提出了各种各样的吸附模型。关于碳质材料的吸附，文献中报道较多的有 Freundlich 模型、Temkin 模型、Langmuir 模型和 D-R 模型等，其中后两者因为模型中吸附常数物理意义较明确，而受到人们的偏爱。本部分通过测定纯丙酮气体在活性炭上的吸附特性及不同结构活性炭对烟气羰基物的吸附效率，从吸附拟合精度及吸附热预测角度对 Langmuir 模型和 D-R 模型进行了比较。通过分析吸附效率与吸附常数间的关系及吸附常数与活性炭的结构和化合物的性质的关系，理论推导了活性炭结构、化合物性质对烟气吸附效率的影响。这对理解活性炭的吸附机制及生产高选择性的具有特定结构的烟用活性炭具有重要意义。

（一）材料和方法

5 种烟用椰壳基活性炭（南京正森化工实验有限公司）；烤烟型卷烟（哈尔滨卷烟厂）；乙腈（色谱纯，Dikmapure）；丙酮（分析纯，沈阳天罡化学试剂厂）；高氯酸（分析纯，天津市鑫源化工有限公司）；吡啶（分析纯，天津市科密欧化学试剂有限公司）；2，4- 二硝基苯肼（分析纯，上海山浦化工有限公司）；甲醛、乙醛、丙酮、丙烯醛、丙醛、巴豆醛和 2- 丁酮的 2，4- 二硝基苯腙衍生化合物（纯度均大于 97%，TCI 公司）。

ASAP2020 全自动比表面积及物理吸附仪（美国 Micromeritics 公司）；CPA225D 电子天平（感量 0.0001 g，德国 Sartorius 公司）；SM450 直线型吸烟机（英国 CERULEAN 公司）；SGL-1 多功能调速多用振荡器（江苏金坛市金城国胜实验仪器厂）；Agilent1200 高效液相色谱仪（美国 Agilent 公司）。

卷烟的制备与抽吸：将卷烟滤嘴中的醋酸纤维棒抽出，截成两截，分别称取 15 mg、30 mg、45 mg、60 mg 活性炭样品，加入到两截醋纤棒之间的空腔中，调节空腔大小，确保活性炭将空腔填满。对照卷烟与样品卷烟的区别在于对照烟空腔内不加活性炭。将组装后的卷烟在温度（22 ± 1）℃和相对湿度（60 ± 2）% 的恒温恒湿室内平衡 48 h。参照 YC/T 254—2008 测定烟气中的羰基化合物，计算活性炭的吸附效率。

纯丙酮气体在活性炭上的吸附：采用质量法测定丙酮在不同活性炭及不同平衡温度（293 K、308 K 和 323 K）下的吸附等温线。在系统抽真空的同时，对活性炭加热，使其脱附；脱附结束后，注入丙酮蒸汽，控制一定的压力，待丙酮在活性炭上吸附达平衡后，读出吸附压力和吸附剂质量；改变吸附压力重复上述实验，得到不同压力下丙酮在活性炭上的平衡吸附量。

（二）数据分析

1. k 值的计算

活性炭对卷烟烟气的吸附特性可以用吸附效率（E）来表示。对卷烟烟气中化合物 i 的吸附特性用 E_i 表示，$E_i=(C_0-C_i)/C_0$，C_0 为不加活性炭时化合物 i 的释放量，C_i 为加活性炭后化合物 i 的释放量。吸附效率与活性炭的用量和类型有关，满足对数关系式 $\ln(1-E_i)=-kw$。其中，w 为活性炭的用量，k 为与活性炭和化合物性质有关的常数，并且 k 值越大，吸附效率 E_i 越高。测定不同添加量（15 mg、30 mg、45 mg、60 mg）时 5 种活性炭样品对卷烟烟气中丙酮的过滤效率 E，以 $\ln(1-E)$ 对 w 作图，如图 4-5 所示，由直线的斜率求出 k 值。不同活性炭样品拟合得到的 k 值及拟合相关系数如表 4-4 所示。

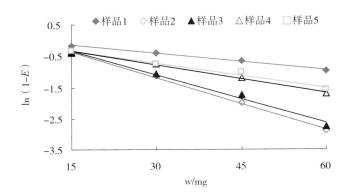

图 4–5　不同样品吸附效率与用量的关系

表 4–4　不同活性炭样品的 *k* 值及相关系数

	样品 1	样品 2	样品 3	样品 4	样品 5
k	0.0175	0.0551	0.0516	0.0298	0.0266
R^2	0.992	0.996	0.985	0.997	0.978

2. 吸附常数的测定

Langmuir 吸附等温方程：Langmuir 方程表示的是一种理想吸附，理论假设吸附为单分子层吸附，各吸附位点能量均匀且被吸附的分子间无相互作用，从吸附动态平衡得到等温方程。对吸附等温线为类型 I 的微孔吸附，该方程能较好地关联实验数据。

Langmuir 吸附等温式如下：

$$n = \frac{n_m bP}{1+bP}。$$

其中，n 为 1 g 吸附剂所吸附的吸附质的物质的量；n_m 为 1 g 吸附剂单分子层饱和气体吸附量；P 为吸附平衡时的气相压力；b 为吸附常数，与温度及吸附质分子与孔壁间的相互作用能有关，满足：

$$b = b_\infty \exp\frac{Q}{RT}。$$

其中，Q 为吸附热；R 为理想气体常数；T 为热力学温度；指前因子 b_∞ 为亲和常数，$b_\infty = \alpha/(k_{d\infty}\sqrt{2\pi MRT})$，与分子量 M 及温度 T 的平方根成反比，α 为碰撞系数，$k_{d\infty}$ 为温度无穷大时的脱附速率常数。1965 年，Hobson 以氮气为吸附质，Torr 为压强单位，得出 $b_\infty = 5.682 \times 10^{-5}$（$MT$）$^{-1/2}$Torr^{-1}（1 Torr ≈ 133.322 Pa）。

Dubinin–Radushkevich（D–R）方程：Dubinin 首先将吸附势理论引入到微孔吸附的研究中，创立了微孔填充理论。该理论认为：具有分子尺度的微孔，由于孔壁间距离很近，吸附势场相互叠加，使得微孔对吸附质分子有更强的吸引力，引起被吸附分子对微孔内空间的填充。D–R 方程形式如下：

$$n = n_0\exp[-D\ln^2(P_0/P)]。$$

其中，n 为 1 g 吸附剂所吸附的吸附质的物质的量；n_0 为饱和吸附量，即微孔发生完全填充时的吸附量；P 为吸附平衡压力值；P_0 为吸附质的饱和蒸气压；D 为模型参数，满足 $D = (RT/E)^2$，E 为特征吸附能。

　　吸附模型参数可以通过活性炭上纯组分的吸附平衡数据拟合得到。分别用 Langmuir 方程和 D-R 方程对 5 种活性炭样品上纯丙酮气体的吸附数据进行拟合，拟合结果如图 4-6 所示。图中点代表实验数据，线代表模型拟合曲线。图 4-6a 为 Langmuir 方程拟合结果，图 4-6b 为 D-R 方程拟合结果。拟合精度用平均相对标准偏差 ARE（the average relative error）表示：

$$ARE = \frac{1}{N}\sum_{i=1}^{N}\left|\frac{n_{i,\mathrm{exp}} - n_{i,\mathrm{cal}}}{n_{i,\mathrm{exp}}}\right| \times 100\%。$$

　　其中，N 为所测实验点的个数，$n_{i,\mathrm{exp}}$ 和 $n_{i,\mathrm{cal}}$ 分别为实验测得的吸附量值和模型拟合计算的吸附量值。模型参数及拟合相关系数等分别如表 4-5 和表 4-6 所示。可以看出，Langmuir 模型和 D-R 模型均能较好地描述纯丙酮气体在活性炭上的等温吸附，拟合相关系数都在 0.96 以上。两个模型相比较，D-R 模型拟合的相关系数更高，平均相对标准偏差更低，拟合结果更好。

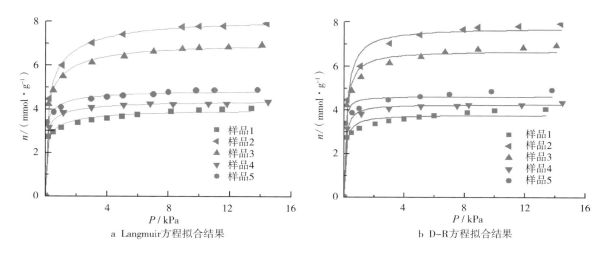

　　a Langmuir方程拟合结果　　　　　　　　　　b D-R方程拟合结果

图 4-6　Langmuir 方程和 D-R 方程对纯丙酮气体在活性炭上吸附数据的拟合

表 4-5　活性炭吸附纯丙酮气体模型方程中的参数

样品	Langmuir 方程		D-R 方程	
	b/Pa^{-1}	$n_m/(\mathrm{mmol}\cdot\mathrm{g}^{-1})$	$n_0/(\mathrm{mmol}\cdot\mathrm{g}^{-1})$	D
样品 1	9.43	3.79	3.92	0.0180
样品 2	4.94	7.92	8.02	0.0271
样品 3	6.25	6.87	6.96	0.0227
样品 4	22.04	4.66	4.83	0.0131
样品 5	11.18	4.30	4.36	0.0146

表 4-6　各模型拟合相关系数及平均相对标准偏差

样品	Langmuir 方程		D-R 方程	
	R^2	*ARE* /%	R^2	*ARE* /%
样品 1	0.967	5.19	0.990	2.77
样品 2	0.983	4.05	0.998	1.24
样品 3	0.978	4.69	0.997	1.59
样品 4	0.970	5.63	0.995	2.54
样品 5	0.996	2.17	0.999	1.04

3. 吸附热的计算

吸附热表示被吸附分子与吸附剂孔壁间的相互作用，是表征吸附现象的重要特征参数之一。吸附过程所产生的吸附热可以较准确地表示吸附现象的物理或化学本质及吸附剂的活性、吸附能力的强弱，对了解表面结构、评价吸附质和吸附剂之间作用力的大小，选择适当的吸附剂和能量衡算都有帮助。吸附模型中有关能量的假设是不同的，D-R 模型和 Langmuir 模型分别反映了吸附过程中不同的能量关系。以活性炭样品 2 为例，测定不同温度（293 K、308 K 和 323 K）条件下其对纯丙酮气体的吸附等温线，由 D-R 模型和 Langmuir 模型分别计算吸附热，并与理论吸附热相比较，可以从能量角度反映两个模型的适用性。

（1）理论吸附热的计算

吸附热是化合物性质及孔径的函数，其大小为吸附势 $\Phi(H, z)$ 的最小值的负值。气体在活性炭上吸附热的理论值通常由 10-4-3 型 Lennard-Jones 势函数计算得到。10-4-3 型势函数形式如下：

$$\phi(H, z) = \frac{5}{3}\varepsilon_{si}^* \left\{ \frac{2}{5}\left[\left(\frac{\sigma_{si}}{z}\right)^{10} + \left(\frac{\sigma_{si}}{H-z}\right)^{10}\right] - \left[\left(\frac{\sigma_{si}}{z}\right)^4 + \left(\frac{\sigma_{si}}{H-z}\right)^4\right] - \left[\left(\frac{\sigma_{si}^4}{3\Delta(0.61\Delta + z)^3}\right) - \left(\frac{\sigma_{si}^4}{3\Delta(0.61\Delta + H - z)^3}\right)\right] \right\}。$$

其中，ε_{si}^* 是被吸附分子与单层碳原子壁之间的最大作用势：$\varepsilon_{si}^* = \frac{6}{5}\pi\rho_s\varepsilon_{si}\sigma_{si}^2\Delta$；$\Phi(H, Z)$ 描述被吸附分子（组分 *i*）在孔径为 *H* 的孔中、与孔壁距离为 *Z* 时所受的作用势；σ_{si} 为 *i* 分子与碳原子之间的碰撞直径；Δ 是碳原子层之间的距离；ρ_s 为单位体积内碳原子的个数；ε_{si} 是单个碳原子与单个吸附分子之间的相互作用势。σ_{si} 和 ε_{si} 的值可根据 Lorentz-Berthelot 规则，由吸附分子和碳原子的分子参数计算出来：

$$\sigma_{si} = \frac{\sigma_{ss} + \sigma_{ii}}{2};$$

$$\varepsilon_{si} = \sqrt{\varepsilon_{ss} \times \varepsilon_{ii}}。$$

其中，σ_{ii}，ε_{ii} 分别为吸附质分子的碰撞直径和能量参数；σ_{ss}，ε_{ss} 分别为吸附质分子的碰撞直径和能量参数。对于碳基材料，ρ_s=114 nm^{-3}，Δ=0.335 nm，σ_{ss}=0.34 nm，ε_{ss}/κ=28.0 K，κ 为波尔兹曼常数。对于吸附质丙酮来说，σ_{ii}=0.52 nm，ε_{ii}/κ=148.07 K。实验活性炭样品 2 直径为 1.7 nm，由低温氮吸附法测得。丙酮在活性炭上的吸附势能如图 4-7 所示，由 10-4-3 型势函数计算得理论吸附热为 17.9 kJ/mol。

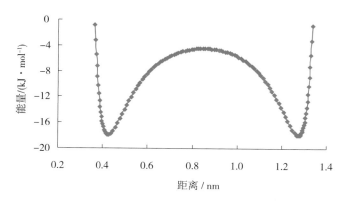

图 4-7　丙酮气体在活性炭样品 2 上的吸附势能

（2）Langmuir 方程计算吸附热

按照 Langmuir 理论，吸附热是与吸附量无关的常数，可以由 Vant Hoff 方程求出：

$$-\Delta H = RT^2\left[\frac{\mathrm{d}\ln P}{\mathrm{d}T}\right]_n = Q,$$

即

$$Q = -R\left[\frac{\mathrm{d}\ln P}{\mathrm{d}(1/T)}\right]_n。 \tag{4-1}$$

由此可知，$\ln P$ 对 $1/T$ 是线性的，通过直线斜率可以计算出吸附热。

在 $0.5 \sim 4$ mmol/g 范围内取活性炭样品 2 对纯丙酮气体的 5 个平衡吸附量值，不同温度下该吸附量对应的吸附压力由拟合的 Langmuir 吸附等温线方程求得，用不同吸附量下的 $\ln P$ 对 $1/T$ 作图，得到一组等量吸附线，如图 4-8 所示。

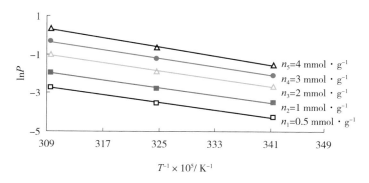

图 4-8　纯丙酮气体在活性炭样品 2 上的等量吸附热

由图 4-8 可以看出，丙酮在活性炭上的吸附在吸附量较低时，$\ln P$ 对 $1/T$ 作图直线的平行性较好，即不同吸附量下 $\frac{\mathrm{d}\ln P}{\mathrm{d}(1/T)}$ 近似为常数，其对应的吸附热由式（4-1）知亦为常数，与 Langmuir 吸附理论相符；但随着吸附量增大，直线的平行性变差，吸附热不再为常数。据胡祖美等报道，平均吸附热可由式（4-2）计算得到：

$$\overline{Q} = -R\frac{\mathrm{d}\ln(bn_m)}{\mathrm{d}(1/T)}。 \tag{4-2}$$

其中，b 和 n_m 为 Langmuir 吸附常数。

以 $\ln(bn_m)$ 对 $1/T$ 作图，如图 4-9 所示，线性拟合得到直线斜率为 4820，由式（4-2）计算得到丙酮在活性炭上的平均吸附热为 $\overline{Q}=40.07$ kJ/mol。

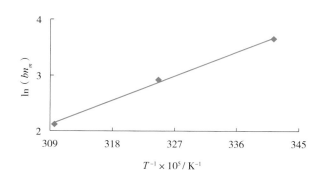

图 4-9 纯丙酮气体在活性炭样品 2 上吸附的 $\ln(bn_m)-T^{-1}$ 曲线

（3）Dubinin–Radushkevich（D–R）方程计算吸附热

D–R 方程的对数形式为：

$$\ln n = \ln n_0 - (RT/E)^2 \ln^2 (P_0/P)。$$

由上式可知，特征吸附能 E 可以由 $\ln n$ 对 $(RT)^2\ln^2(P_0/P)$ 作图得到的直线的斜率求出。如图 4-10 所示，直线斜率为 4×10^{-9}，计算得到的特征吸附能 E 为 15.8 kJ/mol。

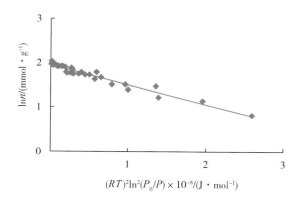

图 4-10 纯丙酮气体在活性炭样品 2 上吸附的 $\ln n-(RT)^2\ln^2(P_0/P)$ 曲线

由以上计算可知，丙酮气体在活性炭上的吸附热较小，说明此吸附以物理吸附为主。D–R 方程计算得到的吸附热与吸附热的理论计算值较接近，由 Langmuir 方程得到的吸附热比理论值偏大较多，说明 Langmuir 模型关于能量的假设不完全符合实际。活性炭对烟气的吸附形式不是 Langmuir 理论描述的表面覆盖，而是 D–R 理论的微孔填充。

（4）不同化合物吸附效率的预测

由 $\ln(1-E_i) = -kw$ 可知，化合物 i 的吸附效率 E_i 可以由 k 和 w 预测得到。其中，k 为与活性炭及化合物性质有关的常数，而吸附模型参数也与活性炭性质及化合物性质有关，故 k 值与吸附模型参数有关。

对于 DR 方程，k 与模型参数 n_0 和 D 满足：

$$k=(a_1D^2+a_2D+a_3)n_0。 \tag{4-3}$$

其中，a_1，a_2，a_3 为常数，可以通过 k/n_0 对 D 进行二项式拟合得到；k，n_0 和 D 值由上文公式计算得到，拟合结果如图 4-11 所示。由图 4-11 可知，丙酮在活性炭上的吸附满足 $k=(-7.8624D^2+0.3187D+0.0028)$ n_0，相关系数 $R^2=0.968$。

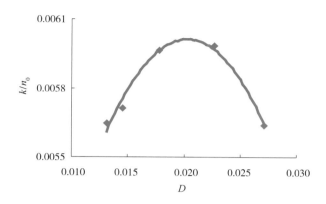

图 4-11　丙酮在活性炭上吸附的 k/n_0-D 曲线

D-R 方程中 $D=(RT/E)^2$，E 为特征吸附能，满足 $E=\beta E_0$。其中，E_0 为参考流体的特征吸附能；β 为亲和系数，表征被预计流体的吸附势与参考流体吸附势的比值。通过更换 β 值，可以得到不同化合物的吸附常数 D。将吸附常数 D 代入式（4-3），即可以得到不同化合物的吸附效率。亲和系数 β 通常采用摩尔体积法求得，用下式表示：

$$\beta = \frac{V}{V_{\text{ref}}} ,$$

$$V = \frac{M}{\rho} 。$$

其中，V，V_{ref} 为被预计流体与参考流体的摩尔体积；M 为物质的摩尔质量；ρ 为物质的密度。

以丙酮作为参考物质，预测活性炭对 7 种羰基物（乙醛、丙酮、丙烯醛、丙醛、巴豆醛、丁酮和丁醛）的吸附效率并将预测值与实验值进行比较，如图 4-12 所示。从图 4-12 中可以看出，上述方法可以较准确地预测不同化合物的吸附效率。

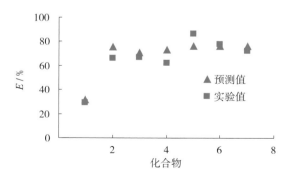

图 4-12　吸附效率预测值与实验值的比较

对于 Langmuir 模型参数 b 和 n_m，也一定存在一个函数 f，使 $k=f(b, n_m)$ 成立。但是由于 Langmuir 模型参数 b 与吸附热 Q 有关，从吸附热的计算中可以看出，由 Langmuir 模型得到的吸附热与 10-4-3 型势能函数求算的理论吸附热相差较大，针对不同化合物，Langmuir 模型吸附热 Q 值无法预测，致使不同

化合物的模型参数 b 值无法得到，故 Langmuir 不能实现对不同化合物吸附效率的预测。

由以上的讨论可知，化合物 i 的吸附效率 E_i 可以由 k 和活性炭用量 w 预测得到。k 与 Langmuir 模型参数 n_m 及 b 及 D–R 模型参数 n_0 和 D 有关。Langmuir 模型中 n_m 为饱和吸附量，对于微孔碳相当于微孔孔容；b 与热力学温度 T、能量项 Q 及指前因子 b_∞ 有关，b_∞ 与分子量 M 及温度 T 的平方根成反比。对于 D–R 模型，n_0 为饱和吸附量；D 与热力学温度 T、化合物分子量 M、密度 ρ 及能量项 E_0 有关。由 10–4–3 型 Lennard–Jones 势函数可知，吸附能与吸附剂分子和吸附质分子的碰撞直径 σ、势能参数 ξ 及活性炭的孔径 H 有关。可见 Langmuir 模型和 D–R 模型反应的活性炭吸附效率的影响因素基本一致，均与吸附温度、活性炭的用量、孔容、孔径及化合物的分子量、碰撞直径和势能参数有关。

依据吸附理论，孔径对吸附效率的影响是通过影响吸附能来实现的。文献中报道的烟用活性炭平均孔径范围为 0.5 ~ 3 nm，其中以 2 nm 左右居多。对于丙酮在活性炭上的吸附，由 10–4–3 型势函数可知，当孔径分别为 1 nm、1.7 nm 和 3 nm 时，吸附能分别为 26.5 kJ/mol、17.9 kJ/mol 和 17.4 kJ/mol。可见，随孔径的增大，吸附能减小，并且孔径越小，孔径对吸附能的影响越大；对于孔径为 2 nm 左右的活性炭，孔径对吸附能的影响很小。通过分析吸附能，还可以了解孔径对吸附选择性的影响。吸附势表示气固之间作用力的强弱，吸附势越大，说明气 – 固两相间的相互作用力越大，固体对气体吸附力越强。吸附势差异是引起竞争吸附的重要因素。当气相中存在两种以上的气体时，吸附势大的气体将优先被吸附。据邢德山等报道，随孔径的减小，单位孔径对应的吸附势差值增大，吸附选择性增大。

①与 Langmuir 模型相比，D–R 模型对活性炭上纯丙酮气体吸附数据的拟合相关系数更高，平均相对标准偏差更低，拟合结果更好。

②由 10–4–3 型势函数计算得到活性炭上纯丙酮气体的理论吸附热为 17.9 kJ/mol，吸附热较小，说明此吸附以物理吸附为主。D–R 模型吸附热预测值为 15.8 kJ/mol，与理论计算值较为接近，Langmuir 模型吸附热预测值为 40.7 kJ/mol，比理论计算值偏大较多。

③实现活性炭对不同化合物吸附效率的预测的关键是对化合物吸附热的预测。吸附效率主要与吸附温度，活性炭的用量、孔容，化合物的分子量，碰撞直径和能量参数有关。通过分析吸附能可以得出孔径对吸附效率及吸附选择性的影响。

三、活性炭孔结构对烤烟型卷烟烟气过滤效率的影响

以国产烟用椰壳基活性炭和中式烤烟型卷烟为主要原料，分析了 7 种结构特性不同的活性炭对卷烟主流烟气中羰基物、酚类化合物、VOCs 和香味成分输送量的影响。羰基物、酚类化合物和挥发性有机化合物是霍夫曼名单中具有代表性的有害成分，分析活性炭对这三类有害成分的作用规律。

（一）材料与方法

烟用椰壳基活性炭样品（赤峰绿家园活性炭有限公司、南京正森化工实验有限公司、辽宁朝阳森塬活性炭有限公司）；烤烟型卷烟（哈尔滨烟厂）。

乙腈（色谱纯，Dikmapure）；高氯酸（分析纯）；吡啶（分析纯）；2，4–二硝基苯肼（分析纯）；甲醛、乙醛、丙酮、丙烯醛、丙醛、巴豆醛、2–丁酮的 2，4–二硝基苯腙衍生化合物（纯度均大于 97%，TCI 公司）。

异丙醇（天津市科密欧化学试剂有限公司），干冰，甲醇（色谱纯），乙醇（色谱纯，天津市瑞金特化学品有限公司），1，3–丁二烯（气体）、异戊二烯、丙烯腈、苯、甲苯、d_6– 苯（内标）（分析纯，纯度均大于 97%）。

乙腈（色谱纯，Dikmapure），乙酸（TEDIA），邻、间、对苯二酚，苯酚，邻、间、对 – 甲酚（纯度

均大于 97%）。

二氯甲烷（Dikmapure），乙酸苯乙酯（内标）。

CPA225D 电子天平（感量 0.0001 g，德国 Sartorius 公司）；SM450 直线型吸烟机（英国 CERULEAN 公司）；SGL-1 多功能调速多用振荡器（江苏金坛市金城国胜实验仪器厂）；Agilent1260 高效液相色谱仪（美国 Agilent 公司）。

100 mL 吸收瓶，分析天平（感量 0.0001 g，德国 Sartorius 公司）；分光光度计。

KQ-700DB 型超声波振荡器（昆山市超声仪器有限公司）。

R-210 旋转蒸发仪（瑞士 BUCHI 公司）；HP7890 型气相色谱/HP5975 质谱联用仪（美国 Agilent 公司）。

复合滤嘴卷烟的制备：将卷烟滤嘴中的醋酸纤维棒抽出，截成两截，称取 30 mg 活性炭样品，加入到两截醋纤棒之间的空腔中，调节空腔大小，确保活性炭将空腔填满。为使滤嘴长度不变，对醋纤棒进行适当的裁剪。对照卷烟与样品卷烟的区别在于对照烟空腔内不加活性炭。

卷烟抽吸及烟气分析：将组装后的卷烟在温度（22±1）℃和相对湿度 60%±2% 的恒温恒湿室内平衡 48 h 以上。参照 YC/T 254—2008、YC/T 255—2008 和 GB/T 2752—2011 分别测定卷烟主流烟气中的羰基化合物、酚类化合物和 VOCs。参考文献介绍的方法测定卷烟烟气粒相中的挥发性和半挥发性成分。

烟气化合物过滤效率的计算如下：

$$E_i = \frac{C_0 - C_i}{C_0} \times 100\%。$$

其中，E_i 为化合物 i 的过滤效率；C_0 为对照卷烟烟气中化合物 i 的释放量；C_i 为样品卷烟烟气中化合物 i 的释放量。

（二）结果与分析

1. 活性炭结构特性对烟气羰基物过滤效率的影响

从活性炭对不同羰基化合物的过滤效率（图 4-13）和对 8 种羰基化合物的平均过滤效率（图 4-14）可以看出，过滤效率由大到小的顺序是：样品 2 > 样品 3 > 样品 4-3 > 样品 4-2 > 样品 4-1 > 样品 5 > 样品 1。活性炭的过滤效率主要与活性炭的比表面积有关，在用量一定的情况下，过滤效率随比表面积的增大而增大：样品 1 的比表面积最小，过滤效率最小；样品 2 的比表面积最大，过滤效率最高；样品 4-2 和样品 5 的比表面积接近，但是过滤效率却存在明显差异，这种差异可能是由于孔分布不同引起的。活性炭孔隙结构发达，不同孔隙在吸附中所起的作用不同，在气相吸附中微孔起主要的吸附作用，中孔和大孔则为吸附质进入微孔提供通道。样品 4-2 比样品 5 具有较多的中孔和大孔，过滤效率相对较高。可见，在比表面积和微孔含量接近的情况下，适当增加中孔和大孔有利于化合物的去除。由于孔分布不同，不同活性炭对相同化合物表现出不同的过滤特性。样品 5 微孔含量高，滞留小分子的能力强，故与其他活性炭样品相比，其对易挥发的乙醛表现出较好的选择性去除的能力。另外，由于几乎不含中孔和微孔等过渡孔道，传质阻力大，样品 5 对挥发性差的巴豆醛过滤效率相对偏低。粒度是活性炭的一项重要物理指标，其对复合嘴棒卷烟的可加工性和内在品质具有很大的影响。粒度影响活性炭的吸附速度，从而影响活性炭的过滤效率。比较样品 4-1、样品 4-2 和样品 4-3 的过滤效率可知，粒度越小，越利于活性炭的吸附。但是粒度也不能过小，粒度减小会引起吸阻增大，同时增加生产过程中的能耗和引起扬尘污染车间，YC/T 265—2008 中规定了烟用活性炭粒度小于 140 目的要少于 1%。

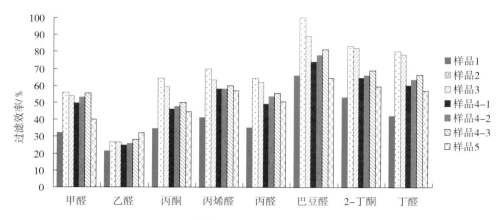

图 4-13　活性炭对不同羰基化合物的过滤效率

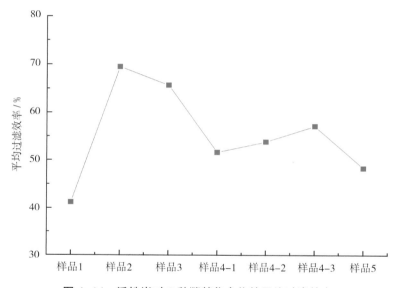

图 4-14　活性炭对 8 种羰基化合物的平均过滤效率

　　烟气的过滤效率不仅与活性炭的性质有关，还与化合物的性质有关。羰基化合物的过滤效率由高到低为：巴豆醛（bp 102℃）> 2- 丁酮（bp 79.6℃）> 丁醛（bp 75.7℃）> 丙烯醛（bp 52℃）> 丙醛（bp 48℃）> 丙酮（bp 56℃）> 甲醛（bp –19.5℃）> 乙醛（bp 20.8℃），过滤效率随化合物分子量的增大和沸点的升高而升高。这种现象与不同化合物之间的竞争吸附有关：活性炭对烟气的过滤主要是微孔表面冷凝，在不受传质阻力限制的前提下，沸点高的化合物因为易冷凝，比低沸点化合物具有更好的竞争吸附的能力。丙酮和丙醛、2- 丁酮和丁醛的分子量一样，它们过滤效率的差异可能是由于沸点不同和分子结构不同引起的。在羰基化合物中，活性炭对甲醛的过滤行为较为特殊。甲醛的沸点比乙醛低很多，但是过滤效率却比乙醛高。产生这一现象的可能原因是虽然甲醛沸点低，但是很活泼，极易溶于半挥发相中，其在半挥发相中的分布量比单纯考虑其蒸气压得出的理论量高很多。此外，化合物的官能团数量及分子极性对过滤效率也有影响。由丙烯醛、丙醛和丙酮三者过滤效率的大小关系可初步推断，过滤效率随化合物官能团数量的增加和分子极性的增加而增加，这与 Taylor 等报道的规律相一致。

2. 活性炭结构特性对烟气挥发性有机化合物过滤效率的影响

　　从图 4-15 和图 4-16 中可以看出，活性炭对挥发性有机化合物的过滤效率由高到低为：甲苯（bp 110℃）> 苯（bp 80℃）> 丙烯腈（bp 77.3℃）> 异戊二烯（bp 34℃）> 1，3- 丁二烯（bp –4.5℃）。

样品 2 的比表面积最大，过滤效率最高，样品 1 的比表面积最小，过滤效率最低；样品 4-2 和样品 5 相比较，样品 5 微孔含量丰富，对小分子化合物 1，3- 丁二烯和异戊二烯的过滤效率较高，样品 4-2 过渡孔含量比样品 5 多，对丙烯腈、苯、甲苯等挥发性较差化合物的过滤效率高；样品 4-1、样品 4-2 和样品 4-3 粒度依次减小，过滤效率依次增加。由此可见，活性炭结构特性对挥发性有机化合物过滤效率的影响规律与活性炭结构特性对羰基物过滤效率的影响规律基本一致：过滤效率均随化合物沸点的升高而升高；微孔含量高的样品，滞留小分子的能力强，有利于吸附小分子低沸点化合物，在微孔含量接近的情况下，适当增加大中孔等过渡孔道有利于较难挥发化合物的吸附；过滤效率随活性炭粒度的减小而增大。

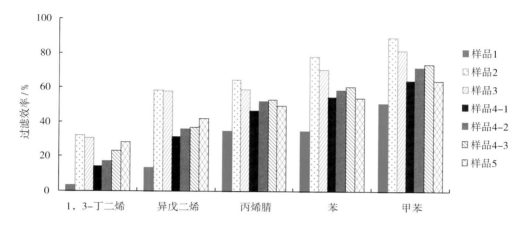

图 4-15　活性炭对不同挥发性有机化合物的过滤效率

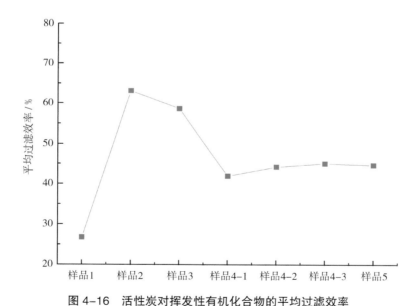

图 4-16　活性炭对挥发性有机化合物的平均过滤效率

3. 活性炭结构特性对烟气酚类化合物过滤效率的影响

活性炭对酚类化合物的过滤趋势与活性炭对前两类化合物（羰基化合物和挥发性有机化合物）的过滤趋势不同。双酚（bp 245 ～ 285 ℃）的沸点高于单酚（bp 182 ～ 202 ℃），但是活性炭对双酚（bp 245 ～ 285 ℃）的过滤效率却明显低于单酚（bp 182 ～ 202 ℃）（图 4-17）。与羰基化合物（bp -19.5 ～ 102 ℃）和挥发性有机化合物（bp -4.5 ～ 110 ℃）相比，酚类化合物的沸点更高（182 ～ 285 ℃），挥发性相对较弱，比较图 4-14、图 4-16 和图 4-18 可知，活性炭对半挥发性酚类化合物的过滤效率低于对挥发性羰基化合物和挥发性有机化合物的过滤效率。可见活性炭对化合物的过滤效率不是一味地随化合物沸点的升高而增大，当沸点过高时，由于受传质阻力的限制，过滤效率反而会下降。对于不同的酚类化合物，具有一定过渡孔道的样品 4-2 的过滤效率普遍高于具有最高微孔含量的活性炭样品 5 的过滤效率，说明过渡孔在吸附大分子化合物中发挥着重要的通道作用，越难挥发化合物对过渡孔道含量的要求越高。

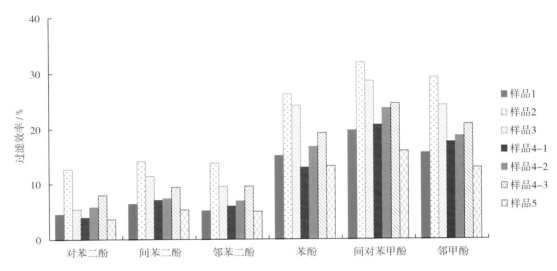

图 4-17　活性炭对酚类化合物的过滤效率

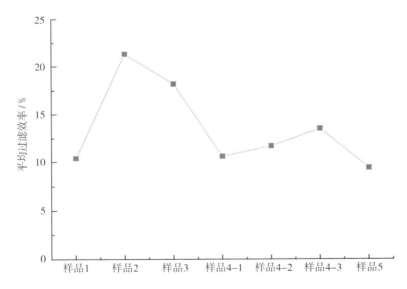

图 4-18　活性炭对酚类化合物的平均过滤效率

4.活性炭结构特性对烟气香味成分过滤效率的影响

经 Wiley 和 Nist05 标准质谱图库检索，共检测出 33 种成分，包括醇类、酚类、醛酮类、酯类、羧酸类、含氮杂环类和烯烃类等多种类型的化合物。将这些化合物的输送量及不同活性炭样品对这些化合物的过滤效率按照化合物的类别及出峰先后顺序列于表 4-7。从表 4-7 中可以看出，随着活性炭的加入，所有香味成分的输送量都有所减少，但不同香味成分减少的程度不同。结合各香味成分的分子量和沸点可以看出，对于同一类香味成分，活性炭对分子量小、沸点低的化合物的过滤效率较高，对分子量大、沸点高的化合物的过滤效率较低。同类香味成分的过滤效率呈现随化合物分子量和沸点的升高而减小的趋势。

从表4-7中还可以看出，不加活性炭时空白卷烟的释放量对过滤效率有影响。邻甲基苯酚、对甲基苯酚和对苯二酚，三者分子量接近，空白卷烟释放量少的成分，活性炭对其过滤效率较高。再如愈创木酚、2，3-二甲基-2-环戊烯-1-酮、麦芽酚和1-茚酮等成分，在空白卷烟中的输送量少，其过滤效率在同类香味成分中也偏高。

从香味成分的平均过滤效率可以看出，比表面积最大的样品2对香味成分的过滤效率最高，微孔百分含量最高的样品5对香味成分的过滤效率最低，含有部分中孔的样品4-2的过滤效率显著高于样品5的过滤效率，再一次证明了过渡孔道在大分子化合物的吸附中发挥着重要的作用。

活性炭对香味成分的过滤势必会对卷烟的吸味品质产生影响。高级脂肪酸甲酯沸点较高，与其他香味成分相比，活性炭对高级脂肪酸甲酯如棕榈酸甲酯和亚麻酸甲酯的过滤效率都较低。由于高级脂肪酸甲酯具有抑制刺激性的效果，所以加入活性炭可能会增加烟气的醇和性。一般来讲，酚类物质对烟气的香味有负面作用，通常表现出药草气、化学气息和粗糙的吸味效果。如被描述为甜味、药味及涩口与甲苯酚和苯酚有关系，愈创木酚对烟气的作用则是苦和烧焦香韵。从表4-7中可以看出，活性炭对苯酚和愈创木酚等有较好的过滤作用，过滤效率高于香味成分的平均过滤效率。因此，加入活性炭后，卷烟的吸味品质应得到一定程度的改善。但是，活性炭的加入引起香味物质总量的降低，香味物质的总量尤其是醛类、酮类及酯类物质总量与卷烟的香气质、香气量浓度、劲头和余味等呈现显著的正相关关系。一些对卷烟感官质量有正面贡献的香味成分也被过滤，如糠醇具有谷香、油香，可增加烟气浓度；巨豆三烯酮可增加烟气丰满度，提升香气量和浓度；麦芽酚能赋予烤烟型卷烟特征香韵，增加烟气浓度和透发性；2-羟基-3-甲基-2-环戊烯-1-酮及其类似物具有甜的、烧焦的糖味特征，可赋予卷烟基本香气特征。活性炭对这些香味成分的过滤及活性炭对香味物质总量尤其是醛类、酮类及酯类物质总量的降低，将对卷烟的感官品质产生不利的影响。由于形成烟草香味的物质种类多，且各种香味成分之间互相影响，吸味的好坏主要依赖于各种成分比例的协调程度，而并不取决于某种成分的绝对含量。因此，尚不能凭借活性炭对某种或者某类化合物过滤量的多少来断定活性炭对卷烟吸味品质改变的好坏。

烤烟型卷烟叶组配方以烤烟烟叶为主，与混合型卷烟相比，烤烟型卷烟具有糖分含量较高、含氮化合物含量偏低的特点，由于活性炭对空白卷烟输送量少的成分过滤效率较高，加入活性炭可能会增大烤烟型卷烟的糖碱比，使烟味平淡。活性炭对卷烟吸味品质的影响需要根据感官质量评吸结果，通过改变叶组配方、改善加工工艺并结合加香加料技术来解决。

表4-7　香味成分过滤效率

类别	化合物	样品1		样品2		样品4-2		样品5		空白	分子量	沸点
		输送量/(μg·支⁻¹)	E/%	输送量/(μg·支⁻¹)	E/%	输送量/(μg·支⁻¹)	E/%	输送量/(μg·支⁻¹)	E/%	输送量/(μg·支⁻¹)		
醇类	丙二醇	2.43	28.63	1.65	51.56	1.89	44.57	2.22	34.79	3.40	76	188.5
	糠醇	2.09	30.89	1.97	34.90	1.93	36.14	2.28	24.51	3.02	98	171
	金合欢醇	1.05	9.10	1.03	11.09	1.08	6.44	1.10	5.24	1.16	222	263
酚类	苯酚	0.28	30.37	0.28	30.04	0.27	32.34	0.30	24.66	0.40	94	181.9
	邻甲基苯酚	1.12	33.92	1.05	37.97	1.14	32.41	1.18	30.21	1.69	108	191
	对甲基苯酚	5.38	11.25	4.95	18.35	5.21	14.02	5.24	13.53	6.06	108	202

类别	化合物	样品 1 输送量 / (µg·支⁻¹)	样品 1 E/%	样品 2 输送量 / (µg·支⁻¹)	样品 2 E/%	样品 4-2 输送量 / (µg·支⁻¹)	样品 4-2 E/%	样品 5 输送量 / (µg·支⁻¹)	样品 5 E/%	空白 输送量 / (µg·支⁻¹)	分子量	沸点
酚类	愈创木酚	0.67	44.02	0.49	58.96	0.60	50.05	0.74	37.76	0.98	124	204～206
	对苯二酚	7.64	8.98	6.86	18.34	7.55	10.09	8.07	3.90	8.40	110	285～287
	2-甲氧基-乙烯基苯酚	2.37	8.00	2.34	9.39	2.29	11.18	2.50	3.18	2.58	150	224
	异丁香酚	1.98	2.39	1.51	25.60	1.85	8.94	1.97	2.93	2.03	164	268
醛酮类	5-甲基糠醛	1.04	51.48	0.72	66.17	0.88	58.85	1.23	42.36	2.14	110	186～187
	2-羟基-3-甲基-2-环戊烯-1-酮	3.30	13.49	3.11	18.44	3.18	16.54	3.62	5.09	3.81	112	—
	2,3-二甲基-2-环戊烯-1-酮	0.28	33.68	0.19	54.60	0.21	50.07	0.29	30.95	0.42	110	—
	麦芽酚	0.76	20.66	0.65	32.63	0.75	21.56	0.77	20.25	0.96	126	170
	2,3-二氢-3,5-二羟基-6-甲基-4(H)吡喃-4-酮	0.40	6.55	0.37	12.81	0.38	9.61	0.40	5.49	0.42	144	—
	5-羟甲基糠醛	8.94	11.95	7.95	21.67	8.49	16.37	8.71	14.19	10.15	126	114～116
	1-茚酮	0.47	45.71	0.47	45.74	0.56	35.89	0.60	30.97	0.87	132	243～245
	香兰素	1.65	14.21	0.99	48.47	1.40	27.32	1.54	20.15	1.93	152	170
	巨豆三烯酮	2.21	6.72	1.92	18.87	1.98	16.35	2.14	9.57	2.37	190	289
酯类	3-吡啶甲酸甲酯	0.17	37.15	0.15	43.14	0.14	47.55	0.19	30.57	0.27	137	204
	棕榈酸甲酯	4.53	7.98	4.51	8.22	4.64	5.70	4.65	5.51	4.92	270	185
	亚油酸甲酯	0.53	9.37	0.54	8.40	0.54	8.86	0.55	7.43	0.59	294	192
	亚麻酸甲酯	2.53	8.48	2.53	8.53	2.53	8.62	2.60	6.05	2.77	292	177～180
	硬脂酸甲酯	0.95	11.22	0.96	10.38	0.99	8.35	1.01	5.86	1.07	298	215
酸类	棕榈酸	0.07	43.61	0.05	63.5	0.05	59.16	0.07	49.83	0.13	256	271.5
	亚油酸	0.51	20.23	0.53	16.27	0.48	23.51	0.56	11.15	0.63	280	229～230
	亚麻酸	4.49	33.45	3.12	53.78	5.18	23.33	5.13	24.02	6.75	278	—
氮杂环类	吡啶	0.43	67.91	0.14	89.60	0.31	76.62	0.45	66.57	1.33	79	115.3
	3-甲基吡啶	0.47	53.41	0.25	74.77	0.50	49.96	0.41	59.05	1.00	93	143～144
	2-乙基吡啶	0.91	49.53	0.33	81.63	0.31	82.83	0.73	59.57	1.81	93	148.6
	3-甲基吲哚	2.98	11.39	1.97	41.38	2.17	35.48	2.77	17.55	3.36	131	265～266
	烟碱烯	2.04	3.99	1.48	30.48	1.75	17.95	1.83	14.01	2.13	158	282.8
	2,3-联吡啶	5.46	15.72	4.97	23.27	5.55	14.31	5.56	14.26	6.48	156	272
	平均过滤效率		23.80		35.42		29.12		22.16			

通过分析 7 种结构特性不同的活性炭对卷烟主流烟气中羰基化合物、酚类化合物、挥发性有机化合物和香味成分的过滤发现，活性炭对烟气化合物普遍具有过滤作用，过滤效率受活性炭的结构特性及化合物的性质的影响。

①过滤效率主要与活性炭的比表面积有关，在粒度一致的情况下，烟气成分的过滤效率随活性炭比表面积的增大而增大；比表面积接近时，粒度越小的活性炭对烟气成分的过滤效率越高。

②过滤效率受孔径分布的影响，不同的孔在吸附中所起的作用不同：微孔滞留小分子的能力强，对吸附乙醛、1，3-丁二烯和异戊二烯等小分子化合物有利；同时微孔传质阻力大，在吸附酚类等半挥发性成分时存在一定的困难，适当增加大中孔等过渡孔有利于大分子化合物的吸附。

③过滤效率与化合物的分子量和沸点有关，尤其是与化合物的分子量沸点有关。对于挥发性好的羰基化合物和挥发性有机化合物，过滤效率随化合物分子量沸点的升高而升高；半挥发性酚类化合物的过滤效率明显低于挥发性羰基化合物和挥发性有机化合物的过滤效率，并且双酚（bp 245～285℃）的过滤效率低于单酚（bp 182～202℃）的过滤效率；香味成分的过滤效率则基本随化合物分子量沸点的升高而降低。

④从香味成分的分析可以初步判断，加入活性炭可以增加烟气醇和性，改善卷烟吸味，但同时会引起香味物质总量的降低，尤其可能使烤烟型卷烟烟味平淡。由于烟气成分之间相互影响，活性炭对感官质量的影响需要结合感官评吸进行进一步的分析。

四、活性炭材料在卷烟减害中的应用研究

通过对 S 型活性炭、B 型活性炭比较研究发现，两种活性炭对卷烟烟气有害成分 HCN、巴豆醛有着显著选择性降低作用。B 型活性炭对烟气感官影响较小，研究了 B 型活性炭在卷烟中的添加对卷烟烟气中部分有害物释放量的影响，对 S 型活性炭进行改性研究，比较分析不同改性条件下活性炭对卷烟烟气成分的影响。

S 型活性炭和 B 型活性炭以不同的添加量 15 mg/ 支、30 mg/ 支、45 mg/ 支、60 mg/ 支加入卷烟滤棒中，由于不同添加量的活性炭将影响滤棒的吸阻，考虑到实际生产、烟气释放及感官评价的实际需要，滤棒设计过程中通过调节滤棒的丝束来调节，即 120 mm 滤棒的吸阻保持在（3100±200）Pa，使得卷烟吸阻保持在相对稳定的水平。

IMR-MS 法可以实现在线逐口检测卷烟主流烟气一些重要的气相成分，而活性炭也是针对烟气气相成分的吸附，因此运用该方法可以对样品进行考察，研究烟气成分释放量变化规律，探索一定条件下卷烟中活性炭合适的施加量。

从图 4-19 看出，添加了 S 型活性炭卷烟（辅材不打孔）烟气的整支释放量看，随着 S4、S1、S6、S7 样品卷烟中活性炭添加量的增加，主要烟气有害成分呈现明显的变化，添加了 45 mg/ 支的活性炭样品对卷烟烟气的有害成分降低有着明显的优势。图 4-20 是添加了 B 型活性炭卷烟（辅材不打孔），随着 B4、B1、B6、B7 样品卷烟中活性炭量的增加，烟气成分的释放量也呈现明显变化，其中添加的 B 型活性炭 45 mg/ 支时其对有害成分的去除率最高。对比图 4-19 与图 4-20 发现，B 型活性炭对烟气中有害物的去除率略高。对于不同种类的化合物来讲，活性炭对低沸点的乙烯（C_2H_4）、乙醛等化合物吸附去除效果较差，对 2- 丁酮、苯、甲苯（C_7H_8）等沸点较高的化合物去除效果较好。

如果对上述卷烟中使用的辅材进行打孔处理，研究发现卷烟中添加相同活性炭施加量的 B 型活性炭效果优于 S 型活性炭，且随着活性炭施加量的上升，对烟气中有害物的去除率更高，这两种活性炭对烟气有害成分去除效率最高时活性炭施加量均为 60 mg/ 支，可能是由于打孔后随着卷烟燃烧过程中空气的不断进入可以更好地发挥活性炭对烟气的吸附作用。

IMR-MS 法测试中选取典型的 NO、1，3- 丁二烯、巴豆醛、苯、甲苯 5 种典型的化合物进行比较分析。从图 4-21 中 NO 的释放量变化情况看出，不同卷烟中 NO 释放量变化相差不大，某品牌试验卷烟中

NO 释放量比普通卷烟略高。

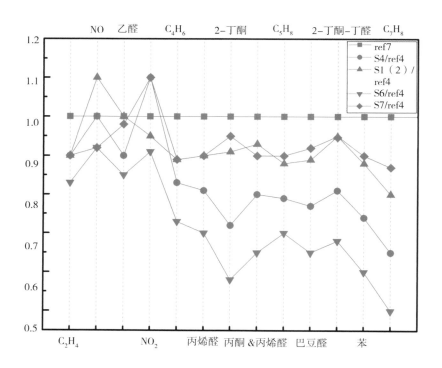

图 4-19 S 型活性炭不同添加量烟气不同化合物释放量情况（不打孔）

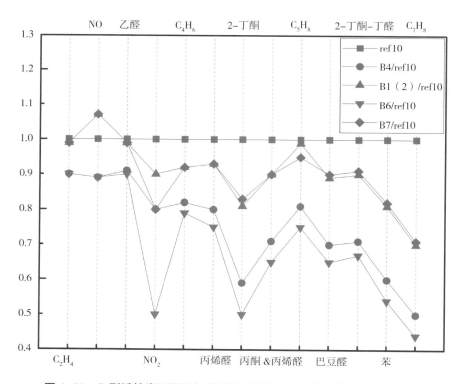

图 4-20 B 型活性炭不同添加量烟气不同化合物释放量情况（不打孔）

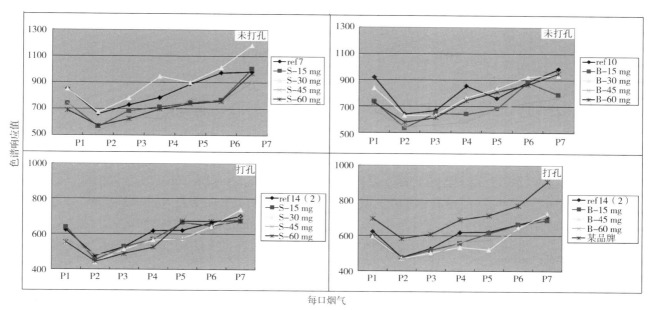

图 4-21　不同卷烟中 NO 释放量变化情况

对于 1，3- 丁二烯释放量变化（图 4-22），在抽吸第一口时不同添加量活性炭对烟气的去除效率有较大差异，而随着抽吸的进行，不同添加量对烟气成分影响较小。

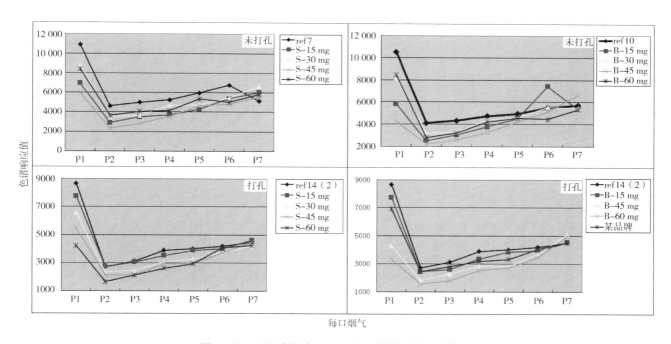

图 4-22　不同卷烟中 1，3- 丁二烯释放量变化情况

对于巴豆醛释放量的变化（图 4-23），不同活性炭施加量样品差异较大，随着抽吸的进行，巴豆醛每口释放量呈现逐渐上升的趋势，在添加了活性炭后，其每口释放量与对照相比均有着明显的下降，而无论是否添加活性炭其在抽吸的最后两口释放量都有着明显的上升。原因可能是随着抽吸的进行烟气通过滤嘴的温度升高，在吸附动力学上使得活性炭的吸附、脱附作用都加快，在热力学上活性炭脱附作用占据更为主要的作用。

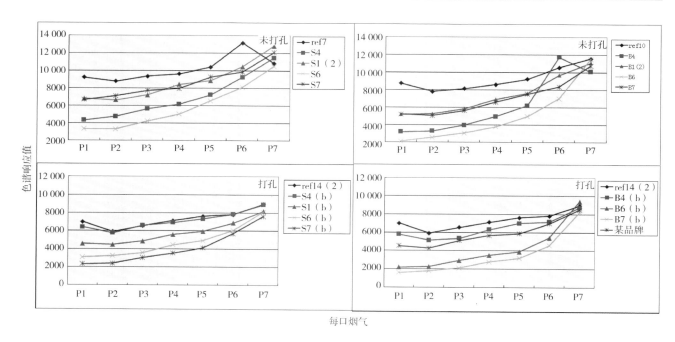

图 4-23　不同卷烟中巴豆醛释放量变化情况

从图 4-24、图 4-25 中苯、甲苯的逐口释放规律可以发现，苯有明显的点火效应而甲苯则没有，甲苯随着抽吸的进行呈现逐渐上升的趋势。未打孔卷烟活性炭的变化不一致，先上升后下降，打孔卷烟则随着活性炭量的增加呈现逐渐降低的趋势。

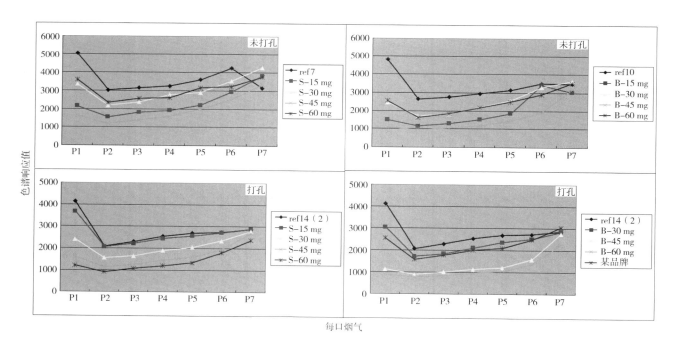

图 4-24　不同卷烟中苯释放量变化情况

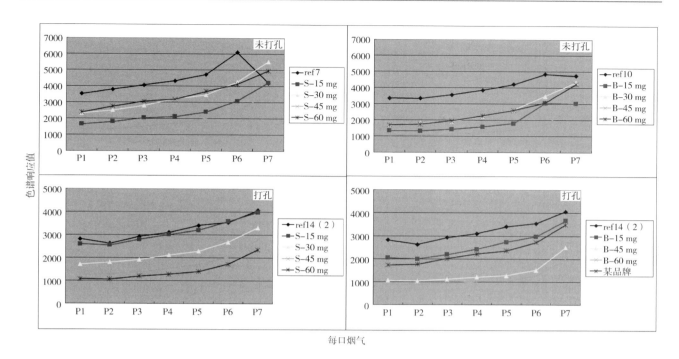

图 4-25　不同卷烟中甲苯释放量变化情况

对这些卷烟样品进行烟气其他有害成分的测试发现，检测结果与 IMR-MS 方法得到的结论具有一致性，即 B 型活性炭对烟气有害成分的吸附效果明显优于 S 型活性炭。

选用酸浸渍方法改性活性炭主要是利用酸的氧化性，对活性炭表面进行氧化改性，使活性炭表面的官能团发生变化。增加羧基（—COOH）、羟基（—OH）、羰基（—CO—）等基团以提高活性炭的表面极性，从而增加对极性物质的吸附效果。酸浸渍改性活性炭的实验步骤为：取 30 g 活性炭置于 500 mL 三口烧瓶中，加入 300 mL 溶剂（不同浓度、不同种类的酸），之后用水浴锅将烧瓶加热至 60 ℃，回流 3 h，之后热抽滤，去除酸液，之后用水将活性炭洗至 pH=7，取出活性炭置于烘箱中于 100 ℃温度下干燥 24 h。

虽然改性后 S 型活性炭的物理性能没有很大变化，但以相同添加量添加至卷烟后其 HCN 释放量发生了一定的变化。HCN 的释放量明显增加，而巴豆醛的释放量保持不变。可能由于 HCN 为酸性气体，原本 S 型活性炭 pH 9.6 的碱性表面有利于对酸性气体的吸附，而改性后的酸性表面不能与其发生酸碱中和的作用。

第三节　炭气凝胶材料降低烟草中的有害物评价

一、炭气凝胶的制备

将间苯二酚和甲醛以一定的摩尔比混合，加入二次去离子水作为溶剂并调节其质量百分数，用适量碳酸钠作为催化剂，充分搅拌使溶液均匀混合，将混合液移至密闭容器内，放入 50 ℃恒温水浴中反应 24 h，85 ℃恒温水浴中反应 5 天，生成红色或暗红色 RF 凝胶。用表面张力系数较小且易挥发的有机溶剂丙酮浸泡 RF 湿凝胶数天，置换有机气凝胶中的水，每 24 h 更换一次新鲜的丙酮，然后将溶剂替换过的 RF 凝胶放在空气中干燥几天，即得到具有连续网络结构的有机气凝胶（RF）。有机气凝胶经过炭化处理后可以维持和稳定结构。有机气凝胶的炭化过程是一个裂解的过程，随温度的升高，气凝胶中的水分和有机溶剂蒸发，气凝胶中的含氧、氢的官能团与碳的化学键断开，并以 CO、CO_2、H_2 和 CH_4 等气体的形式逸出，形成炭的骨架。随温度的升高，炭骨架的结构不断稳定，当达到一定温度时，结构达到最稳定状态。将 RF 有机气凝胶置于管式炉中，在氮气保护气氛下，升温速率设为 5℃/min，高温炭化得到炭气凝胶，制备的流程如图 4-26 所示。

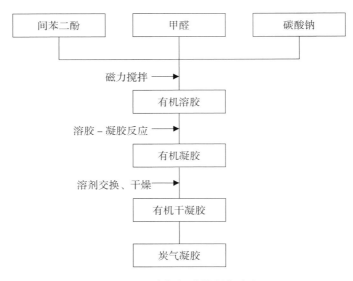

图 4-26　炭气凝胶的制备流程

二、炭气凝胶的表征

从反应物总浓度、反应物配比、反应温度及时间、催化剂及其浓度、干燥工艺条件和炭化工艺条件等方面总结控制炭气凝胶及其有机气凝胶前驱体的网络结构的工艺因素，实现常温常压干燥，结合红外光谱（FT-IR）、扫描电镜（SEM）、透射电镜（TEM）、氮气吸附表征的分析测试方法，综合分析优化制备工艺，以期得到完整无裂纹密度尽可能低的块状炭气凝胶。

反应物配比：间苯二酚和甲醛的反应是典型的酚醛缩聚反应，反应物配比（R/F，即间苯二酚与甲醛的摩尔比）影响凝胶反应进行程度及孔结构。实验发现，当间苯二酚过量（如 R/F=1.0）时，溶胶的颜色很浅，而且由于溶胶 – 凝胶的转化率太低而很难干燥；甲醛过量时，将引起孔结构的破裂，由于实验所用甲醛的质量分数为 40% 左右，甲醛的量过多则相应的溶剂的量亦增多，使孔径增大，干燥时易收缩引起有机气凝胶骨架的坍塌。为了制备以中孔为主的炭气凝胶一般应采用 R/F 值为 0.5 左右。

反应控制温度：为确定间苯二酚与甲醛的溶胶 – 凝胶反应温度，使用黏度计测量反应体系的黏度及酸度变化，结果如图 4-27 所示。从图 4-27 中可以看出，溶胶体系的初始酸碱度 pH 为 6 左右，然后不断下降，最终恒定在 pH 为 4 左右，而体系的黏度在反应开始很长一段时间保持为零（黏度太小仪器检测不出来），到接近反应终点时突然迅速上升，直到溶液不再流动。体系酸度的下降反映了缩聚反应的程度，而黏度突然上升的拐点对应缩聚反应的终点，即不断形成凝胶。本实验以 85℃ 为溶胶 – 凝胶反应温度。实验发现，初始温度如果设定为 85℃，由于反应较为迅速的气泡最终在形成的凝胶表面留有一些孔洞使表面不规则。因此，我们将初始温度设为 50℃ 以减缓溶胶 – 凝胶反应速率，避免短时间内产生大量的气泡，24 h 后设为 85℃，再经过 5 天的溶胶 – 凝胶反应得到 RF 有机气凝胶。

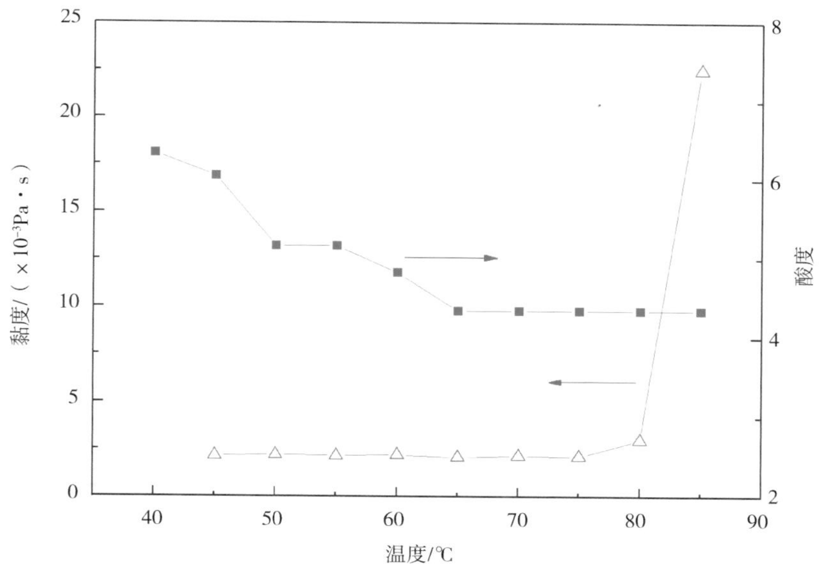

图 4-27　温度对溶胶 – 凝胶过程中体系黏度与酸度的影响

反应物总浓度，即溶质的质量分数（w），显著地影响有机气凝胶的密度，实验发现，可以通过控制反应物的总浓度将炭气凝胶的密度控制在一定的范围。文献中大多数认为，RF 有机气凝胶的密度随反应物总浓度的增大而增大。当 w 值小于 30% 时，炭气凝胶的密度很大，严格说不能称之为炭气凝胶，只能称为多孔的炭材料。由于溶剂的含量过高，凝胶过程进行得很慢，凝胶不完全而产生一定的大尺寸的孔洞，在干燥过程中大的表面张力使孔结构破坏，孔的坍塌和破裂导致炭化后气凝胶的结构更加致密，进而使炭气凝胶的密度增加。随着溶质含量的增大，凝胶骨架强度有一定程度的增强，密度呈降低趋势，w 为 40% 时，炭气凝胶的密度相对较低。继续增加溶质的含量，当 w 为 50% 时，由于溶质含量过高使材料过于致密。因此，溶质质量分数过高或过低都是不利的，为了获得低密度的炭气凝胶，较为适宜的 w 值为 40% 左右。

催化剂种类：关于间苯二酚和甲醛在碱性催化剂作用的反应，比较普遍的看法是酚羟基上氧原子未共用电子对与苯环上的 π 电子共轭，电子的离域使氧上的电子的密度降低，使羟基上的氢容易以质子的形式离去，与溶液中碱提供的 OH^- 结合生成水，同时生成的苯氢负离子由于共轭效应，氧原子的负电荷分散到整个共轭体系中而更加稳定，一个甲醛分子与苯氢负离子发生亲电加成，加到苯氢负离子的邻位成对位形成酚醇中间体，这一步加成反应速度快；第二步是缩聚反应，发生在酚醇中间体的羟甲基（—CH_2—OH）和苯环上未被取代的位置，以及两个羟甲基之间，分别形成以亚甲基醚键（—CH_2—O—CH_2—）连接的二聚物小簇，小簇进一步缩聚最终形成体形结构的网络。事实上醚键的生成比较慢，取决于催化剂的种类和醚醛物质的量的比。不同催化剂对应的红外光谱基本相同（图 4-28），说明不同种类的催化剂对 RF 有机气凝胶的交联程度的影响基本相同。因此，本实验选择价格较为低廉的碳酸钠作为溶胶 – 凝胶反应的催化剂。

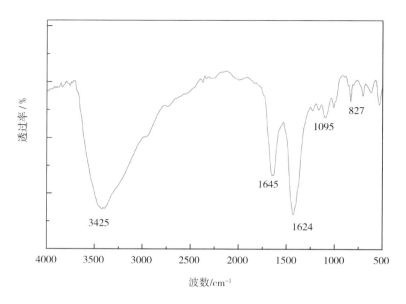

图 4-28　RF 有机气凝胶的红外光谱

常压干燥工艺控制：通常有机气凝胶在常压下干燥过程中发生强烈的毛细收缩，干燥后易弯曲变形甚至开裂，所以对凝胶的干燥条件相当苛刻。用表面张力系数较小且易挥发的有机溶剂丙酮浸泡 RF 湿凝胶数天，置换有机气凝胶中的水，然后将溶剂替换过的 RF 凝胶放在空气中干燥几天，即得到具有连续网络结构的 RF 气凝胶。实验发现，用丙酮浸泡 RF 湿凝胶 3 天，每 24 h 更换一次新鲜的丙酮，所得到的凝胶仍然有一定的收缩，但是可以保持均匀收缩不发生开裂现象。

间苯二酚 – 甲醛有机气凝胶经炭化处理便得到炭气凝胶。有机气凝胶炭化前后整体失重率为 50% 左右，根据失重速率（热重曲线的斜率）的不同（图 4-29），将曲线分为 4 个阶段：①室温至 150℃，失重率为 3.45%，为溶剂的挥发阶段；② 150 ～ 300℃，失重率为 6.79%，可能是溶剂的进一步脱附挥发或者有机气凝胶的网络骨架开始热分解；③ 300 ～ 800℃，失重率为 37.34%，有机物中 C—O、C—H 等化学键断裂，以 CO、CO_2、H_2 和 CH_4 等气体的形式逸出，形成炭的骨架；④ 800 ～ 1000℃，失重率为 1.65%，说明炭骨架基本达到稳定的状态。我们确定的炭化工艺升温速率为 5℃ /min，150℃保温 1 h，炭化终温为 800℃，并保温 2 h，以使炭骨架结构更加稳定。

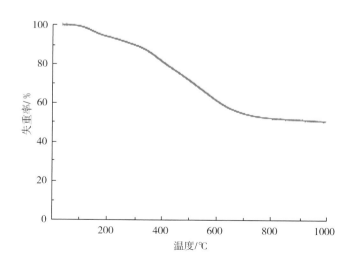

图 4-29　RF 有机气凝胶热分析

　　从凝胶机制分析，由间苯二酚 – 甲醛制备的炭气凝胶具有独特的三维纳米网络结构。图 4-30 和图 4-31，分别为不同催化剂浓度下的炭气凝胶 SEM 形貌和 TEM 照片。从图 4-30 可以看出，两种炭气凝胶的表面均布满孔隙，图 4-30a 中炭气凝胶的颗粒和孔隙都较均匀，没有发现大的孔隙存在，网络结构规则整齐；图 4-30b 中的炭气凝胶颗粒相对较大，存在一些 100 nm 左右的大孔隙。进一步由透射电镜观察，由图 4-31 可以看出，炭骨架由粒径为 10 ～ 30 nm 的炭颗粒组成，纳米炭颗粒的形状不是十分规则，相互交联构成连续的纳米网络，形成大量的孔洞，孔隙之间相互交叠，随催化剂浓度的降低，孔径尺寸明显增大。可见催化剂的用量影响着炭气凝胶的网络形貌，随催化剂浓度的降低，纳米炭颗粒尺寸增加，孔径也随之增大。

a R/C=500　　　　　　　　　　　　　b R/C=1000

图 4-30　不同催化剂浓度下的炭气凝胶 SEM 形貌

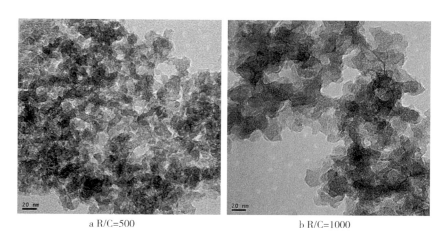

a R/C=500　　　　　　　　　　　　　b R/C=1000

图 4-31　不同催化剂浓度下的炭气凝胶 TEM 照片

　　图 4-32 给出了 RF 有机气凝胶经惰性气氛下煅烧后得到的炭气凝胶的 XPS 图谱，532.5 eV 对应的 O1s 变化明显，可以看出，煅烧前有机气凝胶中氧元素的含量很高，证明经溶胶 – 凝胶反应形成了大量含氧官能团的结构，煅烧后的炭气凝胶 O1s 几乎观察不到而 C1s 元素峰非常明显，这是因为煅烧使形成的醚网络结构断裂形成了新的炭网络结构。

　　图 4-33 的红外光谱变化也证明了这个过程的发生。RF 有机气凝胶的红外光谱图中，3279 cm^{-1} 为—OH的伸缩振动吸收峰，2925 cm^{-1} 为—CH$_2$ 的伸缩振动吸收峰，1615 cm^{-1} 和 1470 cm^{-1} 为苯环 C═C 弯曲振动吸收峰，1091 cm^{-1} 为 C—O—C 的伸缩振动吸收峰，980 cm^{-1} 为苯环 C—H 的面外弯曲振动吸收峰。煅烧后炭气凝胶的红外光谱中 1091 cm^{-1} 附近的—CH$_2$—O—CH$_2$—网络结构的红外特征峰明显减弱。

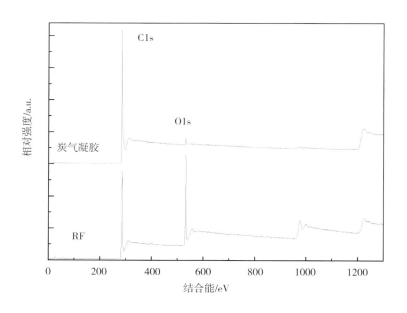

图 4-32　RF 有机气凝胶转化为炭气凝胶前后的 XPS 图谱

图 4-34 给出了 RF 有机气凝胶及煅烧后得到的炭气凝胶的氮气吸附 – 脱附等温线，可以看出，煅烧前后氮气吸附 – 脱附等温线的性状几乎没有变化，说明制备的有机气凝胶经煅烧结构没有坍塌，比表面积明显增加，从 313 m²/g 增加为 589.5 m²/g。

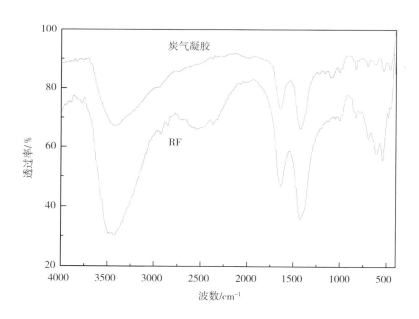

图 4-33　RF 有机气凝胶转化为炭气凝胶前后的 FT-IR 图谱

炭气凝胶的孔结构控制：炭气凝胶的结构主要取决于其前驱体——有机气凝胶，因此有机气凝胶的结构控制是实现炭气凝胶结构控制的前提。炭气凝胶的制备均采用溶胶 – 凝胶法进行前驱体的制备，溶胶 – 凝胶过程可概述如下：在反应物溶液中，首先生成初次粒子，粒子长大生成凝胶核，凝胶核继续长大生成凝胶，凝胶粒子相互交联，形成三维的网络结构即凝胶。可见，成核速率、粒子生长速率和交联速率共同影响着凝胶的最终结构。因此，溶胶 – 凝胶过程是气凝胶网络结构形成和调节的主要过程。

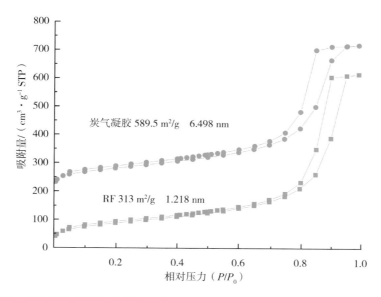

图4-34 RF有机气凝胶转化为炭气凝胶前后的氮气吸附 – 脱附等温线变化及平均孔径对比

原位调控：在炭气凝胶的制备过程中，尽管有机气凝胶的干燥和炭化的热解过程对其精细结构有重要的影响，但有机气凝胶的孔结构主要取决于溶胶 – 凝胶反应过程。因此，控制溶胶 – 凝胶过程中各关键因素将对最终炭气凝胶的结构和性能产生重要的影响。催化剂浓度，即间苯二酚与碳酸钠的摩尔比值（R/C）是很重要的参量，它强烈地影响着炭气凝胶及其有机气凝胶前驱体的结构和性质。炭化处理后对炭气凝胶进行SEM表征，如图4-35所示，反应物浓度一定时，随着催化剂浓度的增大，凝胶颗粒尺寸逐渐减小，而当其增大到一定程度时，凝胶的颗粒尺寸反而增大。在溶胶 – 凝胶反应过程中，催化剂碳酸钠是通过调节凝胶体系的酸碱度变化而控制基元颗粒尺寸及孔结构的，颗粒尺寸随着催化剂浓度的增大而减小。然而，当催化剂浓度很大时，基元胶体颗粒尺寸很小，其气凝胶的力学强度很差，伴随有大量的凝胶网络塌陷、破裂现象，因此，干燥后气凝胶收缩严重，炭化后由于坍塌和收缩严重，使炭骨架的颗粒较大。当反应物浓度较大（40%）时，相对于相同催化剂浓度，炭气凝胶的颗粒明显增大，但是由于骨架强度较高而保持了一定的孔结构。

为了表征不同催化剂浓度下炭气凝胶孔结构的变化，对样品进行N_2吸附表征，得到吸附 – 脱附等温线、孔径分布、比表面积及孔容等结构参数，分别如图4-36、图4-37及表4-8所示。由图4-36可以看出，不同催化剂浓度下测得的氮气吸附 – 脱附等温线均为第I类吸附等温线，说明所得的炭气凝胶是典型的中孔材料，而吸附 – 脱附等温线的类型明显不同，随着R/C比值的增大，由H2型变为H1型，即孔的形状由墨水瓶形状变为管状，说明催化剂的浓度对孔的结构有一定的影响。结合图4-37进行分析，当催化剂浓度很低时，气凝胶的孔结构很不均匀，表现为孔尺寸分布很宽，甚至存在大孔结构，中孔体积（Vmeso）不大。随着催化剂浓度的增大，气凝胶的孔结构逐渐均匀化，表现为孔尺寸分布逐渐呈单一中孔峰，因此中孔体积增大。

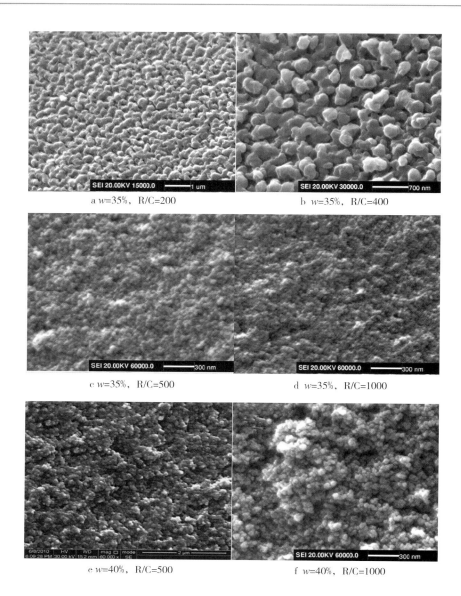

图 4-35 不同条件下炭气凝胶的 SEM 表征

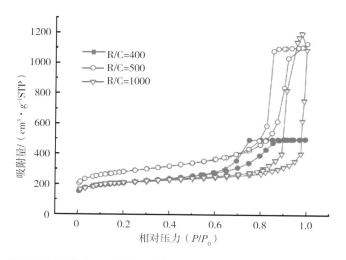

图 4-36 不同 R/C 比值下炭气凝胶的氮气吸附 − 脱附等温线

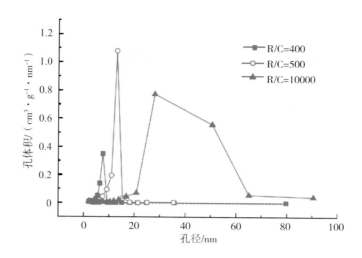

图 4-37 不同 R/C 比值下炭气凝胶的孔径分布

炭气凝胶的比表面积及孔体积等具体参数变化情况如表 4-8 所示。从表 4-8 可以看出，随着催化剂浓度的增加，炭气凝胶的比表面积（S_{BET}）和中孔体积（V_{meso}）先增大而后减小。微孔表面积（S_{mic}）和微孔体积（V_{mic}）也有相似的变化趋势，但其值分别远远地小于比表面积和中孔体积。这可能是因为在溶胶－凝胶过程中，先形成一定的单体胶核，伴随缩聚反应的进行而不断长大，而且在组成网络结构的基元颗粒中，一些小颗粒被溶解而消失，而大颗粒还能通过小颗粒的溶解继续生长。催化剂浓度大时，缩聚反应进行较为迅速，小颗粒来不及长大，而且溶解较少，颗粒尺寸较小，因此，颗粒尺寸随着催化剂浓度的增大而减小，从而导致孔 S_{BET} 的增大。然而，当催化剂浓度很大时，基元胶体颗粒尺寸很小，其气凝胶的力学强度很差，干燥后气凝胶收缩严重，并伴随有大量的凝胶网络塌陷、破裂现象。因此，当催化剂浓度很低时，S_{BET} 反而随着催化剂浓度的增加而减小，S_{BET} 的最大值取决于基元颗粒尺寸变小和干燥收缩这两种因素的相互平衡。

表 4-8 不同催化剂浓度下炭气凝胶的比表面积及孔体积参数

样品	R/C	S_{BET} / ($m^2 \cdot g^{-1}$)	S_{mic} / ($m^2 \cdot g^{-1}$)	S_{meso} / ($m^2 \cdot g^{-1}$)	V_{mic} / ($cm^3 \cdot g^{-1}$)	V_{meso} / ($cm^3 \cdot g^{-1}$)
1	400	726	368	354	0.1697	0.7753
2	500	976	476	500	0.2189	1.7094
3	1000	728	456	272	0.2113	0.9626

为改善炭气凝胶的孔洞结构，在溶胶－凝胶过程中掺杂 SiO_2 微球作为造孔材料。SiO_2 微球粒径均匀，分散性好，由于我们所制备的间苯二酚－甲醛基炭气凝胶孔隙为连通的孔，原则上掺杂的微球通过溶剂的浸泡就可以去除，对于 SiO_2 可以将气凝胶进行炭化处理后用氢氟酸进行腐蚀去除。

图 4-38 为掺杂处理后炭气凝胶的组织形貌，可以看出，与未引入 SiO_2 的炭气凝胶相比，炭气凝胶颗粒的尺寸大小并无明显变化，氢氟酸浸泡腐蚀后孔洞较原来有所增加，孔径也有一定程度的增大。

此外，掺杂前后炭气凝胶的 XRD 图谱几近相同，未观察到 SiO_2 的衍射峰，原因可能是 SiO_2 的掺杂量少以至于检测不出来。为分析掺杂后炭气凝胶的结构参数的影响，对孔结构的变化用氮气吸附法进行表征分析。加入 SiO_2 经凝胶反应后进行去除所得的炭气凝胶的氮气吸附表征如图 4-39 所示，可以看出，

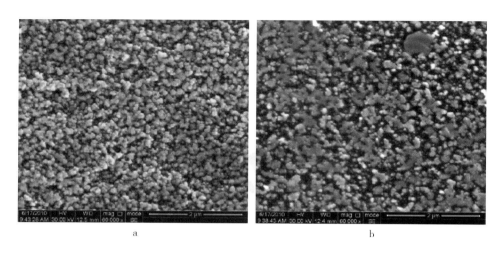

a   b

图 4-38　SiO₂ 掺杂前后所得炭气凝胶的 SEM 表征

吸附 - 脱附等温线相对于未加 SiO₂ 的炭气凝胶整体向下移动，孔容大部分变小，吸附 - 脱附等温线的形状未发生大的改变，说明孔结构形状上没有改变，只是孔尺寸上的变化。孔尺寸分布（图 4-40）仍呈单一中孔峰，峰位向孔径增大的方向略微移动，由原来的 12.97 nm 增大到 14.47 nm，而且出现少量的大孔，整体的孔径有微小的增大的趋势。这是因 SiO₂ 粒径较大，用氢氟酸浸泡后形成较大的孔洞，尽管后续的炭化处理孔径理论上有所收缩，但是孔径尺寸仍较大。引入 SiO₂ 后炭气凝胶的比表面积和孔体积均减小，这可能与 SiO₂ 的粒径大小有关，本实验中使用的 SiO₂ 微球的粒径大，可能在一定程度上破坏了溶胶 - 凝胶过程中形成的原始的孔结构，而使最终得到的炭气凝胶的表面积降低，并且微孔体积和中孔体积也随之降低。同时发现，经过氢氟酸浸泡腐蚀后，炭气凝胶的孔结构较均匀，炭骨架未发生大的溶解和破坏，实验发现，浸泡干燥后炭气凝胶的收缩率仅仅 2% 左右，说明炭气凝胶可以应用于某些酸环境中，并能够保持一定的孔结构。有一些研究以三氟乙酸、磷酸等对炭气凝胶进行活化，改善其孔结构，一定程度上增大了炭气凝胶的比表面积和孔体积，那么用氢氟酸浸泡以去除 SiO₂ 的过程中，氢氟酸可能也有一定的活化扩孔作用，这有待于进一步探索和研究。

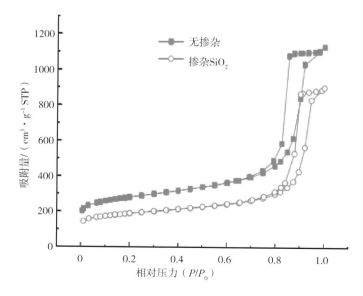

图 4-39　SiO₂ 掺杂炭气凝胶前后的氮气吸附 - 脱附曲线

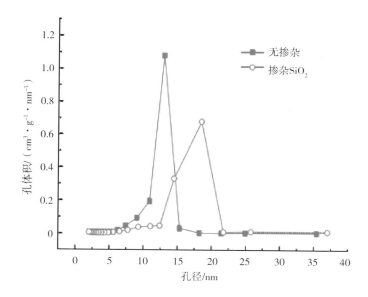

图 4-40　SiO$_2$ 掺杂炭气凝胶前后的孔径分布曲线

三、炭气凝胶对溶液污染物的吸附评价

酚醛树脂水凝胶的制备：将间苯二酚 0.112 mol 与 37% 的甲醛 0.224 mol 溶解在 15 mL 水中，然后加入 0.0112 mol 的冰乙酸，搅拌均匀后置于水浴锅中恒温 80 ℃反应 24 h 即得到酚醛树脂水凝胶（RF）。将酚醛树脂水凝胶用一定量的丙酮浸泡以去除其中的水分，每隔 12 h 更换一次丙酮，浸泡 3 天后在常压 50 ℃下干燥备用。

炭气凝胶的制备：将干燥后的 RF 水凝胶在惰性气体氢气的保护下，程序升温以 5 ℃ /min 的速度加热到 900 ℃并保持 4 h，炭化结束后自然冷却至室温得到黑色的炭气凝胶。将制备出的炭气凝胶研细、过筛，选取粒径范围为 30 ～ 60 目的样品，记为 CRF。

表面官能团含量的测定：采用 Beohm's 滴定法测定炭气凝胶表面官能团含量。分别取 1.0 g 炭气凝胶样品置于 4 个锥形瓶内，分别加入 50 mL、0.1 mol/L 的 NaHCO$_3$、Na$_2$CO$_3$、NaOH 及 HCl 溶液。将锥形瓶放入振荡器振荡 24 h 后室温静置。过滤后用 l mol/L 的标准盐酸滴定，从而可计算出相应的含氧官能团的量。根据碱的消耗量来计算活性炭表面的酸性官能团含量。以 NaHCO$_3$ 消耗量表示羧基含量；以 Na$_2$CO$_3$ 与 NaHCO$_3$ 消耗量差值表示内酯基含量；以 NaOH 和 Na$_2$CO$_3$ 消耗量差值表示酚羟基含量。

表 4-9 为测得的酚醛树脂基炭气凝胶表面官能团的种类及数量。由表 4-9 可以看出，酚醛树脂基炭气凝胶表面酸性官能团总量为 3.957 mmol/g，碱性官能团总量为 0.167 mmol/g。酸性官能团含量要高于碱性官能团含量，酸性官能团中主要为羧基，其次为酚羟基，内酯基含量最少。

表 4-9　酚醛树脂基炭气凝胶表面官能团的种类和数量

单位：mmol·g^{-1}

样品	官能团总数	酸性官能团	碱性官能团	酚羟基	羧基	内酯基
CRF	4.124	3.957	0.167	1.652	2.201	0

接触时间及不同初始浓度对炭气凝胶吸附双酚 A（BPA）的影响如图 4-41 所示，由图 4-41 可以看出，

在吸附的初始阶段，吸附量随接触时间的增长而上升，这是因为在吸附过程的开始阶段，炭气凝胶表面存在大量的吸附位点，在边界层效应的影响下双酚 A 分子快速进入活性炭的内部，使吸附量在短时间内显著增大；当达到一定的时间后，吸附量增加趋势变慢，直至停滞，吸附过程达到平衡状态。双酚 A 的吸附平衡时间为 180 min，随着溶液初始浓度的增大，吸附量也增大，最终达到最大吸附量 10.71 mg/g。

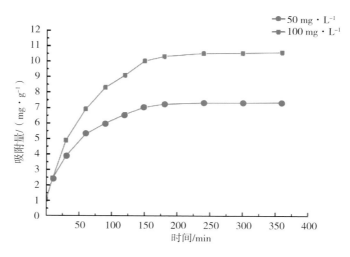

图 4-41　炭气凝胶对 BPA 的吸附平衡及动力学曲线

pH 大小对炭气凝胶的吸附能力存在较大的影响，吸附能力随 pH 的增大而减小，在酸性和中性条件下吸附量的变化不大，当 pH 为 10 时吸附量急剧下降，在强酸性条件（pH 为 3 时）下双酚 A 吸附量为 10.58 mg/g，而在 pH 为 10 时降低至 7.32 mg/g，这与双酚 A 本身的 pKa 值有关。

图 4-42 所示为不同温度对炭气凝胶吸附双酚 A 的影响。由图 4-42 可知，随着温度的升高，吸附量在不断增加，温度为 298 K 时吸附量是 10.15 mg/g，而当温度为 318 K 时，吸附量达到 11.93 mg/g，说明升高温度有利于炭气凝胶吸附量的增加，此吸附过程吸热。

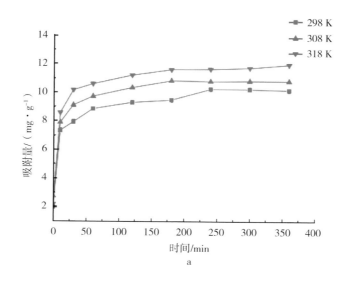

a

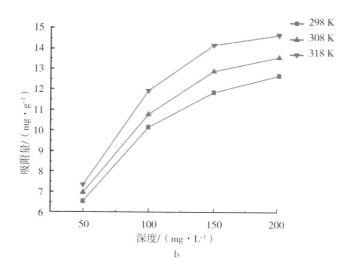

图 4-42 温度对炭气凝胶吸附双酚 A 的影响

选取伪二级动力学模型、Elovich 模型及颗粒内扩散模型 3 种动力学模型对实验数据进行拟合，探讨其吸附机制。根据伪二级动力学模型、Elovich 模型和颗粒内扩散模型，对实验数据进行线性拟合，所得的动力学拟合曲线分别如图 4-43 至图 4-45 所示。

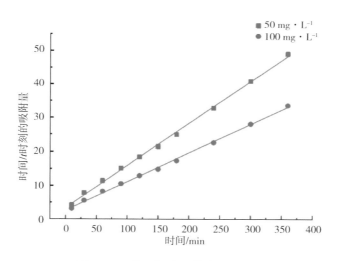

图 4-43 伪二级动力学模型拟合曲线

表 4-10 所示为由伪二级动力学模型和 Elovich 模型拟合直线的斜率与截距计算得到的动力学参数。由表 4-10 可以看出，由 Elovich 模型得到的相关系数比伪二级动力学模型的相关系数略低，且伪二级动力学模型中吸附量的计算值和实验值数据非常接近，表明伪二级动力学模型更适合于描述该吸附过程；二者得到的相关系数都相对较高，说明该吸附过程中化学吸附占有主导作用。

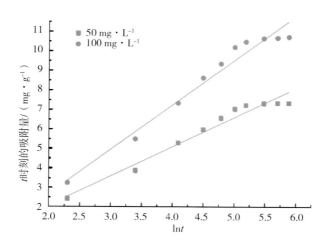

图 4-44 Elovich 模型拟合曲线

表 4-10 伪二级动力学和 Elovich 模型动力学参数

	初始浓度 / （mg · L⁻¹）	平衡吸附量 实验值 / （mg · g⁻¹）	伪二级动力学模型			Elovich 模型		
			吸附速率 常数 $k \times 10^{-2}$ （g · mg⁻¹ · min⁻¹）	平衡吸附量 计算值 / （mg · g⁻¹）	R^2	吸附初速度 / （mg · g⁻¹ · h⁻¹）	参数 b	R^2
双酚 A	50	7.3384	0.4743	7.9949	0.9980	1.4937	−0.8878	0.9585
	100	10.7106	0.2827	11.7772	0.9978	2.2687	−1.8498	0.9641

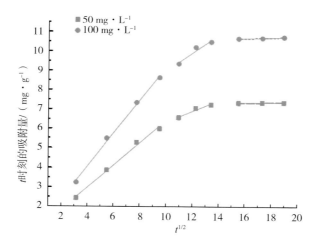

图 4-45 颗粒内扩散模型拟合曲线

表 4-11 是颗粒内扩散模型相应的模型参数。由表 4-11 可以看出，在两个不同的初始浓度下，K_{p1} 均大于 K_{p2}，C_2 均大于 C_1，这说明炭气凝胶对双酚 A 的吸附速率在开始阶段较大，在进行到吸附的后期时，炭气凝胶表面逐渐形成了较厚的边界层，使传质扩散受到影响，导致吸附速率下降，吸附过程由外层吸附转为颗粒内扩散，直至最后到达吸附平衡。所得的 3 条直线都不经过原点，说明吸附速率不是由颗粒内扩散唯一控制的，而是由内、外扩散共同控制的。

表 4-11　颗粒内扩散模型参数

$C_0/$ (mg · L^{-1})	第一阶段			第二阶段		
	$K_{p1}/$ [mg · (g · min$^{1/2}$) $^{-1}$]	C_1	R^2	$K_{p2}/$ [mg · (g · min$^{1/2}$) $^{-1}$]	C_2	R^2
双酚 A 　　50	0.5704	0.705	0.9889	0.2723	3.6144	0.9117
100	0.8480	0.6824	0.9948	0.4599	4.3838	0.8687

根据拟合曲线（图 4-46、图 4-47），计算相应的等温线参数，由表 4-12 可知，吸附量（q_m）和朗格缪尔参数（K_F）均随体系温度的升高而增大，说明该吸附过程是吸热的。另外，朗格缪尔（Langmuir）等温线拟合的相关系数 R^2 大于 Freundlich 等温线对应的相关系数，说明线性符合程度：Langmuir ＞ Freundlich，这一结果表明，该吸附过程主要为单层吸附，吸附量与吸附剂的比表面积及孔径结构有一定的相关关系。

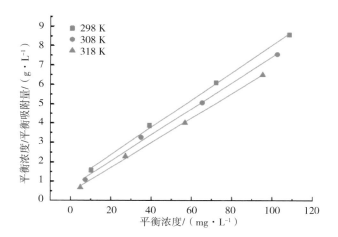

图 4-46　Langmuir 吸附等温线拟合曲线

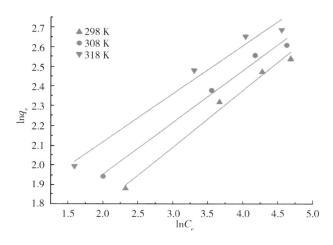

图 4-47　Freundlich 等温线拟合曲线

表 4-12　Langmuir 和 Freundlich 等温线拟合参数

温度 /K	Langmuir			Freundlich		
	$q_{\mathrm{m}}/$ (mg·g^{-1})	$K_{\mathrm{L}}/$ (L·mg^{-1})	R^2	$K_{\mathrm{F}}/$ [mg·g^{-1}·(1/mg)$^{-1/n}$]	n	R^2
298	14.14	0.07421	0.9980	3.4169	3.4858	0.9828
308	14.85	0.09704	0.9962	4.1689	3.8098	0.9856
318	15.56	0.1497	0.9963	5.1071	4.1085	0.9656

对不同温度下的双酚 A 在炭气凝胶上吸附的吉布斯自由能 ΔG、焓变（ΔH）与熵变（ΔS）按如下公式计算：$\Delta G=-RT\ln K_{\mathrm{L}}$。以 $\ln K_{\mathrm{L}}$ 为纵坐标，$1/T$ 为横坐标作图，得到一条直线，由直线的斜率和截距即可求得 ΔH 和 ΔS 的值，相关参数如表 4-13 所示。

表 4-13　炭气凝胶对双酚 A 吸附的热力学参数

温度 /K	$K_{\mathrm{L}}/$ (L·mmol^{-1})	$\Delta G/$ (kJ·mol^{-1})	$\Delta H/$ (kJ·mol^{-1})	$\Delta S/$ (kJ·mol^{-1})
298	16.92	−7.01		
308	22.13	−7.93	27.64	116.14
318	34.12	−9.33		

从表 4-13 中可以看出，在不同温度下双酚 A 在炭气凝胶上吸附的吉布斯自由能变（ΔG）均为负值，表明双酚 A 在炭气凝胶上的吸附是自发过程；随着吸附体系温度的升高，ΔG 的绝对值有所增加，这表明炭气凝胶的吸附趋势增加，与上面吸附量随温度升高而增大的现象相一致，说明高温更有利于吸附反应的进行；吸附焓 ΔH 为正值，进一步说明双酚 A 在炭气凝胶上的吸附过程是吸热的；ΔS 也为正值且数值较大，由前面对活性炭的分析可知，这是由于水分子从炭气凝胶表面解吸所引起的熵增加远远大于双酚 A 分子在炭气凝胶上吸附所引起的熵减小，从而导致吸附过程总熵变为正值，表明双酚 A 在炭气凝胶上的吸附为平伏式吸附。

通过溶胶－凝胶法制得了酚醛树脂基炭气凝胶，研究了对双酚 A 的吸附过程及相关机制，结论如下：由表面官能团含量的测定可知，炭气凝胶表面的酸性官能团多于碱性官能团，酸性官能团中主要为羧基，其次为酚羟基，内酯基含量最少。利用伪二级动力学模型分别进行拟合，所得直线的相关系数 R^2 均较高，这说明炭气凝胶对双酚 A 的吸附过程中化学吸附占主导作用；Langmuir 等温线拟合的 R^2 大于 Freundilch 等温线对应的 R^2，说明线性相关程度：Langmuir ＞ Freundlich；在不同温度下双酚 A 在炭气凝胶上吸附的吉布斯自由能 ΔG 均为负值，且随着吸附体系温度的升高，ΔG 的绝对值有所增加，ΔH 也为负值，说明炭气凝胶对双酚 A 的吸附是自发进行的吸热过程，且升高温度有利于双酚 A 在炭气凝胶上的吸附。

第四节　石墨烯气凝胶材料降低烟草中的有害物研究

N-亚硝胺是一类广泛存在于环境、食品和药物中的一类致癌物质，其中 4-（甲基亚硝胺基）-1-（3-吡啶基）-1-丁酮（NNK）对动物具有强致癌性，被国际癌症研究署划分为第 I 类人类致癌物。最初发现 NNK 是从烟草生物碱转化而来只存在于烟草及其烟草制品中，最近 Li 及其同事在水源地及自来水中也检测到了 NNK，结果认为水源地中的 NNK 来自于废水对环境的影响，对水的氯胺化消毒能使水中 NNK 的浓度增加。因此，为了保护人类的健康，开展降低或消除环境水源和废水中 NNK 是一项重要的工作。目前已有一些降低烟气或烟草萃取液中 NNK 浓度的研究，发现沸石能够有效吸附亚硝胺并在高温条件下进行分解，但目前无机孔材料都是含金属元素的沸石、分子筛等，利用材料中自身含有的官能团和 NNK 分子产生化学作用来吸附与降低亚硝胺的研究还较少。

石墨烯被发现以来，因其具有高比表面积、高孔隙率、良好的导电与导热性及优异机械强度等性能在能源存储与转换、催化、吸附和传感等领域受到广泛关注。但是由于二维的石墨烯片层之间强烈的 π-π 堆叠和范德华力的作用在水溶液中容易团聚，一定程度上降低了石墨烯的吸附性能。此外，粉末状石墨烯吸附剂在实际应用中存在分离困难的问题，因此近年来出现了石墨烯凝胶化的研究，石墨烯气凝胶特指以石墨烯为主体的三维多孔网络结构，它具有石墨烯的纳米特性和气凝胶的宏观结构并具有很强的机械强度、电子传导能力。石墨烯气凝胶的这种独特结构既能充分利用单片层石墨烯固有的理化性质，又解决了石墨烯片层间易团聚的难题，还有均匀密集的孔隙率可以极大改善吸附效果，并且石墨烯气凝胶进行吸附实验使用后易于回收，避免了对环境带来的二次污染，极大地拓宽了石墨烯材料在吸附方面的应用范围。目前，石墨烯气凝胶对金属离子、染料分子、油/水分离等表现出良好的性能，但是还没有文献报道其用于吸附 NNK 的研究。

一、石墨烯气凝胶的制备及性能评价

石墨烯气凝胶（Graphene aerogel，GA）是石墨烯在三维宏观尺度构筑的主要结构形式之一，其丰富的孔隙结构、巨大的比表面积、优异的压缩性能及良好的导电特性，使 GA 在电极材料、催化剂载体、超级电容器、传感器及污染物吸附等领域具有广阔的应用前景。目前已知报道的三维石墨烯多孔材料的制备方法主要包括三维镍泡沫基底化学气相沉积（CVD）或微波等离子体化学气相沉积（MPCVD）、临界冷冻干燥、模板法和强还原剂诱导组装水热法。其中，CVD 或 MPCVD 镍基泡沫生长方法存在微纳孔隙生长困难和生长质量均匀性差的不足；临界冷冻干燥存在显著的冻胀效应，导致所制备的材料微观网络结构破坏或者撕裂等问题；模板法受限于基底模板尺寸形貌影响，材料微观结构可调控性差；强还原剂诱导组装水热法由于石墨烯剧烈迁移和大范围致密堆积，降低了材料孔隙率、比表面积、微观结构有序性，影响宏观力学性能。氧化石墨烯（Graphene oxide，GO）表面接枝的含氧基团（羟基：—OH，羧基：—COOH，环氧基：C—O—C）使其具有良好水溶性和化学可修饰性，为其在水热环境可控组装构筑形成宏观大尺度石墨烯三维材料提供了基础。

首先，采用改进 Hummer's 法制备 GO 前驱体，石墨在氧化过程中接枝了丰富的含氧基团，包括羟基（—OH）、羧基（—COOH）及环氧基（C—O—C），赋予 GO 良好的水溶性和化学可修饰性，有效避免了如碳纳米管等其他碳纳米材料低水溶性导致的易团聚等问题，有利于 GO 在水溶液环境进行操作反应，并通过含氧基团与外加辅助剂诱导反应形成局部输水点位，在水分子驱动和辅助剂接枝下实现 π-π 连接，组装构筑形成三维多孔网络结构。

可控制备 GA 的过程如下：先以 GO 前驱体水溶液（10 mL）与 EDA 诱导剂（30 μL）按 1 : 3 vol% 比例制备混合液，再以 GO 体积比 5 vol% 加入 SBS 饱和溶液缓冲剂，根据制备气凝胶样品密度要求 GO 浓度为 2 ~ 10 mg/mL。混合液在冰浴中超声 30 min，分散均匀后移至聚四氟乙烯的不锈钢反应釜，在 120 ℃ 静态条件密封反应 6 h。在水热反应过程中，EDA 的氨基（—NH_2）和 GO 表面含氧基团发生接枝反应，使 GO 上出现局部输水区域，并在层间形成桥接点（图 4-48）。在 EDA 诱导、水分子疏水作用驱动下和硼酸根交联作用下，GO 实现可控有序 π–π 堆积连接，组装构筑形成三维氧化石墨烯水凝胶黑色弹性体（Graphene oxide hydrogel，GOH）。其中，二维微纳 GO 单元构筑生长为三维宏观 GOH 网络结构具体分为 3 个阶段：①GO 局部堆积组装，形成小尺寸三维稀疏絮状物；②小尺寸絮状物向更大尺度组装，形成大范围稳定堆积连接的 GOH 疏松结构；③已组装成型 GOH 内部 GO 片层单元进一步规则化和连接紧密，形成具有良好结构稳定性的黑色弹性体。

其次，为防止低温冷冻成型冻胀问题，并除去 EDA 等残留杂质，在冷冻干燥之前对 GOH 用 20 vol% 水醇透析 24 h，然后转移至 –80 ℃ 恒温冰箱冷冻 24 h，再真空干燥得到氧化石墨烯气凝胶（Graphene oxide aerogel，GOA）。

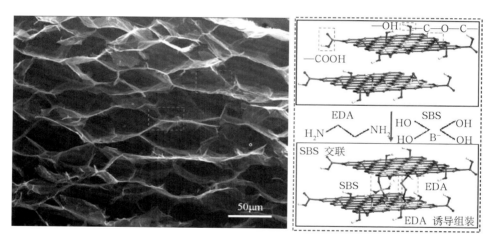

图 4-48 石墨烯气凝胶的形成示意

实验表明，若 EDA 用量过高或过低、水热反应温度过高和反应时间过长，会导致前驱体溶液向水凝胶三维结构构筑过程中出现剧烈收缩。采用强还原性辅助剂碘化氢（HI）等，由于 GO 剧烈迁移和无序堆积过程，氧化石墨烯水凝胶会出现严重收缩。分析水醇透析条件对石墨烯气凝胶性能的影响发现，由于水凝胶自外向内冷冻过程中，内部冰体积膨胀拉裂整体结构，无透析制备的石墨烯气凝胶出现大量裂纹。调整水醇透析配合比，发现水醇比例过低，胀裂控制效果较差；水醇比例过高，20 vol% 水醇透析可同时有效控制胀裂和结构收缩等问题。经过大量实验得到具有 1.29 碳氧比 GO 前驱体制备石墨烯气凝胶的水热反应优化条件和所用试剂配合比分别为：3 vol%。EDA 辅助剂、反温度为 120 ℃、反应时长 6 h、体积比 5 vol% 饱和 SBS 溶液缓冲剂。

（一）石墨烯气凝胶的分析表征

样品的晶相结构采用德国 Bruker D8-Advance 型 X 射线衍射仪测定，分析条件是 Cu Kα 射线，功率 3 kW，λ = 0.154 nm，电压 40 kV，电流 20 mA；拉曼光谱测试在 HORIBA HR800 激光共聚焦拉曼光谱仪上进行，激发波长为 514.5 nm；样品的形貌在 Hitachi SU-8010 场发射扫描电镜上测定，电子束加速电压为 100 kV。样品的比表面积和孔分布采用美国 Micromeritics ASAP 2020 全自动物理化学吸附仪测定，分析条件是在液氮温度（77 K）下用氮气吸附法测定样品的比表面积和孔分布情况。样品的 X 射线光电子能谱（XPS）采用日本 PHI Quantera 型 X 射线光电子能谱仪测定，分析条件是激发源为经单色化处理后 Al 靶 Kα 射线，束电压 3.0 kV，氩离子束 1.0 keV，能量为 250 W，采用 C1s 结合能 284.8 eV 为参考标准进行标定。

图 4-49a 给出了石墨和还原后得到的石墨烯气凝胶的 XRD 图，从图中可以看出，初始原料石墨在 26.5° 有一个尖而强的峰为石墨的典型衍射峰，对应于石墨的（002）晶面，晶面间距为 0.336 nm；而对于石墨烯气凝胶的（002）衍射峰出现在 25.1° 且弱而宽，对应的晶面间距为 0.353 nm，相对于石墨（002）晶面间距的增加说明石墨烯气凝胶中存在石墨烯片层的堆积。另外，在形成氧化石墨烯的过程中生成含氧官能团导致层间距增大，说明在本研究中虽然经过还原反应但还剩余一部分含氧官能团，宽的衍射缝表明石墨烯片层沿着堆积方向上有序性不强，得到的气凝胶骨架结构是由少数单层石墨烯片层堆积而成的。此外，这一衍射峰不同于氧化石墨烯的特征峰（$2\theta=10.09°$，$d_{002}=0.876$ nm），其结构与文献报道的氧化石墨烯还原后的非晶结构吻合，证明形成了类石墨结构。

通过激光拉曼光谱对石墨烯气凝胶形成前后的变化进行了表征（激发波长 514 nm），图 4-49b 所示的石墨的拉曼光谱中，在 1350 cm^{-1} 和 1580 cm^{-1} 附近有两个拉曼振动模式，分别对应于 D 带（sp^3 型碳原子，反映缺陷和部分无序的结构）和 G 带（sp^2 型碳原子），D 带与 G 带强度的比值（I_D/I_G）可以表征碳原子的缺陷程度，I_D/I_G 越大表明碳材料的石墨化程度越高，缺陷越多。石墨的拉曼光谱中 I_D/I_G 非常小（0.04），石墨烯气凝胶的 I_D/I_G 值（1.41）远大于石墨（0.04），这是由于氧化过程中破坏了石墨原来的结构引入了缺陷和官能团造成的，说明在 sp^2 碳组成的网络中存在局部无序的缺陷。

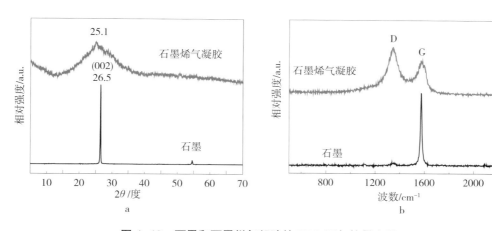

图 4-49　石墨和石墨烯气凝胶的 XRD 图与拉曼光谱

对所得的石墨烯气凝胶表面存在的官能团通过 XPS 分析进行表征（图 4-50a、图 4-50b）。XPS 全谱表明，石墨烯气凝胶只含有 C 和 O 两种元素，对应的结合能分别为 284.2 eV 和 532.1 eV。将 C1s 峰进行去卷积分析得到 4 种对应的结合能：284.7 eV、286.4 eV、288.2 eV 和 289.1 eV，分别对应于不含氧碳（C—C）、与羟基相连的碳（C—OH）、烷氧基碳（C—O—C）及羧基或羰基碳（O=C/COOH），由此可见，石墨烯气凝胶中存在很多 sp^3 型的碳原子。根据石墨烯气凝胶的氮气吸附 – 脱附数据计算了比表面积和孔径分布，如图 4-50c 所示。石墨烯气凝胶的吸附 – 脱附等温线中有Ⅳ型的吸附滞后环，表明材料中存在介孔，根据 Barrett-Joyner-Halenda（BJH）模型计算的孔径尺寸分布范围为 20 ～ 120 nm，可推断石墨烯纳米片堆积形成了空隙间结构。用 Brunauer-Emmett-Teller（BET）法计算得到的石墨烯气凝胶比表面积为 133 m^2/g，石墨烯气凝胶这个比表面积相对较低是反应过程中石墨烯剥离不完全和还原过程中形成的聚集造成的。

对所制备的石墨烯气凝胶的表面和断面进行了形貌表征，如图 4-51 所示，其表面较为光滑内部为多孔结构，出现这种现象的可能原因是在化学还原的过程中，氧化石墨烯逐渐在还原脱氧的过程中变得疏水且受 π-π 共扼相互作用使得片层趋于互相堆积；由于溶液中氧化石墨烯为不规则分布，存在空间位阻的条件下，片层就无规则地堆积形成多孔框架结构；在逐渐形成块体凝胶的过程中，内部石墨烯片层受到来自各个方向的力而趋于稳定，便将水包于块体内部，此时块体表面的石墨烯片由于内外受力不同而形成了类似于面包的外光滑内多孔结构。

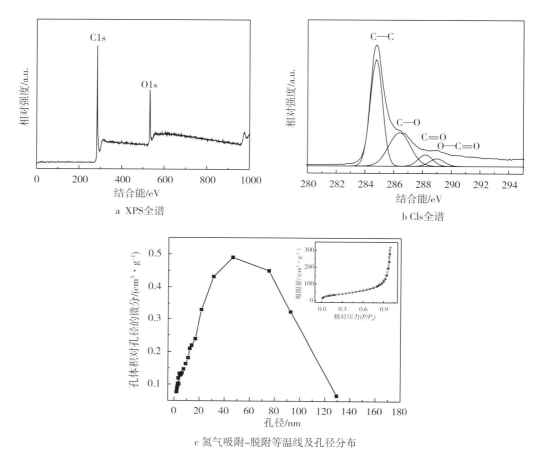

a XPS全谱

b C1s全谱

c 氮气吸附–脱附等温线及孔径分布

图 4-50　石墨烯气凝胶的 XPS 全谱、C1s 谱和氮气吸附 – 脱附等温线及孔径分布

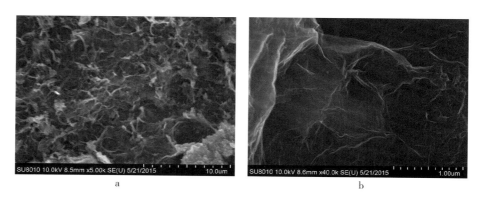

a

b

图 4-51　不同放大倍数的石墨烯气凝胶的 SEM 图像

（二）石墨烯气凝胶的吸附溶液中 NNK 的性能评价

吸附实验过程如下：称取 10.0 mg 吸附剂置于 250 mL 带塞的锥形瓶内，加入 100 mL 一定浓度的 NNK 溶液，溶液 pH 可以用 0.1 mol/L 的 HCl 和 NaOH 溶液调节，然后将锥形瓶放入水浴恒温振荡，振荡速度为 200 r/min。每隔一定时间取 2 mL 反应溶液，用 0.45 μm 的滤膜过滤后在 Spark Holland 高效液相色谱 – 串联 Thermo Fisher，TSQ Quantiva 三重四级杆质谱仪上测定，测试条件：Atiantics T3 柱（2.1 mm × 150 mm，内径 5 μm），流动相为甲醇 / 水 = 70/30，流速 0.3 mL/min。质谱条件：离子源：电喷雾离子源（ESI）；扫描模式：负离子扫描；检测方式：多反应监测（MRM）；电喷雾电压（Ion Spray Voltage, IS）：5000 V；雾化气流速（GS1，N_2）：65 psi；辅助加热气流速（GS2，N_2）：60 psi；气帘气流速（Curtain gas，CUR，N_2）：35 psi；撞气流速（Collision gas，CAD，N_2）：8 psi；离子源温度（TEM）：500 ℃；驻留时间（Dwell Time）：100 ms；MRM 离子监测模式及参数如表 4–14 所示。

表 4–14　NNK 的 MRM 离子监测模式及参数

分析物	母离子 /（$m \cdot z^{-1}$）	子离子 /（$m \cdot z^{-1}$）	碰撞能 /V	碰撞室出口电压 /V
NNK	208.05	106.18[b]	25	11
		122.15[a]	15	11
d_4–NNK	212.15	126.25[a]	16	14
		152.23[b]	16	14

[a] 定量离子，[b] 定性离子。

1.NNK 吸附动力学

气凝胶具有开放的孔结构和大的孔体积，使其具有较好的吸附性能。吸附平衡与吸附动力学反映了吸附剂的吸附速率与吸附能力。对制得的石墨烯气凝胶进行了吸附一种 N– 亚硝胺（NNK）的实验并研究了吸附动力学，接触时间对石墨烯气凝胶吸附的研究结果如图 4–52 所示。从图 4–52 中看出，在达到平衡前 2 h 吸附实验中石墨烯气凝胶对 NNK 的吸附量快速上升，说明对 NNK 的吸附不是固定速率的吸附过程而是分为快速和慢速过程，在开始的 2 h 溶液中 NNK 的平衡吸附量达到了 90%，表明大多数的 NNK 分子被快速吸附到了石墨烯气凝胶的表面，这归结于材料中存在的大量有效吸附位点，超过 4 h 后石墨烯气

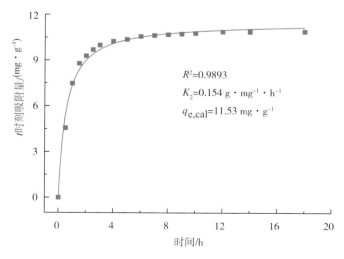

$R^2=0.9893$

$K_2=0.154 \text{ g} \cdot \text{mg}^{-1} \cdot \text{h}^{-1}$

$q_{e,cal}=11.53 \text{ mg} \cdot \text{g}^{-1}$

图 4–52　石墨烯气凝胶对 NNK 的吸附平衡及动力学曲线

实验条件：石墨烯气凝胶 10 mg，NNK 浓度 1 mg/L，pH = 7

凝胶的吸附能力没有明显的增加是由于吸附位点的减少和已经吸附的 NNK 分子抑制了其他分子的吸附，因此达到吸附平衡的时间控制在 4 h 比较合适。此外，石墨烯气凝胶的密度小和憎水性质能够使其浮在溶液的表面，因此容易与吸附体系分离、便于回收。

进一步采用准二级动力学模型对实验数据进行处理，研究 NNK 在石墨烯气凝胶上的动力学吸附行为。准二级动力学模型包括吸附过程中所有阶段：外部扩散、吸附、颗粒内扩散，其方程为：

$$\frac{t}{q_t} = \frac{1}{k_2 q_e^2} + \frac{t}{q_e}。 \tag{4-4}$$

其中，q_e 和 q_t 分别代表在平衡状态和不同时间状态 t 下吸附剂对目标吸附质的吸附量（mg/g）；k_2 指准二级动力学方程吸附速率常数（g/mg/min）；通过以 t/q_t 对 t 作图线性拟合得到直线，由直线的斜率和截距求得 q_e 和 k_2，初始吸附速率 h（mg/g/min）可以通过 $h = k_2 q_e^2$ 计算得出。结果表明，准二级动力学模型对实验数据的拟合结果比较理想，相关系数（R^2）为 0.989，说明吸附速率由石墨烯气凝胶上活性位点的浓度决定，其决速步骤是石墨烯气凝胶和 NNK 分子之间通过化学键相互作用的化学吸附。此外，拟合得到平衡状态下吸附量的理论计算值（$q_{e,\ cal}$）为 11.53 mg/g，与实验值（$q_{e,\ exp}$）非常接近，偏差在 2% 以内，这说明石墨烯气凝胶对 NNK 的吸附动力学过程比较符合准二级动力学模型。

通常，用吸附等温线来考察目标吸附质浓度对吸附的影响，对实验数据进行数学模型拟合可以优化吸附过程，有助于实验设计吸附条件的确定、实验结果的解释及吸附机制的分析。吸附等温线实验 NNK 溶液的初始浓度范围为 0.1 ～ 10 mg/L，采用 Langmuir 和 Freundlich 两种等温线模型对实验据进行拟合分析。

Langmuir 等温线模型为：

$$\frac{c_e}{q_e} = \frac{1}{q_m} c_e + \frac{t}{q_m K_L}。 \tag{4-5}$$

其中，q_e 指平衡状态下吸附剂对目标吸附质的吸附量（mg/g）；c_e 指溶液中吸附质在平衡状态下的浓度（mg/L）；K_L 指 Langmuir 吸附常数（L/mg），可以体现出目标吸附质与吸附剂上吸附位的结合能力；q_m 指吸附剂对目标吸附质的饱和吸附量（mg/g），可以体现出吸附剂对目标吸附质的吸附能力；通过以 c_e / q_e 对 c_e 作图线性拟合得到直线，由直线的斜率和截距求得 q_m 和 K_L。

Freundlich 等温线模型是一个纯经验模型，是对 Langmuir 模型的修正，其假设目标吸附质在非均相表面上发生多分子层吸附，方程如下：

$$\ln q_e = \frac{1}{n} \ln c_e + \ln K_F。 \tag{4-6}$$

其中，q_e 指平衡状态下吸附剂对目标吸附质的吸附量（mg/g）；c_e 指溶液中吸附质在平衡状态下的浓度（mg/L）；K_F 和 n 都是 Freundlich 吸附常数，K_F 反映了吸附剂对目标吸附物的吸附能力，$1/n$ 反映了吸附剂表面的异质程度及目标吸附质与吸附剂的结合强度，若 $n > 1$，表明有利于吸附的进行，随着吸附量的增加，新吸附位不断形成；通过以 $\ln q_e$—$\ln c_e$ 作图线性拟合得出直线，由直线的截距和斜率即可求得 K_F 和 n。

由图 4–53 可以看到，石墨烯气凝胶平衡吸附量 q_e 随着 NNK 平衡浓度 c_e 的升高而不断地增加，且逐渐趋于饱和，说明 NNK 溶液浓度的增加可以加速溶液中的 NNK 分子扩散到石墨烯气凝胶的表面。表 4–15 列出了 Langmuir 和 Freundlich 两种模型拟合计算得到的石墨烯气凝胶吸附 NNK 的等温线结果，可以看到，两种模型拟合的等温线相关系数（R^2）相近，都大于 0.97，3 个温度条件下的 Freundlich 常数 n 均在 1 ～ 10，说明在现实验条件下有利于发生吸附，较低温度条件下的 K_F 值大表明石墨烯气凝胶对 NNK 有很好的亲和力和吸附量；根据 Langmuir 模型得到 298.15 K 时最大吸附量 q_m 为 59.66 mg/g，与实验得到的数据一致。

此外，根据 Langmuir 模型得到的最大吸附量 q_m 随着温度的升高逐渐降低，说明低温更有利于吸附反应的发生，随着溶液温度的升高，加速了 NNK 分子在溶液中的运动和扩散，同时也加快了 NNK 分子从石墨烯气凝胶表面脱附到溶液中的速率，因此在高温条件下石墨烯气凝胶对 NNK 的吸附能力会降低，Freundlich 模型也有类似的结论。以上分析结果说明石墨烯气凝胶吸附 NNK 的等温线符合 Langmuir 和 Freundlich 两种模型，单分子层吸附和多分子层吸附都有发生。

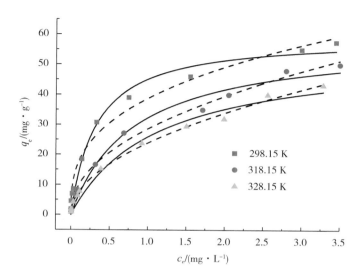

图 4-53 石墨烯气凝胶对 NNK 在不同温度下的吸附等温线

实验条件：100 mL NNK 溶液，石墨烯气凝胶 10 mg，pH = 7；实线和点线分别是 Langmuir 和 Freundlich 模型的模拟

表 4-15 石墨烯气凝胶吸附 NNK 等温线模拟结果

T/K	Langmuir			Freundlich		
	q_m/（mg·g^{-1}）	K_L/（L·mg^{-1}）	R^2	K_F/[mg·g^{-1}·（L·mg^{-1}）$^{1/n}$]	n	R^2
298.15	59.66	3.0921	0.9826	38.8053	2.9314	0.9858
318.15	58.76	1.2230	0.9800	28.6449	2.1477	0.9936
328.15	55.04	0.8913	0.9783	23.9339	1.9792	0.9965

2. 石墨烯气凝胶吸附 NNK 的热力学研究

热力学参数可以提供深层次的与吸附有关的内部能量变化的信息，由温度决定的吸附等温线计算得到的标准吉布斯自由能变（$\Delta G°$）、标准焓变（$\Delta H°$）和标准熵变（$\Delta S°$）可以反映吸附过程的状态。表4-16 给出了在 3 种不同温度下由式（4-5）、式（4-6）计算得到的热力学参数的结果。$\Delta H°$ 为负值说明石墨烯气凝胶对 NNK 的吸附过程是放热反应，这与随着溶液温度的升高，石墨烯气凝胶对 NNK 的吸附能力不断降低的现象一致，文献认为体系 $\Delta H°$ 的绝对值在 20.9 ~ 418.4 kJ/mol 与化学吸附有关。$\Delta S°$ 为负值说明在石墨烯气凝胶对 NNK 的吸附过程中，固液界面的无序度逐渐降低。298.15 K 时 $\Delta G°$ 为负值说明此温度下石墨烯气凝胶对 NNK 的吸附是一个自发进行的过程，且随着溶液温度的升高，$\Delta G°$ 的绝对值减小并在 328.15 K 时转变为正值，说明高温不利于石墨烯气凝胶吸附 NNK 反应的进行。

表 4–16　石墨烯气凝胶吸附 NNK 的热力学参数

热力学常数	T/K		
	298.15	318.15	328.15
$\Delta G^\circ/(kJ \cdot mol^{-1})$	−2.86	−0.76	0.29
$\Delta H^\circ/(kJ \cdot mol^{-1})$	−34.19		
$\Delta S^\circ/(J \cdot mol^{-1} \cdot K^{-1})$	−105.10		

　　由于溶液 pH 可以改变吸附剂和目标吸附质的表面净电荷，因此是影响吸附剂吸附性能最重要的因素之一。溶液 pH 对石墨烯气凝胶吸附性能的影响如图 4–54 所示，从图 4–54 中可以看出，溶液 pH 对石墨烯气凝胶吸附性能会产生部分影响，在整个 2.0 ～ 14.0 的 pH 范围内石墨烯气凝胶对 NNK 的吸附能力分成两个阶段：当溶液 pH 在 2.0 ～ 8.0 的范围内，石墨烯气凝胶对 NNK 的吸附能力随 pH 的增加明显上升，继续增加溶液的 pH 到 14.0 时，石墨烯气凝胶的吸附量有小幅度下降并在 10.0 时保持稳定为 40.0 mg/g。通常，石墨烯材料与带芳香环分子产生的化学吸附作用是通过 π−π 相互作用发生的，由于 NNK 分子中含有吡啶环，因此能通过 π−π 作用被石墨烯气凝胶吸附。Zeta 电位测定表明，石墨烯气凝胶在整个 pH 范围内表面电荷密度接近于零，NNK 分子在碱性溶液中以分子的形式存在，而在近中性环境时吡啶环发生离子化，因此在酸性或近中性环境时的离子化会削弱 π−π 相互作用致使石墨烯气凝胶的吸附能力降低。

　　吸附剂的循环和再生是其在实际应用中的关键，因此对石墨烯气凝胶对 NNK 的吸附性能进行了 6 次循环测试，在相同的实验条件下，石墨烯气凝胶的吸附能力没有发生明显的变化，即使用甲醇溶剂作为洗脱剂洗脱吸附的 NNK 后再进行实验，超过 90% 的最大吸附能力仍然能够得到保持，表明在环境污染应用方面有很好的可使用性并有很好的环境净化前景。

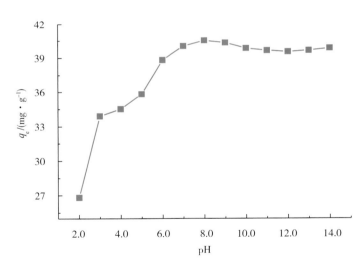

图 4–54　溶液 pH 对石墨烯气凝胶吸附 NNK 的影响

实验条件：石墨烯气凝胶 10 mg，NNK 溶液浓度 5 mg/L

　　石墨烯气凝胶对 NNK 表现出了优异的吸附能力及高效的吸附速率。Langmuir 等温线模型拟合出的石墨烯气凝胶对 NNK 的最大吸附量约为 59.7 mg/g（25 ℃）。吸附动力学符合准二级动力学模型，等温线数据与 Langmuir 和 Freundlich 模型都能符合，说明石墨烯气凝胶对溶液中 NNK 的吸附既存在物理吸附作用也存在化学吸附作用，溶液 pH 偏碱性和低温的条件有利于吸附的进行。石墨烯气凝胶具有优异的再生使用能力，经过 6 次循环实验后依然可以保持 90% 的吸附量。石墨烯气凝胶对 NNK 表现出如此优异的吸附性能主要是由于石墨烯气凝胶结构中的大量石墨平面内的共轭环能与 NNK 分子结构中的吡啶环产生的 π‐π 相互作用。

二、石墨烯复合凝胶的制备及性能评价

本研究以间苯二酚和甲醛溶液为炭前驱体原料，通过溶胶 – 凝胶法在 GO 悬浮液中原位聚合制备石墨烯 / 炭气凝胶复合材料，探索 GO 对炭气凝胶孔隙结构的影响，以期得到具有高比表面积的复合炭材料。

氧化石墨烯溶液的制备：采用 Hummers 法制备氧化石墨，将 30 g 鳞片石墨和 15 g 硝酸钠均匀混合后，加入盛有 690 mL 浓硫酸的烧杯中，再缓慢加入 90 g 高锰酸钾，控制温度在 10 ~ 20℃反应 15 min，完成低温反应。将烧杯移入 35℃的恒温水浴锅中，持续搅拌 30 min，完成中温反应。高温反应时，向反应液中缓慢滴加 1400 mL 去离子水，保持反应液缓慢升温并使温度控制在 98℃以下，加完水后将烧杯转入 140℃油浴中搅拌 15 min。再加入 220 mL 5wt% 的 H_2O_2，得到金黄色产物，趁热过滤，用 5 wt% 的 HCl 和蒸馏水充分洗涤直至滤液中无 SO_4^{2-}。加入一定量的蒸馏水后，离心分离，上层液体即为氧化石墨烯悬浮液（GO）。

石墨烯 / 炭气凝胶的制备：在浓度为 1 mg/mL 的氧化石墨烯悬浮液中，按设定的比例加入间苯二酚（R）与甲醛（F）和催化剂碳酸钠（C），搅拌至完全溶解，密封后置于 80℃电热恒温鼓风干燥箱反应 7 天，生成 GO/RF 湿凝胶，经冷冻干燥即得 GO/RF 气凝胶。再于隔绝空气的条件下以 2℃ /min 的速率升温至 900℃，保温炭化 1 h。冷却至室温后，研磨、过 300 目筛（8.47 μm），即得石墨烯 / 炭气凝胶样品。氧化石墨烯 /RF 质量比分别为 1：10、1：50、1：100、1：150 时制得的石墨烯 – 炭气凝胶样品，分别简记为 GO/RF-10、GO/ RF-50、GO/RF-100 和 GO/RF-150。作为对比，按相同热处理条件制备的热还原氧化石墨烯及未添加氧化石墨烯的纯 RF 炭气凝胶分别标记为 C-GO 和 RF。

从图 4-55 中可以看出，C-GO 在 26.5° 左右出现石墨的（002）衍射峰，根据布拉格公式 $\lambda=2d\sin\theta$ 计算，得其平均层间距 d_{002} 为 0.349 nm，比石墨的平均层间距 0.335 nm 稍大。RF 的（002）衍射峰向低角度偏移并明显宽化，说明其石墨微晶发育不完善，呈乱层石墨结构。GO/RF-100 的 XRD 图谱与 RF 类似，层间距 d_{002} 均为 0.356 nm，表明 GO 的加入对炭气凝胶本身晶体结构的影响不大。从图 4-56 中可以看出，碳材料在 800 ~ 2000 cm^{-1} 存在两个明显的拉曼吸收峰，其中，G 峰（1580 cm^{-1}）反映 sp^2 结构碳的对称性和结晶程度，D 峰（1360 cm^{-1}）反映石墨层片的无序性，为缺陷峰。D 峰和 G 峰的相对强度 I_D/I_G 可以衡量炭材料的无序度。RF 和 GO/RF-100 的 I_D/I_G 分别为 0.84 和 0.85，相差不大，进一步表明，GO 的加入对炭气凝胶的晶体结构影响较小，复合体系仍然为无定形炭结构。

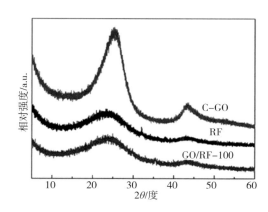

图 4-55　C-GO、RF 和 GO/RF-100 的 XRD 图谱

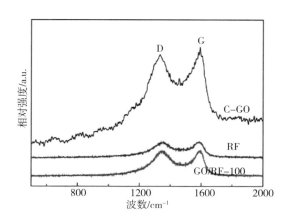

图 4-56　C-GO、RF 和 GO/RF-100 的拉曼光谱

热还原氧化石墨烯及未添加氧化石墨烯的 RF 炭气凝胶的 SEM 图像如图 4–57 所示。经过炭化的 GO 为褶皱的薄片状，而未添加 GO 的纯 RF 炭气凝胶由直径约十几个纳米的团簇颗粒堆积交联构成。

a C–GO　　　　　　　　　b RF

图 4–57　C–GO 和 RF 的 SEM 图像

图 4–58 为不同 GO/RF 质量比下制得的石墨烯 / 炭气凝胶的 SEM 图像。当 RF 的含量较低时（图 4–58a），产物基本保持了氧化石墨烯热还原后的形貌，为交联的薄片状结构。当 RF 含量逐渐增加时（图 4–58b），产物呈片状，其厚度远大于石墨烯片层的厚度。当 RF 的含量继续增加时（图 4–58c），产物中 RF 基炭球包覆于石墨烯表面的片状物与直径数十纳米的 RF 基炭球团簇共存。当 RF 含量很高时（图 4–58d），产物的形貌与纯 RF 炭气凝胶类似，由平均直径为 20 ～ 30 nm 的团簇颗粒（RF 基炭球）堆积交联构成，此时很难看见石墨烯片层结构。

a GO/RF–10　　　　　　　　　b GO/RF–50

c GO/RF–100　　　　　　　　　d GO/RF–150

图 4–58　几种石墨烯 / 炭气凝胶的 SEM 图像

从图 4–59 中可以看出，RF 小球附着在石墨烯的片层上。结合 SEM 和 TEM 可以推测氧化石墨烯为 RF 的聚合提供了成核场所。

石墨烯 / 炭气凝胶的比表面积及孔径分析：图 4–60 为 C–GO、纯 RF 和石墨烯 / 炭气凝胶的 N_2 吸附 – 脱附曲线。GO 和 RF 未复合时，C–GO 和 RF 吸附 – 脱附曲线为Ⅳ型，吸附滞后环很大，说明材料以中孔为主。当在炭气凝胶中引入 GO 后，滞后环逐渐减小，当 GO/RF 质量比在 50 ～ 100 时，产物的吸附 – 脱附曲线为 I 型，产物以微孔为主。结合产物的孔分布曲线（图 4-60）可以看出，随着 RF 含量的增加，石墨烯 / 炭气凝胶中出现丰富的微孔（< 2 nm），但当 RF 含量很高时（GO/RF-150），产物中又出现大量 10 ~ 30 nm 的中孔。表 4-17 为产物的比表面积及孔结构参数。

图 4-59 GO/RF-10 的 TEM 照片

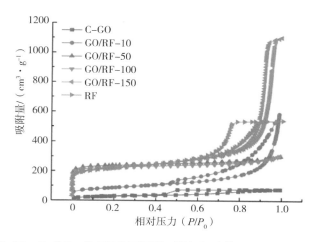

图 4-60 C-GO、纯 RF 和石墨烯 / 炭气凝胶的 N_2 吸附 - 脱附曲线

表 4-17 C-GO、纯 RF 和石墨烯 / 炭气凝胶的孔结构参数

样品	S_{BET}/ ($m^2 \cdot g^{-1}$)	V_{tot}/ ($cm^3 \cdot g^{-1}$)	S_{mic}/ ($m^2 \cdot g^{-1}$)	V_{mic}/ ($cm^3 \cdot g^{-1}$)	(V_{meso}/V_{tot}) / %	D/nm
C-GO	79	0.12	53	0.05	58.3	6.30
GO/RF-10	303	0.61	62	0.03	95.1	7.99
GO/RF-50	841	0.46	705	0.31	32.6	2.20
GO/RF-100	791	0.46	656	0.29	37.0	2.34
GO/RF-150	777	1.42	460	0.20	85.9	7.30
RF	766	0.83	432	0.19	77.1	4.36

复合材料的比表面积及微孔面积先增大后减小，最大分别为 841 m^2/g 和 705 m^2/g。RF 的微孔比表面积为 436 m^2/g，当 GO 与炭气凝胶复合后，除 GO/RF-10 外，其余材料的微孔比表面积都有不同程度的增加，与图 4-58 相吻合。说明 GO 的加入可以在炭气凝胶中引入更多的微孔，从而提高材料的比表面积。结合产物的形貌及孔结构的变化，可以认为 GO 和 RF 炭气凝胶复合过程分为 4 个阶段：①RF 含量较低时（GO/RF-10），由于有机前驱体浓度低，聚合反应更倾向于在氧化石墨烯的含氧官能团上发生，形成共价键连接在石墨烯层片间，故产物以石墨烯的三维网络结构为主，比表面积和微孔孔容很低（分别为 303 m^2/g 和 0.03 cm^3/g），中孔率高达 95.1%。②当 RF 含量逐渐增加时（GO/RF-50），在石墨烯层片上聚合的 RF 不断增多并长大，石墨烯片层交联形成的大孔和中孔随着 RF 的黏结而逐渐变成中孔和微孔，复合材料的比表面积和微孔孔容大幅度增加。在 SEM 照片中表现为产物片层变厚，尺寸变小。③当 RF 含量继续增加时（GO/RF-100），石墨烯层片不能为 RF 提供足够的成核场所，RF 在溶液中相互聚合成球，但由于溶液中的反应位点少，生成的 RF 颗粒尺寸较大，颗粒间形成的中孔增加，因此复合材料的比表面积和微孔孔容有所降低。④当 RF 含量很高时（GO/RF-150），溶液中的反应点增多，生成的 RF 颗粒尺寸相应地减小。由于 RF 含量过多，产物以颗粒间的连接为主，很难看见石墨烯的片层结构，表现为与纯 RF

炭气凝胶类似的 RF 基炭球交联结构。此时产物的孔结构与 RF 类似，微孔含量下降，中孔明显增多，中孔率达 85.9%。由此可以看出，加入 GO 可以调控炭气凝胶的孔结构。

第五节　碳基气凝胶材料及滤棒添加卷烟烟气的安全性评价

一、碳基气凝胶材料的安全性评价

为评价炭气凝胶和石墨烯气凝胶的安全性，开展了炭气凝胶和石墨烯气凝胶的 3 种毒理学测试。

（一）材料安全性评价方法

1. 炭气凝胶和石墨烯气凝胶材料小鼠急性毒性实验

采用最大耐受量（MTD）法进行。选用健康昆明小鼠 20 只（雌雄各 10 只）进行实验，小鼠体重为 18.4 ～ 20.5 g。分别称取炭气凝胶和石墨烯气凝胶 25 g，用蒸馏水定溶至 100 mL，以 20 mL/kg BW 灌胃量进行灌胃，一日 2 次，即急性毒性剂量为 10 g/kg BW，灌胃后连续观察 14 天。记录动物中毒表现及死亡情况。

2. 炭气凝胶和石墨烯气凝胶材料的鼠伤寒沙门氏菌诱变性实验

按照第二章第四节中"二、""（一）""2."部分相关内容实验。

3. 炭气凝胶和石墨烯气凝胶材料体内微核率检测

小鼠骨髓嗜多染红细胞微核实验：采用间隔 24 h 两次经口灌胃法进行实验。选用体重 25 ～ 30 g 小鼠 50 只，按体重随机分为 5 组，每组 10 只，雌雄各半。称取受试物 10 g 用蒸馏水定溶至 20 mL 作为高剂量，中、低剂量依次 2 倍倍比稀释，灌胃量均为 20 mL/kg BW，即炭气凝胶和石墨烯气凝胶低、中、高剂量分别为 2.5 g/kg、5.0 g/kg、10.0 g/kg BW。以 40 mg/kg BW 剂量的环磷酰胺为阳性对照，蒸馏水为阴性对照。末次给炭气凝胶和石墨烯气凝胶 6 h 后颈椎脱臼处死动物，取胸骨骨髓用小牛血清稀释涂片，甲醇固定，Giemsa 染色。在生物学显微镜下，每只动物计数 200 个红细胞，包括成熟红细胞（RBC）和嗜多染红细胞（PCE），并计算 PCE 所占比例；每只动物计数 1000 个 PCE，其微核发生率以含微核的 PCE 千分率计，并进行统计处理。

数据处理与分析：实验结果用 SPSS 11.5 统计软件进行统计处理和分析。

（二）材料安全性评价实验结果

1. 小鼠急性毒性实验

由表 4-18 和表 4-19 可见，经口灌胃给予雌、雄性小鼠 10.0 g/kg BW 剂量的炭气凝胶和石墨烯气凝胶，观察 14 天后，未见明显的中毒症状，也无死亡。结果表明，该受试物对雌、雄性小鼠的最大耐受量（MTD）大于 10.0 g/kg BW。

表 4-18　炭气凝胶小鼠急性毒性实验结果

性别	初重 /g	终重 /g	最大耐受量（MTD）/（g·kg⁻¹ BW）
雌	18.8 ± 0.6	29.1 ± 1.7	> 10
雄	19.9 ± 0.6	38.0 ± 2.1	> 10

表 4-19　石墨烯气凝胶小鼠急性毒性实验结果

性别	初重 /g	终重 /g	最大耐受量（MTD）/（g·kg⁻¹ BW）
雌	19.9 ± 0.8	27.8 ± 2.0	> 10
雄	18.9 ± 0.9	38.6 ± 1.9	> 10

2. 鼠伤寒沙门氏菌诱变性实验

炭气凝胶和石墨烯气凝胶对鼠伤寒沙门氏菌（TA98 和 TA100）的致突变性实验结果如表 4-20 所示。由表 4-20 可以看出，在受试剂量下炭气凝胶和石墨烯气凝胶对 TA100 的致突变率无明显增加（在溶剂对照的两倍以内）。受试剂量下炭气凝胶和石墨烯气凝胶对 TA98 致突变率无差异。

表 4-20　鼠伤寒沙门氏菌诱变性实验结果

	浓度 /（μg·皿⁻¹）	平均回变菌落数（个·皿⁻¹, $\bar{x} \pm SD$）	
		TA98	TA100
自发突变		35.2 ± 1.5	104.3 ± 2.1
溶剂		56.3 ± 3.3	160.6 ± 3.8
苯并 [a] 芘	1	176.0 ± 3.4	847.7 ± 37.6
炭气凝胶	19	182.0 ± 2.6	189.1 ± 21.3
	38	166.8 ± 3.2	134.4 ± 11.6
	75	179.2 ± 1.1	141.1 ± 20.3
	150	145.4 ± 8.0	130.9 ± 34.7
石墨烯气凝胶	19	140.8 ± 5.1	153.8 ± 19.6
	38	185.5 ± 4.3	148.8 ± 8.6
	75	149.5 ± 3.3	176.0 ± 18.9
	150	182.2 ± 2.1	183.1 ± 18.1

3. 小鼠骨髓嗜多染红细胞微核实验

由表 4-21 和表 4-22 可见，各受试物剂量组嗜多染红细胞（PCE）百分比不少于阴性对照的 20%，表明受试物在实验剂量下无细胞毒性；无论雄性还是雌性小鼠环磷酰胺阳性对照组微核发生率均明显高于阴性对照组和受试物各剂量组（泊松分布检验 $P < 0.01$），而受试物各剂量组与阴性对照组比较均无显著性差异（$P > 0.05$）。说明该受试物对小鼠体细胞染色体无致突变作用。

表 4-21　炭气凝胶对小鼠骨髓微核发生率的影响

性别	剂量 / (g·kg⁻¹ BW)	动物数 / 只	PCE			微核		
			RBC 数 / (个·只⁻¹)	PCE 数 / (个·只⁻¹)	PCE/RBC/ %	PCE 数 / (个·只⁻¹)	微核数 / (个·只⁻¹)	微核率 / ‰
雌	0	5	200	107.2 ± 5.1	53.6	1000	0.8 ± 1.0	0.8[a]
	2.5	5	200	106.8 ± 6.7	53.4	1000	2.0 ± 3.1	2.0
	5.0	5	200	107.1 ± 7.0	53.5	1000	1.2 ± 1.2	1.2
	10.0	5	200	109.3 ± 5.4	54.6	1000	1.5 ± 0.9	1.5
	40.0（CP）	5	200	95.4 ± 6.1	47.7	1000	15.3 ± 4.4	15.3[b]
雄	0	5	200	108.2 ± 6.9	54.1	1000	1.8 ± 0.6	1.8[a]
	2.5	5	200	109.2 ± 8.1	54.6	1000	1.0 ± 1.0	1.0
	5.0	5	200	107.6 ± 6.3	53.8	1000	0.9 ± 1.2	0.9
	10.0	5	200	108.5 ± 5.2	54.3	1000	1.8 ± 2.0	1.8
	40.0（CP）	5	200	93.2 ± 6.6	46.6	1000	18.8 ± 6.0	18.8[b]

[a] 与各受试物处理组比较，泊松分布统计 $P > 0.05$；[b] 与各受试物处理组和阴性对照组比较，泊松分布统计 $P < 0.01$。

表 4-22　石墨烯气凝胶对小鼠骨髓微核发生率的影响

性别	剂量 / (g·kg⁻¹ BW)	动物数 / 只	PCE			微核		
			RBC 数 / (个·只⁻¹)	PCE 数 / (个·只⁻¹)	PCE/RBC/ %	PCE 数 / (个·只⁻¹)	微核数 / (个·只⁻¹)	微核率 / ‰
雌	0	5	200	110.4 ± 10.0	55.2	1000	1.0 ± 1.5	1.0[a]
	2.5	5	200	108.9 ± 5.8	54.4	1000	1.4 ± 1.7	1.4
	5.0	5	200	110.7 ± 6.5	55.3	1000	1.6 ± 1.2	1.6
	10.0	5	200	111.0 ± 8.4	55.5	1000	1.7 ± 1.5	1.7
	40.0（CP）	5	200	92.6 ± 8.5	46.3	1000	20.4 ± 4.0	20.4[b]
雄	0	5	200	108.5 ± 9.0	54.3	1000	2.0 ± 1.4	2.0[a]
	2.5	5	200	107.6 ± 6.0	53.8	1000	1.8 ± 0.8	1.8
	5.0	5	200	110.4 ± 10.2	55.2	1000	1.0 ± 1.0	1.0
	10.0	5	200	109.4 ± 7.3	54.7	1000	1.5 ± 1.3	1.1
	40.0（CP）	5	200	93.6 ± 6.4	46.8	1000	18.6 ± 5.8	18.6[b]

[a] 与各受试物处理组比较，泊松分布统计 $P > 0.05$；[b] 与各受试物处理组和阴性对照组比较，泊松分布统计 $P < 0.01$。

　　综上，炭气凝胶和石墨烯气凝胶均为实际无毒物，急性毒性无差异，在受试剂量下鼠伤寒沙门氏菌（TA98 和 TA100）突变数无明显差异，微核率无差异。

二、滤棒添加碳基气凝胶材料的卷烟安全性评价

为评价卷烟的安全性，综合考虑卷烟的应用性实验结果，选取添加碳基气凝胶滤棒制作的卷烟样品，即标号为 H2、H5 的混合型卷烟，开展了卷烟样品的 3 种毒理学测试。

供试品：卷烟 3 种，标号为 H2、H5 及 H0（空白卷烟）。

（一）滤棒添加碳基气凝胶材料的卷烟烟气安全性评价方法

1. 卷烟烟气的细胞毒性实验

烟草凝集物（CSC）制备：按标准吸烟条件（GB/T 16450—1996 常规分析用吸烟机定义的标准条件）收集卷烟烟气，制备烟气凝集物（CSC），用细胞培养液配制成 1 支 /mL 的溶液，–80 ℃贮存备用。实验时，稀释到实验设计浓度。

细胞培养：CHO 细胞采用含 10% 胎牛血清的 DMEM 培养基在 37 ℃、5% CO_2 和 95% 湿度条件下培养。细胞每周传代一次，传代后 3 天换液。

细胞毒性实验：将指数生长的细胞，适当密度接种于 96 孔板中，24 h 后加入不同浓度的受试物，每种条件设 8 个平行样，培养基总体积为 200 μL，在 37 ℃、5% CO_2 和 95% 湿度条件下继续培养 24 h。培养结束前 4 h，每孔加入 5 mg/mL MTT 溶液 20 μL。培养结束后，吸出培养上清，加入 200 μL DMSO，吹打混匀，待紫色结晶全部溶解后，用联标仪测定 490 nm 波长的 OD 值，计算细胞活存分数，绘制细胞存活曲线。

2. 卷烟烟气的鼠伤寒沙门氏菌诱变性实验

按照第二章第四节中"二"、"（一）""2."部分相关内容进行实验。

3. 卷烟烟气的体外细胞微核率检测

按照第二章第四节中"二、""（一）""3."部分相关内容进行实验。

数据处理与分析：实验结果用 SPSS 11.5 统计软件进行统计处理和分析。

（二）滤棒添加碳基气凝胶材料的卷烟烟气安全性评价结果

1. 细胞急性毒性

3 种卷烟 CSC 对 BEAS-2B 细胞增殖的影响如图 4-61 所示，IC_{50} 如表 4-23 所示。可以看出，3 种卷烟 CSC 的细胞毒性近似。

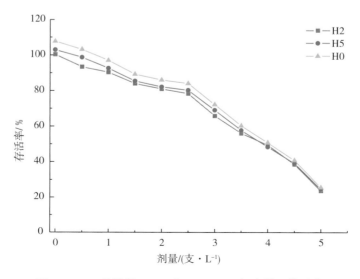

图 4-61　3 种卷烟 CSC 对 BEAS-2B 细胞增殖的影响

表 4-23　3 种卷烟细胞急性毒性 IC_{50}

单位：支·L^{-1}

样品	IC_{50}	95% 置信区间
H2	3.82	3.52 ～ 4.12
H5	3.87	3.79 ～ 3.95
H0	3.84	3.45 ～ 4.25

2. 鼠伤寒沙门氏菌诱变性实验

3 种卷烟 CSC 对鼠伤寒沙门氏菌（TA98 和 TA100）的致突变性实验结果如表 4-24 所示。可以看出，在受试剂量下 3 种卷烟对 TA100 的致突变率无明显增加（在溶剂对照的两倍以内）。19×10^{-3} 支 / 皿剂量下 3 种卷烟 CSC 对 TA98 的突变率出现升高，受试剂量下 3 种卷烟 TA98 致突变率无差异。

表 4-24　鼠伤寒沙门氏菌诱变性实验结果

	浓度 /（μg·皿$^{-1}$） （CSC 为 $\times 10^{-3}$ 支·皿$^{-1}$）	平均回变菌落数（个·皿$^{-1}$，$\bar{x} \pm SD$）	
		TA98	TA100
自发突变		33.6 ± 1.3	126.5 ± 1.9
溶剂		44.7 ± 4.0	134.9 ± 4.0
苯并 [a] 芘	1	155.0 ± 3.5	1043.5 ± 36.0
H2	19	158.3 ± 2.2	150.1 ± 17.2
	38	155.6 ± 2.8	155.8 ± 13.7
	75	165.3 ± 1.1	132.4 ± 19.1
	150	153.1 ± 7.4	154.2 ± 29.6
H5	19	164.4 ± 4.1	170.3 ± 15.4
	38	177.4 ± 4.8	145.2 ± 9.3
	75	162.1 ± 4.0	167.9 ± 18.3
	150	182.1 ± 2.6	150.6 ± 16.6
H0	19	172.2 ± 2.4	154.2 ± 19.8
	38	193.9 ± 3.0	160.7 ± 24.0
	75	175.2 ± 8.9	170.3 ± 14.8
	150	189.0 ± 2.1	163.1 ± 16.5

3. 体外细胞微核检测

CSC 染毒剂量为 33.3 支 /L。3 种卷烟 CSC 诱发 L5178Y 细胞微核率检测结果如表 4-25 所示。可以看出，H0 CSC 诱发的细胞微核率明显低于 H5 及 H2 的实验烟，高于空白。

150

表 4-25　3 种卷烟 CSC 诱发细胞微核率

样品	微核率 / %
空白	0.95 ± 0.84
H2	4.38 ± 1.03
H5	4.10 ± 0.93
H0	1.06 ± 1.07

3 种卷烟样品的 CSC 细胞急性毒性无差异，在受试剂量下鼠伤寒沙门氏菌（TA98 和 TA100）突变数无明显差异，H0 烟细胞微核率明显降低。

参考文献

[1] SCHERER GERHARD, HAGEDORN HEINZ-WERNER, URBAN MICHAEL, et al. Influence of smoking charcoal filter tipped cigarettes on the uptake of benzene and 1, 3-butadiene[C]//Coresta Presentation, Stratford-upon-Avon, UK, 2005.

[2] SHIN HAN-JAE, SOHN HYUNG-OK, HAN JUNG-HO, et al. Effect of cigarette filters on the in vitro toxicity of mainstream smoke[C]// Coresta Presentation, Stratford-upon-Avon, UK, 2005.

[3] HASEGAWA TAKASHI, SUZUKI AKIHIKO, YAMASHITA YOICHIRO. Construction of a numerical model for benzene adsorption by charcoal filters[C]//Coresta Presentation, Shanghai, China, 2008.

[4] WIECZOREK ROMAN. In vitro tests with fresh cigarette smoke - effect charcoal filters / whole smoke / vapour phase mutagenicity - genotoxicity[C]//Coresta Presentation, Shanghai, China, 2008.

[5] SHIN HAN-JAE, YOO JI-HYE, SOHN HYUNG-OK, et al. Effect of new charcoal filter on the in vitro pulmonary toxicity induced from cigarette mainstream smoke[C]//Coresta Presentation, Aix en Provence, France, 2009.

[6] WIECZOREK ROMAN. Comparison of in vitro smoke toxicity of novel charcoal filter cigarettes and benchmark cigarettes from the UK market[C]//Coresta Presentation, Aix en Provence, France, 2009.

[7] 王理珉, 胡群, 马静, 等 . 活性炭复合嘴棒的功能和应用 [J]. 烟草科学研究, 2003（2）：50-53.

[8] 胡群, 马静, 刘志华, 等 . 活性炭在低焦油卷烟滤嘴设计中的研究 [J]. 烟草科学研究, 1999：67-69.

[9] TAKASHI HASEGAWA, TAKASHI SASAKI, ICHIRO ATOBE, et al. Review and future prospects of charcoal filters for cigarettes[C]//Coresta Presentation, Paris, France, 2006.

[10] TAYLOR M J, WALKER J. The adsorption of various smoke compounds by activated carbon [C]//Coresta Presentation, Jeju, South Korea, 2007.

[11] 韩严和, 全燮, 薛大明, 等 . 活性炭改性研究进展 [J]. 环境污染治理技术与设备, 2003, 4（1）：33-37.

[12] 王鹏, 张海禄 . 表面化学改性吸附用活性炭的研究进展 [J]. 炭素技术, 2003, 126（3）：23-28.

[13] 李素琼, 黄彪 . 活性炭表面改性研究进展 [C]// 中国林学会木材科学分会第十二次学术研讨会议论文集, 福州, 2010：398-402.

[14] TOKIDA ATSUSHI, TODA TAEKO, MAEDA KAZUO. Selective removal of semivolatile components of cigarette smoke by activated carbon fibers [J].Seni-Gakkaishi, 1985（12）：539-547.

[15] TOKIDA ATSUSHI, TODA TAEKO, MAEDA KAZUO. Selective adsorption of the vapor phase components of cigarette smoke by activated carbon fibers[J].Seni-Gakkaishi, 1986（8）：435-442.

[16] 贾伟萍 . 活性炭孔结构对主流烟气粒相物过滤效率的影响 [D]. 郑州：中国烟草总公司郑州烟草研究院, 2010.

[17] PETER BRANTON. The role of carbon structure on cigarette smoke vapour phase toxicant reduction[C]//Coresta Presentation, Edinburgh, UK, 2010.

[18] TAKASHI SASAKI, YOICHIRO YAMASHITA. The effects of activated carbon characteristics on adsorption efficiency for VOCs in cigarette smoke[C]//Coresta Presentation, Jeju, South Korea, 2007.

[19] KO DONG-KYUN, SHIN CHANG-HO, JANG HANG-HYUN, et al. Physical properties of carbon prepared from a coconut shell by steam activation and chemical activation and the influence of prepared and activated cabon on the delivery of mainstream smoke [C] // Coresta Presentation, Jeju, South Korea, 2007.

[20] 袁淑霞, 吕春祥, 李永红, 等. 活性炭改性对滤嘴吸附性能的影响 [J]. 太原理工大学学报, 2007, 38（6）: 509-512.

[21] KIM BYEOUNG-KU, KWAK DAE-KEUN, RA DO-YOUNG. Adsorption behavior of propylamine on activated carbon fiber surfaces as induced by oxygen functional complexes[C]//Coresta Presentation, Jeju, South Korea, 2007.

[22] 邱晔, 惠娟, 彭金辉. 烟用活性炭及其改性处理对卷烟主流烟气的影响 [J]. 昆明理工大学学报（理工版）, 2006, 31（5）: 82-86.

[23] FAN HONGMEI, LOU JIANFU, JIN YONG, et al. Preparation of Fe/Coconut carbon reconstituted tobacco and its application in tar reduction[C]//Coresta Presentation, Kyoto, Japan, 2004.

[24] THOMPSON N C, TAYLOR M J. The influence of pre-cursor materials on the properties of various activated carbons[C]// Coresta Presentation, Paris, France, 2006.

[25] 冉国莹, 王华, 王建民. 活性炭部分指标对烟气中低分子醛酮类物质含量的影响 [J]. 应用化工, 2010, 39（4）: 549-551.

[26] 王华, 王建民. 活性炭部分指标对卷烟感官和烟气成分的影响 [J]. 郑州轻工业学院学报（自然科学版）, 2009, 24（4）: 24-26.

[27] MCCORMACK A D, TAYLOR M J. The effect of position of carbon granules within a cigarette filter on vapour phase retention[C]// Coresta Presentation, Edinburgh, UK, 2010.

[28] 刘立全, 李维娜, 王月侠, 等. 特殊滤嘴研究进展 [J]. 烟草科技, 2004（3）: 17-24.

[29] POKRAJAC M S, JORDIL Y, MUELLER J. Study on effective reduction of hazardous components in tobacco smoke using the natural zeolite[C]// Coresta Presentation, Kyoto, Japan, 2004.

[30] 邱晔, 王建, 胡群, 等. 卷烟滤嘴复配添加剂对卷烟品质及主流烟气影响初探 [C]// 中国烟草学会工业专业委员会烟草化学学术研讨会论文集, 海口, 2004.

[31] TAYLOR M J. The effect of different smoking regimes on the performance of different weights and activities of carbon in cigarette filters[C]// Coresta Presentation, Shanghai, China, 2008.

[32] MCCORMACK A D, TAYLOR M J. Superslim carbon filters-effect of carbon weight and smoking regimes[C]//Coresta Presentation, Aix en Provence, France, 2009.

[33] TAYLOR M J, WALKER J. The influence of age and storage conditions on the activity of carbon in cigarette filters[C]// Coresta Presentation, Stratford-upon-Avon, UK, 2005.

[34] WALKER J, TAYLOR M J. Some factors affecting the activity of carbon in cigarette filters[C]// Coresta Presentation, Paris, France, 2006.

[35] KO DONGKYUN, LIM HEEJIN, SHIN CHANGHO, et al. The influence of triacetin contents on the physical properties of carbon dual filter and on the delivery of mainstream smoke[C]// Coresta Presentation, Paris, France, 2006.

[36] WALKER J, TAYLOR M J. The activity of different carbon weights in a cigarette filter and the effects of triacetin[C]//Coresta Presentation, Jeju, South Korea, 2007.

[37] GUNTHER PETERS, CHRISTIAN MUELLER, JOANNE WALKER. The influence of cigarette design on the ageing of carbon filters[C]//Coresta Presentation, Jeju, South Korea, 2007.

[38] 郝玉婷, 汪婧雅, 耿瑞, 等. 准石墨化碳气凝胶对香烟烟气凝胶吸附研究 [J]. 硅酸盐通报, 2015, 34（11）: 3112-3115.

[39] BRANTON, P J, BRADLEY, R H. Effects of active carbon pore size distributions on adsorption of toxic organic compounds [J]. Adsorption-J Inter Adsorpt Soc, 2011, 17（2）: 293-301.

[40] BRANTON P J, MCADAM K G, DUKE M G, et al. Use of classical adsorption theory to understand the dynamic filtration of volatile toxicants in cigarette smoke by active carbons[J]. Adsorption Science & Technology, 2011, 29（2）: 117-138.

[41] MORABITO J A, HOLMAN M R, DING Y S, et al. The use of charcoal in modified cigarette filters for mainstream smoke

carbonyl reduction[J]. Regulatory Toxicology and Pharmacology，2017，86：117-127.

[42] GEIM A K，NOVOSELOV K S. The rise of grapheme [J]. Nature Materials，2007，6：183-191.

[43] LI D，KANER R B. Graphene-based materials [J]. Science，2008，320：1170-1171.

[44] DIKIN D A，STANKOVICH S，ZIMNEY E J，et al. Preparation and characterization of graphene oxide paper [J]. Nature，2007，448：457-460.

[45] WANG X，ZHI L J，MULLEN K. Transparent，conductive graphene electrodes for dye-sensitized solar cells [J]. Nano Letters，2008，8：323-327.

[46] WATCHAROTONE S. Graphene-silica composite thin films as transparent conductors [J]. Nano Letters，2007，7：1888-1892.

[47] KIM K，PARK H J，WOO B C，et al. Electric property evolution of structurally defected multilayer grapheme [J]. Nano Letters，2008，8：3092-3096.

[48] HUMMERS W S，Offeman R E. Preparation of graphite oxide [J]. Journal of American Chemical Society，1958，80：1339.

[49] Xu Y，Bai H，Lu G，et al. Flexible graphene films via the filtration of water-soluble noncovalent functionalized graphene sheets [J]. Journal of American Chemical Society，2008，130：5856-5857.

[50] LI D，MULLER M B，GILJE S，et al. Processable aqueous dispersions of graphene nanosheets [J]. Nature Nanotechnology，2008，3：101-105.

[51] JEONG H K，LEE Y P，LAHAYE R，et al. Evidence of graphitic AB stacking order of graphite oxides [J]. Journal of American Chemical Society，2008，130：1362-1366.

[52] 柴颖，费玥，郝捷，等 . 石墨烯纳米材料对卷烟主流烟气苯并 [a] 芘和苯酚的降低作用研究 [J]. 中国烟草学报，2016，22（5）：19-25.

[53] BIRIS A R，MAHMOOD M，LAZAR M D，et al. Novel multicomponent and biocompatible nanocomposite materials based on few-layer graphenes synthesized on a gold/hydroxyapatite catalytic system with applications in bone regeneration [J]. Journal of Physical Chemistry C，2011，115：18967-18976.

[54] 盛金，庄亚东，朱怀远，等 . 氧化石墨烯改性活性碳纤维滤除卷烟主流烟气的释放物 [J]. 分析测试学报，2013，32（7）：851-855.

[55] 杨红燕，杨柳，朱文辉，等 . 卷烟材料组合对主流烟气中 7 种有害成分释放量的影响 [J]. 中国烟草学报，2011，17（1）：8-13.

[56] CHEN Z，ZHANG L，TANG Y，et al. Adsorption of nicotine and tar from the mainstream smoke of cigarettes by oxidized carbon nanotubes [J]. Applied Surface Science，2006，252（8）：2933-2937.

[57] 高明奇，冯晓民，张展，等 . 负载氧化石墨烯纤维素纸在滤棒中的应用研究 [J]. 纸和造纸，2015，34（8）：54-57.

[58] 高明奇，杨帆，顾亮，等 . 氧化石墨烯 - 壳聚糖复合物涂布纸降低卷烟烟气中苯酚和巴豆醛 [J]. 烟草科技，2016，49（11）：66-73.

第五章
纳米硅基氧化物材料在卷烟减害中的应用

第一节 引言

近年来已成为国内外研究热点的纳米材料是"21世纪最有前途的材料"。广义上讲，纳米材料是指三维空间尺寸中至少有一维处于纳米量级的材料，因为其优异的吸附、催化等性能，在各行业中均有广泛的应用。在烟草工业的发展过程中，卷烟对人类健康的危害越来越被人们所重视，烟草减害成了当今社会热议的话题之一。纳米材料被应用在卷烟工业中，将其添加至烟丝、滤棒或其他卷烟原料中，可以通过吸附或催化作用有效降低一种或多种卷烟烟气中的有害成分。

纳米材料颗粒表面活性位点多、化学反应接触面大，尤其是多孔纳米材料，对卷烟主流烟气有害成分的选择性较高。近年来，大多数报道集中在将纳米材料添加至卷烟滤棒中，具体的添加方式主要有两种：一种是以"三明治"的方式夹入滤棒中；另一种是以颗粒形式与滤棒复合，主要原理是利用纳米材料的吸附作用对烟气进行进一步的过滤，具有较高的选择性。周宛虹等制备了一种胺基功能化的介孔二氧化硅材料（MCM–41–NH$_2$），并将其添加到滤棒中，发现该材料基本不改变烟气常规成分的释放量，而且对主流烟气中 HCN 的选择性降低率达到 25.7%，具有很好的应用价值。孙玉峰等通过模板法，同步晶化制备了微孔 – 介孔复合材料（MMM）。因其特殊的微孔 – 介孔结构，实现具备大分子物质吸附脱除功能的同时，对小分子的吸附性能也有所提高，将其作为卷烟滤棒添加剂制成的实验样烟，主流烟气中的多种有害成分释放量均得到不同程度的降低，效果明显，应用广泛。杨松等制备了互通多孔结构的聚甲基丙烯酸缩水甘油酯互通多孔材料（PolyGMA），分别以二元滤棒复合及卷烟纸涂布的形式添加到卷烟样品中，发现二元复合滤棒的应用效果较好，对苯酚表现出了较高的选择性，降低率为 23.0%，而卷烟感官质量无明显差异。经过了金属或无机盐修饰的纳米材料，降低卷烟有害成分方面的性能往往优于普通纳米材料。舒丽君等改进了传统的合成六方介孔材料的工艺，合成了具有双纳米效应的掺镧介孔纳米球，并添加至卷烟滤棒中，使烟样中 8 种低分子醛酮的含量明显降低，尤其对甲醛的吸附体现出了很好的选择性。刘楠等以烟草花叶病毒（TMV）为模板，将亚硫酸根、硫氰根引入体系中，实现了纳米金在 TMV 模板上的高密度生长，制备得到一维 TMV– 纳米金复合材料。结果表明，TMV 模板可对纳米金进行有效的粒径控制和高效负载，当该复合材料在卷烟滤棒中的添加量为 0.7 mL / 支时，卷烟对 CO 选择性降低率达到 16.33%。Dai 等则合成了一种表面由氧化亚铜修饰的活性炭纳米复合材料，并将其加入卷烟滤棒中，该复合材料能够有效降低卷烟主流烟气当中的 HCN。此外，纳米管材料添加的滤棒在卷烟减害方面的应用也十分广泛。邓其馨等通过水热反应法，以廉价的二氧化钛为原料，制备了钛酸盐纳米管，结果表明，通过物理吸附和化学吸附的共同作用，使主流烟气中的氨、氢氰酸、苯酚和巴豆醛等有害成分的释放量分别降低了 67.53%、23.52%、60.81% 和 27.56%。杨宇铭等分别将酸化的和未酸化的碳纳米管复合在滤棒中，发现酸化的碳纳米管对卷烟主流烟气中酚类化合物的吸附效果优于未酸化的碳纳米管，对 CO、焦油、烟碱影响不明显，并且能降低烟气的刺激性，增加柔和度，对卷烟抽吸品质有所改善。

烟丝作为卷烟的核心组成部分，直接参与燃烧，纳米材料除了具有吸附作用外，还具有很好的催化能力，将其添加至烟丝中，参与燃烧反应，能够使燃烧反应完全，从而去除丙酮、乙醛、甲苯等多种成分。朱智志等分别采用干法和湿法，将纳米材料 Al_2O_3 和 TiO_2 加入烟丝，发现干法加入能够更好地降低烟气中的焦油和 CO 含量，两种纳米材料相比较，纳米材料 Al_2O_3 的作用效果更为显著，且对卷烟感官质量无不良影响。冯守爱等用三甲基氯硅烷将亲水性纳米 SiO_2 进行了疏水改性，并将改性前后的 SiO_2 分别加入烟丝和滤棒的增塑剂中，发现疏水改性纳米 SiO_2 有效降低了烟气中的巴豆醛、苯酚的含量，而亲水性纳米 SiO_2 不但没有使有害物质的含量降低，反而有不同程度的上升。同时，与加入滤棒的增塑剂相比，加入烟丝中的疏水纳米 SiO_2 粒子具有更好的降低卷烟烟气中的巴豆醛和苯酚的效果。谢兰英等将钛纳米金属络合物均匀添加到烟丝中，利用卷烟燃烧时燃烧区和裂解区的高温，活化催化燃烧反应，并考察了不同催化材料添加浓度对降低 CO 释放量的影响。结果表明，添加浓度为 2% 时，可以降低 CO 排放量 21.54%、酚类物质排放量 37.69%。

造纸法再造烟叶由于具有焦油含量低、有害成分释放量小等特点，在卷烟中的使用量愈来愈多。将纳米材料添加至再造烟叶中，可以进一步降低有害物质的排放。姚元军等将 4 种纳米减害材料纳米催化剂、助燃剂、氧化剂、吸附剂与浓缩液混合后均匀涂布到基片两面，经烘干、回潮、切丝后制得再造烟叶样品。经检测，主流烟气中的巴豆醛、NNK、苯并 [a] 芘均有大幅度降低，其中纳米 TiO_2-VK-TG01 对有害物质的降低率均超过 30%。谢国勇等采用柠檬酸络合溶胶 - 凝胶法制备了纳米级 $La_{1-x}Ln_xFe_{1-y}M_yO_3$ 钙钛矿型复合氧化物烟用催化剂，并添加于再造烟叶中，在卷烟机上卷制成试制烟后，测定其主流烟气中的 CO 和 NOx 含量，结果表明，该材料可有效降低卷烟烟气中 CO 和 NOx 的质量，并且相对于焦油、烟碱等粒相物的降低具有很高的选择性。利用纳米技术降低卷烟烟气中有害成分的研究是最近几年刚刚兴起的研究课题。吕功煊等利用含纳米贵金属催化材料制成二元滤棒，制作卷烟可以降低卷烟烟气中 CO 的释放量达 26.9%。张悠金等以干法和湿法分别将纳米材料 Al_2O_3、TiO_2、SiO_2 加入卷烟烟丝与滤棒中，研究了纳米材料的 4 种加入方式对卷烟烟气粒相中焦油、烟碱生成量的影响。结果表明，纳米材料干法加入滤棒，降低烟气中焦油、烟碱效果最为明显，2.0 ～ 10.0 mg/ 支的添加量可降焦油 4.2% ～ 45.3%、烟碱 1.7% ～ 28.4%；干法加入烟丝，效果较为显著，添加 5.0 ～ 25.0 mg/ 支的纳米材料，可降焦油 4.2% ～ 32.2%、烟碱 2.4% ～ 20.3%，其中纳米 Al_2O_3 的作用效果显著；纳米材料湿法添加到烟丝中，效果不明显；湿法加入卷烟滤棒丝束中，几乎没有效果。

现在降低烟草特有 N– 亚硝胺和有害多环芳烃通常采用的是分子筛一类的吸附材料。这一类的材料在烟丝中使用时，由于既不能均匀地分散在水或乙醇中从而在制丝加料、加香时被均匀加入，也不能被直接均匀地加入烟丝，其使用效果很不理想。当被用来制作卷烟复合滤棒时，其吸阻过高且不够均匀，导致卷烟烟气中焦油的释放量有比较明显的降低，使卷烟烟气的质量特别是香气量明显降低而卷烟烟气中的烟草特有 N– 亚硝胺和有害多环芳烃的选择性降低率不高。利用含纳米贵金属催化材料制成二元滤棒来降低卷烟烟气中 CO 的释放量时，由于纳米贵金属催化材料在空气中失活很快，而且要在二元滤棒制作过程中加入大量的助剂，不仅导致制作成本过高，还不能保证在卷烟中有长期稳定的降害效果。纳米材料有很大的比表面积，因而是很好的吸附材料。以干法分别将纳米材料 Al_2O_3、TiO_2、SiO_2 加入卷烟烟丝和滤棒中降低卷烟烟气中焦油与烟碱取得了一定的进展，但是在利用纳米材料选择性降低卷烟烟气中的烟

草特有 *N*-亚硝胺和有害多环芳烃等有害成分上还没有获得明显的进展，而且采用干法很难均匀，在商品卷烟中，不宜采用这样的方法。由于纳米材料非常轻，如果不采用湿法，将无法均匀地加入卷烟烟丝和滤棒中，而纳米材料 Al_2O_3、TiO_2、SiO_2 等在水、乙醇和卷烟滤棒增塑剂（最广泛采用的是三醋酸甘油酯）中的分散效果都不好。如果能解决好纳米材料在水、乙醇和卷烟滤棒增塑剂的均匀分散问题，将会使得利用纳米材料选择性降低卷烟烟气中有害成分工作得到突破性进展。

纳米二氧化硅（SiO_2）是纳米材料中极其重要的一员，它是呈絮状和网状的无定型白色粉末，无毒、无味、无污染、具有良好的生物相容的非金属材料。纳米二氧化硅颗粒由于比表面积大、密度小及分散性能好等特性，使其具有诸多独特的性能和广泛的应用前景，如高温下具有高强、高韧、稳定性好等特性。另外，纳米二氧化硅因其化学惰性、光学透明性、生物兼容性等，在现代复合纳米材料中担当重要角色，常被用作高效绝热材料、催化剂载体、气体过滤材料、药物运输、细胞标记、DNA 转染和选择性分离等方面。但是，纳米二氧化硅由于表面自由能较高以至于很容易团聚，将它作为功能填料填充聚合物基体时，无机相和有机相之间很难相容，导致纳米二氧化硅在有机相中分散不均匀，使纳米二氧化硅的很多优点难以充分发挥。为此，需要对纳米二氧化硅进行表面物理或化学改性。通过一定的工艺，使基团与二氧化硅表面的硅羟基与不饱和键反应，在其表面引入所需的各种活性基团，从而改善纳米二氧化硅的性能，使其表面硅羟基的含量减少或消除，提高纳米二氧化硅与有机聚合物基体的相容性。

硅胶是一种典型的高活性多孔吸附材料，属于非晶态物质，是一种无定形的二氧化硅，无定形的二氧化硅实际上是一种无水聚合的二氧化硅，即硅酸缩聚物。因其制法不同，无定形二氧化硅又分为硅胶、沉淀二氧化硅或烟尘二氧化硅、胶体二氧化硅。硅胶一般由硅酸盐水溶液失去稳定性生成水凝胶制得。

硅胶不溶于水和任何溶剂，无毒无味，化学性质稳定，除强碱、氢氟酸外不与任何物质发生反应，其外观为玻璃状透明或半透明的块状体或球形颗粒，X 射线衍射为弱的方英石型漫反射，具有多微孔结构，有较大的孔容（$0.3 \sim 2.0$ mL/g）和较大的比表面积（$200 \sim 800$ m²/g），从而具有较大的吸附能力，对水、醇、苯、醚等有机溶剂有很好的吸附作用。因此其广泛地用于制备各种气体吸附剂、催化剂载体、色谱柱填料及环境净化功能材料等。

第二节　纳米硅基氧化物材料的制备及在卷烟中的应用

一、实验材料及方法

（一）纳米材料分析方法

红外光谱（IR）分析：各种有机化合物和许多无机化合物在红外区域都产生特征峰，因此红外光谱法已经广泛用于这些物质的定性和定量分析。本研究中样品为有机 - 无机复合物，用红外光谱分析其表面键合结构是十分合适的。本部分研究采用的制样技术为溴化钾压片法，采用的仪器是 Perkin Elmer System 2000 FT-IR 谱仪。

透射电子显微镜（Transmission Electron Microscope，TEM）分析：光学显微镜的分辨率受限于光的衍射，即受限于光的波长。透射电子显微镜以电子束代替光束，样品做得很薄，以至高能电子（50～200 keV）可以穿透样品，根据样品不同位置的电子透过强度不同或电子透过晶体样品的衍射方向不同，经过后面电磁头颈的放大后，在荧光上显示出图像。本部分研究采用 Hitachi H-800 透射电镜分析纳米粒子的形貌，加速电压为 200 kV。

X 射线光电子能谱（XPS）分析：X 射线光电子能谱是表面分析领域中的一种新方法。它的信号源于样品表面本身，典型的探测深度对金属和金属氧化物来说在 5～25 Å 的范围，对有机物和聚合物来说在 40～100 Å 的范围。XPS 既有极高的表面灵敏度又能提供表面物质的化学信息，而且用来激发光电子能谱的 X 射线束对多数材料没什么损坏，所以它也是一种非破坏性的检测方法。本部分研究是用 PHI-5300 ESCA 能谱仪进行纳米粒子表面状态分析，采用 Al 阳极靶，功率为 250 W。

（二）卷烟烟气分析方法

卷烟烟气常规指标的分析：按照 ISO 4387、YC/T30、YC/T156、YC/T157 进行卷烟烟气常规指标（焦油、烟碱、一氧化碳等）分析。按 GB 5606.4 进行卷烟感官质量评定。

卷烟烟气中有害多环芳烃的分析：将卷烟样品和剑桥滤片在恒温恒湿箱中［温度：（22±2）℃，湿度：60%±5%］平衡 48 h 后按照 ISO 4387 抽吸卷烟。每张剑桥滤片收集 5 支卷烟的烟气粒相物。将 4 张滤片放入 100 mL 锥形瓶中，准确加入 40 mL 环己烷（分析纯），准确加入内标（9- 苯基蒽，浓度为 200 ng/mL）2 mL，超声波萃取 40 min，静置数分钟，准确移出 10 mL 萃取液加到硅胶固相萃取柱上，使液体全部流过柱子，然后再分次加入 30 mL 环己烷洗脱，收集所有洗脱液，将洗脱液在旋转蒸发仪上氮气保护下浓缩至 0.5 mL，用 GC3800/SATURN 2100T 气相色谱 – 质谱联用仪进行分析。以环己烷为溶剂，配制苯并 [a] 芘、苯并 [a] 蒽、苯并 [a] 菲标准系列溶液，浓度为 20～500 ng/mL，内标（9- 苯基蒽）浓度为 200 ng/mL，以标样与内标的峰面积比为纵坐标，其浓度比为横坐标，制作标准工作曲线，求出线性回归方程，以此计算实验样品中 3 种多环芳烃的量。

仪器条件：色谱柱：VF-5MS，30 m×0.25 mm×0.25 μm；载气：氦气（99.999%），载气恒流：1.0 mL/min；进样口温度：280 ℃；分流进样：5∶1；初始温度 150 ℃，保持 2 min，然后以 8 ℃ /min 升至 250 ℃保持 14.5 min，然后以 30 ℃ /min 升至 280 ℃保持 5 min；阱温：220 ℃；传输线温度：270 ℃；采用 AS 扫描方式。

卷烟烟气中有害烟草特有 N- 亚硝胺的分析：将所用卷烟和剑桥滤片在恒温恒湿箱中［温度：（22±2）℃，湿度：60%±5%］平衡 48 h 后按 ISO 4387 方法收集 10 支卷烟的总粒相物。将收集了 10 支卷烟总粒相物的滤片放入 250 mL 锥形瓶中，加入 100 mL 二氯甲烷（分析纯）及 1 mL NNPA（内标，浓度为 400 ng/mL）溶液，置于超声波发生器内超声提取 30 min。然后将提取液转移至 500 mL 圆底烧瓶中。再用二氯甲烷分 3 次，每次 15 mL 清洗装有滤片的锥形瓶，将清洗液同样转移至 500 mL 圆底烧瓶中。将盛有提取液的圆底烧瓶连接旋转蒸发仪，通高纯氮气旋转蒸发，在 40 ℃下浓缩至约 5 mL 待用。将碱性氧化铝（活性：Super I）在 110 ℃下活化 16 h 以上后待用。层析柱保持洁净干燥，用湿法将约 10 g 碱性氧化铝加到层析柱中，用玻棒搅拌氧化铝赶走所有气泡，用 50 mL 二氯甲烷洗脱层析柱，当液面下降至氧化铝层时关闭层析柱活塞。将浓缩液一次性加入层析柱中，并用 30 mL 二氯甲烷洗涤烧瓶内壁，洗涤液加入层析柱中，打开层析柱活塞，不收集洗脱液，当液面下降至氧化铝层时关闭活塞。最后用 100 mL 50% 丙酮（分析纯）/ 二氯甲烷（V/V）溶液洗脱层析柱，收集全部洗脱液。将洗脱液在 40 ℃下通高纯氮气将其浓缩至 1 mL，待气相色谱 – 热能分析仪（GC-TEA）分析。以二氯甲烷为溶剂，配制 TSNAs 标准系列溶液，浓度为 50～1000 ng/mL，内标（NNPA）浓度为 400 ng/mL，以标样与内标的峰面积比为纵坐标，其浓度比为横坐标，制作标准工作曲线，求出线性回归方程，以此计算实验样品中 4 种 TSNAs 的量。

仪器条件：色谱柱：HP50，30 m × 0.53 mm × 1.0 μm；柱前保护柱：HP50，1 m × 0.53 mm × 1.0 μm；载气：氦气（99.999%），恒流速为 2.5 mL/min；进样口温度：230 ℃；柱温：初始温度为 150 ℃，保持 2 min，以 3 ℃ /min 的速率升至 230 ℃，以 20 ℃ /min 的速率升至 250 ℃，保持 3 min；不分流进样，进样量：2 μL；TEA 热解器温度：500 ℃，气相接口温度：240 ℃，氧气流速：18 mL/min。

（三）纳米材料的制备

1. 纳米 TiO$_2$ 粉体的合成

室温下将 1.5 mL 的 TiCl$_4$（国药试剂，分析纯）溶液缓慢滴加到 10 mL 无水 C$_2$H$_5$OH（北京北化精细化学品有限公司，分析纯）中，经 15 min 超声振荡，得到均匀透明的淡黄色溶液。将该溶液在密闭环境中静置一定时间进行成胶化，就可获得具有一定黏度的透明溶胶。该溶胶经 80 ℃加热处理，除去溶剂就可形成淡黄色的干凝胶。前驱体干凝胶经不同温度（300 ～ 500 ℃）热处理（恒温 1 h）就可形成 TiO$_2$ 纳米粉体。为了抑制结碳的生成，刚开始的升温速度必须很缓慢，控制在 5 ℃ /min，以促进有机物的完全分解。

2. 纳米 SiO$_2$ 粉体的合成

以硅酸钠和盐酸为原料，在 80 ℃下进行沉淀反应（pH=8），形成 SiO$_2$ 沉淀，反应 2 h。为了控制粒径和分散性，可在反应液中添加适当的非离子表面活性剂（1% ～ 5%）。沉淀用离心或压滤的方法进行清洗，除去氯离子。把沉淀物与一定量的乙醇混合，可以形成醇分散的 SiO$_2$ 溶胶。通过干燥和高温煅烧就可以获得纳米 SiO$_2$ 粉体材料。

3. 表面修饰纳米粒子的合成

向正己烷溶剂中加入一定量的油酸和纳米粉体材料（SiO$_2$ 或 TiO$_2$），超声振荡，纳米粉体材料悬浮于正己烷中。在磁力搅拌加热器上，60 ℃搅拌反应 4 h。反应完毕后，将所得产物分离、洗涤、晾干，并在真空干燥器中 30 ℃恒温干燥 24 h，得到的白色粉末即为油酸修饰的纳米粒子。

纳米分散液：将一定量的纳米粉体材料加入一定量的分散液（去离子水、酒精）中，首先通过搅拌进行分散，然后再通过超声波的作用进行二次颗粒的分散。为了增加分散效果，可以在 50 ℃条件下，超声分散 1 h 左右，形成的纳米粒子分散液在一定时间内不会产生沉降。为了增加使用性能，一般在使用前仍需进行搅拌或超声处理，促进均匀分散液的形成。

对于增塑剂分散纳米颗粒，首先是用表面改性的方法，对纳米粒子进行表面改性，然后可以把改性后的纳米粒子分散到增塑剂中。可以直接把表面改性纳米粒子加到增塑剂中，通过搅拌和在 50 ℃超声中进行分散 1 h。由于增塑剂和纳米粒子比重的差异，在一定时间后会产生分层现象，但只要搅拌或超声处理，就可以马上分散使用。

（四）卷烟样品的制备与评价

1. 实验室纳米卷烟样品的制备

配制不同浓度（0.1% ～ 0.5%）的纳米 TiO$_2$- 乙醇溶液，分别滴入 0.7 mL 于分选过的 25 支卷烟的烟丝中，然后再分别滴 0.5 mL 于另 25 支分选过的卷烟的滤棒中。

配制不同浓度（0.1% ～ 0.5%）的纳米 TiO$_2$- 乙醇溶液，分别滴入 0.7 mL 于分选过的 25 支卷烟的烟丝中，然后再分别滴 0.5 mL 于卷烟的滤棒中。

配制不同浓度（0.1% ～ 0.5%）的纳米 SiO$_2$- 乙醇溶液，分别滴入 0.7 mL 于分选过的 25 支卷烟的烟丝中，然后再分别滴 0.5 mL 于另 25 支分选过的卷烟的滤棒中。

配制不同浓度（0.1% ～ 0.5%）的纳米 SiO$_2$- 乙醇溶液，分别滴入 0.7 mL 于分选过的 25 支卷烟的烟丝中，然后再分别滴 0.5 mL 于卷烟的滤棒中。

将纳米碳酸钙材料分别溶解于无水乙醇和水配制成 0.1% 的溶液，通过滴加的方式，分别向烟丝和滤棒添加，制作 3 种（碳酸钙只加入烟丝、碳酸钙只加入滤棒和碳酸钙既加入烟丝也加入滤棒）各 25 支卷烟样品，纳米材料的添加量分别为 0.7 mL/ 支和 0.5 mL/ 支（0.7 mg/ 支和 0.5 mg/ 支）。

将改性 SiO_2 纳米材料溶解于无水乙醇配制成 5% 的溶液，通过滴加的方式向滤棒添加，制作 25 支卷烟样品，纳米材料的添加量为 0.5 mL/ 支（25 mg/ 支）。

2. 模拟在线工艺添加纳米 SiO_2 卷烟样品的制备

将改性 SiO_2 纳米材料溶解于水配制成 0.25% 的溶液，通过滴加的方式，直接向滤棒添加；将 SiO_2 纳米材料溶解于无水乙醇配制成 0.25%、0.5% 的溶液，通过滴加的方式，直接向烟丝添加，制作 3 种（0.25% 改性 SiO_2 水溶液只加入滤棒，0.25%、0.5% 的 SiO_2 乙醇溶液加入烟丝，改性 0.25%SiO_2 水溶液加入滤棒）各 25 支卷烟样品，烟丝和滤棒中纳米材料的添加量分别为 0.7 mL/ 支和 0.5 mL/ 支。

3. 在线工艺实验样品的制作

通过表面改性的纳米 SiO_2 作为添加剂，先以 6%、4% 的重量比添加到增塑剂三醋酸甘油酯中，搅拌均匀，然后通过增塑剂在滤棒的制备过程中添加到丝束中，控制增塑剂加入量分别制作 100 mm 和 120 mm 两种规格的滤棒，每支滤棒分别含改性纳米 SiO_2 8 mg、3 mg，相当于每支 20 mm 滤棒含 0.5 mg、每支 25 mm 滤棒含 2 mg。分别将 150 g 碳酸钙和 TiO_2 纳米材料以 0.5% 的重量比添加到乙醇配制成均匀的分散液，然后均匀喷到 30 kg 烟丝上，平衡所需水分。用以上滤棒、烟丝和未加纳米材料的同规格滤棒与烟丝制作卷烟样品 10 种。

4. 纳米 3 mg 中南海卷烟及对照卷烟的试制及烟气有害成分释放量的对比评价

将改性纳米 SiO_2 以 8%（W/W）的比例加入增塑剂（三醋酸甘油酯）中，搅拌均匀，然后通过增塑剂在滤棒的制备过程中添加到丝束中，控制增塑剂加入量为 8%（增塑剂与滤棒的重量比）制作带有改性纳米 SiO_2 的滤棒，将上述滤棒于普通醋酸纤维滤棒复合，制作成带有改性纳米 SiO_2 的复合滤棒，每支滤棒长 100 mm（15 mm 含改性纳米 SiO_2+10 mm 醋酸纤维交替）。用没有加入纳米材料的增塑剂制作同样规格的复合滤棒作为对照样。在烟丝制作过程的每个加料口加入 SiO_2 纳米材料比例为烟丝重量的 0.5%。用没有加入纳米材料的同配方烟丝作为对照烟丝。用上述两种复合滤棒和两种烟丝以组合方式制作 4 种卷烟样品。

将制作的卷烟样品送至行业第三方检测机构测定常规烟气化学指标、26 种卷烟烟气中有害成分的释放量及烟气气相自由基与固相自由基量。计算与对照样相比纳米 3 mg 中南海卷烟烟气中有害成分释放量的降低率和选择性降低率（有害成分释放量的降低率减去焦油量的降低率）。

纳米 3 mg 中南海卷烟及对照卷烟的感官质量对比评价：将卷烟样品送到国家烟草质检中心进行感官质量评吸，根据评吸得分结果进行感官质量对比评价。

纳米 3 mg 中南海卷烟及对照卷烟的低危害毒理学评价：将卷烟样品送到军事医学科学院二所进行低危害毒理学评价实验，按照小鼠暴露卷烟烟气的急性毒性、细胞毒性、细胞氧化损伤、细胞膜损伤、人类体细胞 HPRT 基因突变、小鼠免疫毒理、雄性小鼠生殖毒性、小鼠吸烟致突变实验、小鼠慢性吸烟毒性实验的实验结果对利用纳米技术降低卷烟危害的效果进行毒理学评价。

纳米 3 mg 中南海卷烟用纳米材料的安全毒理学评价：将制作烟丝和滤棒使用的两种纳米材料送到军事医学科学院二所进行安全性危害毒理学评价实验，按照小鼠经口急性毒性实验和沙门氏菌诱变性实验的结果对上述两种纳米材料的使用安全性进行毒理学评价。

5. 纳米 6 mg 和 8 mg 中南海卷烟及对照卷烟的试制及烟气有害成分释放量的对比评价

将改性纳米 SiO_2 以 2%、4%、6%、8%（W/W）的比例加入增塑剂（三醋酸甘油酯）中，搅拌均匀，然后通过增塑剂在滤棒的制备过程中添加到丝束中，控制增塑剂加入量为 8%（增塑剂与滤棒的重量比）制作带有改性纳米 SiO_2 的滤棒，将上述滤棒于普通醋酸纤维滤棒复合，制作成带有改性纳米 SiO_2 的复合滤棒，每支滤棒长 100 mm（15 mm 含改性纳米 SiO_2+10 mm 醋酸纤维交替）。用没有加入纳米材料的增塑剂制作同样规格的复合滤棒作为对照样。作为对照烟丝，用上述 5 种复合滤棒和 8 mg（或 6 mg）中南海烟丝制作 5 种卷烟样品。

将制作的样品卷烟测定其烟气中 4 种烟草特有 *N*−亚硝胺和 3 种有害多环芳烃的释放量及常规烟气化学指标，计算与对照样相比纳米 8 mg（或 6 mg）中南海卷烟烟气中有害成分释放量的降低率和选择性降低率（有害成分释放量的降低率减去焦油量的降低率）。同时将样品卷烟送到郑州烟草研究院测定相同指标作为参照。

纳米 8 mg（或 6 mg）中南海卷烟及对照卷烟的感官质量对比评价：将制作的样品卷烟按 GB 5606.4 进行感官质量评吸，根据评吸得分结果进行感官质量对比评价。

二、纳米氧化物材料的表征及在卷烟中的应用评价

通过上文的"一、（三）2."中的方法制备的纳米 SiO_2 为白色粉体材料，其比表面积（BET 法）为 687.65 m^2/g，粒子孔分布情况如图 5-1 所示。从图 5-1 可知，纳米 SiO_2 粒子孔径主要分布在 0.5～95 nm 范围内。

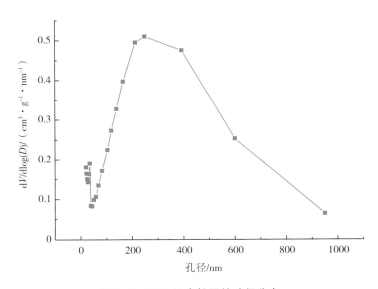

图 5-1 SiO_2 纳米粒子的孔径分布

（一）纳米氧化物材料的合成及改性研究

1. 纳米 TiO_2 的合成

（1）成胶时间对 TiO_2 粉体晶相结构和颗粒大小的影响

溶胶 – 凝胶法制备过程中成胶过程直接影响前驱体的组成和结构，并对形成的 TiO_2 颗粒的结构有直接的影响。图 5-2 是经成胶化处理不同时间的前驱体凝胶经 400 ℃热处理 1 h 后形成的 TiO_2 粉体的 XRD 图。从图 5-2 可见，经 24 h 成胶化处理的样品，其晶相特征峰不明显，仍以无定型态的包峰为主，说明在成胶化时间较短时，形成的凝胶的聚合度较低，不易形成晶相 TiO_2。当成胶化时间增加到 48 h 后，

在 XRD 谱上开始出现 Y 型的 TiO_2 的特征峰，但峰较宽，并有包峰存在，该结果说明仍有大量的 TiO_2 以无定型态存在。随着成胶化时间的增加，包峰的强度减弱，而锐钛矿型 TiO_2 的晶相特征峰变强变锐，这说明成胶化时间的增加，可以增加前驱体的聚合度，有利于锐钛矿型 TiO_2 晶相的形成。此外，从透射电镜和电子衍射的结果也可知，成胶化时间短的样品，形成的 TiO_2 样品以非晶态的片状存在，其颜色为深褐色，该结果说明成胶化时间短的样品中包含有大量有机物，在煅烧过程中形成结碳，阻碍了 TiO_2 的结晶。随着成胶化时间的增加，煅烧后形成的样品的颜色逐步过渡到白色，形成的片状结构也逐步演变为分离的颗粒结构。经 120 h 成胶化的样品经 400 ℃ 煅烧 1 h 后，形成的颗粒非常均匀，其平均粒径为 10 nm，电子衍射表明已形成了很好的晶相结构。由此可见，增加成胶化时间可以促进锐钛矿型 TiO_2 晶相结构的形成。

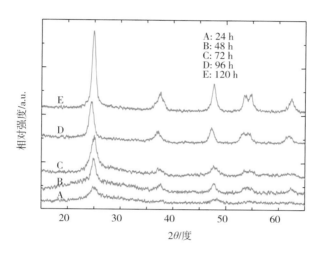

图 5-2　成胶化时间对形成的 TiO_2 晶相结构的影响

（2）热处理过程对 TiO_2 粉体晶相结构和颗粒大小的影响

前驱体的煅烧过程对纳米 TiO_2 粉体的形成也有很大的影响。图 5-3 是经成胶化处理 120 h 后前驱体样品经不同温度煅烧 1 h 后形成 TiO_2 的 XRD 谱。从图 5-3 可见，经 300 ℃ 煅烧后的样品，已基本形成了锐钛矿型的晶相结构；在经过 400 ℃ 煅烧后的样品，已形成较好的晶相结构，但主峰的半高宽增加很小，说明晶粒长大作用很小；图 5-4 是经 500 ℃ 煅烧 1 h 样品的 TEM 图像。从图 5-4 可见，形成的 TiO_2 纳米颗粒大小的分布是很均匀的，平均颗粒大小为 10 nm。电子衍射证实这些颗粒具有锐钛矿型晶相结构。

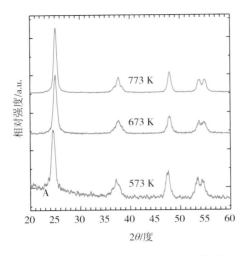

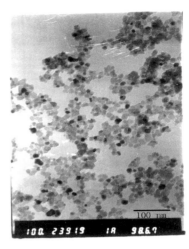

图 5-3　煅烧温度对 TiO₂ 晶体结构的影响　　　图 5-4　经 773 K 煅烧 1 h 后 TiO₂ 粉体的透射电镜照片

（3）水解度对成胶过程的影响

在 TiCl₄ 与乙醇反应形成前驱体的过程中会发生水解反应，前驱体的水解程度对纳米粉体性质有一定影响。为了提高前驱体水解度，在配制前驱体时使 TiCl₄ 与掺水乙醇反应，然后密封静置，其后将湿溶胶制备成干凝胶的方法与前面相同。

图 5-5a 和图 5-5b 为由不同掺水分溶胶所获得的干胶样品的热重 – 差热图。从图 5-5a 的 TGA 曲线上可以看到两个明显的失重峰，其中 80 ℃附近的失重峰来自前驱体的脱—OH 过程，370 ℃附近的失重峰则来自前驱体的脱氯过程。随着掺水分的增加，脱氯峰逐渐减弱，说明体系中的—Cl 多数被—OH 取代。

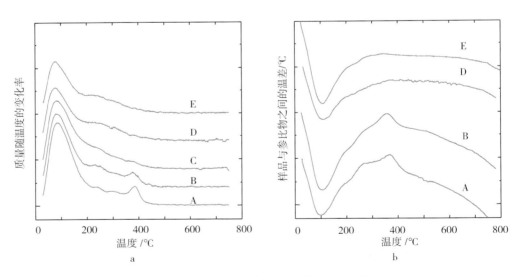

图 5-5　Ti（OH）₄ 的 TGA 曲线和 DTA 曲线
A：无水；B：5%H₂O；C：10%H₂O；D：15%H₂O；E：饱和吸水

另外，残余物百分量在一定程度上体现了无机化程度。从表 5-1 可以看到，随掺水分增加，无机残余物所占百分量也逐渐增加，其中掺水 15% 左右（体积比）的样品与饱和吸水的样品结果相近（从 TGA 曲线上也可看到二者形状十分相似），说明掺水 15% 左右即可达到饱和吸水的效果。从图 5-5b 的 DTA 曲线可以看到，100 ℃附近的吸热峰对应于前驱体脱羟基形成 TiO₂ 的过程；260 ℃的放热峰来自前驱体中残余有机物的氧化过程；结合 XPS 结果，认为 380 ℃附近的放热峰对应—Cl 的脱除。随掺水分增加，有机物分解和脱氯过程的放热峰逐渐消失，体现了前驱体无机化程度的提高。

表 5-1　Ti（OH）$_4$残余物百分量

样品	1	2	3	4	5
掺水分 /%	0	5	10	15	饱和吸水
残余物百分量 /%	61.77	64.63	67.75	73.90	74.16

（4）水解度对 TiO$_2$ 颗粒大小的影响

在电镜下观察 TiO$_2$ 粉末（图 5-6）可以看到，低掺水分溶胶制得的 TiO$_2$ 聚集为片状。随掺水分增加，分散状况逐渐好转，当掺水分超过 10% 后分散有明显改善，同时粒度也略有增大。这说明低掺水分溶胶所制得的产品由于前驱体无机化程度低，TiO$_2$ 粉末中残留的有机基团的作用使粒子无法充分分散，因此团聚成片状；掺水分增大后，一方面无机化程度提高，另一方面也使得晶粒长大，因此分散状况改善，且粒度增大。计算结果表明，当掺水分达到 10% 时，理论上可以使钛的前驱体水解为 Ti（OH）$_4$，但由于形成（–Ti–O）–n 聚合物及平衡作用的影响，其综合结果是当掺水分超过 10% 时分散状况才明显改善。

为研究 TiO$_2$ 粉体晶相结构，对不同温度及时间下煅烧的样品进行了 XRD 分析。结果表明（图 5-7，以掺水 15% 样品为例），直到 500 ℃时样品为锐钛矿型，600 ℃时有金红石相出现；400 ℃下延长煅烧时间不会改变晶相结构，而只使得晶相更加完美，同时晶粒略有长大。根据 Scherer 公式计算出不同掺水分溶胶所制样品的晶粒度，列于表 5-2。可以看到，随掺水分增大，晶粒度略有增加，但变化不大，与 TEM 结果基本一致。

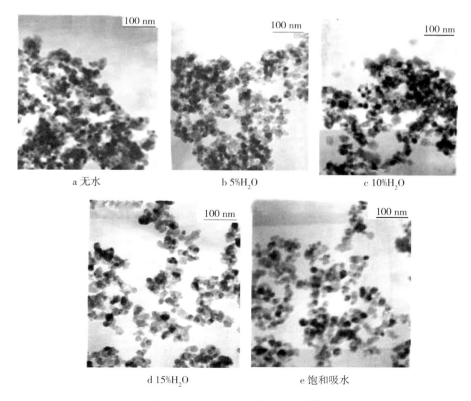

a 无水　　　　　b 5%H$_2$O　　　　　c 10%H$_2$O

d 15%H$_2$O　　　　　e 饱和吸水

图 5-6　TiO$_2$ 纳米粉体 TEM 照片

表 5-2　掺水分对晶粒度的影响

样品	1	2	3	4	5
掺水分 / %	0	5	10	15	饱和吸水
晶粒度 /（nm，$2\theta=25°$）	10.33	11.19	11.74	12.21	11.68

（5）醇分子性质对成胶过程的影响

图 5-8 所示为 TiO_2 前驱体干胶样品的 IR 分析结果。在 $400 \sim 800\ cm^{-1}$ 处显示出强大的吸收带，对照 TiO_2 的标准谱可知，此吸收峰为 $-(Ti-O)-_n$ 聚合物的特征峰，从（c）到（a）该吸收峰有明显的变宽变强趋势，说明干胶的聚合度随着醇分子体积的减小逐渐增大。另外，$1000\ cm^{-1}$ 以上有若干小峰，对应干胶样品中的有机基团（如—CH_3 等），从图 5-8 中可见，有机峰也由（c）到（a）逐渐减少，说明随着醇分子的变小，TiO_2 前驱体聚合物的无机化程度逐渐增加。

由以上结果可知，甲醇分子由于体积较小，羟基活性高而更容易与 $TiCl_4$ 反应（反应现象也说明了这一点），并且更快地发生脱醇缩聚，形成具有较高聚合度、较少有机残留基团的聚合物。异丙醇由于体积较大，—OH 活性较低，导致反应速度明显减慢，也不易被水脱去醇分子，部分有机基团残留在聚合物中，因而所得 TiO_2 前驱体的聚合度和无机化程度均较低。乙醇则介于二者之间。所以醇分子体积的大小对反应进程有较明显的影响。

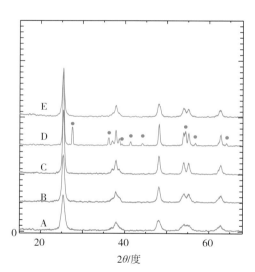

图 5-7　掺水 15% 样品 XRD 结果
A：300℃，1 h；B：400℃，1 h；C：500℃，1 h；
D：600℃，1 h；E：400℃，2 h

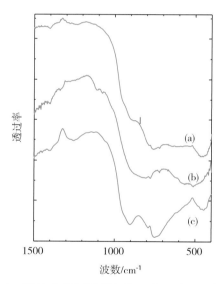

图 5-8　$TiCl_4$ 与不同醇制备的 Ti（OH）$_4$ 红外谱图
（a）CH_3OH；（b）C_2H_5OH；（c）$i\text{-}C_3H_7OH$

醇分子性质对纳米粉体颗粒大小及晶相结构的影响：对 TiO_2 纳米粉体样品进行 IR 研究发现，三者差别不大，均只剩下 $-(Ti-O)-_n$ 的特征峰和羟基的伸缩及变形振动峰（由纳米粒子吸水引起），说明在煅烧过程中，有机基团能被氧化清除。从 TEM 分析结果（图 5-9）可以看到，在相同的制备工艺条件下，甲醇、乙醇和异丙醇与 $TiCl_4$ 反应制得的 TiO_2 纳米粉体的分散情况依次变差，这是因为随着醇分子变大，前驱体无机化程度降低，粒子内残留的有机基团间在热分解时易发生相互作用而无法充分分散。XRD 研究表明，经 400℃煅烧 1 h 后，三者均为典型的锐钛矿型 TiO_2 结构，峰的宽度也基本相同，说明三者的晶粒度相差不大。

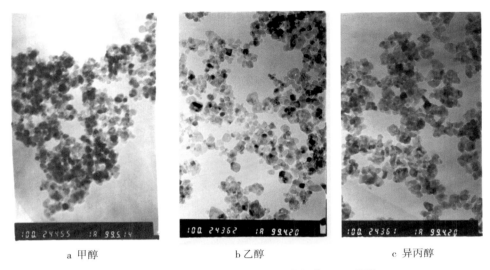

| a 甲醇 | b 乙醇 | c 异丙醇 |

图 5-9　以不同醇制备的 TiO_2 纳米粉体 TEM 照片

2. 纳米氧化物材料的表面改性研究

（1）纳米 SiO_2 的表面改性研究

纳米 SiO_2 表面含有大量的活性硅羟基，可与有机硅烷、醇和酸等物质发生化学反应而对其进行改性，改性后的纳米 SiO_2 与有机相的亲和性、交联密度和反应活性提高了很多，在有机基体中的分布更加均匀。下面利用多种表征手段对在纳米 SiO_2 粒子表面进行油酸修饰效果及在卷烟中的添加进行评价。

1）红外光谱研究表面修饰的结果

图 5-10 为 SiO_2 纳米粒子及油酸（OA）修饰纳米粒子的红外光谱图。从图 5-10 可见，在图 5-10 中的 b～f 中均存在长链烷基特征峰，其特征频率为 2926 cm^{-1} 和 2855 cm^{-1}，并在 3006 cm^{-1} 处有 =C—H 的伸缩振动峰，在 1712 cm^{-1} 处也均存在 C=O 的特征峰，这些结果表明 SiO_2 表面存在油酸的非极性基团，在图 5-10 中的 b～d 中没有检测到酸羟基的 3500～2500 cm^{-1} 特征峰，说明油酸分子和 SiO_2 纳米粒子发生了化学反应，油酸的羧基与 SiO_2 纳米粒子表面活性较高的羟基发生了类似酸和醇生成酯的反应。从图 5-10 中的 b～e 还可以观察到在 3430 cm^{-1} 处的醇羟基的峰，这是纳米粒子表面的—OH 的伸缩振动峰，说明 SiO_2 表面的羟基并没有完全被反应。其反应过程可描述如下：

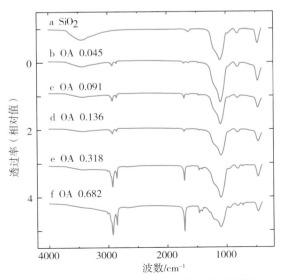

图 5-10　未修饰 SiO_2 纳米粒子及油酸修饰纳米粒子的 FT-IR 谱图

$$SiO_2（OH）_n + yHOOCC_{17}H_{33} \rightarrow SiO_2（OH）_{n-y}（OOC\ C_{17}H_{33}）_y + yH_2O。$$

在图 5-10e 中，$SiO_2（OH）_n$ 的羟基峰（3430 cm^{-1}）与油酸的酸羟基峰（3400 ～ 2500 cm^{-1} 的大峰）均不太明显，可能为油酸稍过量的产物。图 5-10f 中出现了明显的油酸酸羟基特征峰，说明在这个体系中，油酸过量，并没有全部和 SiO_2 纳米粒子表面羟基反应，过量的油酸包裹或吸附在纳米粒子表面。

从图 5-10 中可见，从 b 到 f，SiO_2 纳米粒子表面 — OH 峰（3430 cm^{-1}）强度依次降低，而表面油酸修饰层的特征峰（2926 cm^{-1}、2855 cm^{-1}）强度依次增加。图 5-11 为油酸浓度与表面覆盖量的关系。

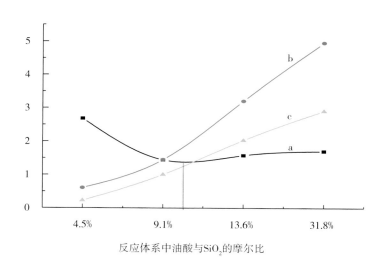

图 5-11　油酸浓度对 SiO_2 纳米粒子表面覆盖量的影响

a：纳米粒子表面（— OH）峰值—油酸浓度曲线；b：纳米粒子表面键合的（— OA）特征峰峰值—油酸浓度曲线；
c：纳米粒子表面的（— OA）/（— OH）—油酸浓度曲线

由图 5-11 可见，随着反应体系中 OA/ SiO_2（摩尔比）的增加，获得的改性产物表面（— OA）/（— OH）也在增加，但是从红外图分析可知当反应体系中油酸与 SiO_2 的摩尔比达到 31.8% 时油酸稍过量，所以反应体系中 OA/ SiO_2（摩尔比）最佳值应该在 13.6% ～ 31.8%，约为 20%。

从图 5-11 中曲线 a 可见，在 OA/ SiO_2（摩尔比）为 10% 时，纳米粒子表面（— OH）峰值基本达到一个不变值，说明反应已经接近完成，强活性中心已基本与油酸反应完，而弱活性中心并不能与油酸反应，过量的油酸将吸附在纳米粒子外表面。因此，油酸浓度增加，（— OA）特征峰峰值及（— OA）/（— OH）还是会随之增加。

2）XPS 表征改性 SiO_2 纳米粒子表面状态

图 5-12 是表面改性 SiO_2 纳米粒子的 XPS 图，其中图 5-12a 为表面定性分析图，图 5-12b、图 5-12c、图 5-12d 分别为 C1s、Si2p、O1s 的线形。由于从图 5-12a 中可以看出有大量的 CH$_2$ 基团存在于该纳米粒子中，所以可将长链烷基中的 C1s 的结合能作为标准来校正谱图中其他元素的结合能峰值。从图 5-12b 可见，C1s 的结合能有两个值，分别为 284.5 eV 和 288.3 eV，前者代表了长链烷基中的 CH$_2$，而后者与酯中羰基（— COO —）上的 C 的结合能（288.5 eV）相近。此外，图 5-12c 中可读出 Si2p 值为 103.1 eV，与 SiO_2 中 Si2p（103.3 eV）十分接近。从图 5-12d 中读出 O1s 的谱峰值为 532.8 eV，不同于 SiO_2 中 O1s（533.2 eV）和羰基中 O1s（530.5 ～ 531.5 eV）及羟基中 O1s（532 eV），所以该谱峰比较复杂，应该是上述 3 种 O1s 混合峰。综上所述，改性后的 SiO_2 纳米粒子表面的确有油酸表面修饰层的存在。

图 5-13 为油酸浓度与 SiO_2 表面覆盖量的关系。从图 5-13 中可见，表面修饰的 SiO_2 纳米粒子表面（— OA）/（— OH）与反应物中 OA/ SiO_2 在一定范围内成正比，这说明油酸是覆盖在 SiO_2 纳米粒子表面的，而不是聚集在一块的。

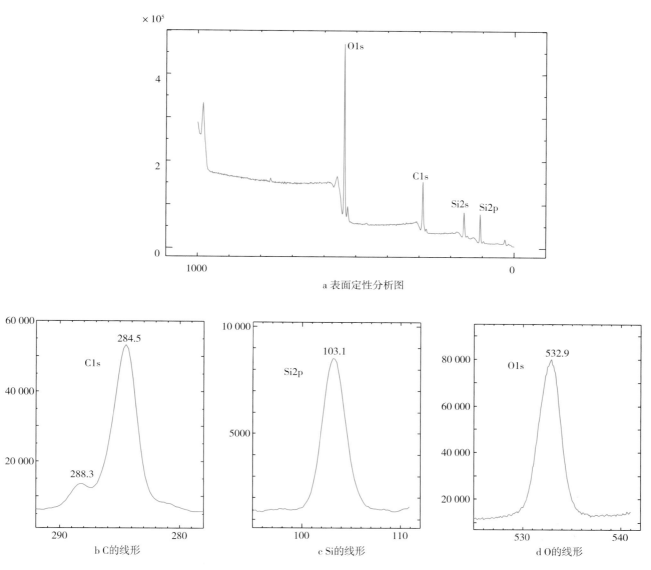

a 表面定性分析图

b C 的线形　　　c Si 的线形　　　d O 的线形

图 5-12　油酸修饰 SiO_2 纳米粒子的 XPS 图

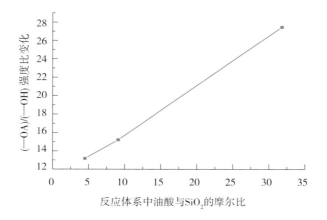

图 5-13　油酸浓度和 SiO_2 表面覆盖量的关系

3）透射电子显微镜（TEM）分析表面修饰纳米 SiO₂ 的效果

图 5-14a 和图 5-14c 为放大 1 万倍的 TEM 图像。从图 5-14c 可见，未修饰 SiO₂ 纳米粒子呈明显的聚集态，软团聚粒子的尺寸很大，一般为几千纳米，这是因为纳米粒子的表面活性很高，很容易团聚在一起成为带有若干弱连接界面的尺寸较大的团聚体。从图 5-14a 可见，油酸修饰的 SiO₂ 纳米粒子分散较好，团聚粒子尺寸一般为几十纳米。这是因为经表面修饰的 SiO₂ 纳米粒子表面包裹了大的非极性基团，使得粒子之间斥力较大，可以降低纳米颗粒的软团聚现象。图 5-14b 和图 5-14d 分别为油酸修饰 SiO₂ 纳米粒子和未修饰 SiO₂ 纳米粒子放大 10 万倍的 TEM 图像，这时可见团聚粒子的内部均由 10 nm 左右的 SiO₂ 纳米粒子组成，修饰过程基本不改变纳米粒子的形态。

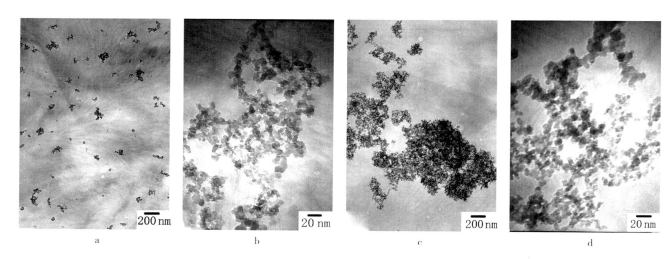

图 5-14　油酸修饰 SiO₂ 纳米粒子和未修饰 SiO₂ 纳米粒子的 TEM 图像

4）改性 SiO₂ 纳米粒子的分散性

分散性实验结果表明，油酸修饰的 SiO₂ 纳米粒子能较好地分散于有机溶剂，如正己烷、乙醇、增塑剂中，但在水中分散性较差，有沉淀产生。未经表面修饰的 SiO₂ 纳米粒子不能分散于非极性有机溶剂，但在水中分散性很好。结果证明了合成出的表面修饰 SiO₂ 纳米粒子表面含有非极性的基团。

由于纳米 SiO₂ 的活性很高，极易吸附—OH，故很难将其表面—OH 完全酯化，这样得到的是结构为 $SiO_2(OH)_{n-y}(OOC\ C_{17}H_{33})_y$ 的产物，纳米粒子表面修饰层中的脂肪链有疏水作用，使得表面修饰的纳米粒子在非极性有机溶剂及增塑剂中有良好的分散性，并有效减少了纳米粒子的团聚现象，而纳米粒子表面的—OH 也可以使其很好地分散于极性的乙醇中。

将反应物中不同油酸浓度修饰的纳米 SiO₂ 样品在不同溶剂中的分散性结果列于表 5-3。结果表明，样品 A、B 在有机溶剂中的分散性较差，样品 C、D、E 在有机溶剂中的分散性较好。将以上各样品分散于增塑剂中，分散性稳定次序为：24 h < A < E < B < D < 48 h < C。

从该结果可知，在 A、B 样品中，油酸修饰量不足，而 D、E 样品中油酸修饰量过量，因此油酸 /SiO₂（摩尔比）最佳值应为 20% 左右。

将不同反应温度修饰的纳米 SiO₂ 样品在不同溶剂中的分散性结果列于表 5-4。结果表明，反应温度为 60℃的表面修饰产物在有机溶剂中分散性最好，这可能与修饰后的纳米微粒在高温下会发生聚集有关。

表 5-3　OA/SiO$_2$（摩尔比）对表面修饰 SiO$_2$ 纳米粒子分散性的影响

样品	反应物中 OA/SiO$_2$ /%	在不同溶剂中的分散性				
		正己烷	增塑剂	CCl$_4$	乙醇	水
A	4.5	+	+	+	+ +	+ + + +
B	9.1	+ +	+ + +	+ +	+ + +	+ + +
C	13.6	+ + +	+ + + +	+ +	+ + + +	+ + +
D	31.8	+ + + +	+ + + +	+ + +	+ + + +	+ +
E	68.2	+ + + +	+ + + +	+ + + +	+ + + +	+ +

注：+.不分散（un-disperse）；++.部分分散（partial-disperse）；+++.分散（disperse）；++++.稳定分散（stable-disperse）。

表 5-4　反应温度对表面修饰 SiO$_2$ 纳米粒子分散性的影响

样品	反应温度 /℃	在不同溶剂中的分散性				
		正己烷	增塑剂	CCl$_4$	乙醇	水
I	80	+	+	+	+	+ + +
II	70	+ +	+ + +	+ +	+ + +	+ + +
III	60	+ + +	+ + +	+ + +	+ + + +	+ +
IV	50	+ + +	+ + +	+ +	+ + + +	+ + +

注：+.不分散（un-disperse）；++.部分分散（partial-disperse）；+++.分散（disperse）；++++.稳定分散（stable-disperse）。

综上所述，通过对表面修饰 SiO$_2$ 纳米粒子的分析得到以下结果：①红外光谱的结果表明，得到的表面修饰纳米粒子的表面修饰层与 SiO$_2$ 纳米粒子表面发生了键合作用，产生了类似于酸和醇生成酯的化学反应。② XPS 分析结果表明，纳米粒子表面的确含有油酸修饰层。③透射电子显微镜的结果中可见，油酸表面修饰的纳米粒子软团聚现象大大降低了。④获得了油酸表面修饰 SiO$_2$ 纳米粒子的最佳实验参数，反应温度为 60℃，油酸/SiO$_2$（摩尔比）为 20% 左右。

5）油酸修饰的 SiO$_2$ 纳米粒子的孔径分布和比表面积（BET 法）结果

经表面修饰的 SiO$_2$ 纳米粒子的孔径分布结果如图 5-15 所示。从图 5-15 中可以看出，SiO$_2$ 纳米粒子的孔径大部分分布在 50 ~ 1400 Å 范围内，与未改性前的分布情况相近，说明改性对于 SiO$_2$ 纳米粒子的孔径改变不大，改性前后 SiO$_2$ 纳米粒子吸附的物质分子尺寸和种类变化不大。经改性后，SiO$_2$ 纳米粒子的比表面积（BET 法）为 278.61 m^2/g，比改性前（687.65 m^2/g）有较明显的降低，这可能与改性反应后，SiO$_2$ 纳米粒子键合了较大的酯基有关。

（2）TiO$_2$ 纳米粒子的表面改性研究

1）红外光谱（IR）研究 TiO$_2$ 纳米粒子的表面修饰结果

图 5-16 为 TiO$_2$ 纳米粒子及油酸修饰的 TiO$_2$ 纳米粒子的红外光谱图。从图 5-16 上可见，在图 5-16c 和图 5-16d 中均存在长链烷基的特征峰，其特征频率为 2930 cm^{-1}、2850 cm^{-1}；在 1540 cm^{-1}、1410 cm^{-1} 处出现的峰是羧酸盐（— COO$^-$）的特征峰，这表明油酸和 TiO$_2$ 纳米粒子表面活性较高的羟基发生了类似酸和醇生成酯反应。从图 5-16a 到图 5-16d 中均可观察到 3430 cm^{-1} 左右的醇羟基的峰，这是纳米粒子表面— OH 的特征峰，说明 TiO$_2$ 纳米粒子表面的羟基并没有被完全反应。其反应过程可描述如下：

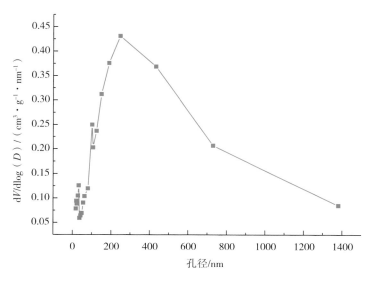

图 5-15　改性 SiO₂ 纳米粒子的孔径分布

$$TiO_2(OH)_n + yHOOCC_{17}H_{33} \rightarrow TiO_2(OH)_{n-y}(OOCC_{17}H_{33})_y + yH_2O。$$

在图 5-16b（OA/TiO₂ 为 0.2）中没有检测到长链烷烃和羧酸盐的特征峰，而图 5-16c（OA/TiO₂ 为 0.4）和图 5-16d（OA/TiO₂ 为 0.8）非常相似，各基团的特征峰强度大致相等。说明在这个反应体系中，当 OA/TiO₂（摩尔比）小于 0.2 时，反应几乎不发生；当 OA/TiO₂（摩尔比）超过 0.4 时，油酸已达到饱和量，所以反应体系中 OA/TiO₂（摩尔比）最佳值为 0.4 左右。

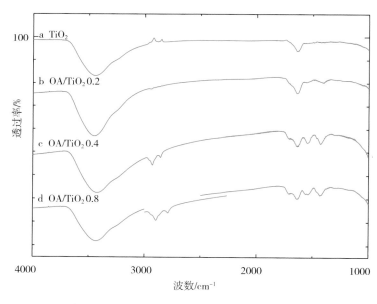

图 5-16　未修饰 TiO₂ 纳米粒子及油酸修饰纳米粒子的 FT-IR 谱图

2）XPS 研究改性 TiO₂ 纳米粒子的表面状态结果

图 5-17 是表面改性 TiO₂ 纳米粒子的 XPS 谱图，其中图 5-17a 为表面定性分析图，图 5-17b、图 5-17c 图 5-17d 分别为 C1s、Ti2p、O1s 的线形。从图 5-17a 中可以看出有大量的 CH₂ 基团存在于该纳米粒子中，所以可将长链烷基中的 C1s 的结合能作为标准来校正谱图中其他元素的结合能峰值。从图 5-17b 可见，

C1s 的结合能有两个值，分别为 284.5 eV 和 288.5 eV，前者代表了长链烷基中的 CH₂，而后者与酯中羰基（— COO —）上的 C 的结合能（288.5 eV）相吻合。此外，图 5–17c 中可读出 Ti2p 值，其中 2p₃/₂ 的值为 458.3 eV，2p₁/₂ 的值为 463.9 eV，$\Delta = 5.60$ eV，与 TiO₂ 中 Ti2p 的标准值（2p₃/₂=458.8 eV，$\Delta = 5.54$ eV）十分接近。从图 5–17d 可见，O1s 的结合能有两个值，分别为 529.5 eV 和 531.7 eV，前者与 TiO₂ 中 O1s 的标准值（529.9 eV）接近，而后者居于羰基中 O1s（530.5 ~ 531.5 eV）及羟基中 O1s（531 ~ 532 eV）之间，所以该谱峰比较复杂，应该是上述两种 O1s 混合峰。综上可得，改性后的 TiO₂ 纳米粒子表面的确有油酸修饰层的存在。

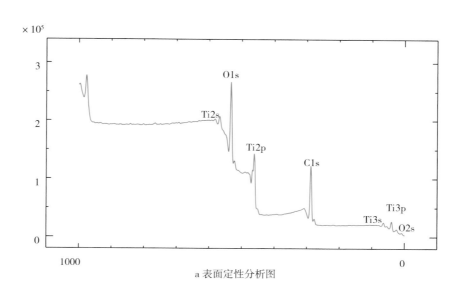

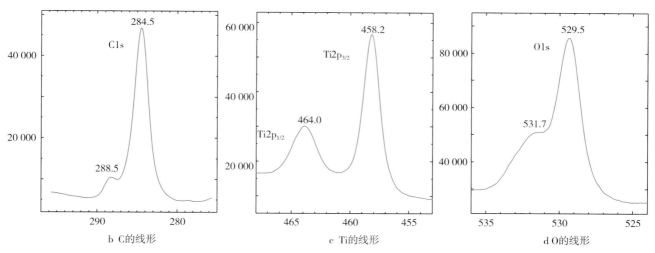

图 5–17　油酸修饰 TiO₂ 纳米粒子的 XPS 谱图

3）透射电子显微镜（TEM）分析表面修饰纳米 TiO₂ 的形态结果

图 5–18a 和图 5–18c 分别为油酸修饰 TiO₂ 纳米粒子和未修饰 TiO₂ 纳米粒子放大 1 万倍的 TEM 图像，图 5–18b 和图 5–18d 分别为油酸修饰 TiO₂ 纳米粒子和未修饰 TiO₂ 纳米粒子放大 10 万倍的 TEM 图像。从图 5–18c 可见，未修饰 TiO₂ 纳米粒子呈明显的聚集态，软团聚粒子的尺寸很大，一般为几千纳米。从图 5–18d 可见，未修饰 TiO₂ 纳米微粒颗粒很不清晰，基本上难以区分单个的纳米微粒，这是因为纳米粒子

的表面活性很高，很容易团聚在一起成为带有若干弱连接界面的尺寸较大的团聚体。

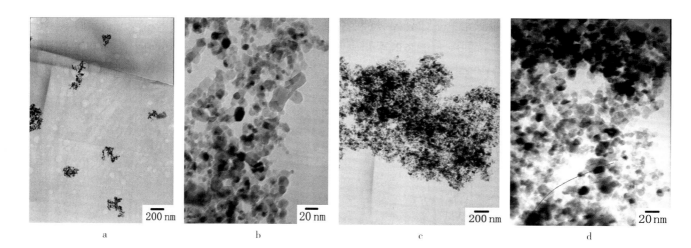

图 5-18　油酸修饰 TiO_2 纳米粒子和未修饰 TiO_2 纳米粒子的 TEM 图像

从图 5-18a 可见，油酸修饰的 TiO_2 纳米粒子分散较好，团聚粒子尺寸一般为几十纳米。从图 5-18b 可见，油酸修饰的 TiO_2 纳米微粒颗粒较清晰，粒径基本一致，为 10 nm。这是因为经表面修饰的 TiO_2 纳米粒子表面包裹了大的非极性基团，使得粒子之间斥力较大，可以很好地分散于非极性有机溶剂，并且有效降低了纳米颗粒的软团聚现象。

4）油酸修饰的 TiO_2 纳米粒子的分散性研究结果

分散性实验结果表明，油酸修饰的 TiO_2 纳米粒子在有机溶剂，如 CCl_4、正己烷、增塑剂中有良好的分散性，而在水中分散性很差，极易漂浮于水面形成一层白色 TiO_2 膜，并且有一部分 TiO_2 纳米粒子形成了絮状沉淀。未经表面修饰的 TiO_2 纳米粒子不能分散于非极性有机溶剂，但在水中分散性很好。证明了合成出的表面修饰 TiO_2 纳米粒子表面含有非极性的基团。

由于纳米 TiO_2 的活性很高，极易吸附—OH，故很难将其表面—OH 完全酯化，这样得到的是结构为 $TiO_2（OH）_{n-y}（OOC\ C_{17}H_{33}）_y$ 的产物，纳米粒子表面修饰层中的脂肪链有疏水作用，使得表面修饰的纳米粒子在非极性有机溶剂及增塑剂中有良好的分散性，并有效减少了纳米粒子的团聚现象，而纳米粒子表面的—OH 使其可以很好地分散于极性的乙醇中。

将反应物中不同油酸浓度修饰的纳米 TiO_2 样品在不同溶剂中的分散性进行比较，结果表明，当油酸/TiO_2（摩尔比）超过 0.4 时，得到的表面修饰产物在有机溶剂中的分散性很好，而在水中的分散性很差。当油酸/TiO_2（摩尔比）在 0.4 以下时，得到的表面修饰产物在有机溶剂和水中的分散性能都不太好。从该结果可知，在 TiO_2 表面修饰的反应体系中，油酸/TiO_2（摩尔比）最佳值应为 0.4 左右。

综上所述，通过对表面修饰 TiO_2 纳米粒子的分析可得到以下结果：①红外光谱的结果表明，得到的表面修饰纳米粒子的表面修饰层与 TiO_2 纳米粒子表面发生了键合作用，产生了类似于酸和醇生成酯的化学反应。② XPS 分析结果表明，纳米粒子表面的确含有油酸修饰层。③透射电子显微镜的结果中可见，油酸表面修饰的纳米粒子在非极性有机溶剂中的分散性大大改善了，并且有效降低了软团聚现象。④分散性实验及红外结果表明，油酸表面修饰 TiO_2 纳米粒子的反应体系中油酸/TiO_2（摩尔比）最佳比例为 0.4。

（二）纳米氧化物材料在卷烟中的应用评价

分别将 SiO_2 与 TiO_2 纳米材料溶解于无水乙醇配制成 0.5% 的溶液，通过滴加的方式，直接向烟丝和滤棒添加，制作每种各 25 支卷烟样品，纳米材料的添加量分别为 0.7 mL 和 0.5 mL（即 3.5 mg/ 支、2.5 mg/ 支）。按 ISO 4387、YC/T30、YC/T156、YC/T157 测定上述样品和对照样品的焦油、尼古丁释放量等化学物理指标，用离子阱 GC–MS 测定卷烟烟气中苯并 [a] 芘、苯并 [a] 蒽、苯并 [a] 菲的释放量，检测结果如表 5–5 和图 5–19 所示。

从检测结果可以看出，在滤棒中添加纳米粒子后，其烟气焦油量有大幅度的增加（18% ～ 29%），而在烟丝中添加纳米材料，则焦油量变化很小（1% ～ 5%）；烟丝和滤棒中加入 SiO₂ 纳米材料的卷烟烟气中苯并[a]芘、苯并[a]蒽、苯并 [a] 菲的释放量降低效果明显，滤棒中加入 TiO₂ 纳米材料的卷烟烟气中苯并[a]芘、苯并 [a] 蒽、苯并 [a] 菲的释放量有一定的降低，烟丝中加入 TiO₂ 纳米材料的卷烟烟气中苯并 [a] 芘、苯并 [a] 蒽、苯并 [a] 菲的释放量均没有降低。由此可见，SiO₂ 纳米材料是一种比较好的添加剂。在滤棒中添加纳米粒子后，其烟气焦油量有大幅度的增加的原因，可能与添加的纳米材料溶液中的乙醇破坏了滤棒的结构致使滤棒吸阻降低有关。

表 5–5　加入 TiO_2、SiO_2 纳米材料的卷烟常规指标检测结果

项目	样品名称				
	对照样	TiO_2 滤棒	TiO_2 丝	SiO_2 滤棒	SiO_2 丝
焦油量 /（mg・支⁻¹）	15.42	19.91	15.65	18.16	16.19
烟碱量 /（mg・支⁻¹）	1.37	1.77	1.36	1.63	1.40
水分 /（mg・支⁻¹）	2.64	3.18	2.58	3.82	2.28

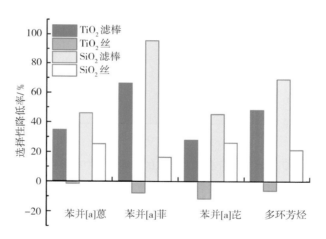

图 5–19　添加 TiO_2、SiO_2 纳米材料的卷烟烟气中有害物的选择性降低率

1. 添加纳米 SiO_2 的方式对卷烟烟气成分的影响

将 SiO_2 纳米材料溶解于无水乙醇配制成 0.5% 的溶液，通过滴加的方式，直接向烟丝和滤棒添加，制作 3 种（SiO_2 只加入烟丝、SiO_2 只加入滤棒和 SiO_2 既加入烟丝也加入滤棒）各 25 支卷烟样品，纳米材料的添加量分别为 0.7 mL 和 0.5 mL（即 3.5 mg/ 支、2.5 mg/ 支）。按 ISO 4387、YC/T30 、YC/T156、YC/T157 测定上述样品和对照样品的焦油、尼古丁释放量等化学物理指标，用离子阱 GC–MS 测定卷烟烟气中苯并 [a] 芘、苯并 [a] 蒽、苯并 [a] 菲的释放量，检测结果如表 5–6 和图 5–20 所示。

从表 5–6 常规烟气的检测结果可以看出，只在滤棒或烟丝中添加纳米 SiO_2 粒子后，其焦油量变化相对较小（增加 5% ～ 7%），在滤棒和烟丝中都添加纳米 SiO_2 粒子后，其焦油量变化较大（增加 16%），原因可能是添加的纳米材料溶液中的乙醇破坏了滤棒的结构致使滤棒吸阻降低，烟支吸阻只有 951 Pa（对

照样为 1147 Pa），再加上添加的纳米材料溶液对烟丝结构造成的影响。以上 3 种加入 SiO_2 纳米材料的卷烟烟气中苯并 [a] 芘、苯并 [a] 蒽、苯并 [a] 菲的选择性降低率均较明显（图 5–20），其中在滤棒和烟丝中都添加纳米 SiO_2 粒子的样品烟气中苯并 [a] 芘的降低效果最好，选择性降低率达 81.53%。由此可见，纳米 SiO_2 是一种比较好的添加剂，可以在保持焦油量基本不变的条件下，大幅度降低有害多环芳烃苯并 [a] 芘、苯并 [a] 蒽、苯并 [a] 菲的量，是一种很有前途的纳米添加剂，在滤棒、烟丝中添加均有效。

表 5–6　不同方式添加纳米 SiO_2 的卷烟常规指标检测结果

项目	样品名称			
	对照样	SiO_2 滤棒	SiO_2 丝	SiO_2 滤棒 + 丝
焦油量 /（mg·支 $^{-1}$）	14.50	15.29	15.51	16.79
烟碱量 /（mg·支 $^{-1}$）	1.28	1.37	1.36	1.36
水分 /（mg·支 $^{-1}$）	1.71	2.00	1.88	2.61
吸阻 / Pa	1147	941	1039	951

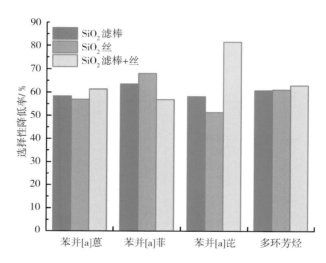

图 5–20　SiO_2 纳米材料不同添加方式的卷烟烟气中有害物的选择性降低率

2. 3 种添加方式下改变 SiO_2 纳米材料的添加量对卷烟烟气成分的影响

将 SiO_2 纳米材料溶解于无水乙醇配制成 0.25% 的溶液，通过滴加的方式，直接向烟丝和滤棒添加，制作 3 种（SiO_2 只加入烟丝、SiO_2 只加入滤棒和 SiO_2 既加入烟丝也加入滤棒）各 25 支卷烟样品，纳米材料的添加量分别为 0.7 mL 和 0.5 mL（即 1.75 mg/ 支、1.25 mg/ 支）。按 ISO 4387、YC/T30 、YC/T156、YC/T157 测定上述样品和对照样品的焦油、尼古丁释放量等化学物理指标，用离子阱 GC–MS 测定卷烟烟气中苯并 [a] 芘、苯并 [a] 蒽、苯并 [a] 菲的释放量，检测结果如表 5–7 和图 5–21 所示。

从表 5–7 常规烟气检测结果可以看出，只在滤棒或在滤棒和烟丝中都添加纳米 SiO_2 粒子后，其焦油量变化较大（增加 20% ～ 39%），原因可能是添加的纳米材料溶液中的乙醇破坏了滤棒的结构致使滤棒吸阻降低，烟支吸阻都只有 794 Pa（对照样为 1137 Pa）。以上 3 种加入 0.25% SiO_2 纳米材料的卷烟烟气中苯并 [a] 芘、苯并 [a] 蒽、苯并 [a] 菲的选择性降低率均较明显（61% ～ 98%，如图 5–21 所示），而在滤棒和烟丝中添加 0.5% 纳米 SiO_2 粒子的乙醇溶液的样品烟气中苯并 [a] 芘的降低效果最好，达 98.39%，说明降低多环芳烃的效果与纳米 SiO_2 的加入量有一定的量效关系，但纳米 SiO_2 加入到一定量时，其降低多环芳烃的效果与其加入量不成线性关系。由此可见，纳米 SiO_2 是一种很好的添加剂，可以在很低的用量下大幅度降低有害多环芳烃苯并 [a] 芘、苯并 [a] 蒽、苯并 [a] 菲的量，且纳米 SiO_2 价格不高，是一种很经济且高效的纳米添加剂。

表 5-7　添加不同量纳米 SiO_2 的卷烟常规指标检测结果

项目	样品名称			
	对照样	SiO_2 滤棒	SiO_2 丝	SiO_2 滤棒 + 丝
焦油量 /（mg·支$^{-1}$）	14.27	17.10	16.90	19.80
烟碱量 /（mg·支$^{-1}$）	1.14	1.31	1.34	1.44
水分 /（mg·支$^{-1}$）	1.91	2.51	2.26	3.17
吸阻 / Pa	1137	794	1068	794

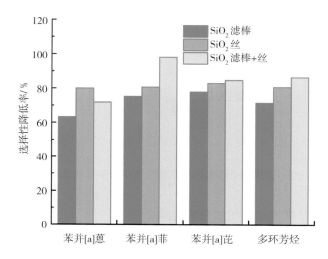

图 5-21　3 种添加方式下改变 SiO_2 纳米材料添加量的卷烟烟气中有害物的选择性降低率

3. 添加纳米碳酸钙对卷烟烟气成分的评价结果

将纳米碳酸钙材料分别溶解于无水乙醇和水配制成 0.1% 的溶液，通过滴加的方式，分别向烟丝和滤棒添加，制作 3 种（碳酸钙只加入烟丝、碳酸钙只加入滤棒和碳酸钙既加入烟丝也加入滤棒）各 25 支卷烟样品，纳米材料的添加量分别为 0.7 mL 和 0.5 mL（即 0.7 mg/ 支、0.5 mg/ 支）。采取上述方式制作样品是因为从前面的实验知道纳米材料的乙醇溶液使滤棒的吸阻降低导致样品烟的焦油量大幅升高，而水没有这种副作用，乙醇在烟丝中迅速挥发对烟丝结构影响较小。按 ISO 4387、YC/T30、YC/T156、YC/T157 测定上述样品和对照样品的焦油、尼古丁释放量等化学物理指标，用离子阱 GC-MS 测定卷烟烟气中苯并 [a] 芘、苯并 [a] 蒽、苯并 [a] 菲的释放量，检测结果如表 5-8 和图 5-22 所示。

从表 5-8 常规烟气分析结果可以看出，在滤棒和烟丝中添加纳米碳酸钙粒子后，其焦油量变化不大（低于 11%），制作样品和对照样的烟支吸阻也变化不大。以上 3 种加入碳酸钙纳米材料的卷烟烟气中苯并 [a] 芘、苯并 [a] 蒽、苯并 [a] 菲的释放量一般变化不大（图 5-22），只有在滤棒和烟丝中都添加纳米碳酸钙粒子的样品其烟气中苯并 [a] 芘量选择性降低率为 45.42%。由此可见，在如此低的加入量下，纳米碳酸钙清除多环芳烃的效果不好。

表 5-8   添加纳米碳酸钙的卷烟常规烟气检测结果

项目	样品名称			
	对照样	CaCO₃ 水，滤棒	CaCO₃ 乙醇，丝	CaCO₃ 水，滤棒 乙醇，丝
焦油量 /（mg·支⁻¹）	14.56	14.38	15.97	16.18
烟碱量 /（mg·支⁻¹）	1.17	1.15	1.18	1.22
水分 /（mg·支⁻¹）	2.08	2.43	2.54	3.33
吸阻 / Pa	1185	1166	1156	1156

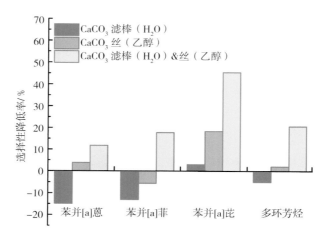

图 5-22   添加纳米碳酸钙的卷烟烟气中有害物的选择性降低率

4. 添加表面改性纳米 SiO_2 对卷烟烟气成分的影响

将改性 SiO_2 纳米材料溶解于无水乙醇 5% 的溶液，通过滴加的方式向滤棒添加，制作 25 支卷烟样品，纳米材料的添加量为 0.5 mL（2.5 mg/ 支）。按 ISO 4387、YC/T30、YC/T156、YC/T157 测定上述样品和对照样品的焦油、尼古丁释放量等化学物理指标，用离子阱 GC-MS 测定卷烟烟气中苯并 [a] 芘、苯并 [a] 蒽、苯并 [a] 菲的释放量，用 GC-TEA 测定检测卷烟烟气中烟草特有 N-亚硝胺的释放量，结果如表 5-9 和图 5-23 所示。

从表 5-9 的常规烟气分析结果可以看出，在滤棒中添加改性 SiO_2 纳米材料后，其焦油量变化很小（2.06%），制作样品和对照样的烟支吸阻也变化不大。与对照样相比，以上加入改性 SiO_2 纳米材料的卷烟烟气中苯并 [a] 芘、苯并 [a] 蒽、苯并 [a] 菲的选择性降低率明显（34% ~ 37%），烟草特有 N-亚硝胺的释放量明显降低（14% ~ 27%）（图 5-23）。由此可见，表面改性纳米 SiO_2 是一种好的添加剂，可以在保持焦油量基本不变的条件下大幅度降低有害成分，但不如未改性的 SiO_2 纳米材料对烟气中多环芳烃的清除效果好，这可能是由于改性后，SiO_2 纳米材料比表面积降低所致。

表 5-9   添加表面改性纳米 SiO_2 的卷烟各项指标检测结果

项目	样品名称	
	对照样	改性，SiO_2，乙醇
焦油量 /（mg·支⁻¹）	14.56	14.26
烟碱量 /（mg·支⁻¹）	1.17	1.09
水分 /（mg·支⁻¹）	2.08	2.16
吸阻 / Pa	1185	1119

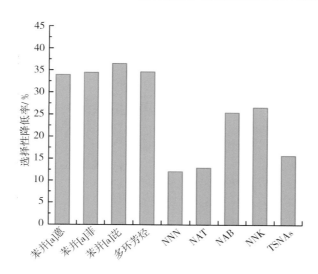

图 5-23　添加表面改性纳米 SiO_2 的卷烟烟气中有害物的选择性降低率

5. 模拟在线工艺添加纳米 SiO_2 对卷烟烟气成分的影响

考虑到在线制作滤棒时 SiO_2 纳米材料的加入量的限制情况和在线加工烟丝时 SiO_2 纳米材料的加入量的限制情况，确定将改性 SiO_2 纳米材料溶解于水配制成 0.25% 的溶液，通过滴加的方式，直接向滤棒添加；将 SiO_2 纳米材料溶解于无水乙醇配制成 0.25%、0.5% 的溶液，通过滴加的方式，直接向烟丝添加，制作 3 种（0.25% 改性 SiO_2 纳米材料水溶液只加入滤棒、0.25% SiO_2 纳米材料乙醇溶液加入烟丝和 0.25% 改性 SiO_2 纳米材料水溶液加入滤棒、0.5% SiO_2 纳米材料乙醇溶液加入烟丝和 0.25% 改性 SiO_2 纳米材料水溶液加入滤棒）各 25 支卷烟样品，烟丝和滤棒中纳米材料的添加量分别为 0.7 mL/ 支和 0.5 mL/ 支。按 ISO 4387、YC/T30、YC/T156、YC/T157 测定上述样品和对照样品的焦油、尼古丁释放量等化学物理指标，用离子阱 GC–MS 测定卷烟烟气中苯并 [a] 芘、苯并 [a] 蒽、苯并 [a] 菲的释放量，用 GC–TEA 测定检测卷烟烟气中烟草特有 N–亚硝胺的释放量，检测结果如表 5–10 和图 5–24 所示。

从表 5–10 常规烟气分析结果可以看出，在滤棒和烟丝中都添加 SiO_2 纳米材料后，其焦油量变化不大，制作样品和对照样的烟支吸阻也变化不大。与对照样相比，以上加入改性 SiO_2 纳米材料的卷烟烟气中苯并 [a] 芘、苯并 [a] 蒽、苯并 [a] 菲的选择性降低率明显（30%～60%）（图 5–24），而且随 SiO_2 纳米材料加入量的增大，降害效果更好，大部分烟草特有 N–亚硝胺的选择性降低率明显。由此可见，纳米 SiO_2 在线添加，也可在保持焦油量基本不变的条件下，大幅降低有害成分。

表 5-10　模拟在线工艺添加纳米 SiO_2 的卷烟常规烟气检测结果

项目	样品名称			
	对照样	0.25% 水，滤棒；0.25% 乙醇，丝	0.25% 水，滤棒	0.25% 水，滤棒；0.5% 乙醇，丝
焦油量 /（mg·支$^{-1}$）	15.36	14.06	17.39	15.33
烟碱量 /（mg·支$^{-1}$）	1.26	1.16	1.39	1.27
水分 /（mg·支$^{-1}$）	2.77	2.06	3.61	2.01
吸阻 / Pa	1156	1186	1139	1144

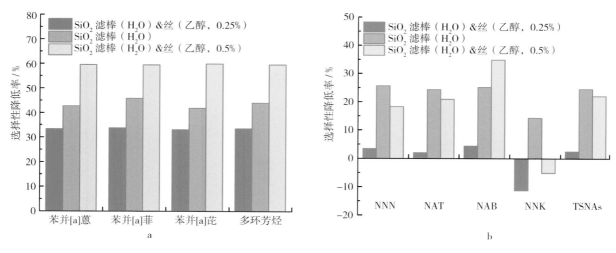

图 5-24　模拟在线添加纳米 SiO_2 的卷烟烟气中有害物的选择性降低率

6. 在线工艺实验结果

以表面改性纳米 SiO_2 作为添加剂，先以 6%、4% 的重量比添加到增塑剂三醋酸甘油酯中，搅拌均匀，然后通过增塑剂在滤棒的制备过程中添加到丝束中，控制增塑剂加入量分别制作 100 mm 和 120 mm 两种规格的滤棒，每支滤棒分别含改性纳米 SiO_2 8 mg、3 mg，相当于每支 20 mm 滤棒含 0.5 mg，每支 25 mm 滤棒含 2 mg。分别将 150 g 碳酸钙纳米材料和 SiO_2 纳米材料以 0.5% 的重量比添加到乙醇配制成均匀的分散液，然后均匀喷到 30 kg 烟丝上，平衡到所需水分。用以上滤棒、烟丝和未加纳米材料的同规格滤棒与烟丝，制作卷烟样品 8 种，按照 ISO 4387、YC/T30、YC/T156、YC/T157 测定上述样品的焦油、尼古丁释放量等化学物理指标，按 GB 5606.4 进行卷烟感官质量评吸，用离子阱 GC-MS 测定卷烟烟气中苯并 [a] 芘、苯并 [a] 蒽、苯并 [a] 菲的释放量，用 GC-TEA 测定检测卷烟烟气中烟草特有 N-亚硝胺的释放量，检测结果如表 5-11 和图 5-25 所示。

表 5-11　在线工艺实验的 25 mm 滤棒卷烟常规烟气检测结果

项目	样品名称	
	对照烟丝，对照滤棒（25 mm）	对照烟丝，纳米滤棒（25 mm）
焦油量 /（mg·支$^{-1}$）	12.99	12.12
烟碱量 /（mg·支$^{-1}$）	1.19	1.16
水分 /（mg·支$^{-1}$）	1.25	1.39
吸阻 / Pa	1363	1304

注：纳米滤棒为对照滤棒中加入 2 mg/ 支的改性 SiO_2 纳米材料。

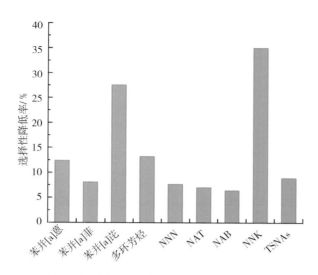

图 5-25　在线添加纳米 SiO_2 的卷烟烟气中有害物的选择性降低率

从表 5-11 和图 5-25 可以看出，在卷烟滤棒中添加 2 mg 改性 SiO_2 纳米材料后，其焦油量变化很小，制作样品和对照样的烟支吸阻也变化不大。在图 5-25 中，与对照样相比，以上加入改性 SiO_2 纳米材料的卷烟烟气中苯并 [a] 芘、苯并 [a] 蒽、苯并 [a] 菲的选择性降低率明显（13% ～ 27%），烟草特有 N–亚硝胺的选择性降低率明显（7% ～ 36%）。由此可见，表面改性纳米 SiO_2 是一种好的添加剂，可以在保持焦油量基本不变的条件下大幅度降低有害成分。

从表 5-12 可以看出，使用了纳米材料的样品烟，与对照样相比，其焦油量变化很小，制作样品和对照样的烟支吸阻也变化不大。在图 5-26 中，与对照样相比，只加入改性 SiO_2 纳米材料的卷烟烟气中苯并 [a] 蒽、苯并 [a] 菲、苯并 [a] 芘的选择性降低率为 16% ～ 26%，烟草特有 N–亚硝胺的选择性降低率为 6% ～ 10%；与对照样相比，其他 4 种烟丝中也使用了纳米材料的卷烟样品的卷烟烟气中苯并 [a] 蒽、苯并 [a] 菲、苯并 [a] 芘的选择性降低率明显（12% ～ 42%），烟草特有 N–亚硝胺的选择性降低率明显（8% ～ 37%），其中烟丝 A 纳米滤棒样品的降害效果最好，苯并 [a] 蒽、苯并 [a] 菲、苯并 [a] 芘的选择性降低率分别为 33%、37%、42%，多环芳烃选择性降低率 38%，烟草特有 N–亚硝胺 NNN、NAT、NAB、NNK 的选择性降低率分别为 27%、26%、36%、37%，亚硝胺总量选择性降低率为 32%。烟丝 B 纳米滤棒样品的降害效果位于第二，也很好。

表 5-12　在线工艺实验的卷烟常规烟气检测结果

项目	样品名称					
	对照烟丝 对照滤棒	对照烟丝 纳米滤棒	烟丝 A 对照滤棒	烟丝 A 纳米滤棒	烟丝 B 对照滤棒	烟丝 B 纳米滤棒
焦油量 /（mg·支$^{-1}$）	14.76	14.35	13.54	14.31	14.34	14.25
烟碱量 /（mg·支$^{-1}$）	1.35	1.33	1.26	1.33	1.34	1.27
水分 /（mg·支$^{-1}$）	1.86	1.97	1.61	1.51	2.12	1.90
吸阻 / Pa	1274	1323	1225	1215	1235	1225

注：纳米滤棒为对照滤棒中加入 0.5 mg/ 支的改性 SiO_2 纳米材料；烟丝 A 为对照烟丝中加入 0.5% 的改性 SiO_2 纳米材料；烟丝 B 为对照烟丝中加入 0.5% 的改性 $CaCO_3$ 纳米材料。

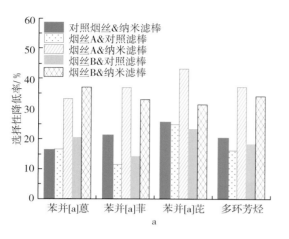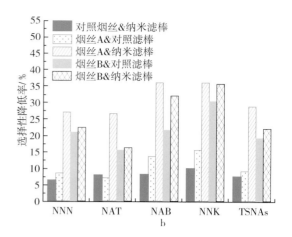

图 5-26　模拟在线添加纳米 SiO_2 的卷烟烟气中有害物的选择性降低率

将在线制作的卷烟样品按有关国标进行感官质量评吸，得到以下评吸结果（表 5-13）。

表 5-13　在线工艺实验制作的卷烟样品感官质量评吸结果

项目	光泽			香气			谐调			杂气			刺激性			余味			合计
	A	B	C	A	B	C	A	B	C	A	B	C	A	B	C	A	B	C	
	6	4	2	36	28	18	6	4	2	16	12	9	16	13	11	20	14	8	
1#：对照烟丝对照滤棒 20 mm		4.58			30.00			4.42			13.00			13.33			16.00			81.33
2#：对照烟丝纳米滤棒 20 mm		4.58			29.67			4.33			12.83			13.17			16.00			80.58
3#：对照烟丝纳米滤棒 25 mm		4.67			30.83			4.58			13.33			13.67			16.33			83.41
4#：对照烟丝对照滤棒 25 mm		4.67			30.50			4.50			13.50			13.50			16.17			82.84
5#：烟丝 B 纳米滤棒 20 mm		4.79			30.43			4.57			13.43			13.71			16.43			83.36
6#：烟丝 B 对照滤棒 20 mm		4.71			30.14			4.50			13.71			13.29			16.29			82.64
7#：烟丝 A 纳米滤棒 20 mm		4.79			29.71			4.50			13.71			13.57			16.14			82.42
8#：烟丝 A 对照滤棒 20 mm		4.64			29.57			4.57			13.71			13.14			15.86			81.49

从表 5-13 可以看出，使用了纳米材料的卷烟和未使用纳米材料的对照卷烟在感官质量方面基本没有差别，说明使用了上述纳米材料基本没有导致卷烟口味的变化。

从以上评价结果可以确定，改性 SiO_2 纳米材料、未改性 SiO_2 纳米材料和碳酸钙纳米材料无论添加在烟丝中还是滤棒中都能有效降低卷烟烟气中有害多环芳烃苯并 [a] 芘、苯并 [a] 蒽、苯并 [a] 菲的释放量与有害烟草特有 N-亚硝胺 NNN、NAT、NAB、NNK 的释放量，而且在生产工艺上是可行的。

7. 纳米 3 mg 中南海卷烟烟气中烟草特有 N-亚硝胺和多环芳烃的降低效果

按照规定的生产投料量制作了 4 种焦油量为 3 mg 的卷烟即烟丝中滤棒中均添加纳米材料、仅烟丝添加纳米材料、仅滤棒中添加纳米材料、烟丝滤棒中均不添加纳米材料（对照），将上述 4 种卷烟样品按照 ISO 4387、YC/T30、YC/T156、YC/T157 测定焦油、尼古丁释放量等化学物理指标，用离子阱 GC-MS 测定

卷烟烟气中苯并 [a] 芘、苯并 [a] 蒽、苯并 [a] 菲的释放量，用 GC-TEA 测定检测卷烟烟气中烟草特有 N-亚硝胺的释放量，检测结果如表 5-14 和图 5-27 所示。

表 5-14 纳米 3 mg 卷烟烟气常规指标检测结果

项目	样品名称			
	3 mg 中南海（对照样）	3 mg 中南海（滤棒中添加纳米材料）	3 mg 中南海（烟丝中添加纳米材料）	3 mg 中南海（滤棒和烟丝中同时添加纳米材料）
焦油量 /（mg・支 $^{-1}$）	2.82	3.10	2.50	2.89
烟碱量 /（mg・支 $^{-1}$）	0.28	0.30	0.28	0.27
水分 /（mg・支 $^{-1}$）	0.20	0.14	0.30	0.14
CO 量 /（mg・支 $^{-1}$）	4.57	4.47	4.11	3.43
吸阻 / Pa	1189	1134	1180	1106
稀释度 / %	57.43	57.63	56.58	61.26

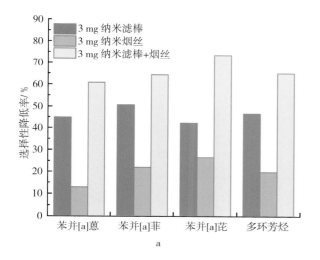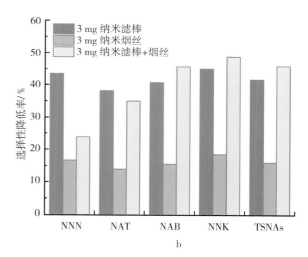

图 5-27 中南海（纳米 3 mg）卷烟烟气中有害物的选择性降低率

不考虑焦油的变化与对照样相比，3 种使用了纳米材料的 3 mg 中南海卷烟烟气中有害多环芳烃和有害烟草特有 N-亚硝胺的释放量明显降低，而卷烟烟气中焦油的释放量没有明显的变化。其中，在烟丝和滤棒中均使用了纳米材料的卷烟烟气中有害烟草特有 N-亚硝胺 NNN、NAT、NAB、NNK 的释放量分别降低了 51.35%、32.55%、43.31%、46.42%，4 种烟草特有 N-亚硝胺的总量降低了 43.60%；烟气中有害多环芳烃苯并 [a] 芘、苯并 [a] 蒽、苯并 [a] 菲的释放量分别降低了 71.08%、58.31%、64.86%，3 种卷烟烟气中有害多环芳烃的总量降低了 62.69%。

考虑烟支焦油的变化（表 5-14 和图 5-27），与对照样相比，在烟丝和滤棒中均使用了纳米材料的卷烟烟气中焦油的释放量提高了 2.48%，纳米材料对卷烟烟气中有害烟草特有 N-亚硝胺 NNN、NAT、NAB、NNK 的选择性降低率分别为 53.83%、35.03%、45.79%、48.90%，4 种烟草特有 N-亚硝胺总量的选择性降低率为 46.08%；烟气中有害多环芳烃苯并 [a] 芘、苯并 [a] 蒽、苯并 [a] 菲释放量的选择性降低率分别为 73.56%、60.79%、67.34%，3 种卷烟烟气中有害多环芳烃总量的选择性降低率为 65.17%。

将存放了 9 个月以上的在烟丝和滤棒中均使用了纳米材料的卷烟与对照样品送到第三方检测机构，按照有关国家标准检测方法测定上述样品的焦油、尼古丁释放量、苯并 [a] 芘、苯并 [a] 蒽、苯并 [a] 菲的释放量和烟草特有 *N*-亚硝胺的释放量等化学物理指标，结果如表 5-15 和图 5-28 所示。

表 5-15　在烟丝和滤棒中均使用了纳米材料的存放了 9 个月以上的卷烟与对照样品烟气指标

项目	样品名称	
	3 mg 中南海（对照样）	3 mg 中南海（滤棒中添加纳米材料，烟丝中添加纳米材料）
焦油量 /（mg·支$^{-1}$）	2.6	3.0
烟碱量 /（mg·支$^{-1}$）	0.23	0.26
CO 量 /（mg·支$^{-1}$）	4.6	4.0
水 /（mg·支$^{-1}$）	0.44	0.51
吸阻 / Pa	1127	1039

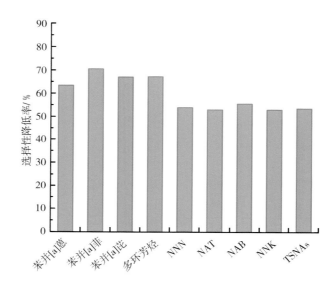

图 5-28　存放了 9 个月以上中南海（纳米 3 mg）卷烟烟气中有害物的选择性降低率

不考虑焦油的变化，与对照样相比，使用了纳米材料的 3 mg 中南海卷烟存放 39 个月后，烟气中有害多环芳烃和有害烟草特有 *N*-亚硝胺的释放量明显降低，而卷烟烟气中焦油的释放量没有明显的变化。在烟丝和滤棒中均使用了纳米材料的 3 mg 中南海卷烟烟气中有害烟草特有 *N*-亚硝胺 NNN、NAT、NAB、NNK 的释放量分别降低了 38.43%、37.52%、40.09%、37.47%，4 种烟草特有 *N*-亚硝胺的总量降低了 38.03%；烟气中有害多环芳烃苯并 [a] 芘、苯并 [a] 蒽、苯并 [a] 菲的释放量分别降低了 51.52%、47.92%、55.03%，3 种卷烟烟气中有害多环芳烃的总量降低了 51.74%。

考虑焦油的变化（表 5-15 和图 5-28），与对照样相比，在烟丝和滤棒中均使用了纳米材料的卷烟烟气中焦油的释放量提高了 15.38%，纳米材料对卷烟烟气中有害烟草特有 *N*-亚硝胺 NNN、NAT、NAB、NNK 的选择性降低率分别为 53.89%、52.98%、55.55%、52.93%，4 种烟草特有 *N*-亚硝胺总量的选择性降低率为 53.49%；烟气中有害多环芳烃苯并 [a] 芘、苯并 [a] 蒽、苯并 [a] 菲释放量的选择性降低率分别为 66.98%、63.38%、70.49%，3 种卷烟烟气中有害多环芳烃总量的选择性降低率为 67.20%。

通过对比存放了 9 个月前后的检测结果可以看出，纳米材料对卷烟烟气中有害烟草特有 N–亚硝胺 NNN、NAT、NAB、NNK 和有害多环芳烃苯并 [a] 芘、苯并 [a] 蒽、苯并 [a] 菲释放量的选择性降低率没有明显的变化，特别是没有明显的降低，这说明在烟丝和滤棒中使用纳米材料降低卷烟烟气中有害烟草特有 N–亚硝胺与有害多环芳烃的效果长期稳定。

将烟丝和滤棒中均添加纳米材料的中南海（纳米 3 mg）卷烟和未使用纳米材料的同质中南海卷烟（3 mg，对照样）送至第三方检测机构测定其烟气中 25 种卷烟烟气中有害成分的释放量、常规烟气化学指标与烟气气相自由基及固相自由基的量，计算与对照样相比中南海（纳米 3 mg）卷烟烟气中有害成分释放量的降低率和选择性降低率（有害成分释放量的降低率减去焦油量的降低率），除烟草特有 N–亚硝胺和有害多环芳烃的 19 种有害成分释放量的测定结果如表 5–16 和图 5–29 至图 5–31 所示。

表 5–16　中南海（纳米 3 mg）卷烟和未使用纳米材料的同质中南海卷烟（3 mg，对照样）
烟气中 19 种有害成分释放量的测定结果

	1– 氨基萘 /（ng·支$^{-1}$）	2– 氨基萘 /（ng·支$^{-1}$）	3– 氨基联苯 /（ng·支$^{-1}$）	4– 氨基联苯 /（ng·支$^{-1}$）	芳香胺总量 /（ng·支$^{-1}$）	甲醛 /（μg·支$^{-1}$）	乙醛 /（μg·支$^{-1}$）	丙酮 /（μg·支$^{-1}$）	丙烯醛 /（μg·支$^{-1}$）	丙醛 /（μg·支$^{-1}$）	巴豆醛 /（μg·支$^{-1}$）
纳米 3 mg	5.97	2.15	0.57	0.30	8.99	29.84	163.65	86.41	11.50	15.80	2.05
对照 3 mg	10.77	2.50	0.61	0.38	14.26	31.45	217.21	114.54	15.95	19.50	4.95
降低率 /%	44.6	14.0	6.6	21.1	37.0	5.1	24.7	24.6	27.9	19.0	58.6
选择性降低率 /%	60.1	29.5	22.1	36.6	52.5	20.6	40.2	40.1	43.4	34.5	74.1

	2– 丁酮 /（μg·支$^{-1}$）	丁醛 /（μg·支$^{-1}$）	羰基化合物总量 /（μg·支$^{-1}$）	对苯二酚 /（μg·支$^{-1}$）	间苯二酚 /（μg·支$^{-1}$）	邻苯二酚 /（μg·支$^{-1}$）	苯酚 /（μg·支$^{-1}$）	（间 + 对）苯甲酚 /（μg·支$^{-1}$）	邻苯甲酚 /（μg·支$^{-1}$）	酚类化合物总量 /（μg·支$^{-1}$）	气相自由基 /（×10^{14} 自旋·支$^{-1}$）
纳米 3 mg	16.72	15.85	341.82	50.92	0.48	32.30	14.19	8.58	2.40	108.87	27.58
对照 3 mg	24.53	20.04	448.17	61.77	0.56	37.36	20.23	11.30	3.42	134.64	32.70
降低率 /%	31.8	20.9	23.7	17.6	14.3	13.5	29.9	24.1	29.8	19.1	15.7
选择性降低率 /%	47.3	36.4	39.2	33.1	29.8	29.0	45.4	39.6	45.3	34.6	31.2

从表 5–16 和图 5–29 至图 5–31 可以看出，与对照样相比，中南海（纳米 3 mg）卷烟烟气中有害的芳香胺类、羰基化合物、酚类化合物的释放量均有明显的降低，其中芳香胺类总量的选择性降低率为 52.5%，羰基化合物总量的选择性降低率为 39.2%，酚类化合物总量的选择性降低率为 34.6%，烟气气相自由基的选择性降低率为 31.2%。另外，纳米 3 mg 中南海卷烟与其对照样中的烟气固相自由基的量分别为（1.26±0.28）×10^{14} 自旋 / 支和（1.23±0.32）×10^{14} 自旋 / 支，说明这两种卷烟的烟气中固相自由基的量差异不大。

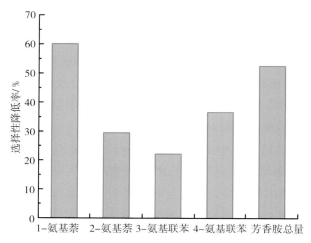

图 5-29　中南海（纳米 3 mg）卷烟与未使用纳米材料的同质中南海卷烟（3 mg，对照样）
相比烟气中芳香胺的选择性降低率

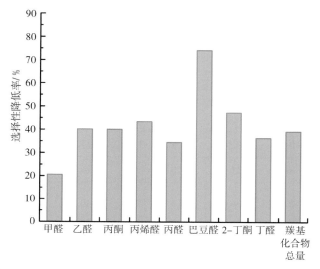

图 5-30　中南海（纳米 3 mg）卷烟与未使用纳米材料的同质中南海卷烟（3 mg，对照样）
相比烟气中醛酮类化合物的选择性降低率

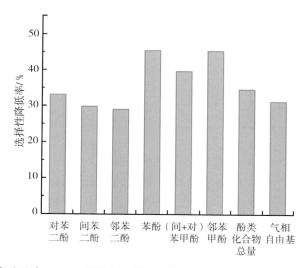

图 5-31　中南海（纳米 3 mg）卷烟与未使用纳米材料的同质中南海卷烟（3 mg，对照样）
相比烟气中酚类和自由基的选择性降低率

结合图 5-28 和表 5-16 可知，与对照样相比，已经测定的 27 种卷烟烟气有害成分中，中南海（纳米 3 mg）卷烟烟气中有 26 种的释放量选择性降低率在 20% 以上，选择性降低率在 30% 以上的有 21 种，选择性降低率在 40% 以上的有 15 种，选择性降低率在 50% 以上的有 10 种，选择性降低率在 60% 以上的有 5 种。

将烟丝和滤棒中均含有纳米材料的中南海（纳米 3 mg）卷烟和未使用纳米材料的同质中南海卷烟（3 mg，对照样）送至国家烟草质检中心按照有关国家标准方法进行感官质量评吸，具体评吸得分结果如表 5-17 所示。

表 5-17　纳米 3 mg 中南海卷烟和对照样的感官质量评吸结果

	光泽	香气	谐调	杂气	刺激性	余味	合计
中南海（对照样）	5.50	30.00	5.00	14.20	15.00	16.60	86.3
中南海（纳米 3 mg）	5.50	29.80	5.00	14.40	15.00	16.60	86.3

从表 5-17 可以看出，纳米 3 mg 中南海卷烟和未使用纳米材料的同质 3 mg 中南海卷烟（对照样）各项感官质量都没有明显的变化。

将在烟丝和滤棒中均使用了纳米材料的中南海（纳米 3 mg）卷烟和对照样品送至军事医学科学院二所进行生物医学评价，经实验证明，与对照烟相比在烟丝和滤棒中均使用了纳米材料的纳米 3 mg 中南海卷烟的细胞毒性、诱发细胞氧化损伤、膜损伤、染色体基因突变均显著降低；动物急性暴露卷烟烟气的致死时间显著延长，慢性卷烟烟气的免疫毒性、生殖毒性、长期毒性均明显减轻，提示纳米 3 mg 中南海卷烟的危害性明显降低。

同时对中南海（纳米 3 mg）卷烟滤棒和烟丝中使用的纳米材料进行安全性毒理学评价，实验证明，这两种纳米材料在卷烟中应用是安全的。

8. 中南海（纳米 8 mg）卷烟及对照卷烟的烟气有害成分释放量对比评价结果

对滤棒中含有纳米材料的中南海（纳米 8 mg）卷烟和未使用纳米材料的同质中南海卷烟（8 mg，对照样）测定其烟气中 4 种烟草特有 N-亚硝胺和 3 种有害多环芳烃的释放量及常规烟气化学指标，计算与对照样相比中南海（纳米 8 mg）卷烟中卷烟烟气中有害成分释放量的降低率和选择性降低率（有害成分释放量的降低率减去焦油量的降低率），结果如表 5-18 和图 5-32、图 5-33 所示。

从表 5-18 和图 5-32、图 5-33 中可以看出，与对照样相比，4 种使用了不同比例纳米材料的 8 mg 中南海卷烟烟气中有害多环芳烃和有害烟草特有 N-亚硝胺的释放量依次明显降低，而卷烟烟气中焦油的释放量没有明显的变化。其中，降低最明显的卷烟烟气中有害烟草特有 N-亚硝胺 NNN、NAT、NAB、NNK 的释放量分别选择性降低了 43.7%、50.3%、30.5%、38.1%，4 种烟草特有 N-亚硝胺的总量选择性降低了 44.7%；烟气中有害多环芳烃苯并 [a] 芘、苯并 [a] 蒽、苯并 [a] 菲的释放量分别选择性降低了 52.1%、46.2%、35.4%，3 种卷烟烟气中有害多环芳烃总量选择性降低了 41.9%。

表 5-18　中南海（纳米 8 mg）及对照样卷烟烟气指标检测结果

项目	样品名称				
	对照	2%	4%	6%	8%
平均重量 /g	0.878	0.867	0.874	0.876	0.880

续表

项目	样品名称				
	对照	2%	4%	6%	8%
抽吸口数	6.9	7.2	7.2	6.9	7.0
总粒相物 /（mg·支⁻¹）	9.31	9.03	9.74	9.47	9.70
焦油量 /（mg·支⁻¹）	7.79	7.75	8.32	8.37	8.47
烟碱量 /（mg·支⁻¹）	0.86	0.78	0.84	0.83	0.82
水分 /（mg·支⁻¹）	0.66	0.50	0.58	0.27	0.41
吸阻 / Pa	1221	1189	1216	1201	1224
稀释度 /%	26.89	28.02	25.23	26.01	25.21

注：表中 2%、4%、6%、8% 分别表示以 2%、4%、6%、8%（W/W）的比例加入增塑剂（三醋酸甘油酯）中制作的滤棒卷制的纳米 8 mg 中南海卷烟。

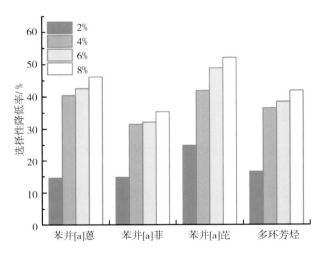

图 5-32　中南海（纳米 8 mg）与对照样卷烟相比烟气中多环芳烃类的选择性降低率

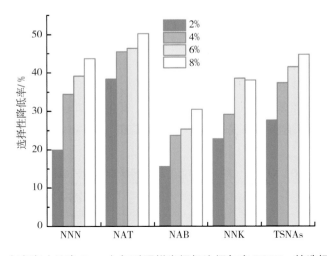

图 5-33　中南海（纳米 8 mg）与对照样卷烟相比烟气中 TSNAs 的选择性降低率

还将使用了占三醋酸甘油酯重量 8% 的纳米材料的纳米 8 mg 中南海卷烟和未使用纳米材料的同质 8 mg 中南海卷烟（对照样）送至郑州烟草研究院测定其烟气中 4 种烟草特有 N-亚硝胺与 3 种有害多环芳烃的释放量及常规烟气化学指标，结果如图 5-34 所示。

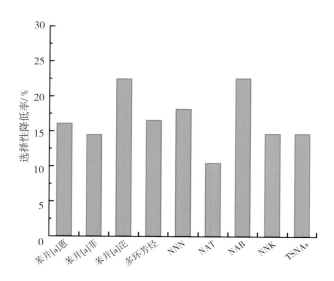

图 5-34　纳米材料的中南海（纳米 8 mg）卷烟和对照样品卷烟烟气中有害物的选择性降低率

由图 5-34 可以看出，与对照样相比，使用了占三醋酸甘油酯重量 8% 的不同比例纳米材料的 8 mg 中南海卷烟烟气中有害多环芳烃和有害烟草特有 N-亚硝胺的释放量降低，其卷烟烟气中有害烟草特有 N-亚硝胺 NNN、NAT、NAB、NNK 的释放量分别选择性降低了 18.2%、10.5%、22.6%、14.7%，4 种烟草特有 N-亚硝胺的总量选择性降低了 14.7%；烟气中有害多环芳烃苯并 [a] 芘、苯并 [a] 蒽、苯并 [a] 菲释放量分别选择性降低了 22.5%、16.1%、14.5%，3 种卷烟烟气中有害多环芳烃总量选择性降低了 16.6%。

对滤棒中均含有纳米材料的中南海卷烟（纳米 8 mg）和未使用纳米材料的同质 8 mg 中南海卷烟（对照样）按 GB 5606.4—1996 进行感官质量评吸，根据评吸得分结果进行感官质量对比评价，结果如表 5-19 所示。

表 5-19　中南海（纳米 8 mg）及其对照样品感官质量评吸结果

样品名称	光泽	香气	谐调	杂气	刺激性	余味	合计
2%	4.83	31.14	4.92	13.83	14.00	16.67	85.4
4%	4.83	31.29	4.75	13.83	13.83	16.50	85.0
6%	4.83	31.29	4.67	13.67	13.83	16.50	84.8
8%	4.93	31.29	4.93	14.00	14.29	17.00	86.4
对照	5.00	31.40	5.00	14.00	14.50	17.00	86.9

注：表中 2%、4%、6%、8% 分别表示以 2%、4%、6%、8%（W/W）的比例加入增塑剂（三醋酸甘油酯）中制作的滤棒卷制的纳米 8 mg 中南海卷烟。

从表 5-19 可以看出，中南海（纳米 8 mg）卷烟和未使用纳米材料的同质 8 mg 中南海卷烟（对照样）各项感官质量都没有明显的变化，特别是以 8%（W/W）的比例加入增塑剂（三醋酸甘油酯）中制作的滤棒卷制的中南海（纳米 8 mg）卷烟更为接近，得分为 86.4。

对滤棒中含有纳米材料的纳米 6 mg 中南海卷烟和未使用纳米材料的同质 6 mg 中南海卷烟（对照样）测定其烟气中 4 种烟草特有 *N*–亚硝胺与 3 种有害多环芳烃的释放量及常规烟气化学指标，计算与对照样相比纳米 6 mg 中南海卷烟烟气中有害成分释放量的降低率和选择性降低率（有害成分释放量的降低率减去焦油量的降低率），结果如表 5–20 和图 5–35、图 5–36 所示。

表 5–20　中南海（纳米 6 mg）及对照样卷烟烟气指标检测结果

项目	样品名称				
	对照	2%	4%	6%	8%
平均重量 / g	0.878	0.867	0.874	0.876	0.880
抽吸口数	6.9	7.2	7.2	6.9	7.0
总粒相物 /（mg·支$^{-1}$）	9.31	9.03	9.74	9.47	9.70
焦油量 /（mg·支$^{-1}$）	5.07	5.50	5.05	5.26	5.31
烟碱量 /（mg·支$^{-1}$）	0.50	0.46	0.48	0.48	0.51
水分 /（mg·支$^{-1}$）	0.23	0.33	0.43	0.31	0.37
吸阻 / Pa	1323	1401	1381	1386	1352
稀释度 / %	39.6	35.6	37.2	38.1	38.2
CO /（mg·支$^{-1}$）	8.50	8.48	8.03	8.27	8.52

注：表中 2%、4%、6%、8% 分别表示以 2%、4%、6%、8%（W/W）的比例加入增塑剂（三醋酸甘油酯）中制作的滤棒卷制的纳米 6 mg 中南海卷烟。

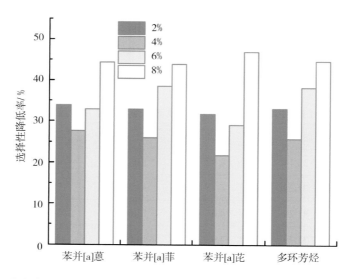

图 5–35　中南海（纳米 6 mg）与对照样卷烟相比烟气中多环芳烃类的选择性降低率

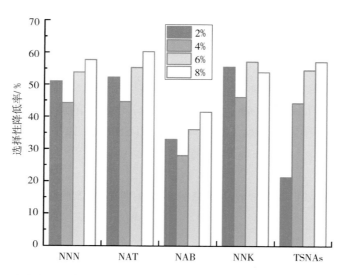

图 5-36　中南海（纳米 6 mg）与对照样卷烟相比烟气中 TSNAs 的选择性降低率

从表 5-20 和图 5-35、图 5-36 可以看出，与对照样相比，4 种使用了不同比例纳米材料的 6 mg 中南海卷烟烟气中有害多环芳烃和有害烟草特有 N-亚硝胺的释放量依次明显降低，而卷烟烟气中焦油的释放量没有明显的变化。其中，降低效果最明显的卷烟烟气中有害烟草特有 N-亚硝胺 NNN、NAT、NAB、NNK 释放量分别选择性降低了 57.7%、60.3%、41.5%、57.2%，4 种烟草特有 N-亚硝胺总量选择性降低了 52.9%；烟气中有害多环芳烃苯并 [a] 芘、苯并 [a] 蒽、苯并 [a] 菲释放量分别选择性降低了 46.9%、44.4%、43.9%，3 种卷烟烟气中有害多环芳烃总量选择性降低了 44.6%。

使用了占三醋酸甘油酯重量 8% 的纳米材料的中南海（纳米 6 mg）卷烟和未使用纳米材料的同质 6 mg 中南海卷烟（对照样）送至郑州烟草研究院测定其烟气中 4 种烟草特有 N-亚硝胺与 3 种有害多环芳烃的释放量，结果如图 5-37 所示。

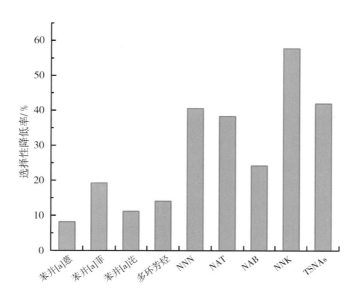

图 5-37　使用了纳米材料的纳米 6 mg 中南海卷烟与未使用纳米材料的同质 6 mg 中南海卷烟（对照样）
相比烟气中有害物的选择性降低率

从图 5-37 可以看出，与对照样相比，使用了占三醋酸甘油酯重量 8% 的不同比例纳米材料的 6 mg 中南南海卷烟烟气中有害多环芳烃和有害烟草特有 *N*–亚硝胺的释放量降低，其卷烟烟气中有害烟草特有 *N*–亚硝胺 NNN、NAT、NAB、NNK 释放量分别选择性降低了 40.5%、38.3%、24.2%、57.8%，4 种烟草特有 *N*–亚硝胺总量选择性降低了 41.9%；烟气中有害多环芳烃苯并 [a] 芘、苯并 [a] 蒽、苯并 [a] 菲释放量分别选择性降低了 11.1%、8.1%、19.2%，3 种卷烟烟气中有害多环芳烃总量选择性降低了 14.0%。

将以 8%（W/W）的比例加入增塑剂（三醋酸甘油酯）中制作的滤棒卷制的纳米 6 mg 中南海卷烟和未使用纳米材料的同质 6 mg 中南海卷烟（对照样）按 GB 5606.4—1996 进行感官质量评吸，根据评吸得分结果进行感官质量对比评价，结果如表 5–21 所示。

表 5–21　纳米 6 mg 中南海卷烟及其对照样品感官质量评吸结果

样品名称	光泽	香气	谐调	杂气	刺激性	余味	合计
纳米 6 mg	4.25	31.14	4.93	14.29	14.57	17.00	86.2
对照	4.25	31.00	4.93	14.29	14.57	17.00	86.0

从表 5–21 可以看出，纳米 6 mg 中南海卷烟和未使用纳米材料的同质 6 mg 中南海卷烟（对照样）各项感官质量都没有明显的变化。

控制合成了 SiO_2 纳米材料并利用油酸对材料表面进行改性，使其可以很好地分散在三醋酸甘油酯中；用合成的纳米材料进行了卷烟滤棒和烟丝添加实验，通过不同纳米材料对卷烟烟气中有害烟草特有 *N*–亚硝胺和有害多环芳烃的降低效果对比确定了用经过油酸改性的 SiO_2 纳米材料加入三醋酸甘油酯制作卷烟复合滤棒，用未经过油酸改性 SiO_2 纳米材料均匀分散在香精、香料中在制丝过程中加入的方式制作烟丝，然后制作卷烟的工艺；采用上述工艺制作的中南海（纳米 3 mg）卷烟同对照样相比，卷烟烟气中有害烟草特有 *N*–亚硝胺 NNN、NAT、NAB、NNK 的选择性降低率分别为 53.89%、52.98%、55.55%、52.93%，4 种烟草特有 *N*–亚硝胺总量选择性降低率为 53.49%；烟气中有害多环芳烃苯并 [a] 芘、苯并 [a] 蒽、苯并 [a] 菲释放量的选择性降低率分别为 66.98%、63.38%、70.49%，3 种卷烟烟气中有害多环芳烃总量的选择性降低率为 67.20%，说明在烟丝与滤棒中使用纳米材料的降低卷烟烟气中有害烟草特有 *N*–亚硝胺和有害多环芳烃的效果明显，而且此效果长期稳定；与对照样相比，纳米 3 mg 中南海卷烟烟气中有害芳香胺类、挥发性羰基化合物、酚类化合物的释放量均有明显的降低，其中芳香胺类总量的选择性降低率为 52.5%，羰基化合物的选择性降低率为 39.2%，酚类化合物的选择性降低率为 34.6%，烟气气相自由基的选择性降低率为 31.2%；已经测定的 27 种有害成分中，中南海（纳米 3 mg）卷烟主流烟气中有 26 种的释放量选择性降低率在 20% 以上，选择性降低率在 30% 以上的有 21 种，选择性降低率在 40% 以上的有 15 种，选择性降低率在 50% 以上的有 10 种，选择性降低率在 60% 以上的有 5 种；与对照样相比，中南海（纳米 3 mg）卷烟的感官质量没有明显的变化；经测算，采用此项技术每 5 万支卷烟的制造成本增加约 50 元。另外，将在烟丝和滤棒中均使用了纳米材料的纳米 3 mg 中南海卷烟与对照样品送至军事医学科学院二所进行生物医学评价，实验证明，与对照烟相比在烟丝和滤棒中均使用了纳米材料的中南海（纳米 3 mg）卷烟的细胞毒性、诱发细胞氧化损伤、膜损伤、染色体基因突变均显著降低；动物急性暴露卷烟烟气的致死时间显著延长，慢性卷烟烟气的免疫毒性、生殖毒性、长期毒性均明显减轻。安全性毒理学评价表明，卷烟滤棒和烟丝中使用的纳米材料应用在卷烟中是安全的。将油酸改性的 SiO_2 纳米材料加入三醋酸甘油酯制作卷烟复合滤棒和未使用纳米材料的烟丝，试制了焦油量分别为 8 mg 和 6 mg 的中南海卷烟，经测定，与对照样相比其卷烟烟气中有害烟草特有 *N*–亚硝胺和有害多环芳烃的释放量明显降低，而且感官质量没有明显的变化。

第三节　二氧化硅复合凝胶材料的制备及性能评价

氧化石墨烯和石墨烯是近年研究较多的一类新型碳材料，由于材料表面富含多种类型的含氧官能团因而表现出优异的吸附有机污染物和金属离子的能力，为了拓展纳米 SiO_2 材料和新型碳材料的性能，本部分将这两类材料进行复合制备了二氧化硅复合凝胶材料并研究了对污染物的吸附能力评价，结果表明，复合后的气凝胶材料对污染物的吸附能力明显提高。

为了实现对材料的快速筛选和评价，自主设计了复合材料气相吸附污染物的快速评价装置，如图5-38所示，主要是通过模拟含一定浓度苯酚和巴豆醛污染物等的空气，通过吸附管，对吸附材料及分散在卷烟滤棒上的材料的吸附性能进行评价。苯酚和巴豆醛的检测主要采用色谱与质谱的方法来获得，已经根据实际需要建立了该装置，并调试和验证了其检测性能。为了实现定量的准确性，目前把质谱检测的吸附实验装置改装为色谱检测装置，可以采用质量流量控制器调节苯酚或巴豆醛饱和蒸汽发生器流量及稀释气体的流量来达到所需苯酚或巴豆醛气体浓度，待气相浓度稳定后开启吸附反应支路进行测定。

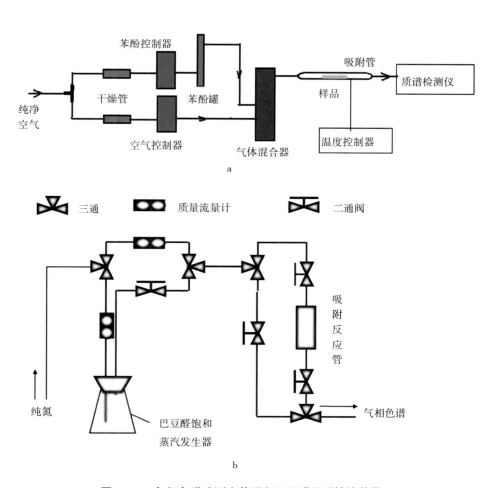

图5-38　气相色谱法测定苯酚和巴豆醛吸附性能装置

吸附测试：以纳米 SiO_2 为例进行吸附测试说明。采用一定量的纳米 SiO_2 样品（比表面积 640 m^2/g）对巴豆醛的吸附性能进行对比实验，二次重复测试其吸附量分别为：205.6 abs/mg、196 abs/mg，说明该吸附装置具有很好的测量重复性，由于绝对值标定的困难，用单位吸附量进行相对比较。

基本原理是含一定浓度巴豆醛的模拟烟气通过装有待测吸附材料的吸附管后，材料吸附巴豆醛，使模拟烟气中巴豆醛的浓度下降，当材料对巴豆醛的吸附达到饱和时，巴豆醛的浓度又逐渐升高并恢复到初始浓度。测定各时间点模拟烟气中巴豆醛的浓度，然后通过求解曲线的积分面积来确定材料的吸附量，积分面积越大，说明吸附能力越强。测试条件如下：

气相色谱测定参数：N_2，0.22 MPa，H_2，0.05 MPa；空气流速：500 mL×90%=450 mL/min；巴豆醛流速：20 mL×8%=1.6 mL/min；步长：500 s；积分区域：350～550；汽化室温度：130℃；检测室温度：170℃；柱温：180℃；样品量：100 mg。

一、二氧化硅 – 石墨烯复合气凝胶的制备及表征

（一）二氧化硅 – 石墨烯（SiO_2–GO）复合气凝胶的制备

制备流程如图 5-39 所示。量取 30 mL 3.5 g/L GO 溶液于烧杯中，加入 0.3 g 葡萄糖，磁力搅拌溶解，再加入一定量的 SiO_2 纳米粉体（分别为 0 g、0.05 g、0.10 g、0.15 g、0.30 g、0.60 g、1.00 g，分别标记为 0#、1#、2#、3#、4#、5#、6#），继续磁力搅拌 30 min，得到灰黑色的溶液，且随着 SiO_2 量的增加颜色越来越浅。然后将溶液转入反应釜中，130℃反应 12 h，自然冷却后得到圆柱形的黑色水凝胶，其中 5# 和 6# 样品的反应釜中底部有一层黑色的沉淀，接着用去离子水浸泡 24 h 除去杂质离子，再冷冻干燥 24 h，最后得到灰黑色的气凝胶，且颜色随着 SiO_2 的量增加而越来越灰白。

使用抗坏血酸作为还原剂时在更低温度下进行。量取 30 mL 3.5 g/L GO 溶液于烧杯中，加入 0.525 g 抗坏血酸（氧化石墨烯质量的 3～5 倍即可），磁力搅拌溶解，再加入一定量的 SiO_2 纳米粉体，继续磁力搅拌 30 min，然后在 90～95℃反应 2 h，自然冷却后，得到圆柱形的黑色水凝胶。如果需要批量制备，可以使用高温灭菌器加热。

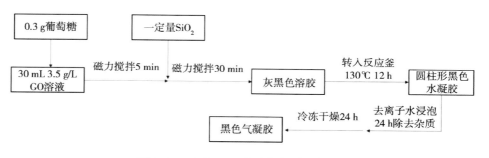

图 5-39　SiO_2–GO 复合气凝胶制备流程

（二）SiO_2–GO 复合气凝胶的表征

图 5-40 至图 5-46 为制备的几种不同比例的 SiO_2–GO 复合气凝胶的 SEM 图像，从图中可以清楚看到，SiO_2–GO 复合气凝胶呈三维多孔结构，SiO_2 纳米颗粒负载在 GO 三维多孔片层上，且有一定的团聚现象，随着 SiO_2 量增加团聚更加严重。还可以发现，SiO_2 纳米颗粒对 GO 片层结构有一定的支撑作用，加入了 SiO_2 纳米颗粒之后 GO 气凝胶的三维多孔结构更加明显。

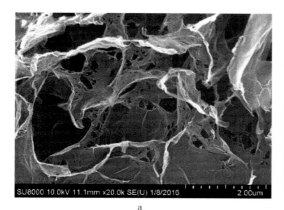
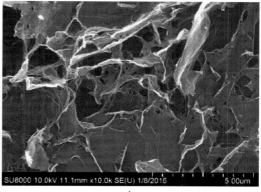

a

b

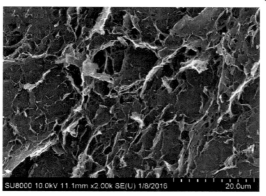

c

图 5-40　0#（GO）样品不同分辨率的 SEM 图像

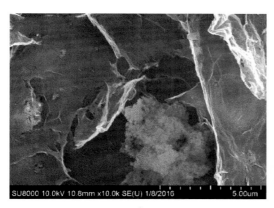
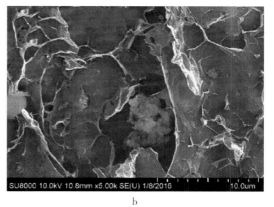

a

b

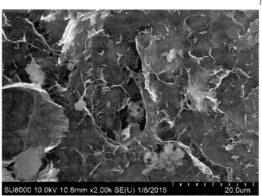

c

图 5-41　1#（SiO$_2$-GO-62.5%）样品不同分辨率的 SEM 图像

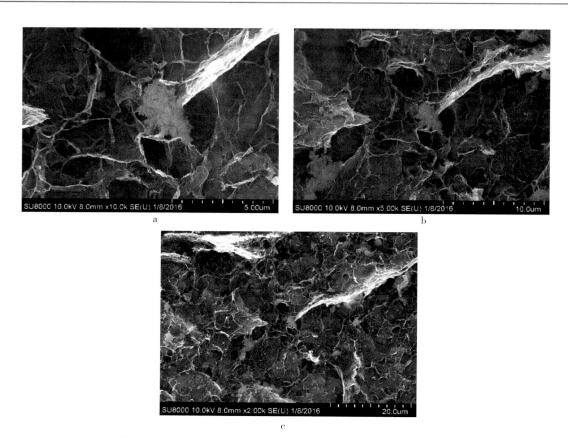

图 5-42 2#（SiO₂–GO–76.9%）样品不同分辨率的 SEM 图像

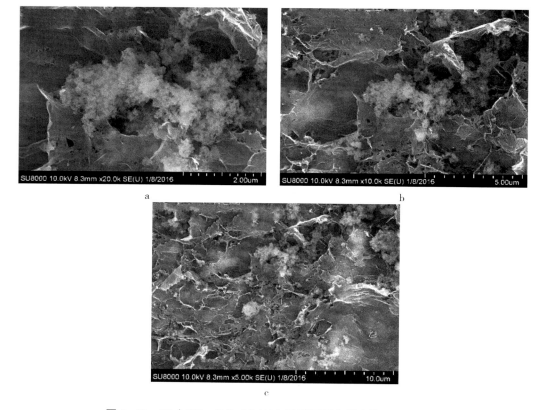

图 5-43 3#（SiO₂–GO–83.3%）样品不同分辨率的 SEM 图像

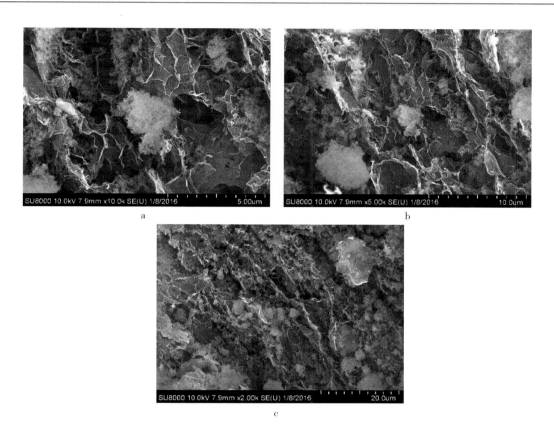

图 5-44　4#（SiO$_2$-GO-90.9%）样品不同分辨率的 SEM 图像

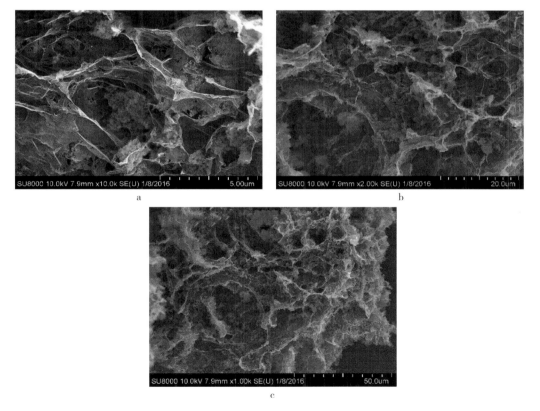

图 5-45　5#（SiO$_2$-GO-95.2%）样品不同分辨率的 SEM 图像

图 5-46　6#（SiO$_2$-GO-97.1%）样品不同分辨率的 SEM 图像

　　SiO$_2$-GO 复合气凝胶的比表面积及孔径分布：图 5-47 和表 5-22 分别为 SiO$_2$-GO 复合气凝胶的吸附 -脱附曲线与 BET 及孔径分布统计，可以看到，加入了 SiO$_2$ 之后气凝胶的比表面积明显提高，这可能是由于 SiO$_2$ 纳米颗粒对复合气凝胶的三维多孔结构有一定的支撑作用，从而使得比表面积增加。其中，在 SiO$_2$-GO 复合气凝胶中，3#（SiO$_2$-GO-83.3%）样品有着最高的比表面积。

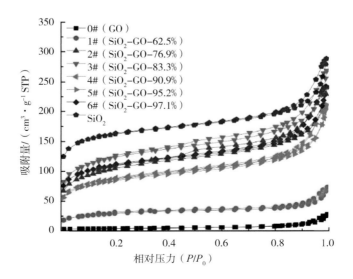

图 5-47　SiO$_2$-GO 复合气凝胶的吸附 - 脱附曲线

表 5-22　SiO₂-GO 复合气凝胶的 BET 及孔径分布

样品	0#	1#	2#	3#	4#	5#	6#	SiO₂
比表面积 /（m³·g⁻¹）	15.242	105.509	369.782	431.983	307.815	297.312	382.161	554.225
平均孔径 /nm	16.111	8.116	7.200	7.263	7.727	8.522	8.143	8.399

SiO₂-GO 复合气凝胶的吸附巴豆醛性能评价：图 5-48 和表 5-23 为 SiO₂-GO 复合气凝胶的吸附巴豆醛性能曲线及吸附量统计，可以明显发现，SiO₂-GO 复合气凝胶显示出优异的吸附巴豆醛性能，这可能是由于 SiO₂-GO 复合气凝胶中 SiO₂ 强的吸附性能和高的比表面积引起的，其中 3#（SiO₂-GO-83.3%）有

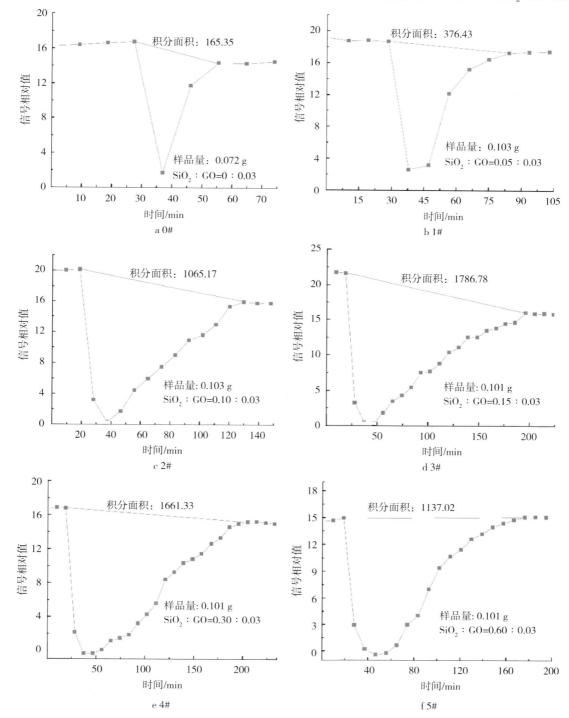

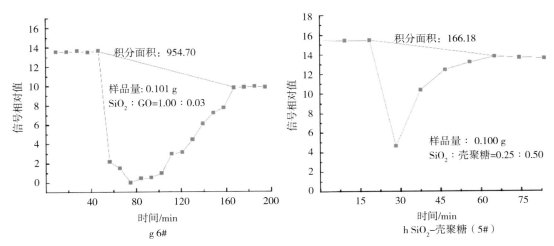

图 5-48　不同复合比例 SiO₂-GO 复合气凝胶的吸附巴豆醛性能曲线

着最佳的吸附性能。根据不同浓度巴豆醛纯品在色谱中的响应值计算出不同比例 SiO_2-GO 复合气凝胶材料对巴豆醛的吸附量，最高可达到 12.71 mg/g，而作为对比的 SiO_2- 壳聚糖复合凝胶则没有表现出优异的吸附性能。因此，这种 SiO_2-GO 复合气凝胶材料可适宜在卷烟材料中添加发挥吸附卷烟烟气中有害物的功能。

表 5-23　不同复合比例 SiO₂-GO 复合气凝胶的吸附巴豆醛性能

样品	GO	1#	2#	3#	4#	5#	6#	SiO₂- 壳聚糖
吸附值 /abs	165.35	376.43	1065.17	1786.78	1661.33	1137.02	954.70	166.18
样品质量 / g	0.072	0.103	0.103	0.101	0.101	0.101	0.101	0.100
单位质量吸附值 /（abs·g⁻¹）	2296.53	3654.66	10341.46	17690.89	16448.81	11257.62	9452.48	1661.80
单位质量吸附量 /（mg·g⁻¹）	1.65	2.63	7.43	12.71	11.82	8.09	6.79	1.19

二、琼脂 – 纳米 SiO₂ 气凝胶的制备及在卷烟滤棒中的应用

生物质气凝胶材料是一种新型三维网络结构材料。刘志明等、穆若郡等、张艺钟等、权迪分别报道了壳聚糖 / 纤维素、魔芋葡甘聚糖、壳聚糖及纤维素气凝胶的制备方法或吸附性能，不过气凝胶吸附烟气有害成分能力较弱，而且密度太低，无法直接应用于卷烟滤棒。

近年来，有关生物质 -SiO₂ 复合气凝胶制备也有报道，但所述方法是基于 SiO₂ 气凝胶的制备方法，并结合生物质气凝胶的制备方法，其 SiO₂ 是以正硅酸乙酯等为前驱体在凝胶形成过程中原位生成，最终产品不是纳米 SiO₂ 颗粒负载于生物质气凝胶网络中，而是密度极低的有机 – 无机杂化气凝胶结构。本部分研究针对纳米粉体和生物质气凝胶在烟气减害应用中各自存在的问题及特点，选择琼脂粉为基质，加入纳米 SiO₂ 粉体，通过溶胶 – 凝胶法，研制琼脂 – 纳米 SiO₂ 气凝胶，旨在开发新型减害材料为卷烟滤棒减害技术及其应用提供参考。

（一）琼脂 – 纳米 SiO₂ 气凝胶材料制备及表征

琼脂 – 纳米 SiO₂ 气凝胶制备：称取 0.50 g 琼脂粉和一定量的纳米 SiO₂ 粉体（0 g、0.125 g、0.33 g、0.75 g

和 2.00 g），加入 25 mL 去离子水，超声分散 10 min，然后将混合液放入 95 ℃水浴锅中搅拌 5 min，得到均一溶胶溶液，自然冷却后，得到凝胶。将凝胶放入冷冻干燥机中干燥 24 h，制得气凝胶，破碎、过筛后得到所需目数的颗粒。

琼脂 – 纳米 SiO_2 气凝胶表征：将待测气凝胶样品用导电胶固定于样品台上，对样品喷铂 20 s 增强其导电性，然后利用高分辨扫描电子显微镜（SEM）观察气凝胶的表面形貌。气凝胶样品首先在 100 ℃、通氮气条件下预处理除水 4 h；抽真空脱气处理 4 h，用比表面积及孔径分布分析仪测定样品的 N_2 吸附 – 脱附等温线进行微结构表征，依据 BET（Brunauer–Emmett–Teller）方程计算样品比表面积，利用 BJH 方法计算孔径分布。用红外光谱仪，采用 KBr 压片法测定样品的红外光谱表征化学官能团。琼脂 – 纳米 SiO_2 气凝胶吸附巴豆醛的实验内容和条件与前述相同。

琼脂 – 纳米 SiO_2 气凝胶颗粒复合滤棒制作：在滤棒成型丝束开松过程中，将琼脂 – 纳米 SiO_2 气凝胶颗粒材料（0.80 ～ 0.40 mm，20 ～ 40 目）均匀施加至开松丝束带，生产滤棒料棒，后与空白棒复合加工成琼脂 – 纳米 SiO_2 凝胶颗粒二元复合滤棒作为试验滤棒（图 5-49）。将试验滤棒一切为四后接装卷烟，则每支卷烟含琼脂 – 纳米 SiO_2 凝胶颗粒 30 mg。同时，加工对照滤棒，为不含琼脂 – 纳米 SiO_2 凝胶颗粒的二元复合滤棒，除质量外，对照滤棒与试验滤棒的压降、圆周、硬度、长度等物理指标均一致。

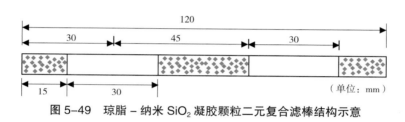

图 5-49　琼脂 – 纳米 SiO_2 凝胶颗粒二元复合滤棒结构示意

卷烟制备与烟气分析：利用试验滤棒和对照滤棒卷制卷烟，使试验卷烟与对照卷烟的烟丝净含丝量保持一致。将卷烟样品在温度（22 ± 1）℃和相对湿度 60% ± 2% 条件下平衡 48 h，使用前进行质量分选。按照 GB/T 19609—2004 和 GB/T 23355—2009 的方法测定卷烟主流烟气中焦油和烟碱的释放量；分别按照标准 GB/T 21130—2007、YC/T 253—2008、YC/T 254—2008、YC/T 255—2008、GB/T 23228—2008、GB/T 23356—2009、YC/T 377—2010 的方法测定卷烟主流烟气 7 种有害成分的释放量；参照文献的方法计算卷烟烟气危害性评价指数。

卷烟感官质量评价参照 GB 5606.4—2005 的方法进行。

（二）琼脂 – 纳米 SiO_2 气凝胶材料表征及在卷烟中的应用评价

按上文所述制备不同纳米 SiO_2 含量的琼脂 – 纳米 SiO_2 气凝胶，包括气凝胶中纳米 SiO_2 质量分数分别为 20%、40%、60%、80% 的琼脂 –SiO_2–20%、琼脂 –SiO_2–40%、琼脂 –SiO_2–60%、琼脂 –SiO_2–80%，并制备不含纳米 SiO_2 的琼脂气凝胶（琼脂 –SiO_2–0），共计 5 个样品。SEM 图（图 5-50）显示，琼脂气凝胶为片层相互叠加的三维网络结构，当在凝胶制备过程中加入纳米 SiO_2 后，所得气凝胶产品中 SiO_2 纳米颗粒黏附在琼脂片上。随着纳米 SiO_2 使用量的增加，琼脂片层上的 SiO_2 纳米颗粒增加；当纳米 SiO_2 的质量分数达到 60% 时，琼脂片层已被 SiO_2 纳米颗粒全部覆盖；当纳米 SiO_2 的质量分数达到 80% 时，琼脂片层表面的 SiO_2 纳米颗粒已呈堆积态势。

a 琼脂-SiO$_2$-0

b 琼脂-SiO$_2$-20%

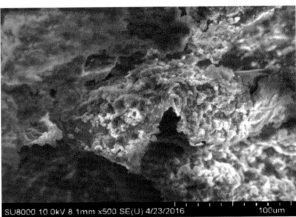

c 琼脂-SiO$_2$-40%

d 琼脂-SiO$_2$-60%

e 琼脂-SiO$_2$-80%

图 5-50　不同纳米 SiO$_2$ 质量分数的琼脂 – 纳米 SiO$_2$ 气凝胶样品的 SEM 图像

琼脂 – 纳米 SiO$_2$ 气凝胶的微结构如表 5-24 所示，琼脂 –SiO$_2$–0 即琼脂气凝胶的比表面积为 17.65 m^2/g，当加入纳米 SiO$_2$ 后，比表面积显著增加，为 73.62 ～ 424.75 m^2/g，特征是随着 SiO$_2$ 质量分数的增加，样品比表面积增大。图 5-51a 是纳米 SiO$_2$ 的 N$_2$ 吸附 – 脱附曲线，显示纳米 SiO$_2$ 的比表面积为 554.23 m^2/g，

明显高于琼脂 –SiO_2–0，这应是随着琼脂 – 纳米 SiO_2 气凝胶中纳米 SiO_2 质量分数的增大、气凝胶比表面积逐渐增大的原因。图 5-51b 是系列琼脂 – 纳米 SiO_2 气凝胶的 N_2 吸附 – 脱附曲线，可以看出，琼脂 –SiO_2–0 吸附量较低，加入纳米 SiO_2 可显著增强气凝胶的吸附能力，琼脂 – 纳米 SiO_2 气凝胶较强的吸附能力与其高比表面积有关。

此外，图 5-51a 中明显的迟滞环效应显示了纳米 SiO_2 的介孔特征，平均孔径为 8.40 nm，为纳米 SiO_2 的堆积孔。表 5-24 显示琼脂 –SiO_2–0 的平均孔径为 7.55 nm，当加入质量分数 20% 的 SiO_2 后，平均孔径骤增至 23.46 nm，随着纳米 SiO_2 加入量的增大，平均孔径尺寸逐渐降低，系列琼脂 – 纳米 SiO_2 气凝胶的平均孔径为 23.46～10.38 nm。孔径变化的原因是，当加入少量纳米 SiO_2 时，纳米 SiO_2 均匀分散在琼脂的三维片层上，同时还对琼脂气凝胶的片层结构起到支撑作用，所以孔径会增大，而当加入大量的纳米 SiO_2 时，测出的孔径主要表现为纳米 SiO_2 的堆积孔。

表 5-24　不同纳米 SiO_2 质量分数的琼脂 – 纳米 SiO_2 气凝胶的微结构参数

样品	琼脂 –SiO_2–0	琼脂 –SiO_2–20%	琼脂 –SiO_2–40%	琼脂 –SiO_2–60%	琼脂 –SiO_2–80%
比表面积 /（$m^2 \cdot g^{-1}$）	17.65	73.62	193.55	294.19	424.75
平均孔径 / nm	7.55	23.46	12.83	10.89	10.38

为研究琼脂 – 纳米 SiO_2 气凝胶对烟气有害成分的吸附性能，首先以烟气 7 种有害成分之一的巴豆醛作为探针分子，按照前述方法进行吸附测试，结果如图 5-52 和表 5-25 所示。可以看出，琼脂 – 纳米 SiO_2 气凝胶对巴豆醛的吸附性能优于不添加纳米 SiO_2 的琼脂气凝胶（琼脂 –SiO_2–0），且随着纳米 SiO_2 质量分数的增加，吸附性能提高。但是，琼脂 –SiO_2–80% 气凝胶韧性不足，较脆易碎，耐加工性不好，不适于在卷烟滤棒中添加。琼脂 –SiO_2–60% 气凝胶韧性适宜，密度为 0.39 g/cm^3，远较琼脂 –SiO_2–0 密度 0.02 g/cm^3 高，符合卷烟滤棒工业化生产中对滤棒添加物的技术要求。综合考虑不同纳米 SiO_2 质量分数的琼脂 – 纳米 SiO_2 气凝胶的吸附性能、密度、耐加工性，优选琼脂 –SiO_2–60% 进行卷烟应用研究。

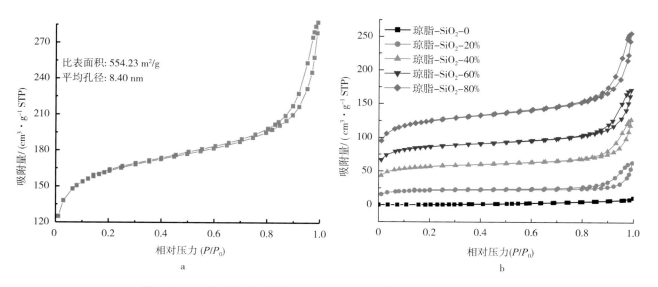

图 5-51　纳米 SiO_2 和琼脂 – 纳米 SiO_2 气凝胶的氮气吸附 – 脱附曲线

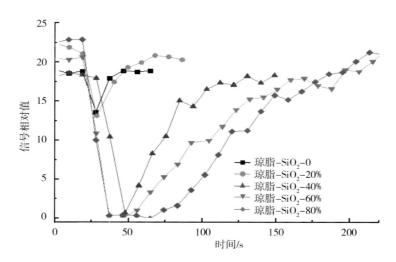

图 5-52　不同纳米 SiO_2 质量分数的琼脂 - 纳米 SiO_2 气凝胶对巴豆醛的吸附性能对比

表 5-25　不同纳米 SiO_2 质量分数的琼脂 - 纳米 SiO_2 气凝胶对巴豆醛的吸附量

样品	吸附量（以曲线积分面积计）
琼脂 -SiO_2-0	464.83
琼脂 -SiO_2-20%	882.84
琼脂 -SiO_2-40%	1226.36
琼脂 -SiO_2-60%	2509.90
琼脂 -SiO_2-80%	3888.33

　　利用琼脂 -SiO_2-60% 颗粒，按照上文中方法制备试验滤棒及对照滤棒，滤棒物理指标如表 5-26 所示。可以看出，两种滤棒样品的质量稍有差异，主要原因是试验滤棒添加有琼脂 -SiO_2-60% 颗粒材料，而对照滤棒无颗粒材料，在滤棒压降等物理指标无差异条件下，质量指标不会对卷烟烟气释放量产生影响。另外，两种滤棒样品的压降、圆周、长度、圆度等指标无明显差异，确保了使用两种不同滤棒卷接成烟支后，烟气化学成分释放量具有可比性。

表 5-26　滤棒样品物理指标检测结果[①]

滤棒样品	质量 /g	压降 /Pa	圆周 /mm	圆度 /%	长度 /mm
对照滤棒	0.78	3265	24.21	0.21	119.96
试验滤棒	0.86	3201	24.27	0.21	119.80

　　注：表中数据为 20 支滤棒样品检测结果平均值，凝胶颗粒添加量为 120.0 mg/ 支，一切为四后平均每支卷烟滤棒中凝胶颗粒添加量为 30 mg。

　　利用上述滤棒，按照上文中方法卷制烟支并进行烟气 3 项指标和 7 项有害成分的检测，分析琼脂 -SiO_2-60% 对烟气有害成分的吸附性能，试验卷烟和对照卷烟检测结果如表 5-27、表 5-28 所示。结果显示，琼脂 -SiO_2-60% 颗粒对主流烟气 3 项指标基本无影响，且可有效降低烟气中 NNK、NH_3 及巴豆醛等有害成分的释放量，危害性指数降低 0.6，减害效果明显。

表 5-27　卷烟样品烟气常规成分（3 项指标）检测结果

卷烟样品	焦油 /（mg·支$^{-1}$）	烟碱 /（mg·支$^{-1}$）	CO/（mg·支$^{-1}$）
对照卷烟	10.6	1.09	11.3
试验卷烟	10.7	1.07	11.2

表 5-28　卷烟样品烟气 7 项有害成分检测结果

卷烟样品	CO/（μg·支$^{-1}$）	HCN/（μg·支$^{-1}$）	NNK/（ng·支$^{-1}$）	NH$_3$/（μg·支$^{-1}$）	B[a]P/（ng·支$^{-1}$）	苯酚 /（μg·支$^{-1}$）	巴豆醛 /（μg·支$^{-1}$）	危害性指数
对照卷烟	11.3	115.7	4.7	9.7	8.6	16.0	19.9	9.2
试验卷烟	11.2	110.3	4.1	8.8	8.6	16.0	18.0	8.6
选择性降低率 /%		4.8	12.9	11.4			9.6	

为进一步认识琼脂 -SiO$_2$-60% 对烟气有害成分的选择性吸附机制，采用傅里叶变换红外光谱分析了琼脂 -SiO$_2$-60% 的化学官能团情况，并与琼脂、SiO$_2$ 相比较，结果如图 5-53 所示。对于琼脂而言，波数为 2900 cm^{-1} 附近的吸收峰带为—OCH$_3$ 的伸缩振动峰，波数 1664 cm^{-1} 为—NH 和—CO 形成的共扼肽键的 C=O 伸缩振动峰。对于 SiO$_2$ 而言，位于 1631 cm^{-1} 处的峰对应于 O—H 键的弯曲振动，归属于化学吸附水。波数在 1000 ~ 1250 cm^{-1} 的吸收峰对应于 Si—O—Si 键的非对称伸缩振动，位于 797 cm^{-1} 和 468 cm^{-1} 处的吸收峰归属于 Si—O—Si 键的对称伸缩振动，波数 965 cm^{-1} 对应于 Si—OH 基团。对于琼脂 -SiO$_2$-60%，其特征吸收峰主要表现为 SiO$_2$ 的吸收峰。

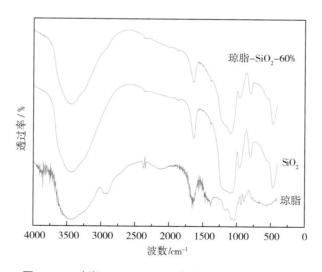

图 5-53　琼脂 -SiO$_2$-60%、琼脂及 SiO$_2$ 的红外光谱

因此，可以推测琼脂 -SiO$_2$-60% 对烟气有害成分的吸附应是纳米 SiO$_2$ 起主要作用，琼脂主要是对纳米 SiO$_2$ 进行分散和锚定。NNK、NH$_3$、巴豆醛及 HCN 均具有一定极性，能够被选择性吸附与纳米 SiO$_2$ 表面的 Si—OH 极性基团及 Si—O 不饱和悬键有关，其可与目标分子通过氢键、范德华力等相互作用。此外，琼脂能使纳米 SiO$_2$ 分散良好，可充分发挥纳米 SiO$_2$ 的高比表面积和多孔结构，与烟气充分接触后，使有害成分与琼脂 -SiO$_2$-60% 表面活性位点发生作用。

卷烟感官质量评价结果（表 5-29）显示，在卷烟滤棒中添加琼脂 -SiO$_2$-60% 颗粒后，与对照卷烟感官质量得分基本一致，不会给卷烟烟气引入杂气，而且可以在一定程度上降低烟气刺激性，这可能与气凝胶颗粒吸附了烟气中的刺激性成分如巴豆醛、NH_3 及不良气息成分如 HCN 有关，说明琼脂 – 纳米 SiO_2 气凝胶颗粒可以在不降低卷烟感官质量的前提下降低烟气危害性。

表 5-29　卷烟样品感官质量评价结果

卷烟样品	光泽	香气	谱调	杂气	刺激	余味	合计
对照卷烟	5.0	29.0	5.0	10.5	17.5	22.0	89.0
试验卷烟	5.0	29.0	5.0	10.5	18.0	22.0	89.5

以琼脂和纳米 SiO_2 为原料，通过溶胶 – 凝胶法制备了不同纳米 SiO_2 质量分数的琼脂 – 纳米 SiO_2 气凝胶，该气凝胶呈三维网络多孔结构，平均孔径 23.46 ～ 10.38 nm，比表面积 73.62 ～ 424.75 m^2/g。当纳米 SiO_2 在气凝胶中的质量分数从 0 依次增加到 20%、40%、60%、80% 时，气凝胶对巴豆醛的吸附能力呈现逐渐增强的规律。优选琼脂 -SiO_2-60% 气凝胶颗粒（纳米 SiO_2 在气凝胶中的质量分数为 60%）进行卷烟应用试验，按每支卷烟滤棒添加 30 mg 琼脂 -SiO_2-60% 制备二元复合滤棒并用于卷烟，烟气 3 项指标较对照卷烟基本无变化，有害成分 NNK、NH_3 及巴豆醛释放量分别选择性降低 12.9%、11.4% 和 9.65%，烟气危害性指数降低 0.6，感官质量没有降低。琼脂 – 纳米 SiO_2 气凝胶在卷烟减害或其他环境净化领域有较好的应用前景。

第四节　大孔体积硅胶材料在卷烟中的应用

近年来，大孔材料因其大尺寸的孔道、高通透的性能可以在短时间内完成吸附和脱附，使得大孔材料具有高效吸附和分离的潜能。虽然大孔材料的孔道不具有特定的选择性，但是通过化学修饰等方法对孔道的改性，可使得大孔材料在化学选择性方面有较大的优势。因此，功能化的有序大孔材料在许多领域展现出巨大应用价值，特别是在药物分析和分离、废水处理和化工领域有着广泛应用。

大孔材料的制备方法有直接合成和间接扩孔两大类。直接合成法主要有发泡法、取代法和模板剂法。其中，发泡法是在材料中添加发泡剂，通过高温或者减压的处理方式在材料中产生大量气泡，以合成多孔材料。但是因为气泡的不易控制而导致孔径分布不均匀，且孔道相互之间独立存在，孔道形貌也不均一，不能形成高度有序的大孔材料。间接扩孔法是在现有微孔或者介孔二氧化硅的基础上，使用扩孔剂在高温高压下进行孔道扩大的方法。大孔容硅胶的制备过程如下。

①将硅酸钠和硫酸稀释到一定的浓度备用。

②将稀释好的硅酸钠和硫酸按一定的配比分别装入酸碱容器中，在一定温度下二者发生溶胶 – 凝胶反应，生成多硅酸与硫酸钠。

③硅凝胶经陈化，发生缩聚反应，形成具有较高机械强度的硅凝胶。

④将陈化后的硅凝胶进行酸泡水洗，目的是将凝胶中的杂质离子 SO_4^{2-}，Na^+、Fe^{3+} 等洗去，进一步调整颗粒内部结构。

⑤将水洗后的硅凝胶放入表面活性剂中活化一定的时间，进而放入微波炉中干燥，烘干后的硅胶放入马弗炉中活化。

以硅酸钠和硫酸为原料，采用溶胶 – 凝胶法和微波干燥法制备大孔体积、高比表面积硅胶，制备大孔硅胶材料的主要影响因素有原料浓度、陈化条件、水洗条件及置换溶剂和微波干燥条件。优化后的最佳工艺条件为：稀硅酸钠溶液中二氧化硅含量控制在 20% 左右，硫酸的浓度为 30%，陈化温度为 60 ℃，陈化时间为 30 h，酸泡浓度为 0.02%，酸泡时间为 4 h，醇泡浴比为 2.5∶1，醇泡时间为 30 h，微波干燥时间为 20 min，活化温度为 600 ℃，制得的硅胶比表面积为 378 m²/g，平均孔径为 8.39 nm。研究发现，置换溶剂的选择直接影响硅胶的孔结构，置换溶剂与水溶剂表面张力越小，干燥过程中孔道收缩程度越小，制得的硅胶孔体积就越大。

将功能材料以醋纤加料二元复合滤棒形式添加于卷烟是目前较为成熟的添加方式，因此将制得的新型孔结构硅胶材料采用该方式添加于卷烟，考察材料对于主流烟气中几种有害物的降低效果。二元复合滤棒的制备在牡丹江卷烟材料厂有限责任公司进行，由于试验样品均采用二元复合滤棒，考虑到对照样品的准确性，制作二元复合滤棒对照样其所用丝束规格和用量与试验样品一致，滤棒规格：10 mm（普通醋纤）+15 mm（加料段），在单支卷烟中的添加量为 18 mg，能够在滤棒中方便均匀添加。主流烟气评价结果如图 5-54 和表 5-30 所示，与对照相比添加大孔硅胶材料滤棒的卷烟几种有害物的释放量明显下降，表明这种材料的孔结构非常适合作为主流烟气中有害物的吸附材料，7 种有害物除 CO 和 B[a]P 无明显效果外，对其他几种均有很好的选择性吸附：HCN 23.28%、NNK 12.41%、氨 18.14%、苯酚 33.19%、巴豆醛 60.59%，而添加了少量铝元素的硅铝胶材料滤棒使卷烟主流烟气中有害物大部分的释放量降低效果下降：氢氰酸 12.38%、NNK 4.84%、氨 19.53%、苯酚 31.86%、巴豆醛 37.49%，对 B[a]P 释放量的降低比例增加为 15.63%。

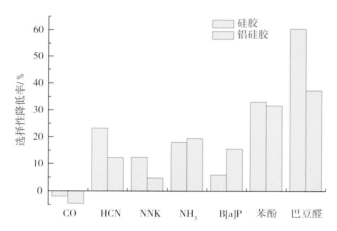

图 5-54　添加新型硅胶材料和铝硅胶材料滤棒卷烟后有害物的选择性降低率

表 5-30　添加新型硅胶材料和铝硅胶材料滤棒卷烟后有害物的释放量

	CO 释放量 /（mg·支⁻¹）	HCN 释放量 /（μg·支⁻¹）	NNK 释放量 /（ng·支⁻¹）	NH₃ 释放量 /（μg·支⁻¹）	B[a]P 释放量 /（ng·支⁻¹）	苯酚释放量 /（μg·支⁻¹）	巴豆醛释放量 /（μg·支⁻¹）
对照	7.10	89.57	17.33	7.22	7.55	9.76	11.47
样品 1	7.23	68.72	15.18	5.91	7.10	6.52	4.52
选择性降低率 /%	−1.83	23.28	12.41	18.14	5.96	33.19	60.59
样品 2	7.42	78.48	16.49	5.81	6.37	6.65	7.17
选择性降低率 /%	−4.50	12.38	4.84	19.53	15.63	31.86	37.49

根据大孔硅胶材料在滤棒中的添加量计算，每支卷烟的添加量为 18 mg，每大箱的烟支用量为 5×50×200×18=900 g，大孔硅胶材料的价格为 15 元/kg。经核算，使用添加大孔硅胶的滤棒卷烟每大箱增加的成本是 13.5 元。

参考文献

[1] 朱世，周根树，蔡锐，等 . 纳米材料国内外研究进展 I[J]. 热处理技术与装备，2010，31（3）：1-5.

[2] XU Y，ZHU J H，MA L L，et al. Removing nitrosamines from mainstream smoke of cigarettes by zeolites[J]. Microporous and Mesoporous Materials，2003，60：125-138.

[3] 周宛虹，孙文梁，王律，等 . 胺基修饰的介孔二氧化硅选择性降低卷烟烟气中的氢氰酸 [J]. 烟草科技，2013（4）：42-45.

[4] 孙玉峰，马扩彦，戴亚 . 采用微孔－介孔复合材料降低卷烟烟气中的有害成分 [J]. 化工学报，2011，62（2）：574-579.

[5] 杨松，聂聪，孙学辉，等 . 聚甲基丙烯酸缩水甘油酯互通多孔材料选择性降低卷烟烟气中的苯酚 [J]. 烟草科技，2012（8）：44-48.

[6] 舒丽君，魏坤，郭武生 . 掺镧介孔纳米球降低烟气中低分子醛酮类物质的研究 [J]. 硅酸盐通报，2011，30（5）：1023-1027.

[7] 刘楠，唐纲岭，陈再根，等 . 基于烟草花叶病毒模板高密度纳米金的制备及其对卷烟烟气 CO 的影响 [J]. 烟草科技，2012（8）：66-69.

[8] DA Y M，TAN R B，SHI W M，et al. A study on the reduction of HCN in cigarette smoke by loading cuprous oxide on the surface of activated carbon[J]. Advanced Materials Research，2011，239：306-309.

[9] 邓其馨，黄朝章，张建平，等 . 钛酸盐纳米管降低卷烟烟气有害成分 [J]. 烟草科技，2013（8）：37-39，57.

[10] 杨宇铭，黄杰娟，张红玉，等 . 碳纳米管吸附卷烟烟气中主要酚类化合物的应用研究 [J]. 环境科技，2012，41（4）：59-61.

[11] GATTO S，PIROLA C，CROCELL V，et al. Photocatalytic degradation of acetone，acetaldehyde and toluene in gas-phase：comparison between nano and micro-sized TiO$_2$[J]. Applied Catalysis B：Environment，2014，146：123-130.

[12] 朱智志，张健，纪朋，等 . 纳米材料在卷烟降焦减害中应用的研究 [J]. 农产品加工，2010，2（2）：79-81.

[13] 冯守爱，黄泰松，邹克兴，等 . 疏水纳米 SiO$_2$ 选择性降低卷烟烟气有害成分含量 [J]. 烟草科技，2011（10）：49-53.

[14] 谢兰英，刘琪，谭海风 . 纳米金属络合物催化降低卷烟烟气 CO 实验研究 [J]. 工业催化，2009（17）：176-179.

[15] 姚元军，何文，王凤兰，等 . 不同减害材料对烟草薄片的减害效果研究 [J]. 氨基酸和生物资源，2013，34（1）：45-47.

[16] 谢国勇，银董红，刘建福，等 . 选择性降低卷烟烟气中 CO 和 NO*x* 的钙钛矿型催化剂研究 [J]. 湖南师范大学自然科学学报，2012，35（6）：55-61.

[17] 王佳珺，林翔 . 纳米材料在卷烟减害中的应用研究 [J]. 安徽农业科学，2014，42（3）：888-889.

[18] 张翠玲，张鹏，刘文霞，等 . 一种高纯度大孔硅胶的制备工艺 [J]. 化工进展，2011，30（6）：1313-1315.

[19] 赵希鹏 . 大孔容高比表面积硅胶的制备 [D]. 青岛：青岛科技大学，2014.

[20] ZHU Y，HOU H W，TANG G L，et al. Synthesis of three-quarter-sphere-like γ-AlOOH superstructures with high adsorptive capacity [J]. European Journal Inorganic Chemistry，2010（6）：872-878.

[21] 刘志明，吴鹏 . 壳聚糖／纤维素气凝胶球的制备及其甲醛吸附性能 [J]. 林产化学与工业，2017，37（1）：1-9.

[22] 穆若郡，庞杰，王敏，等 . 魔芋葡甘聚糖气凝胶对海洋污染降解菌的吸附固定化 [J]. 热带生物学报，2016，7（2）：164-166.

[23] 张艺钟，刘善，刘志文，等 . 壳聚糖凝胶球对 Cu（Ⅱ）和 Cr（Ⅵ）吸附行为的对比 [J]. 化工进展，2017，36（2）：712-719.

[24] 权迪 . 纤维素气凝胶多孔材料的制备及改性应用 [D]. 哈尔滨：东北林业大学，2016.

[25] 李飞，邢丽，向军辉，等 . 疏水性纤维素 -SiO$_2$ 复合气凝胶的非超临界制备 [J]. 稀有金属材料与工程，2015，44（s1）：647-650.

[26] 李婧，刘志明 . 毛竹 NFC/SiO$_2$ 气凝胶的制备和疏水改性 [J]. 纤维素科学与技术，2016，24（1）：49-54.

[27] 刘昕昕，刘志明 . 疏水纤维素 /SiO$_2$ 复合气凝胶的制备和表征 [J]. 生物质化学工程，2016，50（2）：39-44.

[28] 马倩 . 壳聚糖 - 二氧化硅复合气凝胶的制备、改性及其性能研究 [D]. 天津：天津大学，2014.

第六章
降低烟草特有 *N*-亚硝胺的功能型再造烟叶技术

第一节　引言

再造烟叶（Reconstituted Tobacco），又名烟草薄片，是利用烟末、烟梗、碎烟片等烟草物质为原料制成片状或丝状的再生产品，用作卷烟填充料。再造烟叶纤维组织结构疏松、柔软多孔、透气性能好、燃烧性好。由于受控于生产工艺，产品基本仍保持烟叶中原纤维形态，使重组烟叶保持柔软、油润、不易破碎，组织均匀，耐折、耐破度好，制丝成丝率高，在掺兑卷烟卷制中填充值高，比天然烟叶大30%~50%，有效利用率接近95%，能人为控制生产条件，使重组烟叶光泽好，成丝强度大，品质纯正，细长而柔软，吸食具有自然烟叶香味、无异味，燃烧后烟灰成白色。耐水性好，可以和天然烟叶一起切丝加工，有利于掺兑均匀，便于使用加工，有利于提高卷烟产品质量。在再造烟叶的生产过程中，不添加任何非烟草物质，使其化学成分保持自然烟叶的有效成分。由于采用特殊控制手段，降低原天然烟草中的总糖、总氮含量，可人为控制烟碱含量。重组烟叶的化学成分可根据不同卷烟品种的需要，在生产过程中可以人为地设计添加、改变调整生产配方，生产出具有不同类型烟碱成分及赋香含量、更适合不同产品配方的再造烟叶，从而有助于卷烟内在品质的提高。在卷烟中添加适量的再造烟叶，一方面可以最大限度地节省烟叶原料，有效降低卷烟成本；另一方面可以在一定程度上使卷烟的物理性能和化学成分按人们的意愿或要求得到调整与改善，从而有助于卷烟内在品质的提高，是减少和改善烟草不良成分的一项重要技术措施。再造烟叶作为卷烟填充材料，在卷烟配方中占有越来越重要的地位。

再造烟叶起源于20世纪50年代，其发展经历了辊压法—稠浆法—造纸法3个过程。20世纪70年代末，随着人们对吸烟安全性的重视，国外烟草商开始系统研究造纸法再造烟叶工艺技术，并在20世纪80年代进行了大范围的推广应用。再造烟叶工艺是通过把烟草副产品转变为更适宜于配方加工、卷制的再造烟叶，达到利用或部分利用烟草副产品的目的。一种好的工艺生产出的再造烟叶，在制丝环节（混合、回潮、加料、切丝、干燥、冷却和加表香）及卷包中可以和片烟一样或类似地加以应用。在过去的几十年里人们开发了若干种再造烟叶的加工工艺，主要有辊压法、稠浆法、造纸法、喷粉法、网浸法、挤压法、浸透法等。最主要的两种是稠浆法和造纸法。如今造纸法备受推崇，因为这种工艺可以生产出各种极具物理、化学和烟气品质的再造烟叶。再造烟叶焦油量低，能降低卷烟的危害，是减少烟草有害成分的一项重要技术措施。

稠浆法工艺：烟草副产品混合物充分混合并研磨成一定的颗粒大小然后与溶解在水中的胶黏剂进行

混合，胶黏剂可以是天然胶（瓜尔胶或罗望子）、淀粉或改性淀粉、纤维素衍生物（如羟甲基或羧甲基纤维素），或者是处理烟梗提取的果胶，有时也会加入一种交联剂或纤维素纤维，成浆状的烟草粉末或交联剂溶液按照下列任何一种技术制成再造烟叶：①涂布法，其中浆液均匀涂布在不锈钢传送带上；②辊压法，通过两个钢滚筒或模子压成厚的糊状，然后经过干燥除去多余的水分切丝打包。以前在稠浆法工艺中曾用磷酸氢二铵处理烟草以便将其中的果胶转化为可溶于水的果胶胺，这种果胶释放技术现在不再广泛使用，因为主要的卷烟制造商转向利用瓜尔胶涂布烟草。

造纸法工艺：化学工程和烟草技术方面的进步造就了新一代以造纸法工艺制作的再造烟叶。除了具有更高的加工效率外，这种工艺使制造商能够生产广泛的适合混合型卷烟产品或其他类型卷烟产品及雪茄烟产品的高质量和价格便宜的再造烟叶。造纸法工艺涉及的主要步骤为：①按库存量和满足产品开发者指定目标的某种比例将副产物或成分（烟梗、碎片或粉尘等）进行混合，天然纤维素可以在这一阶段添加以增强再造烟叶产品的张力，特别是副产品中烟梗的含量较低时。②将副产物浸泡在过量的水中持续混合和搅拌。③将含可溶物（提取物）的水溶液与不可溶部分（纸浆）分离。④对纸浆进行精提，同时将在步骤③中分离的提取物除去水分进行浓缩。⑤利用再造烟叶成型设备，将经过精提的纸浆分散在水中形成再造烟叶基片。基片经过干燥后将浓缩的烟草提取物加在基片上。烟草提取物在添加前可以加入不同的添加剂，包括香精和香料（含糖和保润剂）。⑥将再造烟叶烘干并且切成适合目标产品需要的大小和形状，装箱储存。

再造烟叶技术的发展尤其是造纸法再造烟叶的新进展可以设计定制一种在目标产物中起主要作用的再造烟叶，并且和基础配方、强化剂及添加剂（香精和香料）具有良好的兼容性，并在一些卷烟产品中得到应用。虽然再造烟叶主要是烟草副产物加工而成，但是含糖和保润剂的料液与香精可以添加到提取物中。例如，有的卷烟制造商使用高果糖浆和产生氨的化合物（如 DAP 和乳酸铵），当体系中提供足够的热量时形成理想烟香的糖胺化合物（潜香物质）。造纸法工艺还可以在烟梗含量足够时不用外加纤维生产再造烟叶。

再造烟叶降焦减害的途径和手段是多种多样的，通过对再造烟叶降焦减害技术的研究发现，目前在再造烟叶减害技术开发方面主要有以下研究：一是通过添加特殊成分（如中草药、花草茶等）来降低再造烟叶烟气有害物质；二是利用生物技术降低再造烟叶原料中的大分子物质（如纤维素、木质素、蛋白等），进而降低再造烟叶烟气中有害物质的生成；三是通过在再造烟叶生产过程中添加催化剂或者吸附剂来降低有害物质前体物或者吸附有害物质；四是通过电渗析的方法脱除一部分有害物质前体物。但是，目前科研成果能行之有效地在生产实践中应用的较少，因此大力开发具有特定功能的再造烟叶减害技术并加大科研成果的生产转化是当前的迫切需要。再造烟叶的开发工作在下一阶段应进一步从调制技术、选择性降害等方面着手，采用生物技术、选择性分离技术、特殊成型技术等工艺方法，以及功能添加剂的研究，制造出功能多元化、质量优质化的特殊功能型再造烟叶，以满足卷烟降焦减害、风格塑造、品牌提升等更高层次的需要。

本章主要以降低 TSNAs 功能型再造烟叶的技术开发为出发点，系统阐述了开发降低 TSNAs 功能型再造烟叶的研究方法和实验结论，以促进国内功能型再造烟叶的进一步发展。

第二节　功能型再造烟叶的开发

一、功能型再造烟叶中纳米材料的应用研究

在造纸法再造烟叶制作工程中，需优先确定烤烟梗、烤烟碎片、白肋烟梗、白肋烟碎片、片烟的应用比例。根据北京卷烟厂混合型造纸法再造烟叶研究成果拟定原料配方，针对白肋烟梗中 TSNAs 含量较高的现象，在混合型造纸法再造烟叶中暂不使用白肋烟梗；烤烟梗分别使用北方梗和南方梗；分别评价梗、末比为 5∶5 和 6∶4 时混合型造纸法再造烟叶片基感官质量；碎片中烤烟碎片使用 20%，为拓宽白肋片烟使用范围，其余 30% 由白肋片烟和白肋碎片组成，因此主要针对两者在混合型造纸法再造烟叶中的应用比例进行确定。根据原料配方研究思路，进行实验室片基抄造，对其 TSNAs 含量进行检测并品吸，结果如表 6-1 和表 6-2 所示。

表 6-1　原料配方及品吸结果

原料名称	1#	2#	3#
北方烤梗	30%	30%	30%
南方烤梗	30%	20%	20%
烤烟碎片	20%	20%	20%
白肋碎片	20%	30%	15%
白肋片烟			15%
品吸结果	梗末比为 6∶4，白肋烟香气不突出	梗末比为 5∶5，主流烟气较柔和，浓度中等，余味较舒适，白肋烟香气微有，优于 1#	可塑性优于 2#，主流烟气浓度大，较柔和，有刺激，无回甜

表 6-2　原料配方 TSNAs 含量

配方名称	NNN/（ng·g^{-1}）	NAT/（ng·g^{-1}）	NAB/（ng·g^{-1}）	NNK/（ng·g^{-1}）	TSNAs/（ng·g^{-1}）
1#	2598.36	2023.58	101.58	438.31	5161.83
2#	2906.05	1711.01	89.39	482.12	5188.57
3#	2108.69	1489.99	79.24	380.25	4058.17

由表 6-1 和表 6-2 可知，梗末比为 5∶5 时，混合型造纸法再造烟叶片基感官质量优于梗末比为 6∶4 的片基，主流烟气较柔和，浓度中等，余味较舒适，白肋烟香气微有；白肋片烟替代 15% 白肋碎片的混合型造纸法再造烟叶片基感官质量较优。3# 配方的 NNK 含量和 TSNAs 总含量均为最低，综合感官质量，最终确定 3# 配方为功能型再造烟叶的配方。

扫描电子显微镜（SEM）适宜于观察再造烟叶的微观形态，再造烟叶为纤维网络状结构，这种交错分布的纤维形态可以提供较烟叶更好的材料负载环境，纳米材料在再造烟叶中可以得到很好的分布，面积更大，均匀性更好。从图 6-1 至图 6-3 中可以看出添加纳米材料的分布形态和微观形态，通过这种施加方式能保证纳米材料完全覆盖在再造烟叶纤维表面，卷烟燃烧过程中增加了催化反应的有效接触面积，有利于发挥纳米材料的吸附和催化反应的功能。

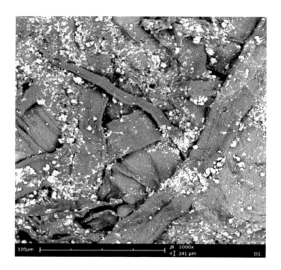

图 6-1 常规再造烟叶

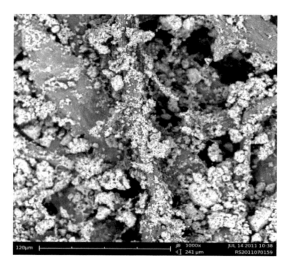

图 6-2 添加纳米材料再造烟叶

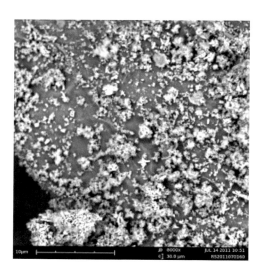

图 6-3 纳米材料在纤维表面的微观形态

纳米材料添加方式及添加比例如下。

再造烟叶原料配方：白肋烟梗 40%、白肋烟末 55%、木浆 5%。

纳米材料添加比例：5%、10%、20%、30%。

纳米材料添加方式：涂布液浸涂、涂布液喷涂、抄造浆料添加。

卷烟样品：中南海（金 8 mg）配方叶丝。

分别采用浸涂、喷涂、抄造的方式，进行涂布液添加纳米材料制造造纸法再造烟叶，纳米材料的添加比例分别为 5%、10%、20%、30%。将中南海（金 8 mg）烟丝中分别掺兑 10% 添加不同比例纳米材料的再造烟叶，制作卷烟样品，对主流烟气中 NNK 释放量进行检测，结果如表 6-3 和表 6-4 所示。

由表 6-3 可知，随着纳米材料添加比例的增加，再造烟叶主流烟气中 NNK 释放量呈明显的降低趋势，但纳米材料的添加比例达到 20% 后，降低趋势明显趋缓，而且再造烟叶的均匀度和抗张强度显著降低，浸涂方式纳米材料的添加比例为 10% 时，NNK 释放量降低率达到 70.4%，NNK 释放量选择性降低率达到 64.6%，而且再造烟叶的均匀度和抗张强度较好，是较理想的添加比例，其再造烟叶主流烟气中 NNK 释放量的降低效果也显著优于以喷涂及抄造方式纳米材料制作的再造烟叶。

表 6-3 不同添加方式、不同添加比例纳米材料再造烟叶主流烟气中 NNK 变化情况

样品编号	样品说明	抽吸口数	焦油量 /（mg·支⁻¹）	NNK 释放量 /（ng·支⁻¹）	NNK 释放量降低率 / %	NNK 释放量选择性降低率 / %
0#	未添加纳米材料的再造烟叶（对照）	4.98	3.63	57.79	/	/
1#	5% 纳米材料再造烟叶 浸涂	4.95	3.61	31.04	46.3	45.7
2#	10% 纳米材料再造烟叶 浸涂	4.60	3.42	17.13	70.4	64.6
3#	20% 纳米材料再造烟叶 浸涂	4.68	2.96	13.13	77.3	58.8
4#	30% 纳米材料再造烟叶 浸涂	4.72	3.40	11.95	79.3	73.0
5#	10% 纳米材料再造烟叶 喷涂	5.00	2.73	22.57	60.9	36.1
6#	20% 纳米材料再造烟叶 抄造浆料添加	5.25	2.15	48.91	15.4	−25.4

抄造浆料添加纳米材料，流失率较高，纳米材料的加入量很难超过 20%，由于纳米材料颗粒小，抄造过程中添加的纳米材料流失较多，虽然通过添加多糖类物质能使纳米材料的留着率增加，但同时会造成比表面积降低，吸附能力较其他添加方式差。因此，最终确定功能型再造烟叶中纳米材料的添加方式采用浸涂方式较适宜纳米材料的添加，浸涂比例为 10%。

由表 6-4 可知，采用浸涂方式添加纳米材料再造烟叶替代中南海（金 8 mg）叶丝 10%，随着纳米材料添加比例的增加，主流烟气中 NNK 释放量呈降低趋势，添加纳米材料再造烟叶中南海（金 8 mg）卷烟主流烟气中 NNK 释放量的选择性降低率在 17.1% ~ 20.7%。

表 6-4 再造烟叶替代 10% 中南海（金 8 mg）叶丝主流烟气中 NNK 变化情况

样品编号	再造烟叶说明	抽吸口数	焦油量 /（mg·支⁻¹）	NNK 释放量 /（ng·支⁻¹）	NNK 释放量降低率 / %	NNK 释放量选择性降低率 / %
7#	中南海（金 8 mg）（对照）	6.36	7.58	38.60	/	/
8#	（5% 纳米材料再造烟叶 浸涂）替代中南海（金 8 mg）叶丝 10%	6.60	8.41	36.23	6.1	17.1
9#	（10% 纳米材料再造烟叶 浸涂）替代中南海（金 8 mg）叶丝 10%	5.80	7.41	30.22	21.7	19.5
10#	（20% 纳米材料再造烟叶 浸涂）替代中南海（金 8 mg）叶丝 10%	6.12	7.68	31.40	18.7	20.0
11#	（30% 纳米材料 + 提高强度处理再造烟叶 浸涂）替代中南海（金 8 mg）叶丝 10%	6.15	7.26	28.98	24.9	20.7

二、功能型再造烟叶中生物技术的应用研究

（一）生物酶降低水溶液中 NNK 的研究

实验材料：P450 酶、烟酰胺腺嘌呤双核苷酸磷酸盐（NADP⁺）、葡萄糖 –6- 磷酸（G6P）、氯化镁（MgCl₂）、葡萄糖 –6- 磷酸脱氢酶（G6PDH）、烟梗萃取液、NNK 标准品。

实验方法：按烟梗：水 =1∶5，蒸煮半小时，过滤萃取液，以此为基质，通过 P450 酶和辅助因子的组合，进行生物酶浓度、NNK 浓度、辅助因子浓度、pH、孵育温度及作用时间对水溶液中 NNK 降解效果的影响研究。

1. 孵育温度研究

孵育温度设定为 60℃、55℃、37℃、28℃、20℃，孵育时间为 24 h。孵育完成后，以等体积冰冷（4℃冰箱储存）乙腈溶液中止反应。离心机 8000 r/min 左右离心 5 min，取上清液检测 NNK 含量。结果如表 6-5 所示。

表 6-5　孵育温度对生物酶体系降低水溶液中 NNK 的影响

复合酶 /（mg·mL^{-1}）	辅助因子	NNK/（μmol·L^{-1}）	pH	时间 /h	温度 /℃	NNK 降低率 /%
0.5	正常浓度	5	4.8	24	20	22.1
					28	48.4
					37	56.3
					55	4.5
					60	5.3

从表 6-5 可以看出，37℃温度比较适合生物酶反应体系降低水溶液中的 NNK，而温度较高时，酶可能已经失活，温度较低时，酶的最大效力难以发挥出来。

2. pH 研究

设定 pH 为 2.2、4.8、5.4、7.2、10.5，孵育时间为 24 h。孵育完成后，以等体积冰冷（4℃冰箱储存）乙腈溶液中止反应。离心机 8000 r/min 左右离心 5 min，取上清液检测 NNK 的含量。结果如表 6-6 所示。

表 6-6　pH 对复合酶体系降低水溶液中 NNK 的影响

复合酶 /（mg·mL^{-1}）	辅助因子	NNK/（μmol·L^{-1}）	温度 /℃	时间 / h	pH	NNK 降低率 /%
0.5	正常浓度	5	37	24	2.2	37.0
					4.8	52.3
					5.4	56.8
					7.2	53.2
					10.5	30.2

从表 6-6 可以看出，pH 对复合酶体系降低水溶液中 NNK 的影响不大，当 pH 为 4.8～7.2 时，水溶液中 NNK 的降低率可以达到 50% 以上。

3. 生物酶作用时间研究

该时间效应实验采用酶促反应的正常浓度条件（5 μmol/L NNK、0.5 mg/mL 复合酶、0.65 mmol/L NADP$^+$、1.65 mmol/L G6P、0.2 U/mL G6PDH），从图 6-4 可以看出，随着时间的增加，水溶液中 NNK 的降低率随着时间增加而增加，当孵育时间超过 10 h NNK 降低率可达 40%，24 h 降低率超过 50%，24 h 后，NNK 降低率趋于稳定不再发生变化。因此，可初步设定再造烟叶在线施加的反应时间为 24 h。

4. 生物酶浓度研究

（1）配制 NNK+ 烟梗萃取液

烟梗萃取液：50 g 烤烟烟梗，250 mL 超纯水煮沸萃取，过滤。

NNK+ 烟梗萃取液：取 NNK 液体，以烟梗萃取液稀释，得到不同浓度的 NNK+ 烟梗萃取液。

（2）复合酶工作液配制（10×）

取原包装液体 1～2 mL，预先 37℃迅速溶解，以超纯水稀释至 5 mg/mL，分装（1 mL/ 支、2 mL/ 支），冻存于 -70℃冰箱中，备用。

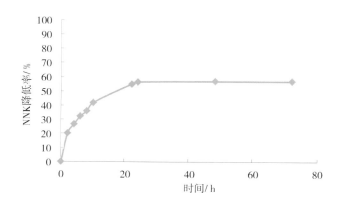

图 6-4　生物酶作用时间对水溶液中 NNK 的影响

（3）NAPD 再生体系试剂工作液配制（10×）

NADP+：取 1 g（1 瓶），以超纯水配制成 100 mL，分装（1 mL/ 支、2 mL/ 支、8 mL/ 支、50 mL/ 支），冻存于 –20 ℃冰箱中，备用。

G6P：取 1 g（1 瓶），以超纯水配制成 100 mL，分装（1 mL/ 支、2 mL/ 支、8 mL/ 支、50 mL/ 支），冻存于 –20 ℃冰箱中，备用。

G6PDH：取 1000 U（1 瓶），溶解于 250 mL 超纯水，分装（1 mL/ 支、2 mL/ 支、8 mL/ 支、50 mL/ 支），冻存于 –20 ℃冰箱中，备用。

无水 MgCl₂：取 0.288 g，以去离子水配制成 100 mL，室温放置备用。

上述冷冻溶液融化后，为防止失活在冰浴中放置，同时也是在冰浴中进行实验。配制情况如表 6-7 所示。

表 6-7　不同生物酶浓度配制情况

体系	试剂	加入体积 / μL	工作液浓度	配制过程	代谢体系终浓度
A 组液	复合酶	125	20 mg·mL⁻¹（10×）	见上	2 mg·mL⁻¹
	复合酶	125	10 mg·mL⁻¹（10×）	见上	1 mg·mL⁻¹
	复合酶	125	5 mg·mL⁻¹（10×）	见上	0.5 mg·mL⁻¹
	复合酶	125	4 mg·mL⁻¹（10×）	见上	0.4 mg·mL⁻¹
	复合酶	125	2 mg·mL⁻¹（10×）	见上	0.2 mg·mL⁻¹
	复合酶	125	1 mg·mL⁻¹（10×）	见上	0.1 mg·mL⁻¹
	复合酶	125	0.5 mg·mL⁻¹（10×）	见上	0.05 mg·mL⁻¹
B 组液	NADP+	125	13 mmol·L⁻¹（10×）	见上	1.3 mmol·L⁻¹
	G6P	125	33 mmol·L⁻¹（10×）	见上	3.3 mmol·L⁻¹
	G6PDH	125	4 U·mL⁻¹（10×）	见上	0.4 U·mL⁻¹
C 组液	MgCl₂	125	30 mmol·L⁻¹（10×）	见上	3.0 mmol·L⁻¹
NNK	NNK+ 烟梗萃取液	625	约 10 μmol·L⁻¹（2×）	见上	约 5 μmol·L⁻¹
总体积		1250			

在 37 ℃水浴条件下，孵育 24 h。孵育完成后，以等体积冰冷（4 ℃冰箱储存）乙腈溶液中止反应。

离心机 8000 r/min 左右离心 5 min，取上清液检测 NNK 含量。对照组：A、B、C 液以水代替，其他与处理组同。降解 NNK 效果如表 6-8 所示。

从表 6-8 可以看出，随着生物酶浓度的逐渐升高，NNK 的降低率逐渐增大，特别是在高浓度（2 mg/mL）时，可对水溶液中绝大多数的 NNK 进行代谢，降低率达到 90.2%。上述数据表明生物酶浓度对降低烟梗萃取液中的 NNK 非常敏感。

表 6-8　不同生物酶浓度对降低 NNK 的影响

NNK/（μmol·L⁻¹）	辅助因子	温度 /℃	pH	时间 / h	复合酶 /（mg·mL⁻¹）	NNK 降低率 /%
5	正常浓度	37	4.8	24	0.05	12.3
					0.1	19.1
					0.2	33.6
					0.4	45.4
					0.5	56.6
					1	75.4
					2	90.2

5. 降解 NNK 浓度研究

烟梗萃取液中不同 NNK 浓度对生物酶体系降低 NNK 的影响研究结果如表 6-9 所示。从表 6-9 可以看出，NNK 在浓度 0.1 ～ 500 μmol/L 的范围内，NNK 降低率先升高后降低，说明底物 NNK 对该代谢体系的酶促反应敏感。同时，从表 6-9 中也可看出，NNK 处于 0.5 ～ 10 μmol/L 的浓度区间，降低率可达 50% 以上。在再造烟叶生产过程中，烤烟梗浓缩液中 NNK 浓度为 0.5 ～ 5 μmol/L，白肋梗浓缩液中 NNK 浓度为 1 ～ 50 μmol/L，该浓度范围与生物酶降低 NNK 的浓度范围吻合，因此，便于在线施加发挥酶的高效降解能力。

表 6-9　烟梗萃取液中不同 NNK 浓度对生物酶体系降低 NNK 的影响

复合酶 /（mg·mL⁻¹）	辅助因子	温度 /℃	pH	时间 / h	NNK 浓度 /（μmol·L⁻¹）	NNK 降低率 /%
0.5	正常浓度	37	4.8	24	0.1	30.6
					0.5	49.3
					5	56.6
					50	45.4
					500	34.2

6. 辅助因子浓度研究

烟梗萃取液中不同辅助因子浓度对生物酶体系降低 NNK 的影响研究结果如表 6-10 所示。从表 6-10 可以看出，随着辅助因子（NADP⁺、G6P、G6PDH）浓度的降低，NNK 降低率呈降低趋势，特别是辅助因子浓度降低为最高浓度的 1/4 时，NNK 降低率仅为 30.0%，而辅助因子浓度降低为最高浓度的 1/2 时，NNK 降低率变化不大。因此，可选择 0.65 mmol/L NADP⁺、1.65 mmol/L G6P、0.2 U/mL G6PDH 的辅助因子浓度组合应用于在线生产。

表 6-10　不同辅助因子浓度对生物酶体系降低 NNK 的影响

复合酶 /（mg·mL⁻¹）	NNK/（μmol·L⁻¹）	温度 /℃	pH	时间 /h	辅助因子浓度		NNK 降低率 /%
0.5	5	37	4.8	24	NADP⁺	1.3 mmol·L⁻¹	56.6
					G6P	3.3 mmol·L⁻¹	
					G6PDH	0.4 U·mL⁻¹	
					NADP⁺	0.65 mmol·L⁻¹	54.7
					G6P	1.65 mmol·L⁻¹	
					G6PDH	0.2 U·mL⁻¹	
					NADP⁺	0.325 mmol·L⁻¹	30.0
					G6P	0.825 mmol·L⁻¹	
					G6PDH	0.1 U·mL⁻¹	

（二）生物酶在线应用研究

采用中华再造烟叶原料投料 4 组各 5 t，共计 20 t；纳米材料用量预计 800 kg；生物酶 300 kg，开展功能型再造烟叶在线应用研究。纳米材料和生物酶的添加方案如表 6-11 所示。

表 6-11　纳米材料和生物酶在线添加方案

添加方案	1#	2#	3#	4#
纳米材料添加地点	无	涂布液	无	涂布液
纳米材料添加比例	无	占涂布液比例 10%	无	占涂布液比例 10%
生物酶减害剂添加地点	无	无	浓缩液	浓缩液
生物酶减害剂添加比例	无	无	40 kg·t⁻¹	40 kg·t⁻¹

对再造烟叶样品制作的卷烟进行主流烟气中 TSNAs 检测，结果如表 6-12 所示。

表 6-12　再造烟叶试验卷烟主流烟气中 TSNAs 的释放量

样品名称	焦油量 /（mg·支⁻¹）	NNN 释放量 /（ng·支⁻¹）	NAT 释放量 /（ng·支⁻¹）	NAB 释放量 /（ng·支⁻¹）	NNK 释放量 /（ng·支⁻¹）
对照样	5.48	5.65	12.58	1.10	7.11
生物酶再造烟叶	5.94	5.59	11.72	1.02	6.06
纳米再造烟叶	5.69	4.73	11.64	0.96	5.91
纳米 + 生物酶再造烟叶	5.61	4.68	10.51	0.84	5.14

从表 6-12 可以看出，3 种功能型再造烟叶中 TSNAs 释放量均有不同程度的降低，其中添加生物酶再造烟叶主流烟气中 NNK 释放量选择性降低 23.16%，添加纳米材料再造烟叶主流烟气中 NNK 释放量选择性降低 20.71%，同时添加纳米材料和生物酶的再造烟叶主流烟气中 NNK 释放量选择性降低 30.08%。

第三节　硝酸盐降低法对降低再造烟叶主流烟气中 TSNAs 的技术研究

硝酸盐和亚硝酸盐作为一类重要的含氮化合物，其含量的高低不仅直接影响烟叶的感官质量，而且影响其他含氮化合物的形成。研究表明，烟叶中的硝酸盐、亚硝酸盐盐是强致癌物质烟草特有 *N*–亚硝胺（TSNAs）的前体物。亚硝酸盐是 TSNAs 生成最直接的前体物。亚硝酸盐不在大田植株体内积累（测不到或只有痕量存在），鲜烟叶中只有硝酸盐。三者之间可能存在如下关系：高含量的硝酸盐→高含量的亚硝酸盐→高含量的 TSNAs。要降低烟草中 TSNAs 的含量，必须控制其前体物硝酸盐和亚硝酸盐含量。硝酸盐固体物质粒子之间作用力比较大，溶解度受温度、pH 和外加化合物的影响较大。在再造烟叶涂布液中很容易通过温度和浓度控制使硝酸盐结晶析出。

一、实验材料及方法

（一）实验材料

再造烟叶生产用原料（云南中烟昆船瑞升科技有限公司）、烟膏（云南中烟昆船瑞升科技有限公司）；4–（甲基亚硝胺基）–1–（3–吡啶基）–1–丁酮（NNK）（纯度 98%，美国 ChemService 公司）；二氯甲烷、甲醇（AR，天津化学试剂厂）；抗坏血酸、NaOH 和无水硫酸钠（AR，上海化学试剂厂）；碱性氧化铝（AR，广州化学试剂厂）。ZCX–200A 型纸业成型器（长春市小型试验机厂）；QW–Ⅱ型切丝机（郑州天宏自动化技术有限公司）；ZQS2–23 型打浆机（长春市小型试验机厂）；SM410 型吸烟机（英国，CERUL EANSM410）；Binder–FD 型烘箱（德国，WTB–binder）；PB303–N 型电子天平（瑞士，梅特勒 – 托利多仪器有限公司）；HG–53 水分测定仪（瑞士，梅特勒 – 托利多仪器有限公司）；0.45 μm 水相滤膜（美国 Agilent 公司）；Φ44 mm 剑桥滤片（英国沃特曼公司）；ICS3000 离子色谱仪（美国戴安公司）；Milli–Q® 型超纯水系统（美国 Millipore 公司）；Thermal Scientific Trace GC 气相色谱仪（美国 Thermal Fischer Scientific 公司），带 AS2000C.U. 自动进样器；TEATM543 型热能检测仪（美国 Thermedics Detection Inc.）；EDWARDSRV3 真空泵（英国 EDWARDS 公司）；SE–54 毛细管色谱柱（中国科学院大连化学物理研究所）；BüCHI R114 旋转蒸发仪（瑞士 BüCHI 公司）。

（二）实验方法

硝酸根离子的检测：按照烟草行业标准 YC/T 296—2009，连续流动法测定硝酸根离子。

主流烟气中 NNK 的检测：按照烟草行业标准 YC/T 23228—2008，标准方法测定主流烟气中 NNK 释放量。

再造烟叶样品制备：分别将所需的原料烟梗、烟碎片在 70 ℃温度下提取 60 min；提取后的原料固液分离后，固形物使用 ZQS2–23 型打浆机分别进行打浆疏解纤维；分离液进行浓缩后用于涂布；将打浆后的原料使用 J–LXJ200 型离心甩干机进行甩干，用 HG–53 水分测定仪测定浆料水分。将浆料按一定比例配好后，置于 CDE–300C 型搅拌机内，使纤维基本呈均匀与分散状态；将疏解好的浆料投入 ZCX–200A 型纸业成型器中脱水抄造，将抄造样品烘干，制成片基。将片基裁剪到合适大小后进行涂布，涂布后使用 Binder–FD 型烘箱烘干，制成再造烟叶样品，涂布率偏差控制在 ±2%；将涂布后的再造烟叶样品置于恒温恒湿箱（60% ± 2%，22 ℃）中平衡 48 h；将平衡好的样品放到 QW–Ⅱ型切丝机中切丝，将切好的丝用剪刀剪成 10 ～ 20 mm 长度后，精确称量烟丝进行再造烟叶烟支样品的制备，烟支克重偏差控制在 0.01 g/支。样品恒温恒湿箱（60%±2%，22 ℃）中平衡 48 h 后采用 10 孔道 SM410 型吸烟机进行主流烟气分析。

降低提取液中硝酸根离子含量实验：分别将所需的原料烟梗、烟碎片在 70 ℃温度下提取 60 min；提取后的原料固液分离后，得到烟碎片提取液和烟梗提取液，并用 BüCHI R114 旋转蒸发仪浓缩至相对密度为 1.185±0.05；所得浓缩液置于 –4 ℃的冰柜中静置冷却 24 h，有白色晶体析出，快速过滤除去白色晶体，滤液即为降低硝酸根离子后的烟碎片提取液和烟梗提取液。分别将处理前后的提取液按照烟草行业标准 YC/T 296—2009 进行硝酸根离子检测，并将处理前后的梗、叶提取液按一定比例配制成涂布液，根据前述的制备方法制样后，进行主流烟气中 NNK 释放量的检测。

二、结果与讨论

冷却结晶法降低硝酸根离子：通过对涂布液浓度和温度的控制降低了涂布液中硝酸根离子的含量，实验结果如表 6-13 和图 6-5 所示。

表 6-13　冷却结晶法降低涂布液中硝酸根离子含量

样品名称	硝酸根离子含量 / %
烟碎片提取液	0.091
降低 NO₃⁻ 后的烟碎片提取液	0.083
烟梗提取液	0.443
降低 NO₃⁻ 后的烟梗提取液	0.314

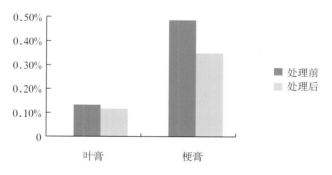

图 6-5　硝酸盐降低技术应用对梗、叶膏中硝酸根离子浓度的影响

利用冷却结晶法降低再造烟叶梗和叶提取液中的硝酸根离子后，叶膏中硝酸根离子浓度降低了 8.8%，而梗膏中硝酸根离子浓度降幅则达到了 29.1%。

降低硝酸盐对再造烟叶 NNK 释放量的影响：将降低硝酸根离子前后的梗和叶提取液按 5：5 的比例配制成涂布液，制样后进行主流烟气中 NNK 释放量的检测，结果如表 6-14 所示。实验结果表明，通过对涂布液中硝酸盐溶解度的调控可以有效降低再造烟叶硝酸根离子的含量，并且再造烟叶 NNK 释放量随硝酸根离子浓度的降低而下降，降低 NO₃⁻ 后的混合型再造烟叶 NNK 释放量的选择性降低率为 16.2%。

表 6-14　降低涂布液中硝酸根离子含量对 NNK 释放量的影响

样品名称	抽吸口数	焦油量 /（mg·支⁻¹）	NNK 释放量 /（ng·支⁻¹）	NNK 释放量降低率 / %	NNK 释放量选择性降低率 / %
混合型再造烟叶	4.66	3.27	24.18	/	/
降低 NO_3^- 后的混合型再造烟叶	5.10	3.38	21.08	12.8	16.2

降低硝酸根离子对再造烟叶常规化学指标的影响：将降低硝酸根离子前后的梗和叶提取液按 5∶5 的比例配制成涂布液，制样后进行再造烟叶常规化学指标检测，结果如表 6-15 所示。

表 6-15　降低涂布液中硝酸根离子含量对再造烟叶常规化学指标的影响

样品名称	总糖 / %	钾离子 / %	还原糖 / %	总植物碱 / %	氯离子 / %	总氮 / %
混合型再造烟叶	7.00	2.57	5.25	1.32	0.78	1.83
降低 NO_3^- 后的混合型再造烟叶	7.10	2.23	5.31	1.35	0.72	1.82

分析结果表明，冷却结晶法降低再造烟叶梗和叶提取液中的硝酸根离子后，所制备的再造烟叶产品的常规化学指标没有明显变化，由于冷却结晶法析出的白色晶体主要为 KNO_3（含有少量 KCl），因此再造烟叶中钾离子和氯离子的含量略有降低。

三、功能型再造烟叶加工工艺技术研究

由于纳米材料质地较轻，为避免添加扬尘，在涂布液混配罐添加了纳米材料落料器，并调整搅拌器转速，以使纳米材料混配均匀。参照现有混合型再造烟叶加工工艺技术要求及质量标准，考虑到生产的实际和成本情况，开展添加纳米材料再造烟叶工艺技术研究。

降低 NNK 功能型再造烟叶第一次工艺试生产分别为两个试验，即 BJ-01-A 和 BJ-01-B。BJ-01-A 为不添加纳米对照样，BJ-01-B 为添加纳米实验样。具体工艺试验参数如表 6-16 所示。

表 6-16　第一次工艺试生产（BJ-01）工艺参数

中试名称	浆料中添加纳米材料比例（对绝干浆）	涂布液中添加纳米材料比例（对涂布液固含量）
BJ-01-A	0	0
BJ-01-B	10%	20%

BJ-01 产品相关检测指标如表 6-17 所示，从表中看出，BJ-01-A 实验结果较好，达到了预期目标，BJ-01-B 由于纳米材料在浆料中分散效果不理想，未达到预期目标，存在的若干问题分析如下。

① BJ-01 中试在抄前池中添加纳米材料，添加浆料搅拌不均匀，导致纳米材料分散不均匀，造成片基成形容易断纸，可将添加地点改在配浆池。

②木浆比例添加量稍低，影响片基强度，可适当提高木浆添加比例。

③由于制片机车速较快，而且浆料中纳米材料添加量过多，造成毛毯堵塞，压榨能力降低，片基进入烘缸及涂布槽易形成断纸，可减少浆料中纳米材料添加量。

④再造烟叶香气量稍欠充足，而且成品再造烟叶颜色稍浅，可提高基料使用比例。

⑤由于 BJ-01 中试生产不正常，导致涂布量偏低，水分偏大，在下一次中试应予以重点关注。

218

表 6-17　第一次工艺试生产（BJ-01）相关检测指标

检测项目	BJ-01-A	BJ-01-B
片基定量 /（g·m^{-2}）	62.1～62.5	55.8～56.8
片基厚度 / mm	0.175～0.190	0.160～0.190
涂布量 /（g·m^{-2}）	31.1～31.9	27.5
再造烟叶厚度 / mm	0.205～0.215	0.170～0.200
片基抗张强度 /（kN·m^{-1}）	0.287～0.329	0.387～0.389
再造烟叶抗张强度 /（kN·m^{-1}）	0.669～0.797	0.522～0.643
片基灰分 /%	16.92～17.15	13.26～13.07
再造烟叶灰分 /%	19.41	17.64
片基含水率 /%	17.74～19.56	18.00～23.36
再造烟叶含水率 /%	11.86～13.37	11.68～13.23

针对第一次中试 BJ-01-B 中存在的若干问题，同时考虑到正式生产的实际，形成第二次中试生产方案并进行了中试，相关工艺调整如下。

①纳米材料添加地点在制浆段缓冲池，添加量由之前的 10%（对绝干浆）提高至 15%（对绝干浆）。

②考虑到第一次中试的片基的抗张强度不够，因此将木浆比例调整为 10%。

BJ-SP 中试产品检测结果如表 6-18 所示。

表 6-18　BJ-SP 产品检测指标

检测项目	BJ-SP
片基绝干定量 /（g·m^{-2}）	56.9
再造烟叶定量 /（g·m^{-2}）	89.0
涂布量 /（g·m^{-2}）	32.1
再造烟叶厚度 / mm	0.208～0.224
再造烟叶抗张强度 /（kN·m^{-1}）	0.75
片基灰分 /%	13.8
再造烟叶灰分 /%	17.2
再造烟叶成品水分 /%	13.0～15.8
纳米材料在再造烟叶中含量 /%	4.3

第二次工艺生产基本解决了第一次生产过程中遇到的纳米材料添加困难、在浆料中分散不均匀导致无法正常生产等问题，本次中试过程中，纸机运行正常，基本无断纸情况。中试产品抗张强度、厚度、外观颜色等方面都较上次中试有所提高，均符合设计要求。

将第二次工艺生产的功能型再造烟叶制作成卷烟，对主流烟气中有害成分进行检测分析，结果如表 6-19 所示。

表 6-19　功能型再造烟叶主流烟气中有害成分数据

样品名称	焦油量 /（mg·支⁻¹）	CO 释放量 /（mg·支⁻¹）	HCN 释放量 /（μg·支⁻¹）	NNK 释放量 /（ng·支⁻¹）	NH₃ 释放量 /（μg·支⁻¹）	B[a]P 释放量 /（ng·支⁻¹）	苯酚 释放量 /（μg·支⁻¹）	巴豆醛 释放量 /（μg·支⁻¹）	危害性 指数
功能型再造烟叶	6.18	13.13	78.91	11.62	4.74	2.98	2.72	20.00	6.93
对照样	5.59	12.37	103.28	12.85	5.25	4.75	1.87	20.16	7.84
降低率 / %	−10.6	−6.1	23.6	9.6	9.7	37.3	−45.5	0.8	11.6
选择性降低率 / %	/	4.5	34.2	20.2	20.3	47.9	−34.9	11.4	

从表 6-19 可知，功能型再造烟叶与对照样相比，除苯酚释放量有所升高外，其他 6 种有害成分均有不同程度的选择性降低，HCN、NNK、NH₃、B[a]P、巴豆醛释放量的选择性降低率分别为 34.2%、20.2%、20.3%、47.9%、11.4%。

第四节　新型干法再造烟叶丝技术研究

在前期研究中，重点展开了纳米材料在传统造纸法再造烟叶生产中的应用研究，应用位点为涂布液和浆料，在降低再造烟叶 TSNAs 方面取得了一定效果，但是还存在一些制约问题，例如，纳米材料在涂布液中应用会造成黏度增加、涂布率降低，从而限制了纳米材料的添加比例；在浆料中应用可能造成纳米材料分散不均匀、留着率低、易断纸等问题。

为了提升 TSNAs 的降低效果，研究组展开了纳米材料在干法再造烟叶丝中的应用研究。干法再造烟叶丝采用创新工艺，能够克服传统造纸法再造烟叶生产中纳米材料在加工过程中的流失，提高纳米材料的留着率，并在理化指标、致香成分和降焦减害效果方面均有一定提升。将纳米材料应用在干法再造烟叶丝加工过程中，目的是解决传统造纸法再造烟叶应用时产生的一系列制约问题，为降低卷烟产品 TSNAs 提供了新的技术方法。

一、实验材料

烟梗、烟叶原料、卷烟样品、纳米材料；干法再造烟叶丝加工设备（云南瑞升公司研制）；QW–Ⅱ 型切丝机（郑州天宏公司）；KBF240 型恒温恒湿箱（德国 Binder 公司）；MS204 型电子天平（瑞士 Mettler–Toledo 公司）。

二、样品制备方法

将烟草原料提取后得到烟草提取物，剩余固体部分经膨胀、破碎、筛分、除尘，得到烟草混合物；将烟草混合物沉降低至成型网，得到基片；按照一定质量比添加烟草提取物，并分别按照 5%、8% 的比例添加纳米材料，并经定型、干燥处理后制备得到干法再造烟叶丝样品 1（5% 添加比例）、样品 2（8% 添加比例）。

三、样品检测方法

将制备的干法再造烟叶丝样品切丝后置于温度 22 ℃、湿度 60% 的恒温恒湿箱中平衡 48 h，进行 TSNAs 含量、关键化学成分含量检测，并制作成卷烟小样后进行主流烟气有害成分检测。

样品中总糖、还原糖、总植物碱、氯离子和钾离子的检测分别按照 YC/T 159—2002、YC/T 160—2002、YC/T 162—2011、YC/T 217—2007 方法进行。

样品中 TSNAs 含量按照 YC/T 184—2004 方法进行。

主流烟气中苯酚、巴豆醛、HCN、B[a]P、NH_3、NNK、CO 的检测分别按照 YC/T 255—2008、YC/T 254—2008、YC/T 253—2008、GB/T 21130—2007、离子色谱法、GB/T 23228—2008、GB/T 23356—2009 方法进行；卷烟危害性评价指数按照下式计算：

$H=$（实测 CO 值 /14.2+ 实测巴豆醛值 /18.6+ 实测 HCN 值 /146.3+ 实测 NNK 值 /5.5+ 实测 B[a]P 值 /10.9+ 实测苯酚值 /17.4+ 实测 NH_3 值 /8.1）× 10/7。

四、纳米材料在干法再造烟叶丝中的应用研究

干法再造烟叶丝样品中 TSNAs 含量检测结果如表 6–20 所示，其中干法再造烟叶丝样品 1 中纳米材料添加比例为 5%，样品 2 中添加比例为 8%。

表 6–20　干法再造烟叶丝样品中 TSNAs 含量检测结果

样品名称	NNN 含量 /（ng·g⁻¹）	NAT 含量 /（ng·g⁻¹）	NAB 含量 /（ng·g⁻¹）	NNK 含量 /（ng·g⁻¹）	TSNAs 总含量 /（ng·g⁻¹）
干法再造烟叶丝样品 1	272.68	382.50	18.28	65.76	739.22
干法再造烟叶丝样品 2	243.56	310.70	14.35	64.39	633.00

由表 6–20 中数据可知，与样品 1 相比，干法再造烟叶丝样品 2 在 NNN、NAT、NAB、NNK 含量及 TSNAs 总量方面均有不同程度降低，其中 TSNAs 总量降幅为 14.4%，说明纳米材料添加比例越高，干法再造烟叶丝样品中 TSNAs 含量越低。

干法再造烟叶丝主流烟气中 TSNAs 释放量检测结果如表 6–21 所示，其中干法再造烟叶丝样品 1 中纳米材料添加比例为 5%，样品 2 中添加比例为 8%。

表 6–21　新型干法再造烟叶丝主流烟气中 TSNAs 释放量检测结果

样品名称	焦油量 /（mg·支⁻¹）	NNN 释放量 /（ng·支⁻¹）	NAT 释放量 /（ng·支⁻¹）	NAB 释放量 /（ng·支⁻¹）	NNK 释放量 /（ng·支⁻¹）	TSNAs 总释放量 /（ng·支⁻¹）
干法再造烟叶丝样品 1	5.01	50.11	74.23	4.87	18.21	147.42
干法再造烟叶丝样品 2	5.11	45.78	65.12	4.22	15.49	130.61

由表 6–21 中数据可知，与样品 1 相比，干法再造烟叶丝样品 2 主流烟气中 NNN、NAT、NAB、NNK 释放量及 TSNAs 总释放量均有不同程度降低，其中 NNK 释放量降幅为 14.9%，TSNAs 总释放量降幅为 11.4%，说明纳米材料添加比例越高，干法再造烟叶丝主流烟气中 TSNAs 释放量越低，与前述对 TSNAs 含量的影响结果一致。

干法再造烟叶丝关键化学成分含量检测结果如表 6–22 所示，其中干法再造烟叶丝样品 1 中纳米材料

添加比例为 5%，样品 2 中添加比例为 8%。

表 6-22　干法再造烟叶丝样品中关键化学成分含量检测结果

样品名称	总糖 /%	还原糖 /%	总烟碱 /%	氯 /%	钾 /%
干法再造烟叶丝样品 1	5.7	4.6	2.47	1.50	1.71
干法再造烟叶丝样品 2	4.9	4.1	2.46	1.36	1.57

对检测结果进行分析，与样品 1 相比，干法再造烟叶丝样品 2 在各项化学指标数据方面均有一定降低，并且指标之间的比例基本不变，这是由于纳米材料的添加比例提高所产生的正常现象，在纳米材料添加比例为 8% 时对干法再造烟叶丝产品品质没有负面影响。

另外，传统造纸法再造烟叶烟碱含量较低，在卷烟产品中应用会带来劲头和满足感下降、香气浓度和舒适性降低等问题，而本研究开发的干法再造烟叶丝样品烟碱含量是传统造纸法再造烟叶的 2～3 倍，有大幅提升，能够在降低 TSNAs 含量和释放量的同时，在其他方面发挥干法再造烟叶丝工艺的特点和优势。

（1）纳米材料在干法再造烟叶丝中的含量

计算公式为：

$$X_1 = \frac{A_1 - A_0}{100 - A_0 - C} \times 100\%。$$

其中，X_1 为纳米材料在干法再造烟叶丝中的含量，%；A_1 为干法再造烟叶丝灰分，%；A_0 为干法再造烟叶丝原料灰分，%；C 为纳米材料灼烧损失率，%。

（2）纳米材料在干法再造烟叶丝中的留着率

计算公式为：

$$H_1 = \frac{100 (A_1 - A_0)}{a (100 - A_1 - C)} \times 100\%。$$

其中，H_1 为纳米材料在干法再造烟叶丝中的留着率，%；A_1 为干法再造烟叶丝灰分，%；A_0 为干法再造烟叶丝原料灰分，%；C 为纳米材料灼烧损失率，%；a 为纳米材料添加比例，%。

纳米材料在干法再造烟叶丝中的含量、留着率相关数据及计算结果如表 6-23 所示。

表 6-23　纳米材料在干法再造烟叶丝中的含量、留着率相关数据

项目	干法再造烟叶丝样品 1	干法再造烟叶丝样品 2
A_1 /%	14.78	16.79
A_0 /%	11.02	11.02
C /%	5.5	5.5
a /%	5	8
X_1 /%	**4.5**	**6.9**
H_1 /%	**94.3**	**92.8**

通过计算，干法再造烟叶丝样品 1 和样品 2 中纳米材料的含量分别为 4.5% 与 6.9%，达到了设计要求；留着率分别为 94.3% 和 92.8%，较传统造纸法再造烟叶的留着率（75.6%）有了明显提高。分析原因如下：

在传统造纸法再造烟叶的生产中，纳米材料的应用位点是涂布液或浆料，在涂布液中应用会造成黏度增加、易掉粉，在浆料中应用会造成易流失、易断纸等问题，这些都会造成纳米材料在产品中含量和留着率均较低，无法达到预期效果；干法再造烟叶丝采用全新工艺，具有两个明显优势，一是添加比例不受限制，二是流失率大大降低，所以纳米材料在干法再造烟叶丝中的含量和留着率均可大幅提高。同时，纳米材料含量、留着率相关数据也为干法再造烟叶丝 TSNAs 降幅的提高提供了理论支撑。

第五节　功能型再造烟叶在卷烟中的实际应用

一、添加纳米材料的功能型再造烟叶在卷烟产品中的应用效果

将添加纳米材料的功能型再造烟叶应用于北京卷烟厂在线产品，分别应用于中南海（蓝色时光）、中南海（蓝色风尚）、中南海（浓味），并对应用后的产品进行有害成分分析及感官评吸，结果如表 6-24 和表 6-25 所示。

表 6-24　应用功能型再造烟叶后卷烟中主流烟气有害成分分析

样品名称	焦油量 /（mg·支$^{-1}$）	CO 释放量 /（mg·支$^{-1}$）	HCN 释放量 /（μg·支$^{-1}$）	NNK 释放量 /（ng·支$^{-1}$）	NH$_3$ 释放量 /（μg·支$^{-1}$）	B[a]P 释放量 /（ng·支$^{-1}$）	苯酚 释放量 /（μg·支$^{-1}$）	巴豆醛释放量 /（μg·支$^{-1}$）	卷烟危害性评价指数
中南海（蓝色时光）实验样	6.34	8.60	83.32	14.01	6.57	5.64	9.63	9.29	8.72
在线中南海（蓝色时光）对照	6.10	8.51	82.09	17.44	6.66	5.50	9.52	9.00	9.56
选择性降低率 / %	/	2.9	2.4	23.6	5.3	1.4	2.8	0.7	
中南海（蓝色风尚）实验样	5.32	7.30	46.29	13.24	6.38	5.46	6.67	6.31	7.50
在线中南海（蓝色风尚）对照	5.40	7.44	50.29	16.92	6.60	5.20	6.38	6.12	8.47
选择性降低率 / %	/	0.4	6.5	20.3	1.9	−6.5	−6.0	−4.6	
中南海（浓味）实验样	11.02	12.93	152.48	32.29	12.13	7.28	10.03	18.72	16.53
在线中南海（浓味）对照	10.53	12.38	153.35	39.63	12.43	6.82	10.9	18.06	18.40
选择性降低率 / %	/	0.2	5.2	23.2	7.1	−2.1	12.6	1.0	

由表 6-24 可知，随着功能型再造烟叶在中南海（蓝色时光）、中南海（蓝色风尚）、中南海（浓味）中的应用，3 款中南海在线产品卷烟危害性指数均有所降低，其中 NNK 释放量选择性降低 20.3% ～ 23.6%。

表 6-25　应用功能型再造烟叶后卷烟感官评价

项目		光泽 5			香气 32			谐调 6			杂气 12			刺激性 20			余味 25			合计
分数段		I	II	III	I	II	III	I	II	III	I	II	III	I	II	III	I	II	III	
样品编号	牌号	5	4	3	32	28	24	6	5	4	12	10	8	20	17	15	25	22	20	
1#	中南海（蓝色时光）实验样	4.0			29.3			5.0			10.5			18.8			21.2			88.8
2#	在线中南海（蓝色时光）	4.0			29.0			5.0			10.3			17.5			22.0			87.8
3#	中南海（蓝色风尚）实验样	4.0			28.5			5.0			10.2			18.3			21.0			87.0
4#	在线中南海（蓝色风尚）	4.0			29.0			4.8			10.0			18.5			21.2			87.5
5#	中南海（浓味）实验样	4.0			27.5			4.5			8.5			16.8			20.5			81.8
6#	在线中南海（浓味）	4.0			26.3			4.3			8.5			16.0			20.5			79.6

由表 6-25 可知，使用了功能型再造烟叶的卷烟与对照相比，卷烟感官质量得分没有明显差异，说明功能型再造烟叶的应用并未影响中南海在线产品的风格特征。

二、干法再造烟叶丝在卷烟产品中的应用

将干法再造烟叶丝样品 2 在中南海（蓝色风尚）卷烟叶组配方中以 10% 比例添加进行在线实验，实验卷烟产品中有害物的检测结果如表 6-26 所示。

表 6-26　干法再造烟叶丝在中南海（蓝色风尚）产品的在线实验结果

项目	卷烟对照样	卷烟实验样
抽吸口数	7.23	7.20
CO 释放量 /（mg·支$^{-1}$）	7.55	7.76
CO 危害指数	0.53	0.55
HCN 释放量 /（μg·支$^{-1}$）	77.73	73.96
HCN 危害指数	0.53	0.51
NNK 释放量 /（ng·支$^{-1}$）	**19.53**	**15.24**
NNK 危害指数	3.55	2.77
NH$_3$ 释放量 /（μg·支$^{-1}$）	5.89	5.58
NH$_3$ 危害指数	0.73	0.69
B[a]P 释放量 /（ng·支$^{-1}$）	5.91	5.95
B[a]P 危害指数	0.54	0.55
苯酚释放量 /（μg·支$^{-1}$）	6.15	5.87
苯酚危害指数	0.35	0.34
巴豆醛释放量 /（μg·支$^{-1}$）	6.65	5.40
巴豆醛危害指数	0.36	0.29
卷烟危害性评价指数	**9.42**	**8.12**

结果表明，与对照产品相比，添加干法再造烟叶丝的卷烟产品主流烟气中 NNK 的释放量选择性降低 30.0%，卷烟危害性评价指数降低了 13.8%。

围绕卷烟产品定向减低烟草特有 *N*–亚硝胺的技术需要，在分析目前中南海卷烟及再造烟叶降低卷烟有害成分的基础上，研究再造烟叶的应用对卷烟产品的品质和危害性指数的影响。针对降低卷烟主流烟气中烟草特有 *N*–亚硝胺释放量，从原料配方、化学成分调控、烟草特有 *N*–亚硝胺前体物质去除、纳米材料及生物技术的应用进行技术研究，并最终开发出自身主流烟气有害成分释放量显著降低且能有效促进卷烟产品主流烟气中 NNK 选择性降低的功能型造纸法再造烟叶产品。

通过该研究，首次将纳米技术及生物酶技术应用于再造烟叶生产，开发出两种混合型和一种烤烟型具有降低 TSNAs 的功能型再造烟叶产品，与对照样相比，开发的再造烟叶产生的主流烟气中 NNK 释放量选择性降低 20% 以上。

该项技术已在中南海（蓝色时光）、中南海（蓝色风尚）、中南海（浓味）3 款产品中进行应用，3 款中南海在线产品焦油含量均未明显变化，NNK 释放量选择性降低 20.27% ～ 23.60%，卷烟危害性指数降低 8.79% ～ 11.45%。同时，与对照相比，卷烟感官质量得分没有明显差异，该项技术的应用并未影响中南海在线产品的风格特征。

为了解决纳米材料在传统造纸法再造烟叶应用时产生的一系列制约问题、提升 TSNAs 降低效果，进一步开展了纳米材料在干法再造烟叶丝中的应用研究，并得到以下研究结论。

①纳米材料添加比例越高，干法再造烟叶丝 TSNAs 含量及主流烟气释放量越低。与添加比例 5% 相比，添加比例为 8% 时干法再造烟叶丝 TSNAs 含量降幅为 14.4%，主流烟气 NNK 释放量降幅为 14.9%，TSNAs 总释放量降幅为 11.4%。

②纳米材料添加比例为 8% 时对干法再造烟叶丝品质没有负面影响。干法再造烟叶丝烟碱含量与传统造纸法再造烟叶相比有大幅提升，更加符合卷烟产品要求。

③本研究开发的干法再造烟叶丝样品 1 和样品 2 中纳米材料的含量分别为 4.5% 与 6.9%，达到了设计要求；留着率分别为 94.3% 和 92.8%，较传统造纸法再造烟叶的留着率（75.6%）有了明显提高。干法再造烟叶丝采用全新工艺，具有两个明显优势：一是添加比例不受限制，二是流失率降低，所以纳米材料在干法再造烟叶丝中的含量和留着率均可大幅提高。

④将干法再造烟叶丝在中南海（蓝色风尚）卷烟叶组配方中以 10% 比例添加后进行中试放样实验，结果表明，与对照产品相比，添加干法再造烟叶丝的卷烟产品 NNK 释放量选择性降低 30.0%，卷烟危害性评价指数降低了 13.8%。

综上所述，将纳米材料在干法再造烟叶丝进行应用，含量和留着率均得到明显提升，降低 TSNAs 效果也大大提高，与在传统造纸法再造烟叶中应用相比有较大优势。

造纸法技术加工的再造烟叶对产品的开发有积极的影响，主要包括以下几个方面：物理特点——增加填充量和改进加工能力；烟气化学——减少焦油和尼古丁释放量；抽吸品质——保持整体香吃味（味觉、嗅觉和触觉）。目前，一种好的造纸法工艺可以在不需要添加剂的条件下生产再造烟叶，这在稠浆法工艺中是不可能的。

根据副产物的种类和性质，以及加工的技术，再造烟叶的焦油量可比原来副产物减少 30% ～ 50%。例如，焦油量平均在 20 mg 左右的烟草副产物在加工成再造烟叶时，采用稠浆法工艺加工后的焦油量为 15 mg，而采用造纸法工艺能使焦油量降低为 10 mg，而且造纸法工艺生产的再造烟叶其主流烟气中 CO 释放量比原始副产物低，相比较而言，稠浆法生产的再造烟叶有时 CO 的释放量会增加。由于使用再造烟叶后具有更好的填充值，烟支具有更快的燃烧速率，因此每支烟的抽吸口数更少，焦油量因此降低。此外，与天然烟草相比，再造烟叶尤其是造纸法再造烟叶烟气中的致癌物含量降低 70% 左右。

尽管再造烟叶的焦油量比副产物的焦油量低，但不能期望只使用再造烟叶通过改变添加比例就可以降低目标卷烟的焦油含量。大多数卷烟开发人员喜欢使用具有较好吃味和加工能力的再造烟叶，虽然它的焦油量可能比另外一种再造烟叶的焦油量高，对于卷烟的焦油量还可以通过其他一些配方成分（如膨胀烟丝）和适当的烟支设计（烟支重量、硬度、卷烟纸、滤嘴、接装纸、压降、通风等）加以调控。因此，再造烟叶应当在可接受度（感官品质）和可用度（烟气化学）之间实现一定程度的平衡。在生产高品质或低成本混合型卷烟配方中使用再造烟叶的需求不断增长，如何确定比例以保证感官品质的贡献及烟气化学的影响，一般说来有两个主要方面决定再造烟叶的使用：替代方式，即再造烟叶部分或全部替换配方中一种或多种天然烟叶；添加方式，即再造烟叶按照原样加入配方中，也就是配方中每种烟叶的百分比会相应减少。表 6-27 为替代方式和添加方式的比较结果。

表 6-27　在一种混合型配方中增加再造烟叶的方式

成分	现有比例 /%	替换方式 /%	添加方式	
			添加量 /kg	添加比例 /%
白肋烟片	25	25	25	22
烤烟烟片	35	30	35	30
香料烟	10	10	10	9
再造烟叶	5	20	20	17
膨胀烟丝	10	10	10	9
切卷膨胀烟梗	15	5	15	13
合计	100	100	115	100

实际的消费者评吸结果显示，烟民普遍对含有 10% ～ 25% 再造烟叶的卷烟较为偏爱，特别是与那些不含再造烟叶的卷烟相比（含有卷切烟梗或卷切膨胀烟梗的卷烟）。在 20% ～ 25% 的添加比例下，再造烟叶可以被认为是基础配方的一部分，额外具有稳定的优越性，这是由于再造烟叶不容易受不利种植条件、市场波动及其他基础配方中烟草类型和等级质量及成本等因素的困扰。

第六节　白肋烟膨胀技术加工工艺路径改进和工艺参数研究

通常，白肋烟烟片采用加料、烘焙处理的工艺处理方法，以实现美拉德反应，提高感官质量，但白肋烟片处理过程中添加的表料、里料经二氧化碳液体低温浸渍萃取和热气流高温膨胀后致香物质损失较多，化学成分随之变化，为深入研究烤烟烟片处理工艺、白肋烟烘焙工艺及烟丝膨胀热风温度对其化学成分的影响，进行不同工艺路径处理、不同热风温度处理对白肋烟膨胀烟丝化学成分的对比研究，为卷烟减害降焦提供支持。

传统的白肋烟加工工艺均采用烘焙、加料处理后进入后工序再加工，北京卷烟厂在混合型卷烟产品中，添加了混合型膨胀烟丝，其加工工艺路径为：烤烟经过膨胀线（无加料烤烟处理工艺）处理、白肋烟经过白肋烟线烘焙加料处理并暂存，两种处理好的烟叶，按设定好的时间同步进入混配柜，储存后经气流叶丝线切丝处理后进入二氧化碳膨胀线进行膨胀处理。实际生产中发现该流程存在以下不足：一是烤烟、白肋烟烟片处理过程中添加的表料、里料经二氧化碳液体低温浸渍萃取和热气流高温膨胀后致香物质损失较多，导致加料烘焙效果不明显；二是工艺路径复杂，且烤烟与白肋烟加工时间只有控制准确的条件下方可保证其同步进入混配柜进行混配，给生产控制造成很大压力。

为简化工序、提高生产效率，避免不必要的料液消耗，并对高 NNK 的白肋烟进行加工工艺过程中综合质量变化进行深入研究，提出了无料液添加的混合型膨胀烟丝生产模式，并对其工艺流程进行了改进设计及参数优化。改进后工艺路径不再考虑对膨胀用白肋烟叶进行加料处理，改为与烤烟共同经膨胀烟片处理线采用同一叶组分组加工的模式（图 6-6）。

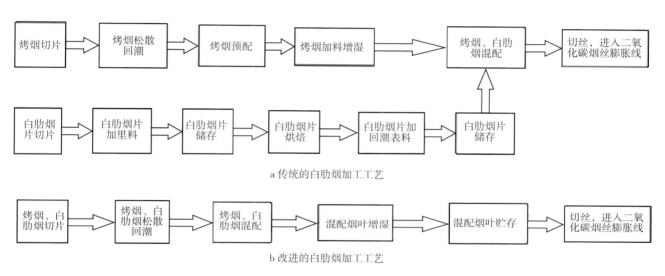

图 6-6 改进前后中南海（1 mg 出口）专用膨胀烟丝加工工艺路径

一、白肋烟膨胀工艺研究

烟片含水率对膨胀后烟丝的物理质量产生较大影响，而白肋烟片不经烘焙处理直接进入切丝、膨胀工序的这种处理方式较为独特，且白肋烟片较烤烟烟片组织疏松、吸水力强，同样含水率也较易散失，因此需合理设计松散回潮工序、增温增湿工序白肋烟片含水率及物料流量。白肋烟烟片松散回潮含水率设计区间为 18%～20%、烤烟烟片松散回潮含水率设计区间为 19%～22%、物料流量为 3000～4000 kg/h，烟片增温增湿工序含水率设计区间为 22%～25%，物料流量为 4000 kg/h 左右。

由于白肋烟烟丝膨胀处理强度应低于烤烟，共同处理时应重点考虑白肋烟，且未经加料处理的白肋烟柔韧性应低于经过加料处理的白肋烟，因此处理强度应低于加料处理后的白肋烟。根据前期膨胀线倒锥形升华管冷热端工艺参数研究结论及设备性能，主要针对影响感官质量明显的热风温度进行优化，热风温度调节分别为 280℃、290℃、300℃、310℃。随着热风温度的升高，膨胀后烟丝含水率降低。膨胀后烟丝的长丝率、中丝率、整丝率随着热风温度的升高呈升高趋势，碎丝率呈降低趋势，原因是在一定范围内，随着热风温度的升高，烟丝的膨胀率升高，烟丝整丝率相对提高、碎丝率相对降低，膨胀后烟丝的填充值升高。

（一）白肋烟膨胀后烟丝中 TSNAs 含量的变化分析

白肋烟经二氧化碳浸渍，热风（280℃、290℃、300℃、310℃）膨胀处理后，烟丝中 TSNAs 的含量变化如表 6-28 所示。从表 6-28 中结果可知，白肋烟经二氧化碳浸渍，热风膨胀后烟丝中 TSNAs 含量均有所降低，工艺风温度为 290℃膨胀后，白肋烟烟丝中 TSNAs 含量降低效果最好，降低率为 17.29%，其中 NNN 含量降低 14.70%、NAT 含量降低 25.37%、NAB 含量降低 15.53%、NNK 含量降低 18.21%。

表 6-28　白肋烟膨胀前后烟丝中 TSNAs 含量

化合物及降低率	膨胀前	膨胀后（280℃）	膨胀后（290℃）	膨胀后（300℃）	膨胀后（310℃）
NNN/（ng·g^{-1}）	33 645.02	29 688.16	28 700.25	29 690.31	30 609.11
降低率/%	/	11.76	14.70	11.75	9.02
NAT/（ng·g^{-1}）	10 728.33	7924.27	8006.19	8346.06	8751.28
降低率/%	/	26.14	25.37	22.21	18.43
NAB/（ng·g^{-1}）	329.14	246.01	278.02	295.01	282.06
降低率/%	/	25.26	15.53	10.37	14.30
NNK/（ng·g^{-1}）	1148.08	906.03	939.04	976.11	953.00
降低率/%	/	21.08	18.21	14.98	16.99
TSNAs/（ng·g^{-1}）	45 850.57	38 764.47	37 923.50	39 307.49	40 595.45
降低率/%	/	15.46	17.29	14.27	11.46

（二）白肋烟膨胀后烟丝中化学成分的变化分析

白肋烟膨胀前后总糖、总烟碱、总氮、钾含量变化如表 6-29 所示。

表 6-29　白肋烟膨胀前后主要化学成分检测结果

化学成分	膨胀前	膨胀后（280℃）	膨胀后（290℃）	膨胀后（300℃）	膨胀后（310℃）
总糖/%	0.51	0.57	0.68	0.80	0.75
总烟碱/%	3.36	3.04	3.01	2.99	2.97
总氯/%	0.30	0.31	0.32	0.29	0.31
总钾/%	5.14	5.08	5.12	5.10	5.07

从表 6-29 可知，白肋烟不同温度工艺风膨胀后总糖含量均有所升高，随着工艺风温度升高，膨胀后烟丝总糖含量呈升高趋势，总烟碱含量有所降低，总氯、总钾含量无明显变化。

（三）白肋烟膨胀后常规烟气指标的变化分析

白肋烟膨胀前后烟气烟碱量、焦油量等常规烟气指标变化如表 6-30 所示。

表 6-30　白肋烟膨胀前后烟气指标检测数据

样品名称	平均重量 /g	平均吸阻 /Pa	总粒相物 /（mg·支⁻¹）	烟气水分 /（mg·支⁻¹）	实测烟气烟碱量 /（mg·支⁻¹）	实测焦油量 /（mg·支⁻¹）	抽吸口数
膨胀前	0.871	1191	12.88	1.33	1.00	10.55	5.95
膨胀后（280℃）	0.565	1266	8.15	1.28	0.33	6.54	3.02
膨胀后（290℃）	0.493	1058	6.62	1.02	0.25	5.35	2.25
膨胀后（300℃）	0.500	1055	8.08	1.27	0.27	6.54	2.42
膨胀后（310℃）	0.506	1066	8.37	1.55	0.27	6.55	2.48

从表 6-30 可知，膨胀后烟支各项常规指标均较膨胀前明显降低，工艺风温度为 290℃膨胀后，在烟丝体积接近的情况下，较膨胀前烟支平均重量降低 43.4%、烟碱量降低 75.0%、焦油量降低 49.3%。因此，烟丝径二氧化碳膨胀工艺处理后，可有效提高白肋烟烟丝填充性能，促使烟碱量、焦油量降低。

（四）白肋烟膨胀后烟气有害成分的变化分析

白肋烟膨胀前后主流烟气中有害成分释放量及卷烟危害性指数变化如表 6-31 所示。

表 6-31　白肋烟膨胀前后有害成分及危害性指数检测数据

样品名称	CO 释放量 /（mg·支⁻¹）	HCN 释放量 /（μg·支⁻¹）	NNK 释放量 /（ng·支⁻¹）	NH₃ 释放量 /（μg·支⁻¹）	B[a]P 释放量 /（ng·支⁻¹）	苯酚 释放量 /（μg·支⁻¹）	巴豆醛 释放量 /（μg·支⁻¹）	卷烟危害性指数
膨胀前	7.73	88.72	198.45	27.86	4.76	15.29	13.33	60.64
膨胀后（280℃）	5.38	95.10	91.75	14.35	2.99	4.85	10.34	29.42
膨胀后（290℃）	5.33	82.35	65.74	12.28	2.60	3.31	8.16	21.82
膨胀后（300℃）	5.84	96.03	68.52	14.60	2.92	4.27	10.15	23.41
膨胀后（310℃）	5.84	89.32	71.19	13.53	2.64	4.23	10.27	23.82

从表 6-31 可知，膨胀后烟气有害成分各项指标均较膨胀前降低显著，工艺风温度为 290℃膨胀后各项烟气有害成分释放量最低，在烟丝体积接近的情况下，与膨胀前相化，CO 降低 31.05%、HCN 降低 7.18%、NNK 降低 66.89%、NH₃ 降低 55.92%、B[a]P 降低 45.38%、苯酚降低 78.35%、巴豆醛降低 38.79%、卷烟危害指数降低 64.02%。因此，烟丝经二氧化碳膨胀工艺处理后，可有效提高白肋烟烟丝填充性能，可显著降低烟气有害成分释放量，工艺风温度为 290℃时最佳。

二、混合型膨胀烟丝工艺路径优化

根据不同工艺路径处理白肋烟膨胀烟丝综合指标研究结果，进行混合型膨胀烟丝试验研究，同步进行工艺参数优化。

（一）试验设计

1. 烤烟、白肋烟模块分组加工模式

烤烟、白肋烟烟片不仅理化性质差异大，包装规格也不同（两种烟箱体积相同，但烤烟烟片每箱重量约 200 kg，白肋烟片每箱重量约 150 kg）。针对上述差异，主要采取以下措施实现了在同一处理线上对

烤烟、白肋烟模块进行分组加工：①分先后对两个模块进行切片和松散回潮，既解决了包装规格不同等因素对烟片流量控制均匀性的影响，也便于两种类型烟片松散回潮含水率的调控；②考虑到白肋烟与烤烟色泽差异较大，使用近红外水分仪的同一频道检测含水率时误差偏大的问题，开设白肋烟、烤烟两个水分检测频道，分别用于两种类型烟片松散回潮含水率的控制以提高松散回潮含水率控制精度；③由于白肋烟组织疏松，易散失水分，采用先处理白肋烟烟片、后处理烤烟烟片的分组加工方式，将松散回潮后的白肋烟烟片置于混配柜底层，烤烟烟片置于混配柜上层，以减少工艺停留期间白肋烟烟片水分散失。

2. 膨胀工序热风温度设计

加料烘焙的目的之一是提高烟叶的耐加工性能。考虑到未加料烘焙的烟片（尤其是白肋烟）的柔韧性、持水能力均会有所降低，膨胀工序热风温度过高会导致膨胀烟丝造碎大，并易出现枯焦气，通过试验将工艺路径改进后烟丝膨胀热风温度由 310 ℃降至 290 ℃，其他工艺参数不变。

（二）试验方案

研究对象：混合型膨胀烟丝叶组配方。

工艺路径：不同工艺路径处理混合型膨胀烟丝（图 6-6）。

投料批次及投料量：投料两批，每批 3000 kg，分别按改进前后工艺路径处理。

（三）试验数据分析

1. 加工方式对膨胀烟丝结构及物理质量的影响

改进前后膨胀烟丝的烟丝结构、填充值和含水率检测结果及双样本 *T* 检验结果（*P* 值）如表 6-32 所示。从表 6-32 可以看出：①改进前后膨胀烟丝的结构无显著差异。②改进后膨胀烟丝的含水率显著降低，变化率为 10.93%，填充值显著升高，变化率为 11.38%。但按照标准含水率（12.5%）对填充值测量结果进行修正并进行双样本 *T* 检验后，*P* 值为 0.056，大于 0.05，在 95% 置信区间，两者无显著差异。综上所述，采用改进的生产模式后，膨胀烟丝的烟丝结构和填充值均无明显变化，含水率虽然明显降低但仍在工艺标准（12%～14%）要求范围。加料烘焙与否对膨胀烟丝的物理质量影响不显著，说明不加料烘焙对烟丝物理质量产生的不利影响通过工艺参数的优化可以弥补。

表 6-32　改进前后膨胀烟丝结构及物理质量对比（*n*=10）

样品	长丝率 / %	中丝率 / %	整丝率 / %	碎丝率 / %	填充值 / (cm³ · g⁻¹)	含水率 / %
改进前均值	45.75	25.22	70.97	3.52	7.38	13.81
标准偏差	0.12	0.72	0.79	0.1	0.05	0.07
改进后均值	47.41	24.27	71.68	3.52	8.22	12.3
标准偏差	0.14	0.77	0.74	0.11	0.08	0.04
变化率 / %	3.63	−3.77	1	0	11.38	−10.93
P 值	0.068	0.084	0.188	0.977	0	0

2. 加工方式对膨胀烟丝常规化学成分及感官质量的影响

工艺改进前后膨胀烟丝常规化学成分含量的分析结果及双样本 *T* 检验结果（*P* 值）如表 6-33 所示。从表 6-33 可以看出，改进后膨胀烟丝的总糖含量、总氮含量、糖碱比、氮碱比变化不显著；总烟碱含量、挥发碱含量、总氯含量显著升高，变化率分别为 2.86%、2.94%、11.36%；总钾含量、钾氯比显著降低，变化率分别为 5.48%、15.08%。

改进后膨胀烟丝的总糖含量、总氮含量、糖碱比、氮碱比变化不显著，可见用于膨胀的白肋烟加料烘焙与否对上述指标无显著影响；总烟碱含量、挥发碱含量、总氯含量显著升高，是由于烟丝膨胀热风温度低于改进前引起；总钾含量降低是由于膨胀前白肋烟烟丝未进行加料处理引起。

钾氯比降低，对其燃烧性有不利影响；总烟碱、总氮、挥发碱含量升高，有利于增加"低焦油"混合型卷烟的香气量、提高烟气浓度。利用改进前后的膨胀烟丝按相同添加比例配制中南海某品牌烟丝并卷制卷烟，并对以上卷烟按照感官技术要求进行对照评吸（评吸结果如表 6-34 所示）。结果表明，香气和刺激性得分各提高了 0.5 分，光泽、谐调、杂气和余味得分不变，说明混合型膨胀烟丝加料烘焙与否至少不会对卷烟感官质量造成不利影响。

表 6-33　改进前后膨胀烟丝常规化学成分对比（n=10）

样品	总糖 /%	总烟碱 /%	总氮 /%	挥发碱 /%	总氯 /%	总钾 /%	糖碱比	氮碱比	钾氯比
改进前均值	15.93	1.75	2.22	0.34	0.44	2.92	9.09	1.27	6.63
标准偏差	0.43	0.04	0.03	0.01	0.02	0.05	0.37	0.04	0.36
改进后均值	15.83	1.8	2.25	0.35	0.49	2.76	8.79	1.25	5.63
标准偏差	0.52	0.03	0.05	0.01	0.03	0.05	0.31	0.02	0.28
变化率 /%	−0.63	2.86	1.35	2.94	11.36	−5.48	−3.30	−1.57	−15.08
P 值	0.775	0.021	0.131	0.010	0	0	0.243	0.340	0

表 6-34　改进前后卷烟感官质量检验对比

项目		光泽 5			香气 32			谐调 6			杂气 12			刺激性 20			余味 25			合计
分数段		Ⅰ	Ⅱ	Ⅲ	Ⅰ	Ⅱ	Ⅲ	Ⅰ	Ⅱ	Ⅲ	Ⅰ	Ⅱ	Ⅲ	Ⅰ	Ⅱ	Ⅲ	Ⅰ	Ⅱ	Ⅲ	
样品编号	牌号	5	4	3	32	28	24	6	5	4	12	10	8	20	17	15	25	22	20	
改进前	中南海（某品牌）	4.5			26			5.5			11.5			18.5			23.5			89.5
改进后	中南海（某品牌）	4.5			26.5			5.5			11.5			19			23.5			90.5

3. 加工方式对膨胀烟丝烟气有害成分释放量的影响

表 6-35 是工艺改进前后未膨胀和膨胀烟丝的烟气指标分析结果。从表 6-35 可以看出，①改进后的未膨胀烟丝（A2）的吸烟口数较高，烟气烟碱释放量也高于改进前烟丝（A1），一氧化碳量和焦油量无显著变化，这主要是因为白肋烟施加的料液中含有大量的糖和含钾的盐，导致改进前的未膨胀烟丝中糖和钾含量较高，钾含量高会提高卷烟的燃烧性，从而导致吸烟口数降低和焦油、一氧化碳量及烟气烟碱释放量下降，糖含量升高会导致焦油量和一氧化碳释放量升高，两种影响相抵导致改进前后未膨胀烟丝的烟气焦油、一氧化碳释放量变化不大而烟气烟碱释放量升高；改进后膨胀烟丝（B2）的吸烟口数和焦油、

一氧化碳、烟气烟碱释放量均低于改进前膨胀烟丝（B1），这与用改进后膨胀烟丝所卷烟支的重量较低有关。②改进前膨胀烟丝（B1）的烟气烟碱量、焦油量、一氧化碳量均明显低于膨胀前烟丝（A1），变化率分别为54.65%、38.78%、30.48%；改进后膨胀烟丝（B2）的烟气烟碱量、焦油量、一氧化碳量也明显低于改进后未膨胀烟丝（A2），变化率分别为67.01%、51.77%、40.84%。膨胀前后烟气指标的变化幅度明显大于加料烘焙与否，说明膨胀是降低各烟气成分释放量的主要因素。

以总粒相物、水分、烟气烟碱量、焦油量、一氧化碳和抽吸口数6项指标为变量，分别对A1—A2、B1—B2、A1—B1、A2—B2进行配对 *T* 检验，结果如表6-36所示。A1与A2间差异不显著，B1与B2、A1与B1、A2与B2间差异均显著，平均差异的大小顺序是（A2—B2）>（B1—B2）>（A1—B1）>（A1—A2），进一步说明膨胀是导致烟气成分释放量降低的主要因素，工艺改进后，烟丝膨胀导致的烟气常规指标的降低更显著。

表 6-35　改进前后膨胀烟丝烟气指标检测结果

样品名称	重量 /g	吸阻 /Pa	总粒相物 /（mg·支⁻¹）	水分 /（mg·支⁻¹）	烟气烟碱量 /（mg·支⁻¹）	焦油量 /（mg·支⁻¹）	一氧化碳 /（mg·支⁻¹）	抽吸口数
A1	0.966	1142	12.56	1.05	0.86	10.65	10.76	7.32
A2	1.069	1211	13.19	1.48	0.97	10.74	10.70	9.02
变化率 / %			5.02	40.95	12.79	0.84	−0.56	23.22
B1	0.676	1603	8.66	1.75	0.39	6.52	7.48	4.90
B2	0.647	1478	6.12	0.62	0.32	5.18	6.33	4.22
变化率 / %			−29.33	−64.57	−17.95	−20.55	−15.37	−13.88
B1 相对 A1 变化率 / %			−31.05	66.67	−54.65	−38.78	−30.48	−33.06
B2 相对 A2 变化率 / %			−53.60	−58.11	−67.01	−51.77	−40.84	−53.22

表 6-36　烟气指标的配对 *T* 检验结果

配对	平均差异及95%置信区间			*T* 值	自由度	*P* 值
	平均	下限	上限			
A1—A2	−0.483	−1.162	0.196	−1.829	5	0.127
B1—B2	1.152	0.292	2.011	3.443	5	0.018
A1—B1	2.250	0.193	4.307	2.811	5	0.037
A2—B2	3.885	1.163	6.607	3.669	5	0.014

表6-37是工艺改进前后未膨胀和膨胀烟丝的烟气7种有害成分释放量及其危害性指数。从表6-37中可以看出，无论加料烘焙与否，相对于未膨胀烟丝（A1、A2），膨胀后烟丝（B1、B2）7种有害成分的释放量均出现了较大幅度的降低，卷烟危害性评价指数也大幅降低。

表 6-37　烟气中 7 种有害成分释放量及危害性指数检测结果

样品名称	CO 释放量 / （mg·支⁻¹）	HCN 释放量 / （μg·支⁻¹）	NNK 释放量 / （ng·支⁻¹）	NH₃ 释放量 / （μg·支⁻¹）	B[a]P 释放量 / （ng·支⁻¹）	苯酚 释放量 / （μg·支⁻¹）	巴豆醛 释放量 / （μg·支⁻¹）	危害 性指数
A1	10.76	138.40	43.09	11.22	11.59	10.92	20.70	19.61
A2	10.70	132.27	53.78	12.51	13.22	15.66	20.91	23.14
变化率 /%	−0.56	−4.43	24.81	11.50	14.06	43.41	1.01	18.00
B1	7.48	109.58	19.66	7.85	6.12	2.72	16.45	10.60
B2	6.33	88.13	18.51	6.89	5.87	2.57	14.01	9.58
变化率 /%	−15.37	−19.58	−5.85	−12.23	−4.09	−5.52	−14.83	−9.62
B1 相对 A1 变化率 /%	−30.48	−20.82	−54.38	−30.04	−47.20	−75.09	−20.53	−45.95
B2 相对 A2 变化率 /%	−40.84	−33.37	−65.58	−44.92	−55.60	−83.59	−33.00	−58.60

从表 6-37 看出，加料烘焙与否对 7 种有害成分释放量及其危害性指数的影响程度不同，在膨胀前后烟丝上表现出的规律性也不相同。对于膨胀前烟丝，与加料烘焙烟丝（A1）相比不加料烘焙烟丝（A2）的 CO、HCN、巴豆醛释放量变化不明显，NNK、NH₃、B[a]P、苯酚释放量则明显升高（变化率分别为 24.81%、11.50%、14.06%、43.41%），并导致卷烟危害性评价指数升高；对于膨胀后烟丝，与加料烘焙烟丝（B1）相比不加料烘焙烟丝（B2）的 NNK、B[a]P、苯酚释放量略有降低，CO、HCN、NH₃、巴豆醛释放量则显著降低（变化率分别为 15.37%、19.58%、12.23%、14.83%）。以 7 种有害成分释放量为变量，分别对 A1—A2、B1—B2 进行配对 T 检验，结果（表 6-38）为不显著，进一步证明加料烘焙与否对 7 种有害成分释放量的影响趋势或程度不一致，但不加料烘焙工艺改进更利于卷烟减害。

表 6-38　烟气指标的配对 T 检验结果

配对	平均差异及 95% 置信区间			T 值	自由度	P 值
	平均	下限	上限			
A1—A2	−1.847	−7.719	4.026	−0.808	5	0.456
B1—B2	4.432	−4.360	13.224	1.296	5	0.252
A1—B1	12.242	0.685	23.799	2.723	5	0.042
A2—B2	18.520	0.794	36.246	2.686	5	0.044

（四）成果应用

1. 中南海（1 mg 出口）膨胀烟丝改进后工艺应用

修改了 MES 系统三级工序，制定了相关工艺技术标准，简化了中南海（1 mg 出口）膨胀烟丝加工工艺路径，使生产安排更加便捷，提高了生产效率，5000 kg/ 叶组提高生产效率 6 h；通过对比两种不同工艺路径加工产品的感官质量，取消了烤烟、白肋烟加料工艺，降低了烟丝加工成本。具体标准如表 6-39 和表 6-40 所示。

表 6-39　中南海（1 mg 出口）膨胀烟丝加工工艺路径改进后产品技术要求

工序	项目	指标
膨胀烟片切片	每包分切长度累计误差 /mm	≤ 40
	物料流量波动值 /%	≤ 2
膨胀烤烟烟片松散回潮	出口物料温度 /℃	55 ± 3
	出口物料含水率 /%	20 ± 1.5
	松散率 /%	≥ 99
膨胀白肋烟片松散回潮	出口物料温度 /℃	55 ± 3
	出口物料含水率 /%	20 ± 1.5
膨胀烟片预配	储存时间 /h	≥ 2
光选除杂	剔除率 /%	≥ 85
	误剔率 /%	≤ 0.5
膨胀烟片增湿	物料流量波动值 /%	≤ 1.5
	出口物料温度 /℃	50 ± 3
	出口物料含水率 /%	25 ± 1.5
储膨胀烟片	储存时间 /h	4 ~ 72
膨胀烟片增温	出口物料温度 /℃	50 ± 3
切膨胀叶丝	切叶丝宽度 /mm	1.0 ± 0.1
储膨胀叶丝	储存时间 /h	≥ 2
叶丝浸渍	浸渍时间 /s	180
	干冰烟丝 CO_2 含量 /%	4 ± 2
	单批重量 /（kg·批$^{-1}$）	350 ± 50
膨胀叶丝回潮加料	出口物料含水率 /%	13.2 ± 0.5
	料液代号	JYPL001
	加料比例 /%	3.96
	加料精度 /%	≤ 1
	结团量 /‰	≤ 1.2
膨胀叶丝风选	物料流量波动值 /%	≤ 1
	整丝率降低 /%	≤ 1
	含水率降低 /%	≤ 0.5
	误剔率 /%	≤ 15
储成品膨胀叶丝	储存时间 /h	≤ 720
	膨胀丝整丝率 /%	≥ 70
	膨胀丝碎丝率 /%	≤ 4
	膨胀丝含水率 /%	13 ± 0.5
	膨胀丝填充值 /（cm^3·g^{-1}）	≥ 6
	纯净度 /%	≥ 99

表 6-40　中南海（1 mg 出口）膨胀烟丝加工工艺路径改进后产品重要工艺参数

工序	项目	指标
膨胀烟片切片	物料流量设定 /（kg·h^{-1}）	3000
	刀数设定 / 刀	3
	大包切片厚度设定 /mm	275
膨胀烤烟烟片松散回潮	出口物料温度设定 /℃	55
	出口物料含水率设定 /%	20
膨胀白肋烟片松散回潮	出口物料温度设定 /℃	55
	出口物料含水率设定 /%	20
膨胀烟片增湿	物料流量设定 /（kg·h^{-1}）	3000
	出口物料温度设定 /℃	50
	出口物料含水率设定 /%	25
膨胀烟片增温	出口物料温度设定 /℃	50
切膨胀叶丝	宽度设定 /mm	1
叶丝浸渍	浸渍时间设定 /s	180
	物料流量设定 /（kg·h^{-1}）	5300
叶丝膨胀	热风温度设定 /℃	290 ± 5
	热风流速设定 /（m·s^{-1}）	33 ± 3
	蒸汽流量设定 /（kg·h^{-1}）	800 ± 50
	负压设定 /mmH$_2$O	−150 ± 50
膨胀叶丝回潮加料	出口物料含水率设定 /%	13.2
	加料比例设定 /%	3.96
膨胀叶丝风选	物料流量设定 /（kg·h^{-1}）	2000

2. 白肋烟膨胀烟丝处理工艺应用

通过对不同工艺路径处理的白肋烟膨胀烟丝各加工工序 TSNAs、卷烟危害指数、主流烟气指标、化学成分的深入研究与分析，得出相关结论，为进一步实现卷烟减害降焦提供技术支撑。此外，结合感官质量，优化了白肋烟膨胀烟丝加工工艺路径及工艺参数，形成独立白肋烟膨胀烟丝品种，拓展了白肋烟应用领域，该产品已应用到混合型新产品的研制中。具体标准如表 6-41 至表 6-44 所示。

表 6-41　膨胀烟丝（白肋）烟片处理工艺技术要求（膨胀烟丝线）

工序	项目	指标
切烟片	每包分切长度累计误差 /mm	≤ 40
	物料流量波动值 /%	≤ 2

工序	项目	指标
烟片松散回潮	出口物料温度 /℃	50±3
	出口物料含水率 /%	21±1.5
	松散率 /%	≥99
烟片预配	储存时间 /h	≥3
光选除杂	剔除率 /%	≥80
	误剔率 /%	≤1
烟片增湿	物料流量波动值 /%	≤1.5
	出口物料温度 /℃	50±3
	出口物料含水率 /%	24±1
储烟片	储存时间 /h	4～72

表 6-42　膨胀烟丝（白肋）烟片处理工艺重要工艺参数（膨胀烟丝线）

工序	项目	指标
切烟片	物料流量设定 /（kg·h^{-1}）	3000
	刀数设定 / 刀	3
	大包切片厚度设定 /mm	275
烟片松散回潮	出口物料温度设定 /℃	50
	出口物料含水率设定 /%	21
烟片增湿	物料流量设定 /（kg·h^{-1}）	3000
	出口物料温度设定 /℃	50
	出口物料含水率设定 /%	24
烟片增温	出口物料温度设定 /℃	50

表 6-43　膨胀烟丝（白肋）制膨胀烟丝工艺技术要求（膨胀烟丝线）

工序	项目	指标
烟片增温	出口物料温度 /℃	50±3
切叶丝	切叶丝宽度 /mm	1.0±0.1
储膨胀叶丝	储存时间 /h	≥2
叶丝浸渍	浸渍时间 /s	180
	干冰烟丝 CO_2 含量 /%	4±2
	单批重量 /（kg·批$^{-1}$）	300±50

续表

工序	项目	指标
膨胀叶丝回潮加料	出口物料含水率 /%	13.2 ± 0.5
	料液代号	JYPL001
	加料比例 /%	3.96
	加料精度 /%	≤ 1
	结团量 /‰	≤ 1.2
膨胀叶丝风选	整丝率降低 /%	≤ 1
	含水率降低 /%	≤ 0.5
	误剔率 /%	≤ 15
装箱	单箱重量 /kg	13 ± 0.5
储成品膨胀叶丝	膨胀丝整丝率 /%	≥ 65
	膨胀丝碎丝率 /%	≤ 4
	膨胀丝含水率 /%	13 ± 0.5
	膨胀丝填充值 /（$cm^3 \cdot g^{-1}$）	≥ 6
	纯净度 /%	≥ 99
	储存时间 /h	≤ 720

表 6-44　膨胀烟丝（白肋）制膨胀烟丝重要工艺参数（膨胀烟丝线）

工序	项目	指标
烟片增温	出口物料温度设定 /℃	50 ± 3
切叶丝	切叶丝宽度设定 /mm	1.0 ± 0.1
储膨胀叶丝	储存时间设定 /h	≥ 2
叶丝浸渍	浸渍时间设定 /s	180
	干冰烟丝 CO_2 含量设定 /%	4 ± 2
	单批重量设定 /（$kg \cdot 批^{-1}$）	300 ± 50
叶丝膨胀	热风温度设定 /℃	290
	热风流速设定 /（$m \cdot s^{-1}$）	33
	蒸汽流量设定 /（$kg \cdot h^{-1}$）	800
	负压设定 /mmH$_2$O	−130
膨胀叶丝回潮加料	出口物料含水率设定 /%	13.2 ± 0.5
	加料比例设定 /%	3.96
膨胀叶丝风选	物流流量设定 /（$kg \cdot h^{-1}$）	2000
装箱	单箱重量设定 /kg	13

第七章

降低烟草特有 *N*–亚硝胺技术体系的构建及在"中南海卷烟"产品中的应用

第一节　降低烟草特有 *N*–亚硝胺技术体系的构建

上海烟草集团北京卷烟厂多年来一直从事降低烟草特有 *N*–亚硝胺的工作，分析烟草特有 *N*–亚硝胺的主要影响因素，分别从农业技术研究、工艺技术研究、降害材料研究及基础技术研究 4 个方面开展技术攻关，最终在农业生产环节、打叶复烤环节、烟叶储藏环节、工业生产环节及卷烟设计环节形成 14 项降低 NNK 为代表的关键核心技术，构建了 NNK 降低技术体系。具体情况如表 7–1 所示。

（1）烟草育种

从美国引育了降烟碱转化率较低的 TN90LC 白肋烟品种，新品种白肋烟感官评吸较好，风格特色较显著。与传统的鄂烟 1 号相比，上部叶 TSNAs 平均值降低 64.76%，NNN 平均值降低 65.84%；中部叶 TSNAs 平均值降低 68.11%，NNN 平均值降低 77.6%。对马里兰烟主栽品种五峰 1 号进行改良，降低烟碱转化率和烟叶的亚硝胺含量，改良后 TSNAs 的总量与对照相比下降了 66.3%～72.9%，NNN 含量下降了 73.8%～79.9%。

（2）栽培技术

通过设置调整肥料中氮素形态比例的施肥措施和改变起垄方式及移栽方式，形成了降低烟叶中 TSNAs 的新栽培技术，能使上部烟叶 TSNAs 含量降低 8.99%～29.85%，中部烟叶 TSNAs 含量降低 20.77%～38.24%。

（3）调制技术

通过研究不同湿度条件对白肋烟晾制期间 TSNAs 积累的影响，形成了降低烟叶中 TSNAs 的调制技术，能使烟叶中 NNK 含量降低 40% 以上。

（4）生化调控技术

白肋烟、马里兰烟生长过程中，田间施用生化减害剂，可有效降低烟叶中 TSNAs 含量，TSNAs 含量降低 30% 以上。

（5）植物源减害剂

在打叶复烤过程中使用具有降低 NNK 效果的植物源减害剂，可使复烤后烟叶中 NNK 释放量选择性降低 37.99%；在卷烟加工过程中施加植物源减害剂能将卷烟烟气中 NNK 和 TSNAs 释放量分别选择性降低 29.20% 与 20.11%。

（6）化学源减害剂

在打叶复烤过程中使用具有降低 NNK 效果的化学源减害剂，可使复烤后烟叶中 NNK 释放量选择性降低 22.94%；化学源减害剂在制丝生产线上施加能将烟丝中 NNK 的释放量选择性降低 13.05%；打叶复烤过程中喷施 0.4% 纳米材料分散液烟叶中 NNK 和 TSNAs 含量分别选择性降低 23.9% 与 14.6%。

（7）储藏综合技术

白肋烟调制结束后的储藏阶段是烟草特有 N-亚硝胺形成的重要时期，通过研究发现，烟叶储藏温度控制在 20 ℃时可有效抑制储藏过程中 TSNAs 的生成。采用真空包装的方式，可抑制烟叶储藏过程中 TSNAs 的生成，抑制效率为 30% 左右。打叶复烤加工过程中在烟叶表面喷施 3% 的维生素 C 溶液或 4.3‰ 纳米材料分散液，可抑制烟叶储藏过程中 TSNAs 的生成，抑制效率为 20% 左右。

（8）催化吸附技术

将纳米材料、大孔硅胶材料、介孔复合材料应用于卷烟烟丝及滤嘴中，可使烟气中 NNK 释放量选择性降低 20% 以上，巴豆醛释放量选择性降低 60% 以上。

（9）功能型再造烟叶技术

将纳米材料及生物酶技术应用于再造烟叶生产过程中，开发出具有降低烟草特有 N-亚硝胺的功能型再造烟叶产品。在不改变中南海在线产品风格特征的前提下，卷烟烟气中 NNK 选择性降低 20% 以上，卷烟危害性指数降低 10% 左右。添加干法再造烟叶丝的卷烟产品 NNK 释放量选择性降低 30.0%，卷烟危害性评价指数降低 13.8%。

（10）生物酶技术

研究发现了针对 NNK 具有催化降解功能的生物酶，并将该生物酶应用于白肋烟片加工过程中，可有效降低 NNK 34.6% 以上。

（11）白肋烟膨胀技术

将二氧化碳烟丝膨胀工艺应用于白肋烟加工过程中，形成白肋烟膨胀技术，可降低 NNK 60% 以上。

（12）卷烟叶组配方设计

烟叶产地、类型、部位及品种对于单位焦油 NNK 释放量均有一定影响，其中烟叶类型影响最大，产地次之，品种和部位相对影响最小。烟叶类型中白肋烟单位焦油 NNK 释放量＞烤烟＞香料烟；烟叶产地中云南曲靖、湖南郴州、山东临沂和贵州毕节烟叶单位焦油 NNK 释放量最大，约高于全部样品平均水平的 50%～80%，云南大理、黑龙江、河南南阳、福建三明和福建龙岩烟叶单位焦油 NNK 释放量最小，约低于全部样品平均水平的 40%；烟叶中上部叶 NNK 释放量＞中部叶＞下部叶。

（13）三丝掺兑设计

再造烟叶掺兑量与单位焦油 NNK 释放量显著相关，膨胀梗丝、膨胀烟丝掺兑量与单位焦油 NNK 释放量有一定相关关系。随着膨胀梗丝、膨胀烟丝和再造烟叶掺兑量增加，单位焦油 NNK 释放量增加。

（14）卷烟辅助材料设计

烤烟型卷烟 NNK 释放量与卷烟纸克重没有相关性，混合型卷烟 NNK 释放量与卷烟纸克重有一定的正相关关系。烤烟型、混合型卷烟 NNK 释放量均与卷烟纸透气度及滤嘴吸阻呈显著负相关关系。烤烟型卷烟 NNK 释放量与滤嘴通风度没有相关性，混合型卷烟 NNK 释放量与滤嘴通风度有一定的负相关关系。

表 7-1　降低 NNK 技术体系

类别	技术	应用条件	焦油	H	CO	HCN	NNK	氨	B[a]P	苯酚	巴豆醛	技术来源
农业生产	烟草育种	引育美国白肋烟品种 TN90LC	/	/	/	/	18%	/	/	/	/	减害重大专项项目"降低国产白肋烟、马里兰烟 TSNAs 含量关键技术研究"
农业生产	栽培技术	烟叶生长过程中不同起垄方式氮肥中不同氮素形态比例及不同采收时间	/	/	/	/	24%	/	/	/	/	
农业生产	调制技术	实现热源内置式增温排湿晾房或太阳能增温排湿晾房	/	/	/	/	68%	/	/	/	/	
农业生产	生化调控技术	烟叶生长过程中的打顶期施加浓度为 10×10^{-6} 的烟叶减害剂	/	/	/	/	29%	/	/	/	/	
打叶复烤	植物源减害剂	打叶复烤生产线烟叶复烤前在线施加浓度为 25% 的植物源减害剂	/	/	/	/	37%	/	/	/	/	减害重大专项项目"应用生物技术在打叶复烤和卷烟生产中降低 TSNAs 的研究"
打叶复烤	化学源减害剂	打叶复烤生产线烟叶复烤前在线施加浓度为 0.4% 的纳米材料分散液	/	/	/	/	24%	/	/	/	/	
烟叶储藏	储藏综合技术	白肋烟储藏阶段温度 20 ℃、湿度 20%	/	/	/	/	70%	/	/	/	/	减害重大专项项目"降低国产白肋烟、马里兰烟 TSNAs 含量关键技术研究"
烟叶储藏	储藏综合技术	真空包装	/	/	/	/	30%	/	/	/	/	
卷烟设计	复合滤棒	烟叶表面喷施 3% 的维生素 C 或纳米材料分散液	/	/	/	/	20%	/	/	/	/	减害重大专项项目"降低卷烟主流烟气中 TSNAs 的综合技术及在'中南海'品牌的应用研究"
卷烟设计	复合滤棒	新型大孔硅胶材料添加量 18 mg/支	9%	18%	-2%	23%	12%	18%	6%	33%	61%	
卷烟设计	功能性卷烟纸	引入胶黏剂涂布，功能材料的添加比例为 2.51%	7%	19%	11%	21%	9%	16%	16%	14%	13%	

续表

	技术	应用条件	实际应用范围对应的最高降低率									技术来源
			焦油	H	CO	HCN	NNK	氨	B[a]P	苯酚	巴豆醛	
	功能型再造烟叶技术	在卷烟配方叶组中以 10% 比例添加	1%	11%	2%	8%	22%	3%	-5%	-5%	-3%	"降低 TSNAs 的功能型再造烟叶技术研究"
	生物酶技术	白肋烟生产线加表料工序在线加入 5% 生物酶制剂，储叶 2 h	-6%	14%	-3%	-2%	35%	9%	-3%	-32%	20%	减害重大专项项目"应用生物技术在打叶复烤和卷烟生产中降低 TSNAs 的研究"
工业生产	白肋烟膨胀技术	白肋烟二氧化碳烟丝膨胀在线工艺	49%	64%	-31%	7%	67%	56%	45%	78%	39%	"中南海（1 mg 出口）专用膨胀烟丝加工工艺路径改进"
	催化吸附技术　纳米材料	复合滤棒和烟丝共同添加	-3%	/	25%	/	46%	/	71%	30%	59%	"应用纳米技术有效降低卷烟烟气中有害物质含量的研究"
	催化吸附技术　镁铝双金属层状氢氧化物	滤棒和烟丝共同添加	-3%	25%	15%	18%	33%	22%	19%	39%	22%	减害重大专项项目"降低卷烟主流烟气中 TSNAs 的综合技术及在'中南海'品牌的应用研究"

第二节　降低 NNK 技术在"中南海卷烟"产品中的应用

一、降低 NNK 技术在"中南海卷烟"产品维护中的应用

上海烟草集团北京卷烟厂研究团队针对 NNK 主要影响因素，分别从农业技术研究、工艺技术研究、降害材料研究及基础技术研究 4 个方面开展技术攻关，通过多年研究，最终在农业生产环节、打叶复烤环节、烟叶储藏环节、工业生产环节及卷烟设计环节形成 14 项降低 NNK 的关键核心技术，并不断加快核心技术的推广与应用，相继将该核心技术单项或多项集成应用于中南海品牌多个规格中，具体情况如下。

中南海（金 8 mg）作为国产混合型卷烟中产量最大的低焦油产品，相继使用了农业生产综合降害技术、催化吸附技术及生物酶技术。中南海（金 8 mg）卷烟感官质量没有发生明显变化，烟气有害成分释放量及危害性指数明显降低，其中，焦油含量由 2010 年的 7.6 mg/ 支降至 2016 年的 7.5 mg/ 支，降幅为 1.3%，NNK 释放量由 2010 年的 39.4 ng/ 支降至 2016 年的 20.1 ng/ 支，选择性降低率达到 47.7%，危害性指数由 2010 年的 16.1 降至 2016 年的 10.5，降幅达到 34.8%。

中南海（5 mg）作为上海烟草集团北京卷烟厂目前所有在销规格中，单箱利润率最高的低焦油产品，相继使用了农业生产综合降害技术、催化吸附技术及植物源减害剂。中南海（5 mg）卷烟感官质量没有发生明显变化，烟气有害成分释放量及危害性指数明显降低，其中，焦油含量由 2010 年的 4.9 mg/ 支降至 2016 年的 4.7 mg/ 支，降幅为 4.1%，NNK 释放量由 2010 年的 35.2 ng/ 支降至 2016 年的 15.9 ng/ 支，选择性降低率达到 50.7%，危害性指数由 2010 年的 12.8 降至 2016 年的 8.0，降幅达到 37.5%。

中南海（10 mg）相继使用了农业生产综合降害技术及催化吸附技术。中南海（10 mg）卷烟感官质量没有发生明显变化，烟气有害成分释放量及危害性指数明显降低，其中，焦油含量由 2010 年的 9.2 mg/ 支降至 2016 年的 9.1 mg/ 支，降幅为 1.1%，NNK 释放量由 2010 年的 41.5 ng/ 支降至 2016 年的 26.6 ng/ 支，选择性降低率达到 34.8%，危害性指数由 2010 年的 17.5 降至 2016 年的 13.0，降幅达到 25.7%。

中南海（8 mg）相继使用了农业生产综合降害技术、催化吸附技术及植物源减害剂。中南海（8 mg）卷烟感官质量没有发生明显变化，烟气有害成分释放量及危害性指数明显降低，其中，焦油含量由 2010 年的 8.0 mg/ 支降至 2016 年的 7.8 mg/ 支，降幅为 2.5%，NNK 释放量由 2010 年的 38.4 ng/ 支降至 2016 年的 18.8 ng/ 支，选择性降低率达到 48.5%，危害性指数由 2010 年的 15.6 降至 2016 年的 9.2，降幅达到 41.0%。

中南海（蓝色时光）、中南海（蓝色风尚）、中南海（浓味）相继使用了农业生产综合降害技术及功能型再造烟叶技术。3 款卷烟产品的感官质量及焦油含量均没有发生明显变化，烟气有害成分释放量及危害性指数明显降低，其中，NNK 释放量选择性降低 20.3% ～ 23.6%，危害性指数降幅为 8.8% ～ 14.8%。

将研究中形成的新技术应用于新开发的多规格卷烟中，取得了明显的效果。领潮 3 mg 卷烟烟气中 NNK 的释放量为 3.80 ng/ 支，与现有同规格的卷烟相比选择性降低率为 57.69%；领潮 5 mg 卷烟烟气中 NNK 的释放量为 4.40 ng/ 支，与现有同规格的卷烟相比选择性降低率为 85.86%；领御 8 mg 卷烟烟气中 NNK 的释放量为 3.98 ng/ 支，与现有同焦油量规格的卷烟相比选择性降低率为 85.679%。集成应用系列降低 TSNAs 技术开发的 8 mg 混合型卷烟产品，危害性指数仅为 7.4，与对照相比，NNK 和巴豆醛释放量选择性降低 52.3% 与 65.1%，危害性指数降低 45.3%。

二、降低 NNK 技术在"中南海卷烟"产品开发中的应用

中南海品牌在减害技术专项推进过程中，始终关注低焦油卷烟产品开发与培育工作，研究人员从采用降低 TSNAs 制剂及纳米降害材料的打叶复烤技术、降低 TSNAs 的功能性再造烟叶生产技术、集成的降低 TSNAs 的制丝工艺技术及吸附降害技术等方面进行研究，成功将各种降低 TSNAs 的技术应用到"中南海卷烟"产品的一些在线产品中，使卷烟烟气中的 NNK 含量有明显降低，达到了降焦减害的目的。中南海品牌 2010—2016 年努力提升产品结构、提高品牌形象，开发了多个低焦高档卷烟。

（一）中南海（浪漫风情）

中南海（浪漫风情）是中南海品牌于 2011 年开发的一款薄荷味低焦油低危害混合型卷烟，香气清新自然，口气清爽舒适，有效提高了喉部舒适性且极大降低了环境烟气的味道，提高了吸食的愉悦感，其配方如图 7-1 所示。配方结构中烤烟和白肋烟比例相近，突出了白肋烟的味道，同时为了照顾女性顾客口味清淡的特点，加大了梗丝和膨胀烟丝的配比用量，稀释了烟气中对于女性来说过于强烈浓郁的辛辣感，达到了整体协调。除此之外，卷烟中还添加了罗布麻、甘草等中草药，并采用纯天然薄荷草萃取物，辅以能增加口气清新的绿茶天然成分，且在滤棒和烟丝中均有添加，加上独特的薄荷缓释技术，使吸烟者能感受到前后一致且持久的清凉体验。

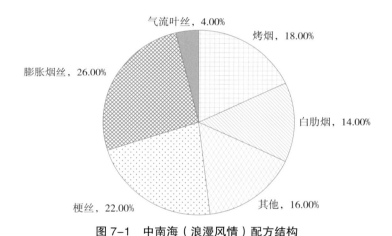

图 7-1　中南海（浪漫风情）配方结构

中南海（浪漫风情）采用了纳米材料复合滤棒和激光打孔等技术，有效降低了卷烟中的有害成分。从图 7-2 可以看出，中南海（浪漫风情）的焦油量控制在 5 mg/ 支左右，属于低焦油卷烟。2011—2016 年，7 项有害成分的释放量都在均值附近变动，危害性指数控制在 7.7 ～ 7.27，并呈逐年递减趋势。

（二）中南海（蓝色时光）

中南海（蓝色时光）是中南海品牌 2011 年开发的一款低焦油混合型卷烟，采用了实施降低 TSNAs 的农业生产综合技术得到的马里兰烟和白肋烟，并在打叶复烤和卷烟加工中加入减害剂，同时应用了添加纳米材料的混合型造纸法再造烟叶，成功降低了卷烟烟气中的 NNK 释放量，其产品的具体配方结构如图 7-3 所示。

中南海（蓝色时光）以烤烟为支撑，辅以调和白肋烟的辛辣刺激感，烟气浓郁醇厚，口腔干净舒适，独特的卷烟纸能够有效减轻抽吸时由于卷烟纸燃烧而带来的木质气等不良气体，还原烟草的自然香气。如图 7-4 所示，产品中采用了活性炭复合滤棒、在线激光打孔和造纸法再造烟叶等技术，使产品在焦油量为 6 mg/ 支的情况下，使 NNK 释放量由 2011 年的 19.10 ng/ 支降至 2016 年的 14.44 ng/ 支，降低率达到 24.4%，也使得危害性指数在 2011—2016 年逐年下降，由 10.01 降至 8.8，达到了降焦减害的目的。

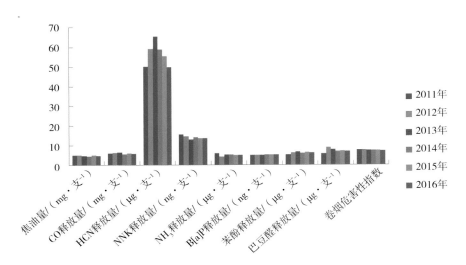

图 7-2 中南海（浪漫风情）2011—2016 年 7 项有害成分释放量及危害性指数

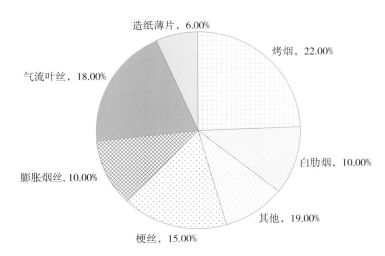

图 7-3 中南海（蓝色时光）配方结构

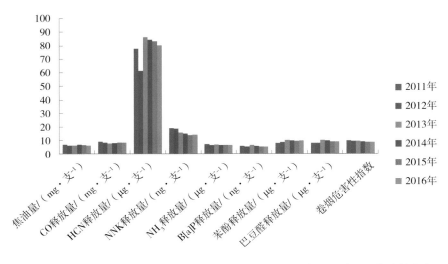

图 7-4 中南海（蓝色时光）2011—2016 年 7 项有害成分释放量及危害性指数

（三）中南海（酷爽风尚）

中南海（酷爽风尚）是中南海品牌 2011 年开发的一款薄荷味低焦油混合型卷烟，香气清新自然，口气清爽舒适。与中南海（浪漫风情）相似，卷烟中还添加了罗布麻、甘草等中草药，并采用纯天然薄荷草萃取物，并辅以能增加口气清新的绿茶天然成分，且在滤棒和烟丝中均有添加，加上独特的薄荷缓释技术，使薄荷的清凉、烟草的本香和茶香达到完美结合。图 7-5 为中南海（酷爽风尚）配方结构，与中南海（浪漫风情）相比，减少了梗丝和膨胀烟丝的使用比例，增加了烤烟的比例，加重了烟气口味，这是因为这两款薄荷烟针对的客户群体不同。

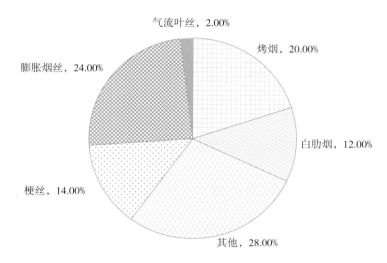

图 7-5　中南海（酷爽风尚）配方结构

从图 7-6 可以看出，产品中同样采用了活性炭复合滤棒和激光打孔等技术，在盒标焦油量 8 mg/ 支的前提下，使卷烟的危害性指数由 2011 年的 10.09 下降至 2016 年的 9.37，完全符合行业的低危害卷烟要求。

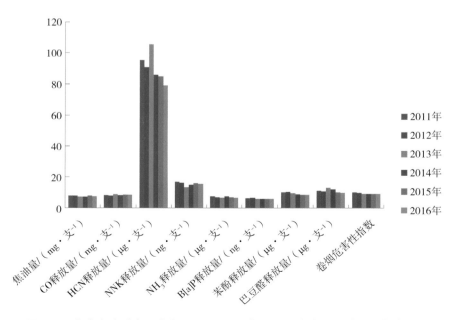

图 7-6　中南海（酷爽风尚）2011—2016 年 7 项有害成分释放量及危害性指数

（四）中南海（硬 1 mg）

中南海（硬 1 mg）是中南海品牌 2011 年开发的一款低焦油低危害混合型卷烟，该产品的香气细腻绵长，纯净舒适，选用高香气低危害的烟叶原料，并采用独有的滤棒和叶组补香技术，在提高烟气浓度的同时提升烟草本香。其叶组配方如图 7-7 所示，为了降低焦油量，膨胀烟丝和梗丝占比很大。

中南海（硬 1 mg）采用了三重复合减害增香滤棒，集合活性炭、天然多孔颗粒和纳米材料制备成复合滤棒，有效降低了有害物质，其 7 种有害成分释放量和危害性指数如图 7-8 所示。在盒标焦油量 1 mg/支的前提下，7 种有害成分释放量和危害性指数达到了中南海所有品牌中的最低值，是降焦减害技术的集中体现。

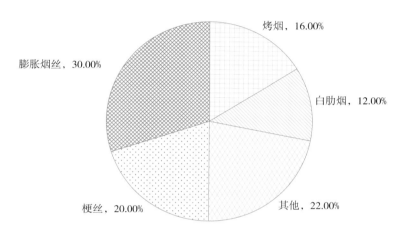

图 7-7　中南海（硬 1 mg）配方结构

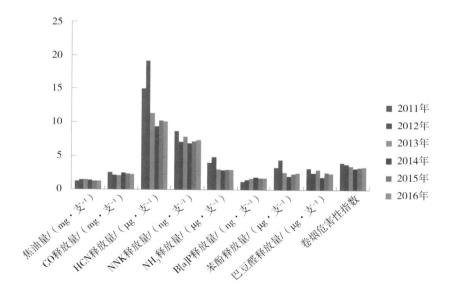

图 7-8　中南海（硬 1 mg）2011—2016 年 7 项有害成分释放量及危害性指数

（五）中南海（领越）

中南海（领越）是中南海品牌 2012 年开发的一款低焦油低危害混合型卷烟，产品香气丰富，烟气柔和细腻。配方结构如图 7–9 所示，烤烟和白肋烟的比例相差悬殊，属于亚混合型卷烟，兼顾了吸食烤烟的消费者需求。

　　产品采用了活性炭与天然过滤材料复合技术的滤棒降低烟气中有害成分，其结果如图 7–10 所示。卷烟的焦油量为 6 mg/ 支，危害性指数从 2012 年的 6.35 降低到 2016 年的 5.87，是一款低焦油低危害的双低卷烟。

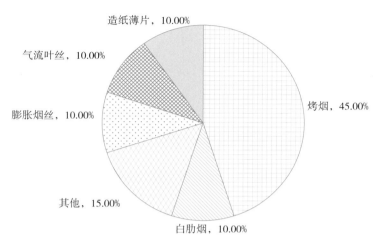

图 7–9　中南海（领越）配方结构

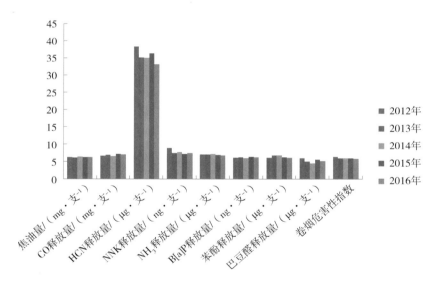

图 7–10　中南海（领越）2012—2016 年 7 项有害成分释放量及危害性指数

（六）中南海（超然）

　　中南海（超然）是中南海品牌 2014 年开发的一款低焦油低危害混合型卷烟，烟气柔和细腻，烟香饱满，口腔顺畅，体现了中式卷烟的产品特色，在口腔清新度和侧流烟气的味道上有明显优势，配方结构如图 7–11 所示。

　　产品采用瓦楞滤棒设计，使用复合纳米材料减害技术，并加入了香线技术，在降低有害物的同时补充香气，增加了烟气浓度，提升吸食满足感。其 7 项有害成分释放量及危害性指数如图 7–12 所示。

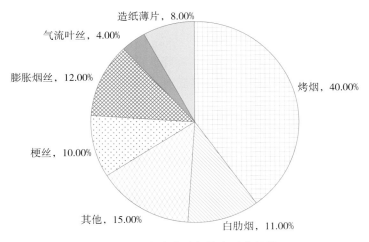

图 7-11　中南海（超然）配方结构

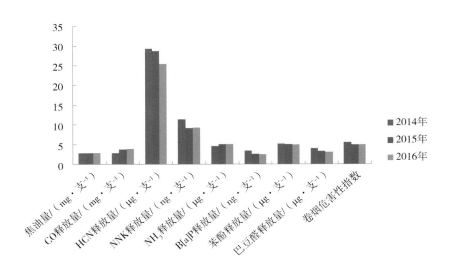

图 7-12　中南海（超然）2014—2016 年 7 项有害成分释放量及危害性指数

（七）中南海（领潮）

中南海（领潮）是中南海品牌 2015 年开发的一款一类低焦油低危害混合型卷烟，该产品盒标焦油量为 3 mg/ 支，感官质量设计值为 91 分，产品主流烟气柔和细腻，口腔顺畅，在口腔清新度方面有明显优势。该产品设计时，使用了农业生产综合降害技术、纳米材料及大孔硅胶复合滤棒技术、功能型再造烟叶，并加入了香线技术，在补充香气、增加主流烟气浓度、提升吸食满足感的同时，可显著降低有害成分释放量及卷烟危害性指数。从图 7-13 可以看出，中南海（领潮）卷烟主流烟气中 NNK 的释放量仅为 3.8 ng/ 支，危害性指数为 2.68，与现有同等焦油含量的中南海（3 mg）卷烟相比 NNK 的释放量选择性降低 57.69%，危害性指数降低 36.9%，卷烟感官质量各项指标基本不变，其中光泽、香气和谐调指标都有所提升（表 7-2）。

（八）中南海（领翔）

中南海（领翔）是中南海品牌 2015 年开发的一款一类低焦油低危害混合型卷烟，该产品盒标焦油量为 5 mg/ 支，产品香气丰富，感官质量设计值为 91 分，主流烟气柔和细腻。该产品设计时，使用了农业生产综合降害技术、纳米材料及大孔硅胶复合滤棒技术、功能型再造烟叶，可显著降低有害成分释放量及卷烟危害性指数。从图 7–14 可以看出，中南海（领翔）卷烟主流烟气中 NNK 的释放量为 4.4 ng/ 支，危害性指数为 4.62，与现有同等焦油含量的中南海（5 mg）卷烟相比 NNK 的释放量选择性降低 85.9%，危害性指数降低 44.7%，卷烟感官质量各项指标与同规格的对照卷烟相比都有明显的增加（表 7–3）。

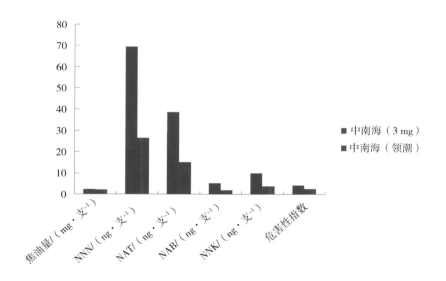

图 7–13　中南海（领潮）与同焦油规格产品焦油量、TSNAs 释放量及危害性指数比较

表 7–2　中南海（领潮）卷烟感官质量评价

编号	牌别	类型	规格	光泽	香气	谐调	杂气	刺激性	余味	合计
1	中南海（领潮）	混合型	84（25+59）mm × 24.5 mm	4.5	28.3	5.2	10.8	18.1	22.7	89.6
2	中南海（3 mg）对照	混合型	84（25+59）mm × 24.5 mm	4.0	27.6	5.1	10.7	18.1	22.7	88.2

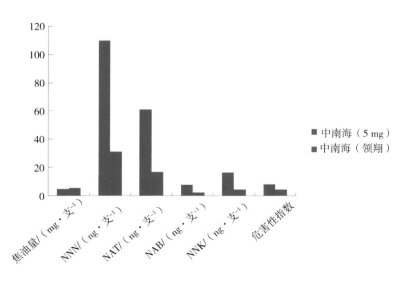

图 7–14　中南海（领翔）与同焦油规格产品焦油量、TSNAs 释放量及危害性指数比较

表 7-3 中南海（领翔）卷烟感官质量评价

编号	牌别	类型	规格	光泽	香气	谐调	杂气	刺激性	余味	合计
1	中南海（领翔）	混合型	84（25+59）mm×24.5 mm	4.5	28.9	5.2	10.7	18.0	22.7	90.0
2	中南海（5 mg）对照	混合型	84（25+59）mm×24.5 mm	4.0	27.6	5.0	10.3	17.7	22.2	86.8

（九）中南海（领御）

中南海（领御）是中南海品牌 2015 年开发的一款一类低焦油低危害混合型卷烟，该产品盒标焦油量为 8 mg/ 支，感官质量设计值为 92 分，产品主流烟气浓郁醇厚，口腔干净舒适。该产品设计时使用了农业生产综合降害技术、纳米材料及大孔硅胶复合滤棒技术、功能型再造烟叶，并加入了香线技术，在补充香气、增加主流烟气浓度、提升吸食满足感的同时，可显著降低有害成分释放量及卷烟危害性指数。从图 7-15 可以看出，中南海（领御）卷烟主流烟气中 NNK 的释放量为 4.0 ng/ 支，危害性指数为 6.03，与现有同等焦油含量的中南海（金 8 mg）卷烟相比 NNK 的释放量选择性降低 85.7%，危害性指数降低 46.0%，卷烟感官质量各项指标与同规格的对照卷烟相比有明显的增加（表 7-4）。

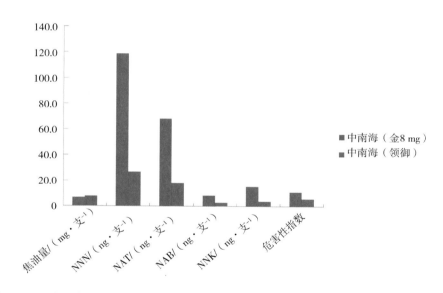

图 7-15 中南海（领御）与同焦油规格产品焦油量、TSNAs 释放量及危害性指数比较

表 7-4 中南海（领御）卷烟感官质量评价

编号	牌别	类型	规格	光泽	香气	谐调	杂气	刺激性	余味	合计
1	中南海（领御）	混合型	84（25+59）mm×24.5 mm	5.0	29.0	5.1	10.7	17.9	22.6	90.3
2	中南海（金 8 mg）对照	混合型	84（25+59）mm×24.5 mm	4.0	27.8	5.0	10.3	17.6	22.2	86.9

（十）中南海（云淡风轻）

中南海（云淡风轻）是 2014 年北京卷烟厂开发的一款一类低焦油（焦油量 8 mg）混合型卷烟，感官

质量设计值为 91 分，该卷烟在烟叶的选择方面采用了实施降低 TSNAs 的农业生产综合技术得到的马里兰烟和白肋烟；在生产过程中添加了纳米材料，有效地降低了 TSNAs 的释放量，同时为了使烟气更醇和，使用混合型纳米再造烟叶替代了部分梗丝，有效降低了卷烟燃烧带来的木质气息；在辅材的使用方面，配合使用了复合减害嘴棒（滤棒中添加了活性炭、纳米材料和大孔树脂）和降低一氧化碳卷烟纸，在满足消费者对卷烟舒适体验的同时，降低了危害性成分的释放。从图 7–16 可以看出，中南海（云淡风轻）卷烟主流烟气中 NNK 的释放量为 12.01 ng/ 支，与现有同等焦油含量的中南海（金 8 mg）卷烟相比选择性降低率为 22.4%，危害性指数降低了 15.2%，卷烟感官质量各项指标基本不变（表 7–5）。

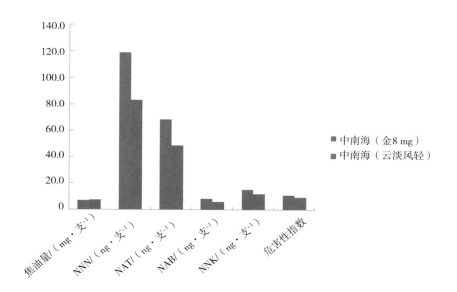

图 7–16　中南海（云淡风轻）与同焦油规格产品焦油量、TSNAs 释放量及危害性指数比较

表 7–5　中南海（云淡风轻）卷烟感官质量评价

编号	牌别	类型	规格	光泽	香气	谐调	杂气	刺激性	余味	合计
1	中南海（云淡风轻）	混合型	84（25+59）mm × 24.5 mm	4.0	28.2	5.0	10.3	17.5	22.3	87.3
2	中南海（金 8 mg）对照	混合型	84（25+59）mm × 24.5 mm	4.0	27.8	5.0	10.3	17.6	22.2	86.9

（十一）中南海（减害集成）（减害技术集成设计产品）

中南海（减害集成）是 2016 年设计的一款低焦油低危害混合型卷烟，该产品设计焦油量为 8 mg/ 支，产品主流烟气浓郁醇厚，口腔干净舒适。该产品在保持传统中南海（8 mg）风格特征的前提下，集成应用了系列降低 TSNAs 技术，使用了农业综合降害技术、干法再造烟叶丝、生物酶技术、植物源减害剂、添加了层状金属氢氧化物材料的功能型卷烟纸、纳米材料及大孔硅胶复合滤棒技术。从表 7–6 至表 7–8 可以看出，中南海（减害集成）卷烟危害性指数仅为 7.38，与对照相比，主流烟气中 NNK 和巴豆醛释放量选择性降低 52.25% 与 65.12%，危害性指数降低 45.33%；侧流烟气中 NNK 释放量降低 10.96%；卷烟感官质量得分略有提升。

表 7-6　中南海（减害集成）主流烟气有害成分释放量及危害性指数

样品名称	CO 释放量 / (mg·支 $^{-1}$)	HCN 释放量 / (μg·支 $^{-1}$)	NNK 释放量 / (ng·支 $^{-1}$)	NH₃ 释放量 / (μg·支 $^{-1}$)	B[a]P 释放量 / (ng·支 $^{-1}$)	苯酚 释放量 / (μg·支 $^{-1}$)	巴豆醛 释放量 / (μg·支 $^{-1}$)	焦油量 / (mg·支 $^{-1}$)	卷烟 危害性 指数
中南海（8 mg） 对照	8.3	86	24.74	6.7	7.83	12.7	10.8	6.7	13.5
中南海（8 mg） 减害集成	8.2	62	9.6	5.6	7.18	7.6	2.8	6.1	7.38
降低率 /%	1.21	27.91	61.20	16.42	8.30	40.16	74.07	8.96	45.33
选择性降低率 /%	−7.75	18.96	52.25	7.74	−0.65	31.21	65.12	/	/

表 7-7　中南海（减害集成）侧流烟气中 TSNAs 释放量

样品名称	NNN 释放量 / (ng·支 $^{-1}$)	NAT 释放量 / (ng·支 $^{-1}$)	NAB 释放量 / (ng·支 $^{-1}$)	NNK 释放量 / (ng·支 $^{-1}$)	TSNAs 释放量 / (ng·支 $^{-1}$)
中南海（8 mg）对照	220.88	71.13	11.19	213.38	516.58
中南海（8 mg）减害集成	196.38	61.88	8.99	190.00	458.25
降低率 /%	11.09	13.00	19.66	10.96	11.29

表 7-8　中南海（减害集成）卷烟感官质量评价

编号	牌别	类型	规格	光泽	香气	谐调	杂气	刺激性	余味	合计
1	中南海（8 mg）减害集成	混合型	84（25+59）mm × 24.5 mm	4.1	27.6	4.9	10.2	17.5	22.3	86.6
2	中南海（8 mg）对照	混合型	84（25+59）mm × 24.5 mm	4.1	27.7	4.9	10.1	17.4	22.2	86.4

　　混合型卷烟 NNK 的释放量与原料中 NNK 的含量极显著正相关，因此通过控制原料中 NNK 的含量能有效降低卷烟烟气中 NNK 的释放量。各单项减害技术对集成减害技术卷烟烟气中 NNK 选择性降低的贡献度采用下式进行初步评估：

$$C_i = A_i \times B \times 100 \times \frac{100}{\sum (A_i \times B \times 100)}。$$

其中，A_i 为单项减害技术降低卷烟烟气中 NNK 的选择性降低率；B 为应用集成减害技术降低卷烟烟气中 NNK 的选择性降低率；C_i 为各单项减害技术对集成减害技术卷烟烟气中 NNK 选择性降低的贡献度。

　　在中南海（减害集成）产品的减害技术中农业综合减害技术对降低卷烟烟气中 NNK 释放量的贡献度约为 40%，干法再造烟叶丝添加对降低卷烟烟气中 NNK 释放量的贡献度约为 10%，生产过程中施加生物酶和植物源减害剂对降低卷烟烟气中 NNK 释放量的贡献度分别约为 10% 与 10%，使用添加了层状金属氢氧化物材料的功能型卷烟纸对降低卷烟烟气中 NNK 释放量的贡献度约为 10%，纳米材料及大孔硅胶复合滤棒减害技术对降低卷烟烟气中 NNK 释放量的贡献度约为 20%。

　　中南海品牌多年来不断研发和培育更低焦油和更低危害的新品，在降焦减害方面取得了卓然有效的成果。从图 7-17 可以看出，到 2016 年，中南海品牌的危害性指数从 2008 年的 16.04 下降到 9.3，降低率高达 42%，基本达到了烤烟型卷烟的水平。

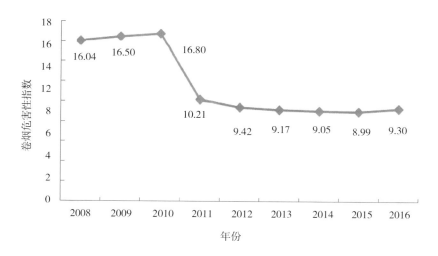

图 7-17　2008—2016 年中南海品牌卷烟危害性指数变化

　　在焦油量方面（图 7-18），2008—2009 年中南海品牌的焦油量由 9.59 mg/ 支迅速降低到 8.26 mg/ 支，2009—2010 年下降幅度变缓，2010—2016 年焦油量逐渐平稳，维持在 7.57 ～ 8.07 mg/ 支，2016 年与 2008 年相比，焦油量降低率达到 19.6%。

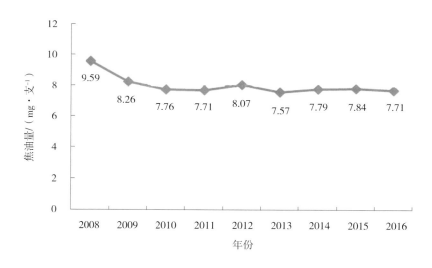

图 7-18　2008—2016 年中南海品牌焦油量变化对比

　　在 CO 量方面（图 7-19），2008—2009 年中南海品牌的 CO 释放量由 11.41 mg/ 支迅速降低到 9.73 mg/ 支，2009—2010 年下降幅度变缓，2010—2016 年 CO 释放量逐渐平稳，维持在 8.73 ～ 9.19 mg/ 支，2016 年与 2008 年相比，CO 释放量降低率达到 21.6%。

　　在 HCN 释放量方面（图 7-20），2008—2010 年中南海品牌的 HCN 释放量由 128.71 μg/ 支迅速降低到 105.11 μg/ 支，降幅达到 18.3%。2010—2012 年 HCN 释放量维持在平稳阶段，2012 年之后 HCN 释放量又有了第二阶段的降低，到 2016 年 HCN 释放量降低到 90.47 μg/ 支，与 2008 年相比降低率达到 29.7%。

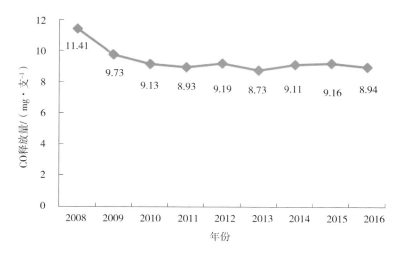

图 7-19　2008—2016 年中南海品牌 CO 释放量变化对比

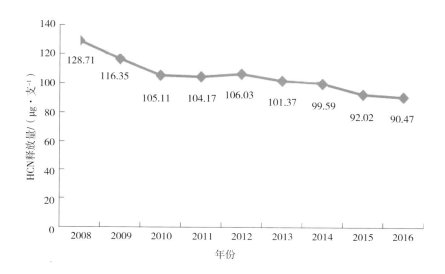

图 7-20　2008—2016 年中南海品牌 HCN 释放量变化对比

在 NNK 释放量方面（图 7-21），2008—2010 年中南海品牌的 NNK 释放量由 35.41 ng/ 支升高到 42.11 ng/ 支。2011 年产品更新以后，NNK 释放量迅速降低到 17.22 ng/ 支，降幅高达 59.1%，之后 NNK 释放量逐年降低，直到 2016 年略有回升，NNK 释放量为 15.05 ng/ 支，与 2008 年相比降低率达到 57.5%。

在 NH_3 释放量方面（图 7-22），2008—2010 年中南海品牌的 NH_3 释放量由 7.66 μg/ 支降低到 6.66 μg/ 支，降幅达到 13.1%。2010—2016 年 NH_3 释放量保持平稳，到 2016 年 NH_3 释放量为 6.54 μg/ 支，与 2008 年相比降低率达到 14.6%。

在 B[a]P 释放量方面（图 7-23），2008—2010 年中南海品牌的 B[a]P 释放量由 7.53 ng/ 支降低到 6.50 ng/ 支，降幅达到 13.7%。2010—2016 年 B[a]P 释放量保持平稳略有波动，到 2016 年 B[a]P 释放量为 6.33 ng/ 支，与 2008 年相比降低率达到 15.9%。

在苯酚释放量方面（图 7-24），2008—2015 年中南海品牌的苯酚释放量平稳下降的趋势下略有波动，2016 年达到 9.02 μg/ 支，与 2008 年的 10.28 μg/ 支相比苯酚释放量降低率达到 12.3%。

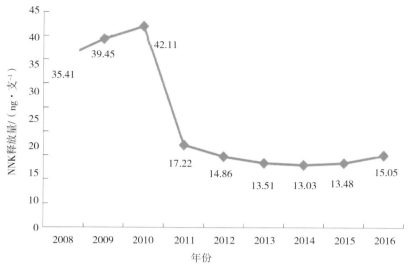

图 7-21　2008—2016 年中南海品牌 NNK 释放量变化对比

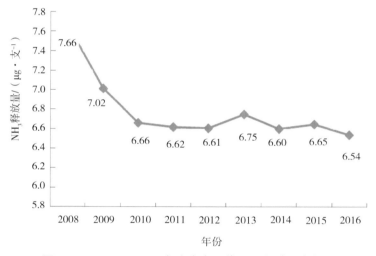

图 7-22　2008—2016 年中南海品牌 NH₃ 释放量变化对比

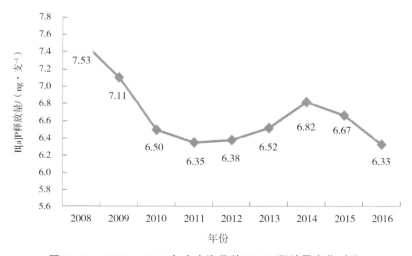

图 7-23　2008—2016 年中南海品牌 B[a]P 释放量变化对比

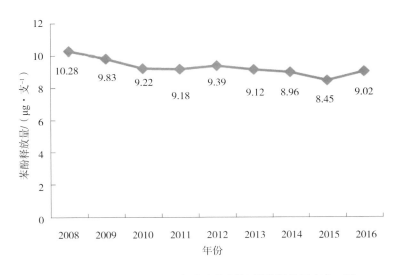

图 7-24　2008—2016 年中南海品牌苯酚释放量变化对比

　　在巴豆醛释放量方面（图 7-25），2008—2011 年中南海品牌的巴豆醛释放量由 16.39 μg/ 支降低到 13.95 μg/ 支，降幅达到 14.9%。2012 年巴豆醛释放量有小幅回升，与产品革新有关。2013 年开始继续下降，到 2016 年巴豆醛释放量降低到 11.51 μg/ 支，与 2008 年相比降低率达到 29.8%。

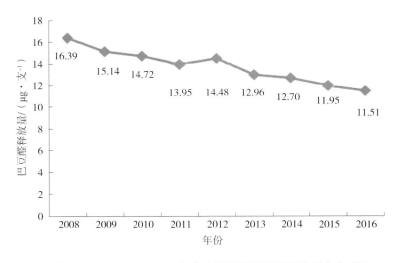

图 7-25　2008—2016 年中南海品牌巴豆醛释放量变化对比

　　将设计的中南海（减害集成）产品与同焦油国内外主流混合型卷烟的 NNK 释放量及危害性指数进行了对比研究（图 7-26），从结果可以看出，中南海（减害集成）产品 NNK 释放量为 8 mg 焦油量进口卷烟品牌平均水平的 1/4，危害性指数为进口卷烟品牌平均水平的 1/2，低危害的优势明显；NNK 释放量为 8 mg 焦油量的国内主销混合型品牌平均水平的 1/2，危害性指数为国内主销混合型品牌平均水平的 2/3，说明集成应用降低 TSNAs 的技术设计的卷烟降害效果显著。

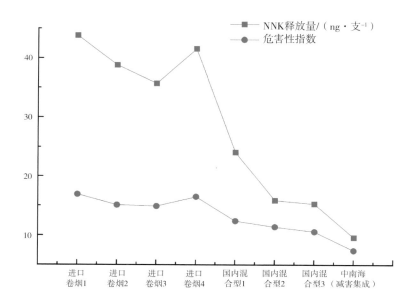

图 7–26　中南海（减害集成）与国内外混合型品牌 NNK 释放量和危害性指数比较

第八章

吸烟人群血液中 TSNAs 的接触生物标记物和外周血 miRNA 表达谱

第一节 TSNAs 的接触生物标记物概述

一、生物标记物的定义和分类

广义的生物标记物是指反映机体与环境因子（物理的、化学的或生物的）交互作用所引起的所有可测定的改变，包括生化、生理、行为、免疫、细胞、遗传等多方面的变化。生物标记物可以用于检测生物暴露于致癌物的剂量和效应，生物体的遗传性或诱发性的敏感性差异，以及由致癌物引发的各种疾病的早期诊断。用于风险性评价的理想的生物标记物是能定量检测的，在一定系统中发生化学、生物化学、功能的或形态的变化，并由某种化学物质导致病理变化或显示出明显的毒性。1987 年，美国国家科学院国家研究委员会确定生物学标记物的定义为"生物学体系或样品的信息指示剂"，将其按照外源化合物与生物体的关系及其表现形式划分为 3 种类型：暴露生物标记物、效应生物标记物和易感性生物标记物。

（一）暴露生物标记物

暴露生物标记物是指生物体内某个组织中测量到外源化合物及其代谢产物（内剂量）与某些靶分子或靶细胞相互作用的产物（生物有效剂量）。它是反映生物体中外源性化学物质及其代谢物浓度的指标，也是外源性化学物质与特定靶细胞、靶分子或其代替物作用产物浓度的指标，包括内剂量和生物有效剂量两类标记物。内剂量标记物是指通过检测体液中某种化合物或其代谢物来指示生物体对某种化合物感受的标记物。生物有效剂量的标记物为靶分子或靶组织部位的接触指示剂，表示达到有毒理学意义的机体效应部位并与其作用的外源性化学物或其代谢物的含量的指标。暴露生物标记物可利用数学模式和化学或物理的方法分析食品、空气、水、土壤等的环境监测方式来评价暴露，也可采用检测血、尿、唾液、脑脊髓液和其他生物样品来评价暴露。暴露生物标记监测法比数学模式或环境样品分析法对暴露的评价更为准确。它所具备的化学特异性能够指示环境致癌物的接触剂量与相应的生物效应的相关性；可通过常规试验技术进行微量鉴定和检测，即测定体内某些外来化合物，或检测该化学物质与体内内源性物质相互作用的产物，或与暴露有关的其他指标。

（二）效应生物标记物

效应生物标记物是反映外来因素作用后，机体中可测定的生化、生理、行为或其他方面变化的指标，可以是生物机体内某一内源性成分、机体功能容量或结构的变化、功能障碍或产生疾病，包括早期生物学效应（如 DNA 的初级损伤、蛋白质的改变及特定蛋白质的生成，神经行为改变等）结构和功能变化（如机体功能容量的改变、异常的基因表达等）及疾病三类标记物。效应生物标记物能够指示疾病的出现，病灶的早期预示或某些造成疾病的周边事件，它的监测结果可以预示有害健康的发展趋势。效应生物标记物代表着健康危害的持续性，可以定性或定量地进行检测。对有害物暴露的早期响应可以通过靶组织功能的改变显示出来。例如，染色体损伤，靶基因突变或刺激素状态的改变。效应生物标记物应对其引发的疾病有特异针对性，并与该疾病的发展有量的相关性，即测定生物机体中某一内源性成分，指示产生疾病或产生障碍，或机体功能容量所发生的改变。

（三）易感性生物标记物

易感性生物标记物是指生物体暴露于某种特定的外源化合物时，由于其先天遗传性或后天获得性缺陷而反映出其反应能力的一类生物标记物，是在有害因素引起一系列生物效应过程中起修饰作用（放大或缩小）的指标，能够反映机体先天具有或后天获得的对接触外源性化学物的反应能力。药理学及生物遗传学研究表明人群对药物 / 毒物代谢有很大的变异，DNA 修复能力、细胞周期的调控和对疾病的免疫也有变异，这就是人群对有害因素反应易感性差异的生物学基础。易感性生物标记物能够指示个体之间或人群之间机体对环境因素影响相关的响应差异。它是生物体内接触某种外来化合物激发的特别敏感的标记物，它与个体免疫功能差异和靶器官有关，即与体内抵抗环境有害物质造成健康危害的要素测定有关。易感性标记包括遗传特性和代谢作用的差异、免疫球蛋白水平的变化、机体对环境损伤的恢复能力等。它属于遗传毒性标记物，并具有专一性、预警性和广泛适用性，能为环境污染物所造成的危害提供有效的检测手段，可直接揭示污染物在分子水平上的作用，以及由此引发的在细胞和个体水平上的破坏作用。

二、烟草特有 N–亚硝胺的接触生物标记物

随着全球性控烟运动的不断发展，特别是 2005 年世界卫生组织（WHO）主导的烟草控制框架公约（FCTC）正式生效后，WHO 和社会公众对卷烟的危害性更加关注，烟草行业面临空前的控烟压力，客观评价吸烟者对烟气的暴露程度及存在的潜在危险，并引导低危害卷烟产品的研发和生产是非常必要的。

卷烟危害性可采用烟气有害成分释放量、体外毒理学实验等进行评价，但这些评价都是基于吸烟机按照国际标准化组织（ISO）标准规定的抽吸体积、频率、间隔时间、抽吸深度等条件下抽吸得到的结果，与吸烟者实际的抽吸行为存在显著差异，不能准确反映吸烟者实际的烟气感受情况；流行病学研究中采用的自我报告吸烟状态的方式，部分弥补了这方面的缺陷，然而吸烟者自身无法准确估计自身吸烟的实际感受量，并且吸烟者吸烟行为、个体代谢水平存在差异，因此自我报告吸烟状态的可信度也受到了公众的广泛质疑。相比而言，生物标记物能更真实地反映吸烟者的烟气感受情况及个体代谢水平的差异，可以促进对烟气感受引发癌症的机制的理解，对流行病学研究、吸烟潜在危险及对低危害卷烟产品的安全评价也都具有重要意义，因此烟气生物标记物的研究引起了相关领域研究者的广泛重视。烟气生物标记物研究中，常用的为烟气感受生物标记物和效应生物标记物，目前对于烟气的易感性生物标记物研究很少。烟气感受生物标记物应具备以下条件：烟气是其唯一来源，其他来源应该很小或不存在；存在合理的半衰期，易于检测，且人体体液中的其他物质不干扰准确检测；实验室之间具有良好重复性；能特

异性反映人体对某一有害成分的感受量。

在目前鉴定出的 8 种 TSNAs 中，NNK、NNN 和 NNAL 对人类的致癌性证据充分，被 IARC 列为 1 类致癌物，另外两种化合物 NAT 和 NAB 由于弱致癌性，被 IARC 列为 3 类致癌物，而 iso-NNAL 和 iso-NNAC 致癌性证据缺乏或仅有弱致癌性。啮齿动物和灵长类动物的体内与体外实验研究表明，NNK 和 NNN 在代谢中会产生亲电中间体，能与 DNA 和血红蛋白形成共价络合物，并滞留于啮齿动物的特定组织，如肺、肝、鼻黏膜和食道等，这些靶器官同时也是容易被 TSNAs 诱导致癌的目标组织。NNK 和 NNN 在动物体内的代谢与致癌性受各种饮食成分的强烈影响。研究表明，饮食成分可有效抑制 NNK 和 NNN 的活性，但饮食中脂肪的增加能提高 NNK 的致癌性，烟草提取物、烟气、烟碱及其主要的代谢物（可替宁）会抑制 TSNAs 在生物系统和啮齿动物模型中活性的发挥。TSNAs 代谢过程中可产生活性较强的中间产物，这些产物会与 DNA 的碱基对进行加合反应，形成 DNA 加合物，导致基因突变，最终可能引起癌变。因此，TSNAs 只有被代谢激活时，才会产生致癌作用。目前，虽然人体与动物体内代谢有所不同，但资料表明啮齿动物模型中观察到的大多数代谢途径也存在于人体中，关于 NNK、NNAL 和 NNN 在动物与人体内的代谢、加合物形成及脱毒效应已比较明确，而且流行病学研究结果也证实吸烟人群中癌症的发生与这些化合物的摄入、吸收、代谢和 DNA 加合物的形成等生物学作用密切相关。

NNK 的代谢主要包括 5 种反应：羰基还原、α- 羟基化、吡啶氧化、脱胺和 ADP 加合反应。NNAL 是 NNK 的主要代谢物，并且具有和 NNK 相似的致癌活性，NNK 的羰基被还原后生成 NNAL 对映体；NNAL 可发生葡萄糖苷酸化生成 NNAL- 葡萄糖苷酸（NNAL-O-Gluc 和 NNAL-N-Gluc）解毒。大量研究证实，对暴露于 NNK 的吸烟者、无烟烟草制品消费者或烟气环境中的非吸烟者，在吸收 NNK 后，在血浆、尿液、唾液、子宫颈黏液、胰液和脚趾甲中存在 NNK 的代谢产物 NNAL 与 NNAL-Glucs。NNAL 半衰期较长，为 10 ~ 15 天，较长的半衰期使得即使在烟气感受几周后还可以检测到 NNAL。NNAL 和 NNAL- 葡萄糖苷酸的总量称为总 NNAL，是烟草消费者或烟气环境中非吸烟者暴露于 NNK 的理想的生物标记物。尿样中总 NNAL 的分析主要是对样品进行酶解后，采用 GC-TEA、GC-MS 和 LC-MS/MS 等进行检测。文献报道的吸烟者尿样中总 NNAL 的量为 477 ~ 6790 pmol/24 h。暴露于环境烟草烟气中的非吸烟者尿样和控制组相比，尿样中总 NNAL 的含量很高，还有实验证实尿样中 NNAL 总量和可替宁含量有很好的相关性，这也证实了 NNAL 总量是 NNK 的感受量的很有效的生物标记物。

与 NNK 代谢不同，NNN 代谢反应包括吡啶氧化反应、吡咯环羟基化反应和去甲基可替宁化反应。根据吡咯环上羟基位置不同，吡咯环羟基化反应又分为 2′-α- 羟基化、5′-α- 羟基化、3′-β- 羟基化和 4′-β- 羟基化，其中 β- 羟基化反应报道较少，且含量很低。Stepanov 等采用 GC-TEA 技术分析了 NNN 和 NNN- 葡萄糖苷酸，吸烟者尿样中 NNN 和 NNN- 葡萄糖苷酸的平均含量为 0.086 pmol/ 肌酸酐和 0.046 pmol/ 肌酸酐，无烟气烟草制品使用者尿样中 NNN 和 NNN- 葡萄糖苷酸的平均含量为 0.25 pmol/ 肌酸酐和 0.39 pmol/ 肌酸酐。

NAT 和 NAB 由于致癌性等级较弱，被 IARC 列为 3 类致癌物。有体内研究报道，25% ~ 30% 的 NAB 以 NAB-N-oxide 的形式排至尿液中，约 10% 的 NAB 以 α- 羟基化途径进行代谢。因此，NAB 主要以非致癌物的形式进行代谢，这也是 NAB 致癌性弱的原因之一。另外，NAB 代谢时，2′-hydroxy-NAB 与 6′-hydroxy-NAB 的比例为 0.2 ~ 0.4，NAB 的 α- 羟基化代谢也主要以 6′ 位为主。Stepanov 等分析了吸烟者和非吸烟者尿样中 NAT 与 NAB 的含量，吸烟者尿样中的平均含量为 0.19 pmol/ 肌酸酐，非吸烟者的则为 0.04 pmol/ 肌酸酐。

接触生物标记物是指进入机体生物中的外源性化学物质及其代谢物或外源性化学物与某些靶细胞靶分子相互作用的产物，应用生物标记物能够很好地评估人或动物对化学品的接触情况，并且能够预测暴露在有害物质中可能产生的相关疾病。生物标记物能真实地反映吸烟者的烟气感受情况及个体代谢水平的差异，可以促进对烟气感受引发癌症机制的理解，对流行病学研究、吸烟潜在危险及对低危害卷烟产品的安全评价都具有重要意义，因此烟气生物标记物的研究引起了国内外科研人员的广泛重视。

NNK 作为烟草中有害成分之一，因其强致癌性引起了国内外烟草研究人员的极大关注。国际癌症组织（IARC）将 NNK 归为一级人体致癌物，是用于评价危害性指数的 7 种代表性有害成分之一。NNK 在人体和实验室动物体内产生的主要代谢物是 NNAL 与它的糖苷化合物（NNAL-Glucs），血液中 NNAL 与 NNAL-Glucs 可以作为吸烟者暴露于 NNK 明确的接触生物标记物。烟碱是烟草中的主要生物碱，在人体内可以很快地代谢成各种产物，主要代谢产物有烟碱糖苷、可替宁及其糖苷、反 3- 可替宁及其糖苷、降烟碱、降可替宁、烟碱氮氧化物、可替宁氮氧化物。烟碱及其代谢物作为衡量人体烟气暴露程度和区别吸烟者、被动吸烟者及非吸烟者的生物标记物，已经受到生物医学、环境科学、吸烟与健康研究的广泛重视。

以往的研究中，人们对暴露于 NNK 的吸烟者、无烟气烟草制品消费者和烟气环境中非吸烟者尿液中 NNAL 与 NNAL-Glucs 的研究较多。尿液中的 NNAL 和 NNAL-Glucs 是一种烟草消费者或烟气环境中非吸烟者的接触生物标记物，通过检测 NNAL 和 NNAL-Glucs 含量可估计 NNK 的暴露水平，评价吸烟增加致癌风险的相关性，同时有利于烟草制品的减害研究。对在不同场合暴露于 NNK 的人群，检测 NNAL 和 NNAL-Glucs 通常采用气相色谱热能分析法（GC-TEA）和液相色谱串联质谱法（LC-MS/MS）两种方法。20 世纪 90 年代初期，主要采用气相色谱热能分析法，由于人体尿液比较复杂，且含量较低，该分析方法需要对大量的尿液进行多步提取分离等复杂的前处理，通常采用高效液相色谱对尿样中的 NNAL 和 NNAL-Glucs 进行纯化，然后才进行 GC-TEA 分析检测。Carmella 等较早采用该方法测定了 11 例吸烟者 NNAL 和 NNAL-Glucs 的含量，测定结果分别为 0.23 ～ 1.0 μg/24 h 和 0.57 ～ 6.5 μg/24 h，首次证实了 NNK 的代谢产物 NNAL 和 NNAL-Glucs 在人体尿液中的存在。20 世纪 90 年代后期，随着 LC-MS/MS 技术的发展，NNK 的代谢产物的测定方法主要为 LC-MS/MS 法。Haque 等在 1999 年加拿大蒙特利尔烟草科学研究会议上报道了应用 LC-MS/MS 测定吸烟者尿液中 NNAL 的方法，在此基础上，Byrd 等改进了该测定方法，实验采用固相萃取技术，省去了很多分离提取等烦琐的前处理过程，该方法用于测定吸烟者尿液中的 NNAL 的测定，最低定量限为 20 pg/mL。吸烟者血液中 NNK 的接触生物标记物的研究相对较少，Carmella 等首次采用 LC-MS/MS 建立了一种测定血液中总 NNAL（NNAL+NNAL-Glucs）的方法，并测定了 16 名吸烟者血液中的 NNAL 含量，其平均含量为（36±21）fmol/mL，而在非吸烟者的血液中未检出 NNAL。

人体吸入烟气后，烟碱经口腔、喉部、气管及肺泡的细胞壁进入血液循环系统，再经肝脏代谢，形成多种代谢产物，之后通过尿液、唾液、汗液等分泌物排出体外。血液、尿液或唾液中都可以检测到烟碱，但由于它的半衰期仅约 2 h，当吸完最后一支烟或暴露于烟气后，浓度将很快发生变化，并且尿液中烟碱的含量也会受到尿液 pH 影响，不适于作为烟气感受生物标记物。24 h 尿样中烟碱及其主要代谢物的浓度可以评估烟碱感受量。可替宁是烟碱的直接代谢物，可继续进行代谢产生 3- 羟基甲基可替宁，是目前使用最广泛的用于评估主动和被动吸烟中烟气感受的生物标记物。研究表明，烟碱摄入量与血液、唾液和尿液中检测的可替宁有较高的相关性，但血液中可替宁的浓度更能准确反映烟碱及其他烟气有害成分摄入量。不过个体之间存在差异，烟碱转化为可替宁的比例不同，可替宁代谢速度也不相同，烟碱摄入量与可替宁浓度之间的相关性存在个体差异。可替宁平均半衰期为 16 h，因此它只可以作为短期内烟碱摄入的生物标记物，而不能用于检测烟碱或其他有害成分的长期感受程度。

以往的研究中，人们对吸烟者、无烟烟草制品消费者和烟气环境中非吸烟者尿液中 NNK 与烟碱的接触生物标记物研究较多，血液中 NNK 和烟碱的接触生物标记物的研究相对较少，尤其是吸烟人群血液中 NNK 的代谢物研究，目前尚未发现有较为系统的研究，而血液中代谢物相比尿液中更为稳定，个体差异更小，受饮水量等外在因素影响也更小，在生物标记物研究方面具有明显的优势。因此，本研究通过设计志愿者吸烟实验，采集志愿者血液样本，获得非吸烟人群和吸烟人群血液中 NNAL 与可替宁的含量水平，分析抽吸不同焦油卷烟对血液中 NNAL 和可替宁含量的影响，评价不同焦油卷烟 NNK 和烟碱的烟气暴露水平，为吸烟人群烟气 NNK 接触风险提供有力证据，并为低危害卷烟的安全性评价提供技术支撑。

三、外周血 miRNA 表达谱概述

microRNA（miRNA）是内源性非编码小 RNA，具有非常重要的功能。一般情况下，miRNA 通过结合靶基因 mRNA3′ 非翻译区，对转录后水平的基因表达起着负调控作用。某些 miRNA 还可能是正的基因调控因子，在特定条件下能够激活基因的表达。据估计，整个人类基因组包含大约 1000 个 miRNA（目前 miRBase 收录了 700 多个），平均一个 miRNA 可以调控超过 200 个靶基因。越来越多的证据表明，miRNA 在许多重要的生命过程（如细胞生长、组织分化、细胞增殖、胚胎发育及细胞凋亡等）中起着关键作用。此外，miRNA 还在细胞通信网络调控、物种间基因表达进化及转录因子联合调控等方面发挥着重要作用。研究发现，miRNA 是重要的抑癌基因或致癌基因，与肿瘤的发生、发展密切相关。鉴于 miRNA 在许多重要生命过程中的关键作用，和 miRNA 有关的变异或者异常（如 miRNA 自身的变异、miRNA 生物合成通路的变异、调控 miRNA 的基因的变异或 miRNA 靶基因上结合位点区域的变异等）都可能引起疾病或者造成疾病易感性。目前，已经报道的和 miRNA 有关的疾病包括肿瘤、心脑血管疾病、精神分裂症、艾滋病、肝炎、糖尿病、银屑病、神经退行性疾病及肥胖等约 70 种。miRNA 和这些疾病的密切关系的发现不仅极大地推动了对 miRNA 的认识，而且为更好地理解疾病的发病机制、找到更好的用于疾病诊断和治疗的方法开拓了一条崭新的道路。

由于 miRNA 几乎参与了疾病发生和发展的每一步过程，所以 miRNA 在疾病的诊断、预后、对治疗药物的疗效预测及治疗的新靶点方面均有很好的应用前景。miRNA 因其特殊的稳定性及特异性已显示出其作为疾病的生物标记物的特有的优越性。研究发现，不同的肿瘤显示出特异性的 miRNA 表达谱，肿瘤来源的 miRNA 能被释放到循环系统中，进入血液组织，而在血液组织中，miRNA 能避免被 RNase 降解，具有良好的稳定性。应用 miRNA 进行肿瘤的诊断准确率可达 90%。miRNA 在其他疾病如心肌梗死、脑中风、心衰、肺动脉高压等的诊断中也有类似效果。在实际应用方面，miRNA 的表达水平可以从新鲜的肿瘤组织、石蜡包埋的肿瘤组织、血清、血浆、胸腹腔积液、尿液、痰液中检测，应用范围广泛。

microarray 芯片技术是检测 miRNA 表达谱的基本方法。通过不同样本的 microarray 芯片检测，可以发现样本间差异表达的 miRNA。继之通过对差异表达的 miRNA 的功能分析，可以了解不同样本对各种疾病的易感性。血液样本在临床易于获取，稳定不易降解，应用外周血 miRNA 表达谱检测是评价机体 miRNA 整体表达水平的最简便易行的方法。

目前，有关吸烟与疾病的研究多为流行病学调查研究、病例对照研究等。对于吸烟可引起外周血 miRNA 表达谱发生哪些变化、不同焦油含量卷烟导致外周血中差异表达的 miRNA 具有哪些功能、差异表达的 miRNA 与人类疾病的关联研究等目前国内外尚未见报道。本研究以不同焦油卷烟吸烟人群和非吸烟人群外周血中显著差异表达的 miRNA 为研究切入点，在生物信息学分析的基础上，通过临床对照研究、基因芯片检测、功能分析等方法评价不同焦油卷烟对人体外周血 miRNA 表达谱的影响，以及其与肿瘤、心肌梗死、脑中风等人类疾病的易感性，阐明外周血中 miRNA 表达谱变化与焦油含量的相互关联，为烟草降焦减害提供新的理论依据和实验基础。

第二节　吸烟人群和非吸烟人群血浆中 NNK 与烟碱的接触生物标记物研究

一、血浆中 NNAL 和可替宁在线 SPE 分析方法

（一）材料、试剂和仪器、标准品

NNAL，NNAL-d_3（纯度 > 98%，加拿大 TRC 公司）；超纯水（电导率 ≥ 18.2 MΩ.cm^{-1}）；甲醇（色谱纯，美国 Fisher 公司）；甲酸、乙酸铵、氨水（色谱纯，美国 Tedia 公司），β- 葡萄糖醛酸酶（来源于牛肝脏，美国 Sigma-Aldrich 公司）。

在线 SPE 系统：Symbiosis（Pico）（Spark Holland 公司），如图 8-1 所示，主要由 SPH1240 梯度泵、Alias 多功能自动进样器（Alias）、高压注射泵（HPD）、自动小柱更换器（ACE）、HPLC 柱温箱 5 个部分组成；API5500 质谱仪（美国应用生物系统公司）；Milli-Q50 超纯水仪（美国 Millipore 公司）；CP2245 分析天平（感量 0.0001 g，德国 Sartorius 公司）；13 mm × 0.22 μm 水相针式滤器（上海安谱科学仪器有限公司）；TZ-2AG 台式往复旋转振荡器（北京沃德仪器公司）；Hysphere GP 柱（Spark Holland 公司）。

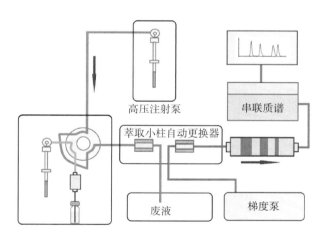

图 8-1　在线 SPE 系统示意

研究对象：选择 300 名研究对象（240 名吸烟者，60 名非吸烟者，均为男性，年龄 18 ～ 30 岁）。研究开始前对 300 名入选对象进行心电图、肺功能、血生化检测，记录研究对象的基本情况（年龄、性别、日常生活习惯、家族史等），填写知情同意书。

入选标准：①每日吸烟 ≥ 20 支；②烟龄 ≥ 1 年；③志愿同意参加实验。排除标准：①目前正在使用其他含有烟草的产品；②有滥用药物史或酗酒史；③确认为高血压、冠心病、糖尿病、脑血管疾病、肺心病、瓣膜病和其他器质性心脏疾病，有严重的肝肾功能疾病，确诊为呼吸系统疾病或血液系统疾病等。所有受检人群均获得本人知情同意并签署知情同意书；本研究通过医学伦理审批同意。

限制性吸烟实验选用的卷烟为 3 种混合型卷烟，焦油分别为 3 mg、8 mg 和 10 mg，ISO 抽吸模式下主

流烟气中 NNK 释放量分别为 9.3 ng/ 支、18.2 ng/ 支和 29.7 ng/ 支,烟碱释放量分别为 0.22 mg/ 支、0.60 mg/ 支和 0.82 mg/ 支。

限制性吸烟条件:吸烟志愿者在整个实验阶段不允许吸食其他品牌的任何香烟。志愿者统一抽吸同一品牌、同一焦油量卷烟 [中南海(10 mg)],14 天后将志愿者分为 S3、S8、S10 和混合组 4 组,S3、S8 和 S10 这 3 组志愿者分别抽吸实验选定的焦油为 3 mg、8 mg 和 10 mg 的混合型中南海卷烟,志愿者每人每日抽吸 15 支卷烟,分组后持续抽吸 42 天;混合组第 1 ~ 14 天抽吸 10 mg 卷烟;第 15 ~ 28 天抽吸 8 mg 中南海卷烟,第 29 ~ 42 天抽吸 3 mg 中南海卷烟。实验期间不能抽吸其他卷烟,香烟燃烧至离滤嘴大约 3 mm 处掐灭,吸食过程中不能随意用手掐捏烟丝和滤嘴。

血液样本采集:吸烟者分别于分组抽吸后的第 14 天、第 28 天、第 42 天进行血液样本采集。非吸烟者在体检后的第 2 天进行血液标本采集。采集血液样本前晚 6 时以后禁食,禁饮酒、咖啡、浓茶等。采集空腹肘静脉血 8 mL,置入肝素抗凝管和 EDTA 抗凝管各一份。血液样本采集后 2 h 内应用低温高速离心机,在 4 ℃ 3000 r/min 离心 10 min,血浆转移至无 RNAse 的洁净 EP 管中,贴标签(编号、姓名、日期)。血液样本置于 –80 ℃冰箱保存。

液相色谱操作条件与质谱检测参数:HPLC 参数:色谱柱:Altlantis T3(2.1 mm × 150 mm,3 μm Waters 公司);柱温:50.0 ℃;进样量:300 μL(NNAL)、15 μL(可替宁);流动相:A:水(含 10 mmoL/L 乙酸铵),B:乙腈;梯度洗脱条件如表 8–1 所示。

表 8-1 液相色谱流动相洗脱条件

时间 /min	流速 /(mL·min⁻¹)	流动相 A/ %	流动相 B/ %
00:01	0.45	68	32
04:00	0.45	5	95
07:00	0.45	5	95
07:01	0.45	68	32
10:00	0.45	68	32

质谱条件:离子源:电喷雾离子源(ESI);扫描模式:正离子扫描;检测方式:多反应监测(MRM);电喷雾电压(Ion Spray Voltage,IS):5000 V;雾化气流速(GS1,N_2):65 psi;辅助加热气流速(GS2,N_2):60 psi;气帘气流速(Curtain gas,CUR,N_2):35 psi;撞气流速(Collision gas,CAD,N_2):8 psi;离子源温度(TEM):500 ℃;驻留时间(Dwell Time):100 ms;MRM 参数如表 8-2 所示。

血浆中 NNAL 和可替宁的检测:血样在室温下解冻后,取 0.7 mL 加入 0.7 mL *β*- 葡萄糖醛酸酶(12 000 U,用磷酸盐缓冲溶液配,pH 6.8),在 37 ℃条件下水浴振荡孵育 24 h,孵育完成后加入 20 μL NNAL-d_3 和可替宁 -d_3 内标,全部转移至 Amicon® Ultra-4 30 K 离心超滤管中,在 4 ℃条件下,经 14 000 r/min 离心 10 min 后,用 0.22 μm 的针式滤器过滤后,分别用在线 SPE/LC/MS/MS 测定滤液中 NNAL 和可替宁的含量。

表 8-2　NNAL 与可替宁的 MRM 参数

分析物	母离子 / (m·z⁻¹)	子离子 / (m·z⁻¹)	去簇电压 / V	碰撞能 / V	碰撞室出口电压 / V
NNAL	210.1	93[a]	70	14	15
	210.1	162.1[b]	70	14	15
NNAL-d_3	213.1	93[a]	87	23	14
	213.1	165.1[b]	87	23	14
可替宁	177.1	80.1[a]	67	27	10
	177.1	118.1[b]	67	27	10
可替宁 -d_3	180.1	80.1[a]	66	31	10
	180.1	118.1[b]	66	31	10

[a] 定量离子；[b] 定性离子。

（二）血浆中 NNAL 和可替宁在线 SPE 方法的建立

NNAL 与可替宁在酸性条件下均可以质子化，可以选用阳离子交换柱，碱性条件下可以被反相萃取柱保留。因此，阳离子交换柱和反相萃取柱两种 SPE 小柱均可用于 NNAL 与可替宁的测定。为了获得最大萃取效率同时确保样品获得最好的净化效果，血浆样品依次选用 BondElut PRS 阳离子交换柱、HySphere C18 HD 柱和 HySphere Resin GP 的一维 SPE 系统分别与 HySphere C18 HD 柱和 HySphere Resin GP 联用的二维 SPE 系统进行实验，并对相关参数进行优化，图 8-2 为 5 种在线 SPE 条件下 NNAL 和可替宁的色谱峰高比较，从图中可知，BondElut PRS 阳离子交换柱与 HySphere Resin GP 联用的二维 SPE 明显高于其他 4 种 SPE 方式。对于 NNAL 和可替宁，Resin GP 柱吸附作用较 PRS 阳离子交换柱和 C18 HD 柱强，因此可用含较高比例的甲醇的洗涤溶剂进行多步洗涤，从而有效除去血浆中的盐、蛋白质及其他一些比 NNAL 和可替宁极性强的干扰物质，降低基质效应，经二维 SPE 处理过的色谱图（图 8-3）杂质峰明显减少，噪声明显降低，响应明显提高。此外，为了得到最佳的洗涤和萃取效果，实验还对在线 SPE 的上样、转移、洗涤、洗脱等关键步骤进行了系统优化。优化后的在线 SPE 条件如表 8-3 所示。

表 8-3　优化后的在线 SPE 条件

BondElut PRS 阳离子交换柱				HySphere Resin GP 柱			
步骤	试剂	体积 /mL	速度 / (mL·min⁻¹)	步骤	试剂	体积 /mL	速度 / (mL·min⁻¹)
活化	甲醇	2.0	5.0	活化	甲醇	2.0	5.0
平衡	2% 甲酸	2.0	5.0	平衡	1% 氨水	2.0	5.0
上样	2% 甲酸	0.8	1.2	转移	1% 氨水	0.8	1.2
洗涤	2% 甲酸	1.0	3.0	洗涤 1	1% 氨水（含 20% 甲醇）	1.0	3.0
				洗涤 2	1% 氨水	1.0	3.0

注：流动相洗脱，洗脱时间 1.5 min。

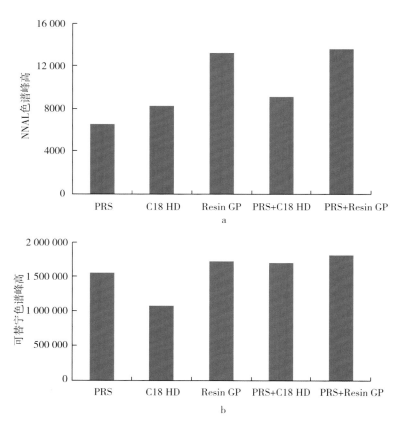

图 8-2　NNAL 和可替宁在线 SPE 条件下的色谱峰高比较

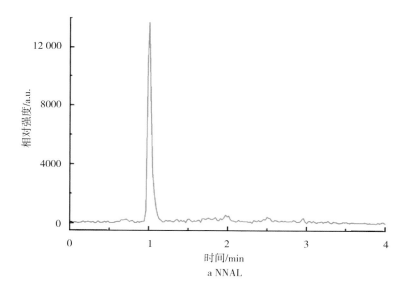

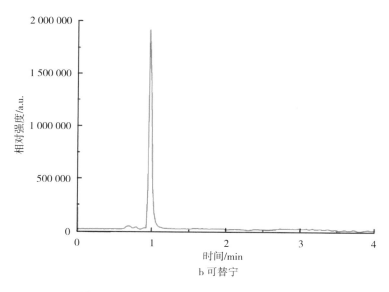

图 8-3　血浆中 NNAL 和可替宁的 MRM 色谱

1. β- 葡萄糖醛酸酶条件的优化

本方法将总 NNAL 作为烟气感受生物标记物，为了使 NNAL- 葡萄糖苷酸酶解完全，实验考察了加入 0.4 mL 8 kU、12 kU、16 kU 的 β- 葡萄糖醛酸酶分别孵育 6 h、12 h、18 h、24 h、30 h 对 NNAL 酶解效果的影响。实验结果表明，加入 12 kU 和 16 kU 的 β- 葡萄糖醛酸酶孵育 24 h NNAL 均能将血浆中的 NNAL- 葡萄糖苷酸酶解完全，因此实验选择加入 0.4 mL 12 kU 的 β- 葡萄糖醛酸酶孵育 24 h 为 NNAL- 葡萄糖苷酸的最佳酶解条件（图 8-4）。

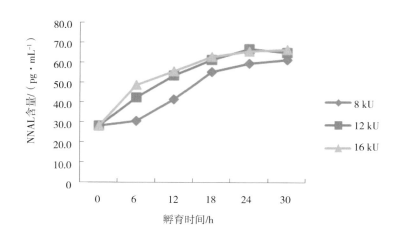

图 8-4　酶解条件优化

2. 方法评价

将所配制的 NNAL 和可替宁标准溶液由低到高浓度进样分析，以分析物与内标物的峰面积比（Y）对相应的分析物浓度进行线性回归分析，得到各分析物的工作曲线回归方程和相关系数。以标准曲线最低浓度的标准溶液稀释进样计算信噪比（S/N），以 3 倍信噪比作为检出限，结果如表 8-4 所示。

表 8-4　NNAL 和可替宁的标准溶液曲线、线性范围、检出限

分析物	标准曲线	相关系数 r	线性范围	检出限
NNAL	$y = 0124x + 0.007\,49$	0.9997	$0.5 \sim 100\ \mathrm{pg \cdot mL^{-1}}$	$0.06\ \mathrm{pg \cdot mL^{-1}}$
可替宁	$y = 0.0858 + 0.0472$	0.9998	$1.0 \sim 200\ \mathrm{ng \cdot mL^{-1}}$	$0.05\ \mathrm{ng \cdot mL^{-1}}$

　　分别取低、中、高浓度的吸烟人群血浆样品各 1 份，每份重复测量 5 次，按照前述方法进行处理，计算样品的日内精密度，将上述样品连续测定 5 天，计算样品的日间精密度，结果如表 8-5 所示。NNAL 日内精密度在 6.2% ～ 8.4%，日间精密度在 9.6% ～ 14.5%；可替宁日内精密度在 5.4% ～ 8.3%，日间精密度在 8.8% ～ 12.2%，表明该方法具有较好的精密度。

表 8-5　NNAL 和可替宁检测方法的日间精密度与日内精密度

分析物	样品	平均含量 /（$\mathrm{pg \cdot mL^{-1}}$）	日内精密度 / %	日间精密度 / %
NNAL	低	23.16	6.2	9.6
	中	38.67	7.3	12.3
	高	64.48	8.4	14.5
可替宁	低	46.78	5.4	12.2
	中	92.46	8.3	11.8
	高	153.27	6.2	8.8

　　取吸烟者血浆样品分别按照低、中、高 3 种水平加入 NNAL 和可替宁标准品，每个添加水平重复测定 5 个样品，用前述方法进行处理，计算回收率（表 8-6）。结果表明，NNAL 的回收率在 92.3% ～ 107.5%，可替宁的回收率在 91.6% ～ 108.3%，表明该方法测定准确，满足定量要求。

表 8-6　NNAL 和可替宁检测方法的回收率

分析物	添加量	回收率 / %	RSD/ %
NNAL	20	92.3	8.6
	40	94.6	6.4
	60	107.5	7.8
可替宁	50	91.6	7.2
	100	108.3	6.4
	150	94.2	8.3

　　注：NNAL 添加量和计算值单位为 pg/mL；可替宁添加量和计算值单位为 ng/mL。

二、吸烟人群血浆中 NNAL 和可替宁含量与主流烟气中 NNK 和烟碱释放量的关系

（一）血浆中 NNAL 的分析

运用所建方法分别将采集到的非吸烟人群血浆样品与吸烟人群第 14 天、第 28 天、第 42 天采集到的

血浆样品进行 NNAL 检测分析。非吸烟者血浆样品中有 23 个样品检测出 NNAL，含量在 0 ～ 3.75 pg/mL，平均含量为 0.49 pg/mL。利用箱线图法剔除异常数据样本后，吸烟人群第 14 天采集的血浆样品中 3 mg 组 NNAL 含量在 14.29 ～ 47.77 pg/mL，平均含量为 27.00 pg/mL；8 mg 组 NNAL 含量在 15.40 ～ 57.74 pg/mL，平均含量为 33.99 pg/mL；10 mg 组 NNAL 含量在 17.72 ～ 64.31 pg/mL，平均含量为 38.94 pg/mL。吸烟人群第 28 天采集的血浆样品中 3 mg 组 NNAL 含量在 13.17 ～ 44.77 pg/mL，平均含量为 26.70 pg/mL；8 mg 组 NNAL 含量在 16.29 ～ 56.89 pg/mL，平均含量为 33.77 pg/mL；10 mg 组 NNAL 含量在 18.26 ～ 66.77 pg/mL，平均含量为 38.44 pg/mL。吸烟人群第 42 天采集的血浆样品中 3 mg 组 NNAL 含量在 13.89 ～ 51.14 pg/mL，平均含量为 26.50 pg/mL；8 mg 组 NNAL 含量在 15.58 ～ 60.23 pg/mL，平均含量为 34.08 pg/mL；10 mg 组 NNAL 含量在 15.52 ～ 67.71 pg/mL，平均含量为 37.49 pg/mL。混合组抽吸 3 mg 卷烟 2 周后血浆中 NNAL 含量在 13.63 ～ 49.91 pg/mL，平均含量为 26.79 pg/mL；抽吸 8 mg 卷烟 2 周后血浆中 NNAL 含量在 16.58 ～ 54.53 pg/mL，平均含量为 32.44 pg/mL；抽吸 10 mg 卷烟 2 周后血浆中 NNAL 含量在 18.19 ～ 64.12 pg/mL，平均含量为 38.87 pg/mL。吸烟者不同个体之间抽吸相同卷烟相同时间内，血浆中 NNAL 含量存在较明显的个体差异，这可能与不同个体的吸烟习惯不同及不同个体之间 NNK 转化为 NNAL 的比例和 NNAL 的代谢速度有差异等因素有关。

（二）抽吸不同焦油卷烟 NNK 暴露水平研究

分别对第 14 天、第 28 天、第 42 天采集到的 3 mg 组、8 mg 组和 10 mg 组血浆样品 NNAL 数据做箱线图分析，结果如图 8-5 至图 8-7 所示。第 14 天、第 28 天、第 42 天的箱图均可看出，抽吸 3 mg、8 mg、10 mg 焦油卷烟的志愿者血浆中 NNAL 含量显著高于非吸烟人群者血浆中 NNAL 含量，且随着抽吸卷烟焦油和 NNK 释放量的增加血浆中 NNAL 有明显的增加趋势，10 mg 组志愿者血浆中 NNAL 的含量整体上明显高于 8 mg 组和 3 mg 组，8 mg 组血浆中 NNAL 的含量整体上也明显高于 3 mg 组。

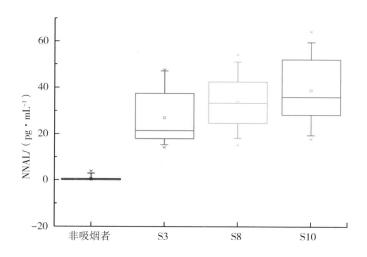

图 8-5　抽吸 14 天卷烟志愿者血样 NNAL 测定结果对应箱图

将同时期采集的抽吸不同焦油卷烟志愿者 3 mg 组、8 mg 组和 10 mg 组血浆中 NNAL 的含量分别做独立样本 t 检验，结果如表 8-7 所示。3 次采集的血液样本中，3 mg 组与 8 mg 组相比概率 P 均小于 0.05，表明抽吸 3 mg 卷烟组血浆中 NNAL 水平显著低于抽吸 8 mg 卷烟组。3 次采集的血液样本中，抽吸 14 天后和 42 天后采集的血液样本，8 mg 组与 10 mg 组相比概率 P 小于 0.05，表明此两组血浆中 NNAL 水平达到显著性差异水平；抽吸 28 天后采集的血液样本，8 mg 组与 10 mg 组相比概率 P 大于 0.05，差异不显著。

3 次采集的血液样本中，3 mg 组与 10 mg 组相比概率 *P* 均小于 0.01，表明抽吸 3 mg 卷烟组血浆中 NNAL 水平极显著低于抽吸 10 mg 卷烟组。

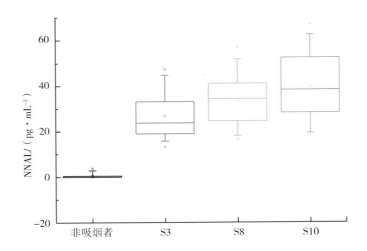

图 8-6　抽吸 28 天卷烟志愿者血样 NNAL 测定结果对应箱图

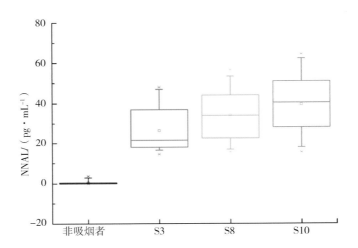

图 8-7　抽吸 42 天卷烟志愿者血样 NNAL 测定结果对应箱图

表 8-7　不同组吸烟者血浆中 NNAL 的含量比较

	平均含量 / (pg · mL⁻¹)			*P* 值		
	3 mg	8 mg	10 mg	3 mg—8 mg	8 mg—10 mg	3 mg—10 mg
14 天	27.05	33.99	38.94	0.01	0.03	< 0.01
28 天	26.71	33.77	38.44	0.02	0.06	< 0.01
42 天	26.47	34.08	37.49	0.02	0.02	< 0.01

（三）卷烟主流烟气中 NNK 的释放量与吸烟者血浆中 NNAL 的相关性分析

本研究所用 3 种卷烟（3 mg、8 mg、10 mg 卷烟）在 ISO 抽吸模式下主流烟气中 NNK 的释放量分别为 9.3 ng/ 支、18.2 ng/ 支和 29.7 ng/ 支。将主流烟气中 NNK 的释放量分别与第 14 天、第 28 天、第 42 天采集到的血浆中 NNAL 的平均含量做线性回归分析，回归方程分别为 $y = 0.5756x + 22.352$（$R^2 = 0.97$），$y = 0.567x + 22.163$（$R^2 = 0.96$），$y = 0.5286x + 22.602$（$R^2 = 0.92$）。主流烟气中 NNK 的释放量与抽吸 14 天、28 天、42 天血浆中 NNAL 含量的相关系数 $R^2 \geqslant 0.92$，表明血浆中 NNAL 含量与主流烟气中 NNK 的释放量呈正相关，血浆中 NNAL 的含量可由卷烟主流烟气中 NNK 的释放量通过本研究所建立的回归模型来预测。

1. NNK 剂量效应研究

选取一组志愿者（混合组）第 1 ~ 14 天抽吸 10 mg 卷烟，第 15 ~ 28 天抽吸 8 mg 卷烟，第 29 ~ 42 天抽吸 3 mg 卷烟，分别对第 14 天、第 28 天、第 42 天采集到的血浆样品 NNAL 数据做箱图分析（图 8-8）。从图 8-8 可以看出，吸烟者改抽 NNK 释放量低的卷烟后，血浆中 NNAL 水平有明显的下降趋势。对抽吸不同焦油卷烟后血浆中 NNAL 的含量分别做配对样本 t 检验，3 mg 与 8 mg 相比，8 mg 与 10 mg 相比，3 mg 与 10 mg 相比，概率 P 分别为 0.01、0.02、0.00，均小于 0.05，表明抽吸 NNK 释放量低的卷烟能显著降低血液中 NNAL 的水平。因此，可通过降低卷烟主流烟气中的 NNK 释放量来减少吸烟人群 NNK 的摄入量，从而降低卷烟对人体的危害。

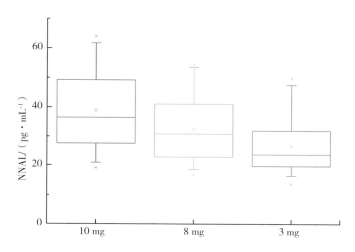

图 8-8　抽吸不同焦油卷烟志愿者血样 NNAL 测定结果对应箱图

2. 抽吸不同时间志愿者血浆中 NNAL 含量分析

分别将 3 组志愿者抽吸 14 天、28 天、42 天血浆中 NNAL 的含量做配对 t 检验，结果如表 8-8 所示。结果表明，3 mg 组、8 mg 组和 10 mg 组不同抽吸时间之间概率 P 均大于 0.05，表明抽吸相同卷烟 14 天、28 天、42 天志愿者血浆中 NNAL 的含量没有显著差异。NNAL 的半衰期较长（10 ~ 16 天），体内清除速度相对缓慢。较长的半衰期使得即使在烟气感受几周后还可以检测到 NNAL，而当 NNK 感受量发生改变时，NNAL 含量要花费较长时间才能达到一个新的不变含量，是较为理想的烟气感受生物标记物。本研究中吸烟者持续抽吸同种卷烟，血浆中 NNAL 含量 14 天后基本上达到动态平衡，基本上不再随吸烟时间的增加而增加。

表 8-8　抽吸 14 天、28 天、42 天卷烟志愿者血浆中 NNAL 的含量比较

	平均含量 /（pg·mL^{-1}）			P 值		
	14 天	28 天	42 天	14 天—28 天	14 天—42 天	28 天—42 天
3 mg	27.05	26.71	26.47	0.53	0.60	0.41
8 mg	33.99	33.77	34.08	0.64	0.70	0.89
11 mg	38.94	38.44	37.49	0.54	0.95	0.55

（四）血浆中可替宁的测定

运用所建方法分别将采集到的非吸烟人群血浆样品与吸烟人群第14天、第28天、第42天采集到的血浆样品进行可替宁检测分析。非吸烟者血浆样品中有26个样品检测出可替宁，含量在0～16.37 ng/mL，平均含量为2.04 ng/mL。用箱线图法剔除异常数据样本后，吸烟人群第14天采集的血浆样品中3 mg组可替宁含量在43.26～169.34 ng/mL，平均含量为105.47 ng/mL；8 mg组可替宁含量在43.65～200.52 ng/mL，平均含量为121.48 ng/mL；10 mg组可替宁含量在48.73～224.35 ng/mL，平均含量为136.96 ng/mL。吸烟人群第28天采集的血浆样品中3 mg组可替宁含量在40.96～168.25 ng/mL，平均含量为99.17 ng/mL；8 mg组可替宁含量在46.70～196.54 ng/mL，平均含量为122.35 ng/mL；10 mg组可替宁含量在49.71～218.85 ng/mL，平均含量为134.36 ng/mL。吸烟人群第42天采集的血浆样品中3 mg组可替宁含量在42.44～174.73 ng/mL，平均含量为96.99 ng/mL；8 mg组可替宁含量在52.65～190.53 ng/mL，平均含量为127.02 ng/mL；10 mg组可替宁含量在48.73～224.35 ng/mL，平均含量为136.96 ng/mL。

（五）抽吸不同焦油卷烟烟碱暴露水平研究

分别对第14天、第28天、第42天采集到的3 mg组、8 mg组和10 mg组血浆样品可替宁数据做箱图分析，结果如图8-9至图8-11所示。第14天、第28天、第42天的箱图均可看出，抽吸3 mg、8 mg、10 mg焦油卷烟的志愿者血浆中可替宁含量显著高于非吸烟者血浆中可替宁含量，且随着抽吸卷烟焦油和烟碱释放量的增加血浆中可替宁有明显的增加趋势，10 mg组志愿者血浆中可替宁的含量整体上明显高于8 mg组和3 mg组，8 mg组血浆中可替宁的含量整体上也明显高于3 mg组。

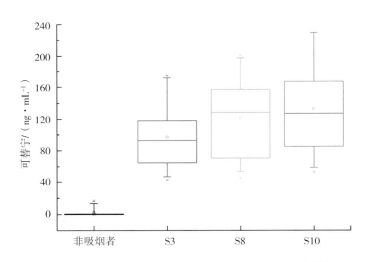

图8-9　抽吸14天卷烟志愿者血样可替宁测定结果对应箱图

将同时期采集的抽吸不同焦油卷烟志愿者3 mg组、8 mg组和10 mg组血浆中可替宁的含量分别做独立样本 *t* 检验，结果如表8-9所示。3次采集的血液样本中，抽吸14天后和28天后采集的血液样本，3 mg组与8 mg组相比概率 *P* 小于0.05，表明此两组血浆中可替宁水平达到显著性差异水平，抽吸42天后采集的血液样本，3 mg组和8 mg组相比概率 *P* 大于0.05，差异不显著。3次采集的血液样本中，8 mg组与10 mg组相比，概率 *P* 均大于0.05，表明抽吸8 mg卷烟志愿者和抽吸10 mg卷烟志愿者血浆中可替宁水平未达到显著性差异。3次采集的血液样本中，3 mg组与10 mg组相比，概率 *P* 均小于0.05，表明抽吸3 mg卷烟志愿者血浆中可替宁水平显著低于抽吸10 mg卷烟志愿者。

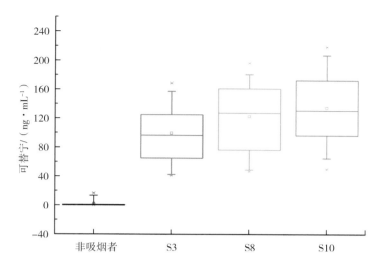

图 8-10　抽吸 28 天卷烟志愿者血样可替宁测定结果对应箱图

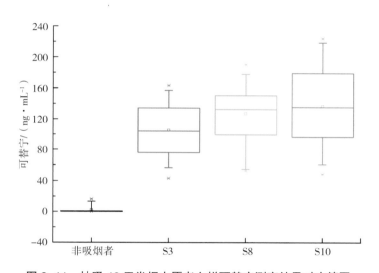

图 8-11　抽吸 42 天卷烟志愿者血样可替宁测定结果对应箱图

表 8-9　不同组吸烟者血浆中可替宁的含量比较

	平均含量 /（pg·mL⁻¹）			P 值		
	3 mg	8 mg	10 mg	3 mg—8 mg	8 mg—10 mg	3 mg—10 mg
14 天	105.47	121.48	136.96	0.02	0.34	< 0.01
28 天	99.17	122.35	134.36	0.02	0.26	< 0.01
42 天	96.99	127.02	136.96	0.08	0.33	0.01

（六）卷烟主流烟气中烟碱的释放量与吸烟者血浆中可替宁的相关性分析

本研究所用 3 种卷烟（3 mg、8 mg、10 mg 卷烟）在 ISO 抽吸模式下主流烟气中烟碱的释放量分别为 0.22 mg/ 支、0.60 mg/ 支和 0.82 mg/ 支。将主流烟气中烟碱的释放量分别与第 14 天、第 28 天、第 42 天采集到的血浆中可替宁的含量做线性回归分析，回归方程分别为 $y =51.345x + 93.235$（ $R^2 = 0.98$ ）、 $y = 58.908x + 86.423$（ $R^2 = 0.99$ ）、 $y = 67.982x + 83.16$（ $R^2 = 0.98$ ）。主流烟气中烟碱的释放量与抽吸 14 天、28

天、42 天血浆中可替宁含量的相关系数 $R^2 \geqslant 0.98$，表明血浆中可替宁含量与主流烟气中烟碱的释放量呈正相关，血浆中可替宁的含量可由卷烟主流烟气中 NNK 的释放量通过本研究所建立的回归模型来预测。

1. 烟碱剂量效应研究

选取一组志愿者（混合组）第 1 ～ 14 天抽吸 10 mg 卷烟，第 15 ～ 28 天抽吸 8 mg 卷烟，第 29 ～ 42 天抽吸 3 mg 卷烟。分别对第 14 天、第 28 天、第 42 天采集到的血浆样品可替宁数据做箱图分析（图 8-12），从图 8-12 可以看出，吸烟者改抽烟碱释放量低的卷烟后，血浆中可替宁水平有明显的下降趋势。对抽吸不同焦油卷烟后血浆中可替宁的含量分别做配对样本 *t* 检验，8 mg 与 10 mg 相比，概率 *P* 为 0.18，不存在显著性差异，但 3 mg 与 8 mg 相比，3 mg 与 10 mg 相比，概率 *P* 均小于 0.05，表明抽吸 3 mg 卷烟志愿者血浆中可替宁水平显著低于抽吸 8 mg 和 10 mg 卷烟志愿者。

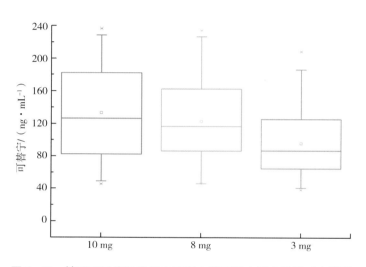

图 8-12　抽吸不同焦油卷烟志愿者血样可替宁测定结果对应箱图

2. 抽吸不同时间志愿者血浆中可替宁含量分析

分别将 3 组志愿者抽吸 14 天、28 天、42 天血浆中可替宁的含量做配对 *t* 检验，结果如表 8-10 所示。结果表明，3 mg 组、8 mg 组和 10 mg 组不同抽吸时间之间概率 *P* 均大于 0.05，表明抽吸相同卷烟 14 天、28 天、42 天志愿者血浆中可替宁的含量没有显著差异。可替宁的半衰期约为 16 h，吸烟者血浆中可替宁处于动态平衡，继续抽吸同种卷烟血浆中的可替宁达到平衡后不再随吸烟时间的增加而显著增加。

表 8-10　抽吸 14 天、28 天、42 天血浆中可替宁的含量比较

	平均含量 / (pg·mL⁻¹)			*P* 值		
	14 天	28 天	42 天	14 天—28 天	14 天—42 天	28 天—42 天
3 mg	105.47	99.17	96.99	0.68	0.29	0.12
8 mg	121.48	122.35	127.02	0.90	0.53	0.45
11 mg	136.96	134.36	136.96	0.80	0.71	0.57

首次利用在线固相萃取—超高压色谱—串联质谱，建立了二维在线固相萃取—超高压色谱—串联质谱法测定吸烟人群血浆中 NNAL 和可替宁，该方法血浆样品经阳离子交换柱和反向萃取柱组成的二维 SPE 处理，能够有效除去血浆中的盐、色素、蛋白质及其他一些比 NNAL 和可替宁极性强的干扰物质，有效降低基质效应，显著提高了方法的灵敏度。采用全自动固相萃取技术在线纯化烟草样品，固相萃取方式

自动化操作更加简便，节省时间，减少人为误差，提高了检测准确性。

研究表明，吸烟人群血浆中 NNAL 和可替宁含量分别与主流烟气中 NNK 与烟碱的释放量呈正相关，抽吸 NNK 与烟碱释放量低的卷烟能显著降低血液中 NNAL 与可替宁的水平。因此，可以通过选择性降低卷烟主流烟气中的 NNK 释放量来减少吸烟人群 NNK 的摄入量，从而降低卷烟对人体的危害。

第三节　吸烟人群和非吸烟人群血浆中 miRNA 表达谱的研究

一、血浆中 miRNA 表达谱的研究

（一）资料与方法

研究对象：由于中国的吸烟人群多为男性，故选择 60 名吸烟男性。吸烟者年龄 21 ～ 30 岁，平均年龄（22.3 ± 3.4）岁。入选标准：① 18 岁以上的吸烟男性；②吸烟指数大于 30（吸烟指数 = 平均每天吸烟支数 × 吸烟年数）；③签署知情同意书。排除标准：①目前正在使用其他含有烟草的产品；②有滥用药物史或酗酒史；③确认为高血压、冠心病、糖尿病、脑血管疾病、肺心病、瓣膜病和其他器质性心脏疾病，有严重的肝肾功能疾病，确诊为呼吸系统疾病或血液系统疾病等。此外，40 名年龄匹配的非吸烟健康男性 [年龄 21 ～ 30 岁，平均年龄（23.1 ± 4.7）岁] 作为对照组参与本研究。所有研究对象均来自同一单位，生活和工作条件相同。所有实验对象均获得本人知情同意并签署知情同意书，本研究通过医学伦理审批同意。

血液样本采集：标本采集时间和方法：60 名吸烟者随机分为 3 组，每组 20 人。在完成体格检查后所有吸烟人员首先吸食某一品牌的混合型卷烟（焦油量 11 mg）2 周，然后 3 组人员分别吸食同一品牌的 3 个不同焦油量的混合型卷烟（焦油量 3 mg、8 mg、11 mg）共计 6 周，同组人员均吸食同一品牌同一种焦油量的卷烟。吸烟者根据个人生活习惯每日吸食 10 ～ 20 支卷烟。收集每日吸食卷烟后剩余的烟蒂，−80℃冻存。

分别于吸烟者吸食不同焦油量卷烟的观察期的第 14 天、第 28 天、第 42 天进行血液样本采集。非吸烟者在体格检查完成后的第 2 天进行血液标本采集。采集血液样本前晚 6 时以后禁食，禁饮酒、咖啡、浓茶等。采集空腹肘静脉血 4 mL，置入 EDTA 抗凝管中。血液样本采集后 2 h 内离心，4℃，3000 r/min，离心 10 min，血浆转移至无 RNA 酶的洁净 EP 管中，−80℃冰箱保存，择期统一进行 miRNA 检测。检测的 miRNA 的引物序列如表 8-11 所示。

表 8-11　检测的 miRNA 的引物序列

基因	引物序列 5' → 3'
U6-F	CTCGCTTCGGCAGCACA
U6-R	AACGCTTCACGAATTTGCGT
miRNA 通用引物	GTGCAGGGTCCGAGGT

基因	引物序列 5' → 3'
hsa–miR–16–5p	TAGCAGCACGTAAATATTGGCG
hsa–miR–16–5p–RT	GTCGTATCCAGTGCAGGGTCCGAGGTATTCGCACTGGATACGACcgccaa
hsa–miR–16–5p–AS	CATAGCAGCACGTAAATATTGGC
hsa–miR–451a	AAACCGTTACCATTACTGAGTT
has–miR–451a–RT	GTCGTATCCAGTGCAGGGTCCGAGGTATTCGCACTGGATACGACaactca
has–miR–451a–AS	ATCGTCAAACCGTTACCATTACTG
hsa–miR–486–5p	TCCTGTACTGAGCTGCCCCGAG
hsa–miR–486–5p–RT	GTCGTATCCAGTGCAGGGTCCGAGGTATTCGCACTGGATACGACctcggg
hsa–miR–486–5p–AS	TTGTCCTGTACTGAGCTGCCC
hsa–miR–93–5p	CCGATACGCACCTGAATCGGC
hsa–miR–93–5p–RT	GTCGTATCCAGTGCAGGGTCCGAGGTATTCGCACTGGATACGACcgccaa
hsa–miR–93–5p–AS	GCTACTTGATACGCACCTGAT
hsa–miR–1202	TGCTGAGTATGTCGTGGAG
hsa–miR–1202–RT	GTCGTATCCAGTGCAGGGTCCGAGGTATTCGCACTGGATACGACcgccaa
hsa–miR–1202–AS	GTCTTCTGAGTGGCAGTGAT
hsa–miR–4530	AGGTGAGTATGTCGTGGAGC
hsa–miR–4530–RT	GTCGTATCCAGTGCAGGGTCCGAGGTATTCGCACTGGATACGACcgccaa
hsa–miR–4530–AS	CTATTCTGAGTGGCAGTGAG
hsa–miR–494	ATACGCACCTGAATCGGCAA
hsa–miR–494–RT	GTCGTATCCAGTGCAGGGTCCGAGGTATTCGCACTGGATACGACcgccaa
hsa–miR–494–AS	GATACGAACCCAGATCGGCA
hsa–miR–572	TTGATACGCACCTGAATCGGC
hsa–miR–572–RT	GTCGTATCCAGTGCAGGGTCCGAGGTATTCGCACTGGATACGACcgccaa
hsa–miR–572–AS	CGCTTGATACGCACCTGAAT

血浆 miRNA 的提取和 miRNA 表达谱芯片检测：应用 miRNA 提取试剂盒提取血浆 miRNA（Qiagenkit），应用 Nanodrop 仪进行 miRNA 质量检测，全部 100 份血浆 miRNA 均质检合格。选取其中 40 例质量好的血 miRNA 样本（吸烟组 28 例，非吸烟者 12 例）进行 human miRNA 表达谱芯片检测。应用安捷伦 human miRNA microarray 芯片（version 19.0）进行检测，共检测 40 张芯片。应用 Signifcance Analysis Microarrays（SAM，version 3.0）软件挑选差异表达的 miRNA。应用 Cluster 3.0 对差异表达的 miRNA 进行聚类分析，FDR（False Discovery Rate）控制在 5% 以内。

血浆 miRNA 实时聚合酶链反应：从 microarray 芯片检测发现的差异表达的 miRNA 中随机选择自身表达丰度高的 3 个 miRNA（has–miR–16–5p、has–miR–451a、has–miR–486–5p）进一步应用荧光定量 PCR 方法进行检测，验证芯片的准确性。应用 RNA U6 作为内参，每个 miRNA 进行 3 次荧光定量 PCR 检测。PCR 扩增条件：95 ℃，15 s；60 ℃，30 s，40 个循环；75 ~ 95 ℃绘制溶解曲线，非变性琼脂糖凝胶电泳检测 PCR 扩增情况。

差异表达的 miRNA 的功能富集分析：应用生物信息学方法对差异表达的 miRNA 进行功能富集分析。

利用超几何分布假设检验分析差异表达的 miRNA 的相关功能及相关疾病的富集度，对获得的 P 值进行 Bonferroni 多重比较校正。

血浆 miRNA 表达丰度检测：应用 Taqman 探针法分别检测了吸烟者和非吸烟者血浆中 has-miR-16-5p、has-miR-451a、has-miR-486-5p、has-miR-1202、has-miR-93-5p、has-miR-4530、has-miR-494、has-miR-572 的表达丰度。应用试剂盒 Qiagen miRNeasy Mini Kit（货号：217004）提取血浆 miRNA。应用 NanoDrop 仪进行 miRNA 质量检测。共提取 780 份血浆 miRNA 标本。

统计学分析：对于 microarray，应用 Agilent Feature Extraction（v10.7）软件对杂交图片进行分析并提取数据。使用 Agilent GeneSpring 软件对数据进行归一化，采用 GeneSpring 软件进行组间的差异分析。采用两组独立样本的 t 检验方法进行两组差异表达基因分析，ANOVA 方法进行多组差异表达基因分析。$P < 0.05$ 定义为差异具有统计学意义。

（二）结果与讨论

1. 血浆 miRNA 表达谱芯片检测结果

吸烟者与非吸烟者血浆 miRNA 的 microarray 比较，共筛选出 35 个差异表达的 miRNA（表达上调＞2 倍或表达下调＜0.5 倍）。其中，24 个 miRNA 表达上调，11 个 miRNA 表达下调。与烟碱代谢相关的 miR-1202、与 NNK 相关的 miR-486-5p 的表达量在吸烟人群血浆中均发生了显著变化（表 8-12）。

表 8-12　吸烟者和非吸烟者血浆中差异表达的 miRNA

miRNA 名称	倍值变化	表达趋势	miRNA 名称	倍值变化	表达趋势
has-miR-107	3.50	上调	has-miR-6076	2.07	上调
has-miR-1202	2.26	上调	has-miR-6085	3.42	上调
has-miR-1268a	3.12	上调	has-miR-6124	3.56	上调
has-miR-140-3p	3.23	上调	has-miR-6127	2.39	上调
has-miR-15a-5p	3.00	上调	has-miR-6165	2.64	上调
has-miR-16-5p	3.75	上调	has-miR-93-5p	2.63	上调
has-miR-17-5p	3.39	上调	has-miR-7d-3p	3.21	下调
has-miR-185-5p	4.21	上调	has-miR-1227-5p	4.23	下调
has-miR-19a-3p	5.36	上调	has-miR-1587	4.32	下调
has-miR-19b-3p	3.04	上调	has-miR-3135b	5.21	下调
has-miR-20a-5p	5.99	上调	has-miR-3940-5p	3.09	下调
has-miR-20b-5p	5.04	上调	has-miR-4530	2.21	下调
has-miR-25-3p	3.59	上调	has-miR-485-3p	5.37	下调
has-miR-4271	4.77	上调	has-miR-494	4.94	下调
has-miR-4298	5.52	上调	has-miR-572	4.41	下调
has-miR-451a	3.82	上调	has-miR-574-3p	8.19	下调
has-miR-4738-3p	3.59	上调	has-miR-6068	2.69	下调
has-miR-5196-5p	2.08	上调			

2. 差异表达的 miRNA 的荧光定量 PCR 验证

为验证 microarray 芯片检测的可靠性，应用荧光定量 PCR 方法对差异表达的 miRNA 进行了实验验证。在 35 个显著差异表达的 miRNA 中随机选择了表达丰度高且目前研究广泛的 2 个 miRNA（has–miR–451a、has–miR–16–5p），以及在循环中表达丰度高但差异表达不显著（小于 2 倍）的 has–miR–486–5p 进行了荧光定量 PCR 检测。对芯片数据及荧光定量 PCR 数据进行了归一化处理，使两者具有可比性。具体方法：从 miRNA 芯片得到吸烟者与非吸烟者血浆中不同 miRNA 的信号平均值，将吸烟者的信号值除以非吸烟者的信号值，得到比值 R_{array}（吸烟 / 非吸烟对照）。miRNA 的荧光定量 PCR（qRT–PCR）计算公式为：$R_{pcr}=E_{miR}-x\Delta CP_{（对照-样本）}/E_{RNAU6}\Delta CP_{（对照-样本）}$，公式中，RNAU6 为内参；$E$ 表示扩增效率；CP（crossing point）表示实时荧光强度显著大于背景值时的循环数。计算 miRNA 的芯片检测比值 R_{array} 与荧光定量 PCR 比值 R_{pcr}，比值大于 1 表示 miRNA 表达上调，比值小于 1 表示 miRNA 表达下调。相对于内参 RNAU6，has–miR–16–5p、has–miR–451a、has–miR–486–5p 的表达在芯片检测和荧光定量 PCR 检测中均上调。荧光定量 PCR 检测结果与芯片检测结果一致（图 8–13）。

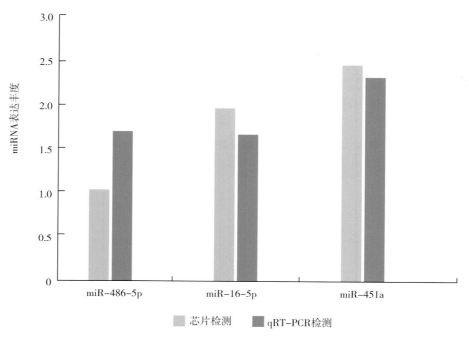

图 8–13　miRNA 的芯片检测和 qRT–PCR 检测结果

3. 差异表达的 miRNA 的功能富集分析

应用 TAM 工具（http://www.cuilab.cn/tam/）对差异表达的 miRNA 进行功能富集分析。通过富集分析发现，表达上调的 miRNA 和 32 种疾病条目具有显著差异。分析这 32 条疾病条目发现：表达上调的 miRNA 与乳腺癌、结肠癌、肺癌等实体瘤及血液系统肿瘤密切相关。表达上调的 miRNA 和 12 条生理过程条目具有显著差异，如表 8–13 所示。分析这 12 条生理过程条目发现：表达上调的 miRNA 与凋亡、细胞死亡、血管生成等组织发育、免疫有着极为密切的联系。表达下调的 miRNA 和肮病毒病（$P=0.02$）、缺血性疾病（$P=0.03$）、SARS（$P=0.03$）及可卡因相关疾病（$P=0.04$）等有关，但对 *p-value* 经过 FDR 校正之后，差异均不显著。

表 8-13　吸烟者血浆中差异表达的 miRNA 所富集的分子功能和疾病条目

条目（term）	基因数（Gene Count, - log10）	条目（term）	基因数（Gene Count, - log10）
淋巴瘤	5.31	关节炎	2.21
B 细胞白血病	5.14	血管性疾病	2.21
肝癌	4.24	卵巢癌	2.04
白血病	3.87	结肠癌	2.04
成人 T 细胞白血病 - 淋巴瘤	3.81	黑色素瘤	1.90
弓形虫	3.78	前列腺癌	1.81
T 细胞淋巴瘤	3.46	阿尔茨海默病	1.75
血液肿瘤	3.41	神经胶质瘤	1.72
霍奇金病	3.36	2 型糖尿病	1.70
弓形虫病	3.34	腺癌	1.61
髓样白血病	3.33	免疫系统	5.39
间变性大细胞淋巴瘤	3.32	激素调节	5.28
套细胞淋巴瘤	2.92	致瘤性 miRNAs	4.03
恶性胶质瘤	2.91	细胞周期相关	4.02
B 细胞淋巴瘤	2.90	HIV 潜伏期	4.02
胃肿瘤	2.65	血管生成	3.80
急性骨髓样白血病	2.60	细胞凋亡	2.31
成神经细胞瘤	2.56	Akt 途径	2.17
无精症	2.55	造血	2.17
乳腺癌	2.54	细胞死亡	1.98
肺癌	2.23	脂肪细胞分化	1.52
成神经管细胞瘤	2.22	肿瘤细胞的化学敏感性	1.49

4. 应用荧光定量 PCR 方法对 miRNA 进行实验验证

通过比较 miRNA 的循环数（CT）值发现，与非吸烟者血浆 miRNA 相比，吸烟者血浆中 has-miR-16-5p、has-miR-451a、has-miR-486-5p、has-miR-1202 的表达丰度显著升高，has-miR-93-5p、has-miR-4530、has-miR-494、has-miR-572 的表达丰度显著降低。另外，表 8-14 给出了不同焦油含量吸烟者血浆中几种差异表达的 miRNA 结果，可以看出，miR-16-5p、miR-451a、miR-4530、miR-494 转录水平随着焦油量的增加而降低，而 miR-486-5p、miR-1202、miR-572、miR-93-5p 的转录水平随着焦油量的增加而升高。

表 8-14　不同焦油含量吸烟者血浆中几种差异表达的 miRNA

miRNA	3 mg	8 mg	11 mg	表达趋势
miR-16-5p	5.36	3.99	1.96	下调
miR-451a	5.87	3.68	2.05	下调
miR-4530	4.36	3.11	2.53	下调
miR-494	3.21	2.17	1.83	下调
miR-486-5p	1.72	2.08	2.34	上调

miRNA	3 mg	8 mg	11 mg	表达趋势
miR-1202	1.64	2.37	2.65	上调
miR-572	1.31	1.63	1.95	上调
miR-93-5p	1.56	1.87	2.21	上调

研究报道，吸烟可导致血浆中微泡和 miRNA 签名发生变化。吸烟也可诱发肺组织、食道、肝细胞 miRNA 表达发生变化。日本学者比较了 11 名吸烟者和 7 名非吸烟者血浆 miRNA 表达谱，发现慢性吸烟可影响血浆 miRNA 表达谱变化，而急性环境暴露并不影响血浆 miRNA 表达谱变化。本研究应用的安捷伦人 miRNA 表达谱芯片检测的 miRNA 总数为 1875 个。将吸烟者与非吸烟者血浆 miRNA 表达谱进行了比较，芯片表达谱分析共发现 35 个差异表达的 miRNA，其中表达显著上调的有 24 个，表达显著下调的有 11 个。尼古丁敏感的 has-miR-140-3p 在吸烟人群血浆表达显著上调。对尼古丁和苯并 [a] 芘应激反应最敏感的 has-miR-16 在吸烟人群血浆表达也显著上调。结果提示，研究吸烟者血浆中特异性 miRNA 的表达变化，可为"吸烟与健康"的关系研究提供新的研究思路和研究靶点。

卷烟烟气中含有一氧化碳、亚硝胺等化学物质，这些物质可通过染色体畸变、DNA 损伤等多种交叉途径引发细胞损伤。由于 miRNA 大多位于基因的脆性位点上，导致 miRNA 容易受到毒物攻击而导致表达改变。NNK 是一种烟草特异性致癌物，广泛存在于各类烟草制品中。文献报道，雄性大鼠饮水中持续喂饲 10×10^{-6} mg/kg 的 NNK 20 周可导致大鼠肺组织 miRNA 表达变化。我国科研人员发现，雄性大鼠皮下注射 NNK 1.15 mg/kg，每周 3 次，连续皮下注射 20 周可导致肺癌发生，大鼠血清中 miR-206 和 miR-133b 表达显著上调，肺癌组织 miR-206 和 miR-133b 表达显著降低，提示循环 miRNA 可能成为 NNK 诱导肺癌发生的潜在生物标记物。文献报道，吸烟者白血病，父母吸烟者，其子女白血病的发病率增高。究其原因，考虑尼古丁暴露导致原代 miRNA 表达谱发生变化，这种变化可影响子代和孙代 miRNA 的表达。吸烟者易发生心律失常、房颤，其原因与吸烟者血浆中 miR-1202 表达发生变化进而促进心肌纤维化及房颤的发生有关。吸烟导致差异表达的 miRNA 的靶基因与肿瘤中吸烟调节的基因有很强的相关性。文献报道，miRNA(has-miR-107、has-miR-140-3p、has-miR-15a-5p、has-miR-16-5p)在白血病患者血浆中表达升高，血浆中的 miR-17-5p、miR-185-5p、miR-19a-3p、miR-19b-3p、miR-20a-5p、miR-20b-5p、miR-25-3p、miR-451a、miR-93-5p、miR-4738-3p 在肝癌、食道癌、膀胱癌等肿瘤中差异表达，提示吸烟者血浆中差异表达的 miRNA 可能是诱发房颤、白血病、肿瘤等疾病发生的危险因素。

本研究中通过 miRNA 功能富集分析发现，吸烟导致血浆中差异表达的 miRNA 的功能涉及免疫调节、激素调节、细胞凋亡、血管生成、AKT 信号通路等生物学进程。通过研究吸烟与血浆 miRNA 表达谱变化，以及 miRNA 与疾病之间的关联度分析，有助于帮助了解卷烟烟气中的有害化学物质对机体的影响及可能导致疾病发生的分子作用机制，可为烟草制品提供一种新的检测有害物质的生物标记物。为通过烟叶改良、卷烟工艺改良等技术手段干预差异表达的 miRNA，进一步降低吸烟对健康的危害提供新的思路和研究方法。

二、血浆热休克蛋白 70 表达检测

热休克转录因子（heat shock transcription factor，HSF）和热休克素结合可诱导 HSP70 表达，正常情况下，HSF 以无活性的单体形式存在于细胞质中，不与热休克元件（heat shock element，HSE）结合。当细胞受到各种内外刺激时，3 个 HSF 单体可通过复杂的分子间的蜷曲螺旋结合形成一个 HSF 三聚体，该三

聚体可与热休克素结合，并使 HSF 上的活化区域暴露出来，促进 HSP70 转录合成。

热休克蛋白（heat shock protein70，HSP70）是 HSP 家族中的重要成员，在生物细胞中含量最高，可诱导性最强，具有保护细胞免受刺激损伤，促进受损细胞修复及抗炎、抗凋亡、耐受缺血 / 缺氧损伤等多种生物学功能。许多研究发现，心肌组织中 HSP70 表达升高可减轻心肌细胞损伤程度，利于损伤心肌细胞的恢复，在预防和延缓心血管疾病中起到重要作用。外源性因素如热应激反应、辐射、毒物刺激、吸烟均可造成细胞内的非正常蛋白（如未正常折叠蛋白、该降解而未降解的蛋白、蛋白碎片、蛋白多聚体、变性蛋白等）表达升高，使游离 HSP 浓度降低，从而激活 HSF，促进 HSP70 合成。应用 ELISA 方法检测了吸烟人群和非吸烟人群运动前后的血浆 HSP70 表达水平。

血浆 HSP70 水平检测由经统一培训的实验人员现场抽取调查对象空腹外周静脉血 5 mL，低温冷藏保存带回当地实验室，3000 r/min 离心 20 min，离心后收集上清液，置于 −80 ℃ 冰箱保存待测。应用双抗体夹心法测定血浆标本中人 HSP70 水平，共检测 960 份血浆样本，每份样本重复检查 2 次。用纯化的人 HSP70 抗体包被微孔板，制成固相抗体，往包被单抗的微孔中依次加入 HSP70，再与 HRP 标记的 HSP70 抗体结合，形成抗体 – 抗原 – 酶标抗体复合物，经过彻底洗涤后加底物 TMB 显色。TMB 在 HRP 酶的催化下转化成蓝色，并在酸的作用下转化成最终的黄色。颜色的深浅和样品中的 HSP70 呈正相关。用酶标仪在 450 nm 波长下测定吸光度，通过标准曲线计算血浆样品中人 HSP70 浓度。采用 EpiData 3.1 建立数据库，应用 SPSS 19.0 进行 χ^2 检验、t 检验、方差分析、相关分析、分层回归分析，检验水准为 $\alpha=0.05$。

表 8-15　青年吸烟者和非吸烟者运动前后血浆 HSP70 表达

	运动前 HSP70/（pg·mL^{-1}）	运动后 HSP70/（pg·mL^{-1}）
吸烟者（$n=240$）	1012.00 ± 274.20	1496.75 ± 324.14
非吸烟者（$n=240$）	816.00 ± 320.39	1208.50 ± 431.18
P	0.014	0.008

表 8-16　青年吸烟者血浆 HSP70 抗体检测

吸烟年数 / 年	阴性 / %	阳性 / %	χ^2	P
＜5	77（71.2）	31（28.8）	5.602	0.018
5～10	48（67.6）	23（33.4）		
10～15	38（62.3）	23（37.7）		

研究发现，静息状态下吸烟者血浆 HSP70 表达水平显著高于非吸烟者；剧烈运动后，吸烟者和非吸烟者血浆中 HSP70 表达水平都显著升高，运动后血浆 HSP70 表达水平与运动前有显著差异（表 8-15）。进一步根据吸烟者吸烟历史，按照累计吸烟 5 年为 1 组进行分层，分析了吸烟者血浆中 HSP70 抗体表达水平（表 8-16）。结果发现，随着烟龄增加，吸烟者血浆中 HSP70 抗体表达丰度呈增高趋势（$P=0.018$）。

参考文献

[1] INTERNATIONAL AGENCY FOR RESEARCH ON CANCER（IARC）. Monographs on the evaluation of carcinogenic risk to humans Volume 89：smokeless tobacco and some tobacco-specific nitrosa mines [M]. Lyon：World Health Organization，2007.

[2] HECHT S S, CHEN C B, OHMORI T, et al. Comparative carcinogenicity in F344 rats of the tobacco specific

nitrosamines, *N'*-nitrosonornicotine and 4-（*N*-methyl-*N*-nitrosamino）-1-（3-pyridyl）-1-butanone[J]. Cancer Research, 1980, 40: 298-302.

[3] HOFFMANN D, RIVENSON, A, AMIN S, et al. Dose-response study of the carcinogenicity of tobacco-specific *N*-nitrosamines in F344 rats[J]. Journal of Cancer Research Clin Oncol, 1984, 108: 81-86.

[4] HECHT S S, CARMELLA S G, LE K A, et al. 4-（methylnitrosamino）-1-（3-pyridyl）-1-butanol and its glucuronides in the urine of infants exposed to environmental tobacco smoke[J]. Cancer Epidemiology and Prevention Biomarkers, 2006, 15（5）: 988-992.

[5] WIENER D, DOERGE D R, FANG J L, et al. Characterization of *N*-glucuronidation of the lung carcinogen 4-（methylnitrosamino）-1-（3-pyridyl）-1-butanol（NNAL）in human liver: importance of UDP-glucuronosyltransferase 1A4[J]. Drug Metabolism and Disposition, 2004, 32（1）: 72-79.

[6] GALLAGHER C J, MUSCAT J E, HICKS A N, et al. The UDP-glucuronosyltransferase 2B17 gene deletion polymorphism: sex-specific association with urinary 4-（methylnitrosamino）-1-（3-pyridyl）-1-butanol glucuronidation phenotype and risk for lung cancer[J]. Cancer Epidemiology and Prevention Biomarkers, 2007, 16（4）: 823-828.

[7] CARMELLA S G, AKERKAR S, HECHT S S. Metabolites of the tobacco-specific nitrosamine 4-（methylnitrosamino）-1-（3-pyridyl）-1-butanone in smokers' urine[J]. Cancer Research, 1993, 53（4）: 721-724.

[8] SMITH T J, GUO Z, GONZALEZ F J, et al. Metabolism of 4-（methylnitrosamino）-1-（3-pyridyl）-1-butanone in human lung and liver microsomes and cytochromes P-450 expressed in hepatoma cells[J]. Cancer Research, 1992, 52（7）: 1757-1763.

[9] HECHT S S, CARMELLA S G, STEPANOV I, et al. Metabolism of the tobacco-specific carcinogen 4-（methylnitrosamino）-1-（3-pyridyl）-1-butanone to its biomarker total NNAL in smokeless tobacco users[J]. Cancer Epidemiology and Prevention Biomarkers, 2008, 17（3）: 732-735.

[10] PARSONS W D, CARMELLA S G, AKERKAR S, et al. A metabolite of the tobacco-specific lung carcinogen 4-（methylnitrosamino）-1-（3-pyridyl）-1-butanone in the urine of hospital workers exposed to environmental tobacco smoke[J]. Cancer Epidemiology and Prevention Biomarkers, 1998, 7（3）: 257-260.

[11] HUGHES J R, HECHT S S, CARMELLA S G, et al. Smoking behaviour and toxin exposure during six weeks use of a potential reduced exposure product[J]. Omni Tobacco Control, 2004, 13（2）: 175-179.

[12] HATSUKAMI D K, LEMMONDS C, ZHANG Y, et al. Evaluation of carcinogen exposure in people who used "reduced exposure" tobacco products[J]. Journal of the National Cancer Institute, 2004, 96（11）: 844-852.

[13] BRELAND A B, ACOSTA M C, Eissenberg T. Tobacco specific nitrosamines and potential reduced exposure products for smokers: a preliminary evaluation of Advance ™ [J]. Tobacco Control, 2003, 12（3）: 317-321.

[14] ASHLEY D L, O'CONNOR R J, BERNERT J T, et al. Effect of differing levels of tobacco-specific nitrosamines in cigarette smoke on the levels of biomarkers in smokers[J]. Cancer Epidemiology and Prevention Biomarkers, 2010, 19（6）: 1389-1398.

[15] CUNNINGHAM A, SOMMARSTRÖM J, CAMACHO O M, et al. A longitudinal study of smokers' exposure to cigarette smoke and the effects of spontaneous product switching[J]. Regulatory Toxicology and Pharmacology, 2015, 72（1）: 8-16.

[16] SHEPPERD C J, ELDRIDGE A, CAMACHO O M, et al. Changes in levels of biomarkers of exposure observed in a controlled study of smokers switched from conventional to reduced toxicant prototype cigarettes[J]. Regulatory Toxicology and Pharmacology, 2013, 66（1）: 147-162.

[17] SHEPPERD C J, ELDRIDGE A C, ERRINGTON G, et al. A study to evaluate the effect on Mouth Level Exposure and biomarkers of exposure estimates of cigarette smoke exposure following a forced switch to a lower ISO tar yield cigarette[J]. Regulatory Toxicology and Pharmacology, 2011, 61（3）: S13-S24.

[18] CARMELLA S G, HAN S, VILLALTA P W, et al. Analysis of total 4-（methylnitrosamino）-1-（3-pyridyl）-1-butanol in smokers' blood[J]. Cancer Epidemiology and Prevention Biomarkers, 2005, 14（11）: 2669-2672.

[19] PAN J, SONG Q, SHI H, et al. Development, validation and transfer of a hydrophilic interaction liquid chromatography/

tandem mass spectrometric method for the analysis of the tobacco-specific nitrosamine metabolite NNAL in human plasma at low picogram per milliliter concentrations[J]. Rapid Communications in Mass Spectrometry，2004，18（21）：2549-2557.

[20]　GALLART-AYALA H，MOYANO E，GALCERAN M T. Analysis of bisphenols in soft drinks by on-line solid phase extraction fast liquid chromatography-tandem mass spectrometry[J]. Analytica Chimica Acta，2011，683（2）：227-233.

[21]　TETZNERA N F，MANIEROB M G，RODRIGUES-SILVAA C，et al. On-line solid phase extraction-ultra high performance liquid chromatography-tandem mass spectrometry as a powerful technique for the determination of sulfonamide residues in soils[J]. Journal of Chromatography A，2016，1452：89-97.

[22]　ZHANG J，BAI R，YI X，et al. Fully automated analysis of four tobacco-specific N–nitrosamines in mainstream cigarette smoke using two-dimensional online solid phase extraction combined with liquid chromatography-tandem mass spectrometry[J]. Talanta，2016，146：216-224.

[23]　LHOTSKÁ I，ŠATÍNSKÝ D，HAVLÍKOVÁ L，et al. A fully automated and fast method using direct sample injection combined with fused-core column on-line SPE–HPLC for determination of ochratoxin A and citrinin in lager beers[J]. Analytical & Bioanalytical Chemistry，2016，408（12）：3319-3329.

[24]　秦涛，金祖亮 . 环境致癌物风险评价和生物标记物研究 [J]. 化学进展，1997，9（1）：22-35.

[25]　王家俊，蒋举兴，者为，等 . 4-（甲基亚硝胺基）-1-（3- 吡啶基）-1- 丁酮接触生物标记物的研究进展 [J]. 环境与健康杂志，2011，28（5）：466-469.

[26]　熊巍，侯宏卫，唐纲岭，等 . 1，3- 丁二烯接触生物标记物研究进展 [J]. 中国烟草学报，2010，16（5）：89-94.

[27]　刘正聪，陆舍铭，桂永发，等 . 色谱法分析烟草生物碱及其代谢物的研究进展 [J]. 化工时刊，2009，23（2）：44-49.

[28]　刘宛，李培军，周启星，等 . 污染土壤的生物标记物研究进展 [J]. 生态学杂志，2004，23（5）：150-155.

[29]　XIA Y，MCGUFFEY J E，BHATTACHARYYA S，et al. Analysis of the tobacco-specific nitrosamine 4-（methylnitrosamino）-1-（3-pyridyl）-1-butanol in urine by extraction on a molecularly imprinted polymer column and liquid chromatography/atmospheric pressure ionization tandem mass spectrometry[J]. Analytical Chemistry，2005，77（23）：7639-7645.

[30]　HOU H，ZHANG X，TIAN Y，et al. Development of a method for the determination of 4-（methylnitrosamino）-1-（3-pyridyl）-1-butanol in urine of nonsmokers and smokers using liquid chromatography/tandem mass spectrometry[J]. Journal of pharmaceutical and biomedical analysis，2012，63：17-22.

[31]　SHAH K A，HALQUIST M S，KARNES H T. A modified method for the determination of tobacco specific nitrosamine 4-（methylnitrosamino）-1-（3-pyridyl）-1-butanol in human urine by solid phase extraction using a molecularly imprinted polymer and liquid chromatography tandem mass spectrometry[J]. Journal of Chromatography B，2009，877（14）：1575-1582.

[32]　BHAT S H，GELHAUS S L，MESAROS C，et al. A new liquid chromatography/mass spectrometry method for 4-（methylnitrosamino）-1-（3-pyridyl）-1-butanol（NNAL）in urine[J]. Rapid Communications in Mass Spectrometry，2011，25（1）：115-121.

[33]　XIA B，XIA Y，WONG J，et al. Quantitative analysis of five tobacco-specific N–nitrosamines in urine by liquid chromatography–atmospheric pressure ionization tandem mass spectrometry[J]. Biomedical Chromatography，2014，28（3）：375-384.

[34]　KOTANDENIYA D，CARMELLA S G，MING X，et al. Combined analysis of the tobacco metabolites cotinine and 4-（methylnitrosamino）-1-（3-pyridyl）-1-butanol in human urine[J]. Analytical Chemistry，2015，87（3）：1514-1517.

[35]　ZHANG J，BAI R，ZHOU Z，et al. Simultaneous analysis of nine aromatic amines in mainstream cigarette smoke using online solid-phase extraction combined with liquid chromatography-tandem mass spectrometry [J]. Analytical & Bioanalytical Chemistry，2017，409（11）：2993-3005.

[36]　TRICKER A R，BROWN B G，DOOLITTLE D J，et al. Metabolism of 4-（methylnitrosamino）-1-（3-pyridyl）-1-butanone（NNK）in A/J mouse lung and effect of cigarette smoke exposure on in vivo metabolism to biological reactive intermediates[J]. Advances in Experimental Medicine and Biology，2001，500：451-454.

[37]　CHUNG C J，LEE H L，YANG H Y，et al. Low ratio of 4-（methylnitrosamino）-1-（3-pyridyl）-1-butanol-glucuronides

（NNAL-Gluc）/free NNAL increases urothelial carcinoma risk [J]. Science of the Total Environment，2011，409（9）：1638-1642.

[38] XI S，XU H，SHAN J，et al. Cigarette smoke mediates epigenetic repression of miR-487b during pulmonary carcinogenesis[J]. Journal of Clinical Investigation，2013，123（3）：1241-1261.

[39] BOCCIA S，MIELE L，PANIC N，et al. The effect of CYP，GST，and SULT polymorphisms and their interaction with smoking on the risk of hepatocellular carcinoma[J]. Biomedical Research International，2015，doi：10.1155/2015/179867.

[40] XI S，INCHAUSTE S，GUO H，et al. Cigarette smoke mediates epigenetic repression of miR-217 during esophageal adenocarcinogenesis [J]. Oncogene，2015，doi：10.1038/ onc.2015.10.

[41] TAKAHASHI K，YOKOTA S，TATSUMI N，et al. Cigarette smoking substantially alters plasma microRNA profiles in healthy subjects[J]. Toxicol and Applied Pharmacology，2013，272（1）：154-160.

[42] Balansky R，Izzotti A，D'Agostini F，et al. Assay of lapatinib in murine models of cigarette smoke carcinogenesis [J]. Carcinogenesis，2014，35（10）：2300-2307.

[43] BARKLEY L R，SANTOCANALE C. MicroRNA-29a regulates the benzo[a]pyrene dihydrodiol epoxide-induced DNA damage response through Cdc7 kinase in lung cancer cells [J].Oncogenesis，2013，2：e57.

[44] HUANG R Y，LI M Y，HSIN M K，et al. 4-Methylnitrosamino-1-3-pyridyl-1-butanone（NNK）promotes lung cancer cell survival by stimulating thromboxane A（2）and its receptor[J]. Oncogene，2011，30（1）：106-116.

[45] WU J J，YANG T，LI X，et al.4-（Methylnitrosamino）-1-（3-pyridyl）-1-butanone induces circulating microRNA deregulation in early lung carcinogenesis [J]. Biomedical Environmental Science，2014，27（1）：10-16.

[46] WANG P，LIU H，JIANG T，et al. Cigarette smoking and the risk of adult myeloid disease：a meta-analysis[J]. PLoS One，2015，10（9）：e0137300.

[47] ORSI L，RUDANT J，AJROUCHE R，et al. Parental smoking，maternal alcohol，coffee and tea consumption during pregnancy，and childhood acute leukemia：the ESTELLE study[J]. Cancer Causes Control，2015，26（7）：1003-1017.

[48] YAN K，XU X，LIU X，et al. The associations between maternal factors during pregnancy and the risk of childhood acute lymphoblastic leukemia：a meta-analysis[J]. Pediatric Blood & Cancer，2015，62（7）：1162-1170.

[49] TAKI F A，PAN X，LEE M H，et al. Nicotine exposure and transgenerational impact：a prospective study on small regulatory microRNAs[J]. Scientific Reports，2014，17（4）：7513.

[50] XIAO J，LIANG D，ZHANG Y，et al. MicroRNA expression signature in atrial fibrillation with mitral stenosis[J]. Physiological Genomics，2011，43（11）：655-664.

[51] MOMI N，KAUR S，RACHAGANI S，et al. Smoking and microRNA dysregulation：a cancerous combination [J]. Trends in Molecular Medicine，2014，20（1）：36-47.

[52] REDDEMANN K，GOLA D，SCHILLERT A，et al. Dysregulation of microRNAs in angioimmunoblastic T-cell lymphoma[J]. Anticancer Research，2015，35（4）：2055-2061.

[53] CHEN X，CHEN S，XIU Y L，et al. RhoC is a major target of microRNA-93-5P in epithelial ovarian carcinoma tumorigenesis and progression[J]. Molecular Cancer，2015，14（1）：31.

[54] BABAPOOR S，FLEMING E，WU R，et al. A novel miR-451a isomiR，associated with amelanotypic phenotype，acts as a tumor suppressor in melanoma by retarding cell migration and invasion [J]. PLoS One，2014，9（9）：e107502.

[55] LI M，WANG Q，LIU S A，et al. MicroRNA-185-5p mediates regulation of SREBP2 expression by hepatitis C virus core protein [J]. World Journal of Gastroenterol，2015，21（15）：4517-4525.

[56] 施冰、张天阳、刘兴余、等. 吸烟对青年吸烟者血浆微小 RNA 表达谱影响的研究 [J]. 中国烟草学报，2016（1）：108-113.